Mitteilungen des
Naturwissenschaftlichen Vereins Goslar e. V.

Hans Manhart

# Die Großpilzflora des Harly

2024                                    Band 16

# Inhalt

**Danksagung und Widmung**

Ich danke allen Personen, die mich bei meinen Exkursionen begleitet, mich mit ihrem Wissen, ihren Hinweisen sowie Zusendungen von Frischpilzfunden unterstützt und bereichert sowie mich mit ihrer Begeisterung für Pilze besonders motiviert haben.

An dieser Stelle seien besonders Harry Andersson (Braunschweig), Klaus (†) und Knut Wöldecke (Hannover) und Marion Franke-Sochacki (Wolfenbüttel) erwähnt.

Mein besonderer Dank gilt Gerwin Bärecke (Oker), welcher die umfängliche und nicht immer einfache Aufgabe des Layoutens und Setzens auf sich genommen hat und ohne dessen tatkräftige Hilfe und Unterstützung die Publikation in der vorliegenden Form nicht hätte erscheinen können und natürlich dem Naturwissenschaftlichen Verein Goslar e.V., welcher die Veröffentlichung finanziell gefördert und ermöglicht hat. Dank auch Frau Dr. Agnes M. Daub für die kritische Durchsicht des Manuskriptes und manch hilfreiche Anmerkung.

Die Publikation widme ich meiner lieben Ehefrau Birgit, die auf mich an vielen Tagen verzichten musste und mir mit ihrer Geduld und ihrem Verständnis eine große Unterstützung war.

# Vorwort

Liebe Leser!

Wir freuen uns über den 16. Band der Mitteilungen des Naturwissenschaftlichen Vereins Goslar. Gemäß der Intention, in den Mitteilungen das Wissen unserer Mitglieder festzuhalten, kommt hier der Pilzkundler Hans Manhart zu Wort.

Hans Manhart ist studierter Kunstpädagoge und freier Maler, war Hochschuldozent und Gymnasiallehrer. Schon seit Kindertagen haben ihn Pilze fasziniert und seit mehr als 40 Jahren malt er alle seine Funde, sodass eine große Zahl wunderbarer Pilztafeln entstanden ist. In dieser Zeit ist aus der Faszination für Pilze eine fundierte Kenntnis geworden, Hans Manhart ist geprüfter Pilzsachverständiger der Deutschen Gesellschaft für Mykologie (DGfM) und ehrenamtlicher Kartierer für Großpilzarten im Nationalpark Harz.

Im vorliegenden Band der Mitteilungen des Naturwissenschaftlichen Vereins Goslar stellt er die Pilze im Harly vor und zwar retrospektiv, also die Summe aller Funde aus etwa 40 Jahren von ihm selbst und anderen Kartierern. So ist die überwältigende Zahl von 923 Arten zusammengekommen, davon sind 80% Basidiomyzeten (Ständerpilze, darunter die Porlinge, Lamellenpilze und Bauchpilze), 15 % Ascomyzeten (Schlauchpilze, darunter die Becherpilze, Morcheln und Trüffel), der Rest Myxomyzeten (Schleimpilze) und auch drei Arten von Algenpilzen. Etwa 5 % der Pilze sind pflanzenparasitisch.

Ein Drittel der gefundenen Pilze steht auf der Roten Liste der gefährdeten Arten. Von den seit 2014 vom Bundesamt für Naturschutz herausgegebenen Liste der 93 Großpilze, für die Deutschland eine besondere Verantwortung hat, weil diese nur oder überwiegend in Deutschland vorkommen, sind 33 im Harly zu finden.

Leider sind Waldschäden und ein Artenrückgang in den letzten Jahren nicht zu übersehen, Hans Manhart äußert seine Gedanken dazu und weist auf die Schutzwürdigkeit des Gebietes hin.

Das umfassende Werk ist illustriert mit 100 der wunderbaren Bildtafeln von Hans Manhart und 76 Fotos.

Lassen auch Sie sich faszinieren von der großartigen Welt der Pilze im Harly! Und hoffen wir, dass die Natur auch unter den aktuellen Herausforderungen des Klimawandels vielfältig bleibt.

Dr. Agnes-M. Daub
1. Vorsitzende NWV Goslar e. V.

## Anliegen der Publikation

In einem ersten Zwischenstandsbericht soll die vielfältige aber mittlerweile stark bestandsbedrohte Mykoflora des Harly einer interessierten Öffentlichkeit näher vorgestellt werden.

Er wurde als kleinräumiges Gebiet im nördlichen Vorharz ausgewählt, weil er in vielfältiger Weise geologisch, landschaftsmorphologisch, kulturgeschichtlich und botanisch sehr interessant ist. Der Bergzug wird zudem von vielen Menschen als beliebtes Erholungs- und Wandergebiet zu allen Jahreszeiten gern aufgesucht und ist dadurch auch wegemäßig gut erschlossen.

Die räumliche Nähe des Harly zum Wohnort des Verfassers war ein weiterer Grund, den Bergzug über Jahre hinweg regelmäßig aufzusuchen. Er war auch das Ziel mehrfacher mykologischer Exkursionen. (ANDERSSON 1991 und Folgejahre, SCHULTZ, KRIEGLSTEINER, FRANKE-SOCHACKI, JEPPSON (2017) und andere)

Die vorliegende Schrift stellt zum ersten Mal eine regionale Flora der Großpilze eines relativ kleinräumigen Bereiches vor, die in ihrer Struktur und Vielfalt etwas Besonderes darstellt.

Ganz bewusst werden im Speziellen Teil Pilztafeln des Verfassers vorangestellt. Auf eine Abbildung aller nach Pilzfunden im Harly gemalten Tafeln musste jedoch aufgrund ihrer Vielzahl verzichtet werden. Die getroffene Auswahl ist daher subjektiv vorgenommen worden und soll dem Leser exemplarisch die Vielfalt und Schönheit dieser Organismengruppe vor Augen führen.

100 Tafeln sind daher aus einem Konvolut von derzeit 556 Tafeln von Pilzen aus dem Harly ausgewählt worden.

Die Auflistung der Tafeln erfolgt in alphabetischer Reihenfolge, beginnend mit dem wissenschaftlichen Namen nach möglichst aktueller Nomenklatur, dem Publikationsjahr, dem deutschen Namen, sofern ein anerkannter Name vorhanden ist, sowie den wichtigsten Synonymen.

Ein Vermerk des Fundortes mit Angabe des Minutenfeldes in der TK25-Karte sowie Hinweise zum Finder, zum Rote Liste-Status für Niedersachsen nach der 3. Fassung (2014) und, soweit es möglich war, auch eine Einschätzung zur Häufigkeit und jeweiligem Artenbestand im Gebiet schließen sich an. Dazu werden in knapper Form Hinweise zum Habitat der jeweiligen Fundart gegeben.

Natürlich konnte nicht von allen Funden eine Tafel gefertigt worden, so dass sich eine zweite Auflistung anschließt, die sich als vorläufige Gesamtfundliste der im Harly gefundenen Großpilzarten versteht.

Von vielen dieser Funde sind jedoch Fotos mit der Digitalkamera angefertigt worden. Allerdings ist auch hier darauf verzichtet worden, alle Aufnahmen zu dokumentieren, weil dieses den Rahmen der vorliegenden Publikation gesprengt hätte.

Es soll dem interessierten Laien wie dem Pilzbegeisterten die Vielfalt und Ästhetik von Pilzfruchtkörpern eines kleinräumigen Bereiches vermittelt und Interesse für die Welt dieser Organismengruppe geweckt werden.

Gleichzeitig soll aber auch der Artenrückgang und der mit Biotopverlusten einhergehende Gefährdungsgrad von Großpilzen im Harly bewusst gemacht werden. Vielen ist gar nicht die Fülle aber auch die Gefährdung des Arteninventars im Harly bekannt. Die Befassung mit seiner Mykoflora macht gleichzeitig eine starke Rückläufigkeit und Bestandsbedrohung vieler Großpilzarten deutlich. Auch als FFH-Schutzgebiet ist der Harly nicht vor lokalen und globalen Veränderungen gefeit. Das, was sich in diesem insgesamt kleinräumigen Bereich zeigt, ist aber immer noch reicher und vielfältiger als in anderen Landschaftsräumen unserer Region.

Umso mehr muss das Wissen um diesen mykologischen Schatz des Harly jeden Spaziergänger und Naturfreund zu besonderer Achtsamkeit und Rücksicht veranlassen.
Es wäre wünschenswert und schön, wenn sich noch mehr Menschen für die Natur interessierten und ihr mit Achtung und Achtsamkeit entgegenträten.

**Zur Tradition der naturkundlichen Illustration**

Die Wahrnehmung von Pilzen hat sich über die Jahrhunderte entwickelt und verfeinert, ebenso wie sich deren Abbild- und Darstellungsmedien differenziert und optimiert haben. Die bildnerische Gestaltung und Wiedergabe von Pilzfruchtkörpern in der botanischen Illustration vollzieht sich im Geschichtlichen vom Einfachen, Schematischen zum Genauen und Differenzierten, z.B. vom vereinfachten Holzschnitt über filigrane Tiefdruckverfahren bis hin zu illusionistischen Trompe l'oeil-Darstellungen.
Mit der Renaissance, der Kunst des 15./16. Jahrhunderts, wird die Entdeckung und Erforschung der Welt, der Dinge und der eigenen Person evident.
So werden die Motive zwar noch im Ansatz abstrahiert, doch mitunter schon in frappierender Genauigkeit und Exaktheit dargestellt. Die Natur beginnt den Menschen der damaligen Zeit zu interessieren. Bekannte Beispiele sind die Studienblätter von Albrecht Dürer wie zum Beispiel das Große Rasenstück, das Veilchen, der Hase oder der Blaurackenflügel, bei denen die äußere Erscheinung der Natur genauestens nachvollzogen und dargestellt wird.
Besonders im 17. Jahrhundert greift sodann die Studie, die genaue Detailzeichnung, wichtige Aufgaben naturkundlicher Betrachtung auf und wird zum wissenschaftlichen Dokument.
In verschiedenen Vanitasmotiven barocker Stilllebenmalerei zeigen sich Pilzdarstellungen in höchst realistischer Darstellungsweise. Sie sind aber Naturalien der Vergänglichkeit, ja Symbole der Erde und des Bösen. Nicht selten werden ihre Darstellungen kombiniert mit Kröten oder Giftschlangen.
Im 18. Jahrhundert verfeinern sich die Darstellungen, im 19. Jahrhundert spalten sich populärwissenschaftliche und wissenschaftliche Darstellungen auf.
Insgesamt umfassen die bildlichen Abbildungen von Pilzen Malerei, Zeichnung und Mischtechnik aber vor allem reproduktive grafische Techniken wie Holzschnitt, Holzstich, Kupferstich, Lithographie, Farblithographie und später analoge und digitale Fotografie, um nur einige Medien zu nennen.

## Wo aber liegen Anfänge von Abbildungen der Pilze?

Vermutlich erstmals werden Pilze in den Werken des griechischen Dichters EURIPIDES (480-406 v. Chr.) erwähnt. Erste wissenschaftliche Bemühungen zur Strukturerfassung sind von THEOPHRASTOS VON ERESOS (371-287 v.Chr.) überliefert, der in Pilzen wurzellose Pflanzen sah.

Nach Aristoteles glaubte man an die Urzeugung, welche kleinste Lebewesen und Pflanzen, so auch die Pilze, spontan aus unbelebtem Material hervorgehen ließ.

Insgesamt waren die antiken Vorstellungen vom Wesen der Pilze noch sehr geprägt von volkstümlichen Wissen, was Entstehung, Essbarkeit oder Giftigkeit von Pilzen betraf.

Im Mittelalter haben Pilze in wissenschaftlicher Hinsicht wenig Beachtung gefunden. Eigentlich hauptsächlich von den Mönchen wurden sie zu Speisezwecken benutzt. Durch sie wurde das lateinische Wort *boletus* zu *bolitus, boliz, bülez* oder *bütz*, einer Vorläuferform unseres heutigen Wortes Pilz.

Weitere mittelalterliche Wortformen wie *swam, swamb* oder *swap* sind im Neuhochdeutschen Schwamm erhalten geblieben. So spricht man auch heute noch in Österreich und Süddeutschland seit jeher von Schwammerl.

Die erste umfassende Darstellung von Pilzen im Mittelalter stammt von der deutschen Äbtissin HILDEGARD VON BINGEN (1098-1179). Sie stellte die Pilze in das christlich-religiöse Weltbild ihrer Zeit und sah Nutzen und Schaden der Pilze durch göttlichen Willen bestimmt.

Für den Theologen, Philosophen und Naturwissenschaftler ALBERTUS MAGNUS (1200-1280) sind Pilze die unvollkommensten pflanzlichen Organismen. Seiner Vorstellung nach entstehen sie aus Ausdünstungen und Fäulnis heraus. Vom Verzehr rät er durchweg ab.

Gleiches empfiehlt auch KONRAD VON MEGENBERG (um 1309-1374) in seinem Buch der Natur.

Erst zunehmende Abwendung von traditions- und religionsgebundenem Denken führte in der Neuzeit, also gegen Ende des 15. Jahrhunderts, zu einem Entwicklungsschub naturwissenschaftlicher und medizinischer Erkenntnisse.

Durch die Erfindung des Buchdruckes mit beweglichen Metalllettern von Johannes Gensfleisch, genannt Gutenberg (um 1400-1468) konnte man seit 1450 neu gewonnene Erkenntnisse verbreiten. In der Folge wurden daher viele Kräuterbücher gedruckt, die in das botanische Wissen jener Zeit auch die Pilze aufnahmen.

Man bedient sich nun der reproduktiven Technik des Hochdruckes (Holzschnitt und Holzstich), die zu oftmals flächiger und abstrahierter Darstellung führt. Entweder sind die Handdrucke schwarz-weiß oder nachträglich handkoloriert worden.

Als erster bezieht der Arzt und Theologe HIERONYMUS BOCK (1498-1554) die Pilze in seinem *New Kreütterbuch,* 1539, Straßburg, mit ein. Er beschreibt in ihm u.a. (irrtümlich) die Tötung von Fliegen durch den Fliegenpilz.

Der Arzt und Botaniker ADAM LONITZER (1528-1586) stellt 1557 erstmals auch das Mutterkorn dar, ein Giftpilz, der Getreideähren befällt und für viele tödliche Vergiftungen des sogenannten Antoniusfeuers verantwortlich war.

Neue Maßstäbe für die Systematisierung der Pilze setzte der niederländische Arzt und Botaniker CHARLES DE L′ECLUSE (1526-1609) mit seinem Werk *Fungorum in*

*Pannoniis observatorum brevis historia* (Kurze Geschichte der in Pannonien (Anm.: in Westungarn) beobachteten Pilze).
Seine Publikation bildet die Grundlage mykologischer Schriften des 17. Jahrhunderts und enthält neben den Beschreibungen eine Anzahl trefflicher Aquarelltafeln von Pilzen.
Die Fruchtkörper werden formplastisch mit Ansätzen ihrer Gegenstandsfarbe erfasst und in verschiedenen Ansichten dargestellt.
Franciscus von Sterbeeck (1630-1693) beschreibt in seinem Buch *Theatrum fungorum*, 1675, schon 250 Pilzsippen und fügt 32 Kupferstiche bei.
1588 entdeckt und beschreibt der italienische Naturwissenschaftler Giambattista Della Porta (1539-1615) Pilzsporen. Seine Entdeckung, welche die Urzeugung in Frage stellte, war nur durch seine optischen Experimente zur Vergrößerung vor der Erfindung des Mikroskops möglich.
Erst später deutete der Botaniker Pier Antonio Micheli (1679-1773) die Pilzsporen als Fortpflanzungseinheiten.
Mit der Erfindung des Mikroskops Mitte des 17. Jahrhunderts wird die endgültige Trennung zwischen Volkswissen und Naturwissenschaft eingeleitet.

Das 18. Jahrhundert steht für weitere Erfolge der Systematisierung und Klassifizierung der Pilze.
Carl von Linné (1707-1778), schwedischer Arzt und Botaniker, gilt als Begründer moderner Systematik in der Biologie. Er schuf mit anderen Autoren Grundlagen einer wissenschaftlichen Mykologie.
In der 2. Hälfte des 18. Jahrhunderts erschienen zahlreiche handkolorierte Kupferstiche.
Es werden auch das Substrat und wichtige Zeigerpflanzen mit abgebildet, was schon ein komplexeres Verständnis von Verflechtungen von Organismen in der Natur verrät.
Besonderes Augenmerk erregten die Bildtafeln des deutschen Theologen und Naturwissenschaftlers Jakob Christian Schäffer (1718-1790). Es kam zwar, was die Entstehungs- und Lebensgeschichte der Pilze betraf, nicht zu neuen Erkenntnissen, aber man orientierte sich an einer Loslösung der Pilzsystematik von der Pflanzensystematik und trennte sich von der Linné'schen Systematik.
Sein Tafelwerk ist schon wissenschaftlich-systematisch bzw. systematisierend angelegt.
Der Begriff "Mykologie" (Pilzkunde) wurde 1794 von dem deutsch-holländischen Botaniker Christian Hendrick Persoon (1761-1836) geprägt. Es leitet sich von der altgriechischen Bezeichnung μύκης mýkēs ‚Pilz‘ ab.
1800 gab Persoon das Tafelwerk von Schäffer in einer Neuauflage heraus. Schäffers Abbildungen sollten das Pilzsystem der 1801 erschienenen *Synopsis methodica fungorum* (Methodische Zusammenschau der Pilze) illustrieren.
Hingewiesen werden soll auch auf den berühmten Mykologen Jean Baptiste François Pierre Bulliard (1742-1793). Er war ein französischer Arzt, Botaniker sowie Graveur und Aquarellist.
Die Arten werden malerisch sehr differenziert dargestellt.
August Johann Georg Karl Batsch (1761-1802) war ein deutscher Botaniker, Mediziner und Schriftsteller, von dem ebenfalls ein Tafelwerk besteht.

Im ausgehenden 18. und beginnendem 19. Jahrhundert stand die Mykologie unter dem Einfluss romantischer und naturphilosophischer Strömungen.
Der Schwede Elias Magnus Fries (1794-1878) entwickelte als erster ein System zur Klassifizierung der Pilze und gilt zusammen mit Persoon als Vater der modernen Mykologie.

Im 19. Jahrhundert wurde die Pilzkunde immer wissenschaftlicher.
Der tschechische Arzt und Mykologe Julius Vineenz von Krombholz (1782-1843) stellte in seinem Tafelwerk wissenschaftliche und naturgetreue Pilzbeschreibungen zusammen.
Der Botaniker Albert Frank (1839-1900) entdeckte die Fähigkeit von Pilz und Baum in Symbiose zu leben. Er prägte hierfür den Begriff der "Mykorrhiza" (Pilzwurzel).
Jean Louis Émile Boudier (1828-1920) war ein französischer Mykologe und Apotheker. Boudier war einer der führenden französischen Mykologen seiner Zeit.
Die Entdeckung des Schimmelpilzes Penicillium und seiner medizinischen Bedeutung 1928 durch den schottischen Arzt und Bakteriologen Alexander Fleming (1881-1955) war ein Quantensprung auf dem Gebiet der Verwertung mykologischen Wissens für die Medizin.

Im 20. Jahrhundert zeichnet sich die Bedeutung der Pilze sowohl für das Ökosystem als auch für Pharmazie, Land- und Forstwirtschaft sowie die Nahrungsmittelproduktion immer deutlicher ab. Aber erst 1969 wurden, wie eingangs angemerkt, die Pilze durch Robert Whittaker dem Reich der Fungi zugeordnet.
Auf dem populärwissenschaftlichen Gebiet erscheinen in der Folgezeit immer mehr illustrierte Pilzbücher, die zunehmend Pilzfotografien als Abbildungsmaterial enthalten.
Durch die Digitalfotografie und kameratechnischer Systeme sind heutzutage bildlicher Darstellung fast keine Grenzen mehr gesetzt. Die Fülle illustrierter Pilzführer und Bestimmungsliteratur ist zudem unübersehbar geworden.
Derzeit verändert sich das Wissen um genetische Zugehörigkeit vieler Pilzarten durch Erkenntnisse der DNA-Sequenzierung spürbar und damit einher geht auch ein Wandel der Nomenklatur. Immer stärker arbeitet sich die Naturwissenschaft in die Genetik und Biochemie von Pilzen ein. Es wird jedoch deutlich, dass das Reich der Pilze noch nicht annähernd erforscht ist.
Da Pilze Bioindikatoren sind und auf Veränderungen im Strukturhaushalt der Natur reagieren, sind sie auch wegen der Klimaerwärmung und Umweltproblematik stärker in den Focus gerückt. Wurden Pilze doch vor etlichen Jahren noch als "Vergessene der Natur" bezeichnet, kann zum Glück heute davon nicht mehr die Rede sein.

Zum Schluss sollen noch ein paar Illustratorennamen genannt werden :

Johann Christian Peter Arckenhausen (* 3. September 1784 in Goslar; † 28. April 1855 ebenda) war ein deutscher Zeichenlehrer, Zeichner und Illustrator botanischer und zoologischer Werke.
Vom ihm stammen auch insgesamt 197 Tafelillustrationen von Großpilzen, wobei unklar ist, ob er diese nach eigenen Aufsammlungen gemalt und selber mykologisch gearbeitet oder die Tafeln auf Anregung und Wunsch anderer angefertigt hat.

Die Originaltafeln konnte der Verfasser im Goslarer Museum vor Jahren persönlich einsehen. Sie weisen einen hohen Grad naturalistischer Wiedergabe auf, sind aber nicht in der Weise beschriftet worden vom Bildautor, dass man ihre mögliche Funktion daraus ableiten kann.

Die Zahl der gefertigten Tafeln jedoch spiegelt ein durchaus größeres mykologisches Interesse und entsprechende Kenntnisse des Künstlers wider. JOHANN ARCKENHAUSEN wurde 1784 in Goslar als Sohn eines Schuhmachermeisters geboren. Er erhielt vermutlich eine Ausbildung als Schreiber und Zeichner, um seinen Lebensunterhalt als Zeichenlehrer in Goslar und als Fachbuchillustrator zu verdienen. Er war Gründungsmitglied des am 23. Oktober 1852 ins Leben gerufenen Naturwissenschaftlichen Vereins Goslar, der einen großen Teil seines wissenschaftlichen und künstlerischen Nachlasses übernahm. ARCKENHAUSEN legte als Basis für seine Illustrationen ein Herbarium sowie eine Insekten- und Schmetterlingssammlung an. Seine Pflanzendarstellungen zeichnen sich durch große Klarheit, Filigranität und Prägnanz aus. Sie wirken ästhetisch gelungen und farblich harmonisch. ARCKENHAUSEN starb im April 1855 im Alter von 70 Jahren in Goslar.

Erwähnung finden soll auch ALBIN SCHMALFUSS (gest. nach 1895), ein Kunstmaler und Illustrator des 19. Jahrhunderts. Seine genaueren Lebensdaten sind jedoch leider unbekannt.

SCHMALFUSS besuchte eine Lehre als Musterzeichner in Plauen und ließ sich als Kunstmaler in Leipzig nieder. Er wurde von EDMUND MICHAEL, einem Lehrer an der Landwirtschaftsschule zu Auerbach/Vogtl., beauftragt, unter dessen Anleitung und in dessen Wohnung alle Abbildungen für seinen erstmals im Juli 1895 erschienenen Führer für Pilzfreunde zu zeichnen. Die so entstandenen Abbildungen machten SCHMALFUSS international bekannt, da der Pilzführer in zahlreichen Auflagen auch im Ausland eine große Verbreitung fand.

EMIL DOERSTLING, Maler und Pädagoge des frühen 20. Jahrhundert soll ebenfalls genannt werden. Er war ein deutscher Maler und Kunsterzieher und besaß daher sowohl gestalterische als auch didaktische Fähigkeiten. Geboren wurde er am 29. August 1859, Stettin (jetzt Szczecin, Polen), gestorben ist er 1940 in Königsberg, dem heutigen Kaliningrad (Russland).

DOERSTLING illustrierte EUGEN GRAMBERGS zweibändige „Pilze der Heimat" (Leipzig 1913) und ist mit ästhetisch hochwertigen Illustrationen verschiedener Pilzarten bekannt geworden.

CLAUS CASPARI, botanischer Maler und Illustrator im 20. Jahrhundert (1911-1980) ist zu erwähnen, dessen Tafeln sehr fein und genau gestaltet sind und auch malerische Informationen zum Habitat der Pilzart geben. Claus Caspari ist durch seine hochnaturalistischen botanische Pflanzen- und Pilztafeln bekannt geworden.

ERHARD LUDWIG (* 2. Oktober 1938 Berlin, † 23. Januar 2019 Berlin ) ist ein deutscher Mykologe, der in Berlin lebte und arbeitete.

Hauptberuflich war er Zollinspektor, später Haushaltsreferent für das Berliner Schulwesen, im Rang eines Regierungsdirektors, nebenberuflich hat er sich als

Mykologe und mit seinem *Pilzkompendium*, von dem zu Lebzeiten vier Bild- und vier umfängliche Beschreibungsbände erschienen, einen Namen gemacht. Nach anfänglichen Misserfolgen in der Pilzfotografie erlernte der Mykologe autodidaktisch die Aquarelltechnik. Insgesamt hat Ludwig über 3750 Pilzarten im Aquarell mit schätzungsweise 25.000 Einzeldarstellungen illustriert. Die Bilder sind die Grundlage für eine 6-bändige Pilz-Ikonografie, an der er seit 25 Jahren arbeitete. Band 1, 2, 3 und 4 sind bereits erschienen und geben die Vielfalt der Pilzfruchtkörper in naturalistischer Feinmalerei wieder.

Der Verfasser hat das Glück gehabt, ihn persönlich bei seiner Illustrationsarbeit beobachten zu können, die zum Teil sehr schnell vonstattenging, ihn aber mitunter auch ganze Tage vereinnahmen und beanspruchen konnte. Ludwig malte nicht nur nach Frischfunden, sondern auch nach Fotografien, aber stets hochrealistisch und konkret stofflich.

Es ging ihm darum, die Pilzgattungen möglichst in ihrer Artenbreite wiederzugeben, was natürlich nicht nach eigenen Funden möglich ist, zumal er in sein Kompendium auch äußerst seltene Arten oder welche, die verstreut in den verschiedensten Ländern Europas fruktifizieren, mit aufgenommen hat.

Warum der Autor auch den direkten Weg der Illustrationsmalerei gewählt hat, ist verschiedenen Umständen geschuldet, die nachstehend kurz betrachtet werden sollen.

Der Vorteil einer künstlerischen Tafelgestaltung von Großpilzen besteht darin, dass man direkten Kontakt mit allen Sinnen zum gefundenen Frischpilz aufnimmt und diesen in seinen äußeren makroskopischen Merkmalen wie zum Beispiel Stielnatterung, Hutschuppung, Hutrandriefung, Lamellen-, Röhren- oder Porenfarbe, Stielwurzelform, Färbereaktionen bei Andruck oder Anschnitt des Fruchtkörpers, Farbverläufe in Hut und Stiel und vieles mehr feinmalerisch und im Detail erfassen kann.

Dabei wird darauf geachtet, dass Fundtypisches wie Druckstellenverfärbungen oder frische Anschnittverfärbungen der Fruchtkörper unmittelbar dargestellt werden. Das bedeutet, dass gefundene Frischpilze möglichst rasch nach ihrem Sammeln gemalt und abgebildet werden müssen

Es lässt sich zudem aus wenigen Fruchtkörpern ein Studienblatt erstellen, welches verschiedene Altersstadien und Ansichten des Pilzes und unter Umständen das hinzugefügte Substrat (Holz, Erde, Moos usw.) zu einer Bildtafel zusammenfasst.

Wer sich mit Pilzen beschäftigt, weiß wie groß die Variabilität von Pilzfruchtkörpern sein kann.

So sind oft mehrere Tafeln von einer Art anzufertigen, um die Plastizität und Stofflichkeit der Erscheinungsform zu veranschaulichen.

Jeder Pilzsucher weiß aber auch, welche Rolle ein glücklicher Zufall oder Umstand bei dem Fund von Pilzen spielt.

Die Wege sind angesichts des deutlichen Artenrückganges und der Bestandsausdünnung der Pilzarten heutzutage aber deutlich länger und auch erfolgloser geworden.

Da viele Kleinarten zudem sehr kurzlebig sind, übersehen wurden, mitunter extrem selten oder unregelmäßig fruktifizieren, ist jeder Fund in dieser Zeit etwas ganz Besonderes.

Diese hängt mit dem Substratangebot, dem Standort, der Art und dem Alter des Fruchtkörpers, der Witterung und der Lichteinstrahlung zusammen und macht es notwendig, auch mehrere Tafeln von ein und derselben Art zu fertigen. Nur so können farb-, form- und texturplastische Aspekte beobachtet und die plastische Vielfalt einer jeweiligen Art dokumentiert werden.

Dadurch, dass Fruchtkörper auf dem Papier als Studie freigestellt werden, lassen sich Simultankontraste als Beeinflussungskontraste zwischen Pilz und Umgebung oder eine bestimmte Lichtfarbe beim Fund- und Aufnahmemoment in der Natur vermeiden.

Ein weiterer wichtiger Gesichtspunkt ist die zeitlich intensive Detailbefassung mit dem Pilz, dessen äußere Erscheinungsform vom Darstellenden verinnerlicht wird und zu einer vertieften Kenntnis der Fundart führt.

Auch Aspekte punktueller Tiefenschärfe wie sie bei einer fotografischen Aufnahme eine Rolle spielen, können vernachlässigt werden. Natürlich ist die Digitalfotografie als zusätzliches Dokumentationsmittel unverzichtbar, da das Einzelfoto wichtige Informationen zum Pilzstandort  und Habitat liefert und auch Möglichkeiten einer Ausschnittvergrößerung als Detailaufnahme mit sich bringt.

Die Tafeln von Pilzfunden aus dem Harly wurden in keinem einzigen Fall bislang nach Fotografien gefertigt, sondern immer nach direkter Frischpilzvorlage und nach Möglichkeit bei gleichmäßig hellem Tageslicht in natürlichem Größenmaßstab abgebildet.

Das lässt sich jedoch bei sehr vergänglichen Arten zum Beispiel aus der Gruppe der Schwindlinge oder Tintlinge nicht durchhalten. Hier kann man dann wirklich meistens nur von  fotografischen Vorlagen ausgehen. Arten aus diesen Gruppen sind daher noch nicht im vorliegenden Tafelkonvolut enthalten.

## Untersuchungsszeitraum und Methodik

Der Harly wurde seit 1986 vor allem im Süd- und Ostteil mehrmals im Jahr begangen.

Seit Wohnsitzwechsel des Verfassers 1998 von Braunschweig nach Bad Harzburg, Ortsteil Harlingerode, fanden Exkursionsgänge in der Folgezeit fast wöchentlich statt, so dass von einer durchaus intensiven Langzeitbeobachtung bis einschließlich 2023 gesprochen werden kann.

Besonders unterschiedliche Wald- und Saumgesellschaften wurden berücksichtigt und wiederholt alljährlich abgesucht. Auch verschiedene Gesteins- und Bodenbeschaffenheiten des Harly sowie seine Begleitflora fanden dabei besondere Beachtung.

Untersuchungsschwerpunkte und Häufigkeitsfunde ergaben sich jedoch vor allem in den Minutenfeldern 07, 08, 13, 14 und 15 des Quadranten 4029.1 des Untersuchungsgebietes Harly.

Bestimmte Areale besonders an den Nord-, Nordwesthängen sowie in den historischen, zum Teil stark überwachsenen oder schwer zugänglichen Steinbrüchen und Schürfgräben wurden im wesentlichen ausgespart, da diese sich als mykologisch nicht so fundergiebig herausstellten.

Flächendeckend und vollständig wurde der Harly trotz vieler Begehungen also in summa nicht erkundet und kartiert, so dass durchaus auch noch mit Überraschungsfunden zu rechnen ist.

Geschätzt wurden bislang knapp 50 % der Gesamtfläche des Harly intensiv begangen und erkundet.

Makroskopisch bestimmbare Arten wurden meist direkt im Feld bestimmt und in Kartierlisten festgehalten. Nicht im Feld direkt bestimmbare Arten wurden zur Nachbestimmung mitgenommen und mikroskopisch untersucht, zahlreiche Aufsammlungen wurden von verschiedensten Exkursionsteilnehmern bestimmt, die in der Gesamtfundliste aufgeführt werden.

Fruchtkörper zu Illustrationszwecken (Bildtafeln) wurden stets nur in verantwortbarer Kleinmenge entnommen.

Parallel dazu fanden intensive Literaturrecherchen statt.

Die Taxa wurden nach möglichst aktuellem Kenntnisstand gewählt.

## Allgemeine Bedeutung der Pilze im Naturhaushalt

Bis ins späte 20. Jahrhundert wurden Pilze wegen ihrer sesshaften Lebensweise noch dem Pflanzenreich zugeordnet. Die Abtrennung der Pilze von den Pflanzen wurde erstmals von ROBERT WHITTAKER (1969) vorgeschlagen.

Seitdem werden sie aufgrund phylogenetischer, biochemischer und anatomischer Befunde neben den Pflanzen und Tieren als dritte, eigenständige Organismengruppe geführt.

Wie Tiere sind Pilze heterotroph (speziell chemoorganotroph) und ernähren sich von organischen Nährstoffen ihrer Umgebung, welche sie meist enzymatisch aufschließen und dadurch löslich und für sich ernährungsmäßig verfügbar machen.

Eine weitere Gemeinsamkeit von Pilzen und Tieren ist, dass beide Organismenformen das Polysaccharid Glykogen als Speichersubstanz bilden, während Pflanzen Stärke bilden.

Die Abgrenzung vom Reich der Tiere erfolgt jedoch nicht aufgrund der Unbeweglichkeit der Pilze, da auch manche Tiere, wie Schwämme oder Steinkorallen, den größten Teil ihres Lebens ortsfest verbringen. Wesentliche Unterschiede zu den Tieren bestehen in der Ultrastruktur, so im Vorhandensein von Zellwänden und Vakuolen (wie bei Pflanzen).

Von den Pflanzen unterscheiden sich die Pilze darin, dass sie keine auf Chlorophyll basierende Photosynthese vollziehen können. Außerdem enthält die Zellwand der meisten Pilze neben anderen Polysacchariden auch Chitin, welches im Pflanzenreich nicht vorkommt, aber bei Insekten. Weiterhin fehlt den Pilzen das für Pflanzen charakteristische Polysaccharid Cellulose.

Der Vegetationskörper der meisten Pilze besteht aus fädigen Hyphen (Zellfäden), die im Substrat den Blicken verborgen das Myzel, den eigentlichen Pilz bilden. Das, was wir als Pilz allgemeinsprachlich bezeichnen, ist der sporentragende und –verbreitende Fruchtkörper eines Pilzes.

Alle mit dem unbewaffneten Auge noch wahrnehmbaren Fruchtkörper werden den Großpilzen (Makromyzeten) zugeordnet, die noch kleineren und nur mikroskopisch genau sichtbaren werden zu den Kleinpilzen (Mikromyzeten) gezählt.

Die Welt der Pilze bildet nach den Insekten die zweitgrößte Organismengruppe. Ihre Artenvielfalt ist weit größer als die der Landpflanzen und in ihrer Komplexität noch nicht einmal annähernd erfasst.

Verschiedene Autoren O' BRIEN ET AL. (2015), (TEWKSBURY & ROBERTS (2014) schätzen die Gesamtartenzahl der Pilze (Makro- und Mikromyzeten) zwischen 5,1 und 10 Millionen, wobei gerade mal derzeit 380.000 Arten wissenschaftlich beschrieben sind. Es wird geschätzt, dass erst 2-10 % aller Pilzarten bekannt sind. Allein schon die erheblich abweichende Mengeneinschätzung der Gesamtpilzarten zeigt auf, dass große Bereiche der Mykologie noch terra incognita sind.

Taxonomisch gab und gibt es aufgrund molekularphylogenetischer und ultrastruktureller Untersuchungen und daraus resultierenden Erkenntnissen große Umbrüche.
Auch aus diesem Grund werden zu den im Speziellen Teil angeführten Fundarten auch die Synonyme beigefügt. Die Nomenklatur der Fundarten und vieler anderer Pilzarten ist derzeit im Fluss.

Pilze sind ökologisch gesehen hochspezialisierte Organismen, die in der Natur wesentliche Funktionen als Zersetzer und Stoffumwandler (Recycler) von organischem Material, als begleitende Wachstumsoptimierer von Pflanzen oder als Steuerungsorganismen biochemischer Prozesse besitzen. Sie können sich mit Pflanzen und Tieren vernetzen und beherrschen Kooperation und Aufgabenteilung in einem Höchstmaß. Ihre Fruchtkörper verfügen über eine schier unübersehbare morphologische und farbliche Vielfalt.

Pilze sind zum Teil extrem angepasst, jedoch auch aufgrund ihrer Spezialisierung durch veränderte Umweltbedingungen gefährdet, so dass sie auch als Bioindikatoren zum Beispiel Boden-, Klima- und Stoffveränderungen und -defizite anzeigen.
Für fast alle Ökosysteme stellen sie einen unverzichtbaren und lebenswichtigen Bestandteil dar. Zusammen mit Mikroorganismen sind Pilze Zersetzerorganismen (Destruenten) im Stoffkreislauf unserer Ökosysteme. Als Saprobionten (Fäulnisbewohner) bauen sie Holz, Laub- oder Nadelstreu ab sowie alle weiteren in der Natur anfallenden organischen Materialien und halten so den Nährstoffkreislauf in Gang. Dabei führen sie Stickstoffverbindungen und andere Stoffe in den Boden zurück. Durch die Remineralisierung von Nährstoffen stellen sie diese Pflanzen und Tieren erneut zur Verfügung. Ihre "Recycling"-Aufgabe macht Pilze aus ökologischer Sicht zu Ernährern des Waldes.

Pilze und Mikroorganismen machen rund drei Viertel der gesamten Bodenmasse aus und leisten somit den größten Betrag für einen guten und gesunden Boden.
Zusammen mit den Kleinstlebewesen sind sie auch in der Lage, Schadstoffe im Boden abzubauen und Pflanzen bei der Aufnahme von Nährstoffen und der Abwehr von Krankheitserregern zu unterstützen. Daher haben Pilze als Symbionten (Symbiosepartner) eine weitere wichtige Schlüsselrolle als Nährstofflieferanten, Netzwerker und Ernährungsoptimierer inne.
Als Mykorrhiza, übersetzt „Pilzwurzel", gehen sie eine Partnerschaft mit Gefäßpflanzen ein.
Die meisten unserer Bäume leben zum Beispiel mit solchen Pilzen in Symbiose. Mykorrhizapilze umkleiden oder durchdringen die Feinwurzeln des Baumes, sammeln Nährstoffe und leiten diese zusammen mit Wasser den Pflanzen zu. Im Gegenzug erhält der Pilz die zu seinem Leben erforderlichen Stoffe, also vor allem Zucker, Eiweiße und Vitamine.

Mykorrhiza ist aber nicht nur auf Bäume beschränkt, sondern spielt auch bei Nutzpflanzen, Gräsern oder Orchideen eine wichtige Rolle. Über 90 Prozent der Landpflanzen leben in einer solchen Verbindung mit Pilzen, bei der die zarten Pilzfäden mit den feinen Wurzeln der Pflanzen in Kontakt sind. Eine Geschäftsbeziehung zum gegenseitigem Vorteil: Tausche Mikro-Nährstoffe, Phosphat und Stickstoff gegen Photosynthese-Produkte.

Die Zahl und Diversität von Großpilzen gibt auch immer Aufschluss über die organismische Vielfalt unserer Wälder.

Als eigene Habitatbildner stellen die Pilze mit ihren Fruchtkörpern auch einen wichtigen Lebensraum für andere Organismen zur Verfügung und schaffen eine eigenes Ökosystem. Das gilt nicht nur für eine Vielzahl z. B. auf Pilze spezialisierte Insekten, sondern auch für Mikroorganismen, deren Zahl und Individuenreichtum alles in den Schatten stellt.
Letztendlich stellen Pilze auch für Kleintiere eine wichtige Nahrungsquelle in der Natur dar, wobei Tiere wie zum Beispiel die Fliegen bei der Stinkmorchel als "Sporentaxi" fungieren und für eine weitere Verbreitung der jeweiligen Pilzart sorgen.

Die hypogäisch wachsenden Trüffeln können im Boden keine Sporen verbreiten und locken daher mit speziellen Duftmolekülen, die sie erst bei Sporenreife produzieren, Wildtiere an, die sie ausgraben, fressen, die Sporen über ihren Stoffwechsel wieder unversehrt ausscheiden und damit Möglichkeiten neuer Mycelbildung schaffen.

Diese Lock- und Botenstoffe entstehen jedoch aus einer komplexen und noch nicht ganz aufgeklärten Wechselbeziehung von Trüffel, Pflanze, Boden, Klima und Mikroorganismen. Man weiß, dass Fruchtkörper von Trüffeln üppige Gemeinschaften von Bakterien und Hefepilzen beherbergen – zwischen einer Million und einer Milliarde Bakterien je Gramm Trockengewicht. Viele Mitglieder des Mikrobioms von Trüffeln erzeugen charakteristische, flüchtige Duftaromen, nicht nur die Trüffel also allein. Ein Beispiel dafür wie fein und präzise alles mit allem in der Natur vernetzt ist.

Auf der anderen Seite halten Bitter- und Schärfestoffe, die in Fruchtkörpern der Pilze produziert und eingelagert werden, Fressfeinde fern, zu denen wir ja im Übrigen auch durchaus gehören.
Welche Aufgabe und welchen Nutzen vorhandene Insektenspezialisierung auf bestimmte Pilzarten besitzt, ist noch weitgehend ungeklärt.
Parasitär lebende Pilze sind zumeist auf einen bestimmten Wirtsorganismus (Pflanze, Pilz, Tier) spezialisiert, den sie als Parasit angreifen und schädigen, um von seinen Nährstoffen zu profitieren, ohne dafür selbst etwas anzubieten, wie es bei einer Symbiose der Fall wäre. Um geeignete Wirte zu finden, haben diese Spezies unterschiedliche Methoden entwickelt. So kann zum Beispiel *Armillaria ostoyae*, der Dunkle oder Fleischbräunliche Hallimasch, als Schwächeparasit nahezu alle lebenden Holzarten in Laub- und Nadelwäldern und außerhalb befallen. Schwächungen durch Dürreperioden, Schädlingsbefall, Fröste oder Mehltau machen die Bäume anfällig. Der Pilz dringt dann mit Hilfe von im Boden wachsenden Rhizomorphen in die Wurzeln ein, deren Rinde er abtöten kann, und steigt im Stamm hoch, wo die Rinde angegriffen wird oder eine Stammfäule im Kernholz entstehen kann. Mitunter sieht man noch Jahre nach dem Befall die zähen, netzartig verzweigten, schwarzen Rhizomorphen unter der Rinde abgestorbener

Wirtsbäume. Ist der Wirt abgestorben, kann der Pilz als Saprobiont büschelweise auf Totholzstämmen oder Stubben eine Zeit lang weiter fruktifizieren.

Pilzliche Pflanzenschädlinge (Phytoparasiten) sind besonders in der Landwirtschaft gefürchtet.
Hierzu gehören die Mehltau-, Rost- und Brandpilze. Diese Pilze bilden eine sehr große Organismengruppe hochspezialisierter, nur auf jeweils bestimmten Pflanzenarten vorkommende Arten.
So produzieren Rostpilze große Mengen an Sporen und erhöhen dadurch die Chance, dass einige von ihnen auf kompatible Wirtspflanzen gelangen. Effektiver ist dagegen die Verbreitung durch Insekten, welche die Wirtspflanzen besuchen. Auf diese Weise werden etwa Hefen, die im Nektar leben, von Blüte zu Blüte transportiert. Die Sporen von *Monilinia fructigena*, dem Erreger der Fruchtfäule bei Obstbäumen, werden durch Wespen verbreitet, die zugleich durch Anfressen der Früchte den Zugang für den Pilz schaffen.
Brandpilze können jahrelang ohne Wirtspflanzen saprophytisch im Erdreich leben. So sind in einem von *Ustilago maydis*, dem Maisbeulenbrand, befallenen Acker noch bis zu 12 Jahre danach infektiöse Myzelien vorhanden, die erneut ausgesäte Maispflanzen sofort parasitieren. Auch Tiere und Menschen können sich Pilzinfektionen durch Kontakt mit Pilzsporen zuziehen.
Allerdings führen viele pflanzenparasitische Pilze nicht zum Absterben der Pflanze und müssen daher auch nicht unbedingt bekämpft werden.

Dass nicht alle pilzlichen Parasiten Schädlinge sind, sieht man daran, dass etliche unter ihnen nützlich sind, zum Beispiel als Edelfäule des Weines, oder dass einige zur Bekämpfung tierischer Schädlinge dienen.

Auch für uns Menschen, die wir ein Teil der Natur und von ihr abhängig sind, spielen Pilze eine entscheidende Rolle. Wild- und Zuchtpilze sind als Lebens- und Genussmittel Nahrungslieferanten.

Noch bedeutender sind Pilze jedoch als Mikromyzeten, denn die mikrobielle Biotechnologie gilt als eine zentrale Technologie unseres Jahrhunderts. So wird im Arzneimittelbereich die vielfältige stoffwechselphysiologische Aktivität von Pilzen zur Produktion von Antibiotika und anderer Pharmazeutika genutzt, im Lebensmittelbereich zur Produktion bestimmter Lebensmitteln (z.B. Käse, Alkohol, Brot und Kuchen), des Weiteren zur Herstellung von Enzymen, Zusatz- und Aromastoffen (z.B. Vanillin), quasi als "Lebensmitteldesigner".

Mikrobiell gewonnene Pilzinhaltsstoffe können in der Medizin den Cholesterinspiegel im Blut senken, besitzen immunmodulierende Wirkungen z.B. bei Krebspatienten, verhindern in der Transplantationsmedizin Abstoßungsreaktionen von Organen, dienen zur Gewinnung von Vitamin B2 oder Vitamin C oder produzieren Zitronensäure als Säuerungsmittel für Getränke und Marmelade. Ihre Enzyme wirken aber auch in Waschmitteln als Fettlöser.

Der Haupteinsatz von Pilzen in der Lebensmittelindustrie ist die Fermentation. Exoenzyme von Schimmelpilzen bewirken einen Abbau, Umbau oder Aufbau von

Ausgangsstoffen, häufig unter Beteiligung von Bakterien (z. B. Käse, Salami). Dabei werden komplexe größere Moleküle in aromaaktive niedermolekulare Verbindungen gespalten, was auch zu besserer Bekömmlichkeit führt.

Pilze haben ferner als  sogenannte Vital- oder Heilpilze  (ganze Pilze oder Extrakte als Nahrungsergänzungsmittel) Bedeutung erlangt und besitzen eine wichtige Rolle in der Traditionellen Chinesischen Medizin und in der Naturheilkunde.

Auch zum Abbau von Bodengiften (Schwermetallbelastungen, Mineralöle, Dioxine) werden Pilze ebenso eingesetzt wie zur Schädlingsbekämpfung in der Forst- und Landwirtschaft.

Als Beispiel für einen ökonomischen Nutzen von Pilzen sollen die Strobilurine enthaltenden Zapfenrüblinge Erwähnung finden. Lichtstabilere chemisch synthetische Strobilurine kommen als Fungizide in der Landwirtschaft zum Einsatz. Sie wirken durch Hemmung der Zellatmung.

All diese Beispiele verdeutlichen, dass ohne Pilze der Naturhaushalt zusammenbräche und auch wir Menschen in existentielle Not kämen.

## Ursachen für den Artenrückgang

Dass die Pilzflora rückläufig ist und zunehmend verarmt, ist mittlerweile allgemein bekannt. Jeder aufmerksame Naturfreund und Pilzsammler kann das bestätigen, auch wenn zwischendurch ein sogenanntes "gutes Pilzjahr" mal eine Ausnahme zu bilden scheint.

Auch im Harly ist diese Entwicklung beobachtbar. Noch vor wenigen Jahren anzutreffende Großpilzarten sind mittlerweile verschwunden oder tauchen nur noch sporadisch als sogenannte Kümmerexemplare auf. Etliche Sammelarten sind bestandsdezimiert und finden sich nur noch sehr zerstreut und zu wenigen Exemplaren an.
Dieser Wandel ist nicht nur bei den Pilzen feststellbar, sondern auch am Erscheinungsbild des Waldes und der Waldsäume, auf das im Einzelnen noch an anderer Stelle eingegangen wird.

Nur unvollkommen wissen wir über die Ursachen der Rückläufigkeit von Großpilzen Bescheid und noch viel weniger, wie es um die Mikroorganismen im Boden bestellt ist, die mit den Pilzen zusammenarbeiten. Zu komplex und zu fein sind die Wechselwirkungen zwischen Pilzmyzel, Bodenstruktur, Mikroorganismen und Pflanzen, die natürlich alle vom Schadstoffeintrag, von der Klimaerwärmung und starken Veränderungen des  Wasserhaushaltes betroffen sind und entsprechend interagieren.

Manche möglichen Ursachen des Pilzartenrückganges sind noch wenig untersucht worden. Viele Autoren befassen sich daher schon seit längerem mit der sehr vielschichtigen Problematik (DERBSCH & SCHMITT (1984), MEYER (1984), WINTERHOFF (1984 und 1992), ARNOLDS (1985, 1991), VESTERHOLT & KNUDSEN (1990) ET AL )
Verschiedenste Ursachen von Vitalitätsverlust, Artenrückgang und Artenverschiebung werden diskutiert.
Derzeit werden sogar Aspekte veränderter Ozonschicht oder anthropogene Veränderungen lokaler Feinstruktur des natürlichen Erdmagnetismus und Folgen zunehmender elektromagnetischer Immission in die Ursachendiskussion mit einbezogen.
Fakt hingegen ist, dass nicht eine Ursache symptombildend ist, sondern stets ein ganzes Ursachenbündel.
Sicherlich spielt ein aus dem Lot geratener Wasserhaushalt eine gewichtige Rolle, die sogenannte "Entfeuchtung der Landschaft". Viele kleine Fließgewässer, Feuchtstellen und Quellen sind, mittlerweile landauf/landab trockengefallen, ein Phänomen, welches klein- bis großflächige Grundwasserabsenkungen andeutet. Und in der Tat ist der Grundwasserspiegel in Deutschland im Schnitt um mehr als einem Meter abgesunken.
Bis auf eine kleine Sinterquelle im Westteil bei Weddingen, einer stets gefüllten und von der in der Nähe vorbeifließenden Oker versorgten unterirdischen Wasserstelle

im südöstlichen Bereich, einem  kleinen Fließgewässer im Burgtal und dem am Nordhang des Harly entspringenden Ohebach, der zwischen den Ortschaften Beuchte und Lengde hindurchfließt und in die Oker mündet, gibt es im Harly keine Wasserläufe oder Wasserstellen, die in die Beobachtung mit einzubeziehen wären.
Im Harly speichern indes mergel- und tonhaltige Böden noch gewisse Feuchtigkeit, aber an vielen anderen Stellen sind auch dort die Oberböden, zumal sie in den Kammbereichen sehr dünn ausfallen, schon viel zu trocken.
Ursachen für die Rückläufigkeit von Großpilzen sind landesweit rückläufige Regenmengen, zunehmende Entwässerungen für Siedlungen, Gewerbe und Verkehr, höhere Durchschnittstemperaturen als Folge globaler Klimaerwärmung und extremere Witterungsverläufe (Dürresommer mit langen Trockenphasen, verstärkte Windaustrocknung, lokale Starkregenphänomene).
Wasserstandsabsenkungen und Trockenlegungen unterirdischer Wasserführungen zum Beispiel in Wassergewinnungsbereichen und Schöpfwerkgebieten bilden ebenfalls ernstzunehmende Ursachen.
Die Dehydrierung von Landschafts- und Naturräumen ist zu einer klassischen und damit wohl wichtigsten Ursache der Pilzartenrückganges geworden.
Austrocknung und Degradierung der Böden führt dazu, dass die Pilzflora frischer, feuchter und nasser Waldböden zusehends verschwindet.
Aber auch Pilzgesellschaften halbtrockener und trockener Wald- und Offenstandorte besiedeln Bereiche mit graduell höherer Bodenluftfeuchte oberhalb unterirdischer Wasserführungen. Daher sind diese von einer Wasserabsenkung gleichermaßen betroffen.
Bäume, die aufgrund von Dürreperioden vermehrt Blätter oder Nadeln abwerfen, verstärken die Besonnung, Erwärmung und damit eine beschleunigte Bodenaustrocknung. Ein geschwächter Baum hat logischerweise auch nur geschwächte Mykorrhizapartner.
Dass Pilze dann keine oder nur wenige Fruchtkörper ausbilden, ist ein eindeutiges Schadzeichen, führt zu keinem oder vermindertem Sporenabwurf und zu bestenfalls stark eingeschränkten Fortpflanzungsmöglichkeiten.

Einen zweiten Ursachenkomplex stellt die Schadstoffimmission in Form von Stickoxiden, Ammoniak und Phosphaten aus Landwirtschaft, Industrie und Verkehr dar, wobei der Luftverkehr einen großen und stetig steigenden Anteil daran hat.
Die flächendeckende Eutrophierung der Landschaft und ihrer Böden führt dazu, dass naturnahe und nährstoffarme Standorte einer schleichenden Überdüngung anheimfallen, auf die viele Pilzarten mit Rückläufigkeit oder Ausbleiben reagieren.
Arten, die an eine Nähstoffarmut angepasst waren, haben dort kaum mehr eine Überlebensmöglichkeit.
Durch trockene und windreiche Witterungen werden Düngekalkstäube zudem in hohem Maße von den Ackerflächen vermehrt in die Wälder geweht. Deshalb sind die Stickstoff-Immissionen auch in siedlungs- und verkehrsfernen Gebieten kaum geringer als in verdichteten Siedlungsräumen.
Der aufmerksame Naturbeobachter wird die Veränderung der Vegetation an einer zunehmenden Vergrasung und eutrophen Verkrautung von Wald- und Heideböden (Wurzelkonkurrenz) bemerken. Brennnesselsäume an Wegen zum Beispiel oder eine veränderte und verdichtete Waldbodenvegetation (Brombeere, Springkraut,

verschiedene Gräserarten) geben Hinweise auf  Eutrophierungsfolgen.

Reine Laub- oder Nadelstreuböden in den Wäldern ohne größeren Anteile von Verkrautungsfloren werden zunehmend weniger und seltener. Das bedeutet, dass naturnahe Refugien und ideale Wachstumsbedingungen für Großpilze zunehmend verschwinden.

Nachgewiesen wurden direkte toxische Wirkungen eines zu hohen Stickstoffangebotes in den Oberböden auf Pilzmyzelien besonders bei den Mykorrhizapilzen, was wiederum zur direkten oder indirekten Schädigung Mykorrhiza bildender Baumarten führt. (ARNOLDS (1991), LÜDERITZ (1993)). Als besonders schädlich stellt sich die Kombination von verstärktem Stickstoffangebot und der Oberbodenversauerung heraus.

Zwar haben sich im Laufe ihrer Evolution terricole Großpilzarten an saure Böden mit geringem Stickstoffangebot anpassen können, ihnen und ihren Ökosystemen ist jedoch eine schnelle Gewöhnung an saure Böden mit hohem Stickstoffanteil schlichtweg nicht möglich.

Auch die Erhöhung bodennaher Ozongehalte durch Photooxidantien ist negativ, da das Ozon toxisch auf Hyphen und Myzelien vieler Pilzarten wirkt. Zusätzlich gibt es einen massiven Einsatz von Fungiziden, Herbiziden und Insektiziden in der Land- und Forstwirtschaft sowie im Gartenbau oder auf Eisenbahngleisstrecken.

Luftschadstoffeinträge von Schwefeloxiden, Fluorwasserstoffen, aromatischen Kohlenwasserstoffen, Dioxinen, Reifenabrieb-Aerosolen, Nanopartikeln von Kunststoffen usw. führen zu einer schleichenden Chemikalisierung von Landschaftsräumen mit all ihren Wechselwirkungen und Folgen.

Natürliche Biotope und Habitate sind auch durch Bebauung und Flächenversiegelung oder Aufschüttung im besonderen Maße von Zerstörung bedroht. So wurden in den Jahren 2002 bis 2005 in Deutschland für Siedlungs- und Verkehrsflächen 114 ha pro Tag verbraucht (Quelle: Statistisches Bundesamt 2006).

Das waren für den angegebenen Zeitraum von 4 Jahren insgesamt 166. 440 ha Fläche. Derzeit wächst die Siedlungs- und Verkehrsfläche tagtäglich um 55 Hektar (Quelle: Statistisches Bundesamt 2023).

Kahlschläge, die durch massive Borkenkäferschäden ganzer Fichtenwälder zum Beispiel im Harz in großer Zahl entstanden sind oder noch entstehen und ganze Landstriche verändern, setzen Nährstoffe in erhöhtem Maße frei und führen zur Oberbodenaustrocknung sowie zum Verschwinden aller mit den gefällten Bäumen vormals verbundenen Mykorrhizapilzen. Hinzu kommt die Bodenverdichtung durch schwere Maschinen in Waldbau und Landwirtschaft.

Auch die seit 1980 (Stichwort "Saurer Regen") durchgeführten Forstkalkungen und -düngungen schädigen die Mykorrhizaflora und führen zu einer problematischen Pilzverarmung, obgleich häufig Gegenteiliges behauptet wird. Durch die künstliche Chemikalisierung der Oberböden werden viele Habitate und ihre Besiedler negativ beeinflusst.

Arten, die das Grünland besiedeln, wurden (und werden) durch Gülle und Mineraldünger nachhaltig vernichtet. Viele Wiesenpilze, darunter Rötlinge, Ellerlinge und Saftlinge, sind dadurch nahezu ausgelöscht worden und nur in nährstoffarmen Reliktzonen noch vorhanden.

## Waldschäden im Harly

Wie jedes andere Gebiet ist auch der Harly der Klimaerwärmung und damit verbundener Folgeerscheinungen ausgesetzt. Trockenschäden, die zu massiven Absterben von Eichen und Buchen führen, sind besonders am oberen Südhang (im Kammbereich) des östlichen Teiles des Harly zu beobachten und keinesfalls auf dieses Gebiet begrenzt.
Im Folgenden werden einige der Schadbilder angesprochen, die Auswirkungen auf die Mykorrhiza haben aber auch auf andere  Pilzarten.

## 1. Rußrindenkrankheit

Der Ascomycet *Cryptostroma corticale* (ELLIS & EVERH.) P.H. GREG. & S. WALLER 1952 kann als Schwächeparasit die sogenannte Rußrindenkrankheit verursachen, eine Pilzerkrankung an Ahornbäumen. Der Pilz hat ein hohes Verbreitungspotential und befällt auch gesunde Bäume, wo die Pilzsporen bis zum Zeitpunkt der Infektion, bedingt durch Rindenverletzungen im Ruhemodus verbleiben.
Befallenes Holz erscheint wie verkohlt, was zur Bezeichnung dieser Erkrankung geführt hat, Bei Inhalation der Sporen kann der Pilz auch beim Menschen schwere Entzündungen der Lungenbläschen auslösen, die von Reizhusten, Fieber, Atemnot und Schüttelfrost begleitet sind.
Erkrankte Bäume sind durch Welke, Blattverlust, Absterbeerscheinungen der Krone und Kambiumnekrosen, länglich aufgerissene Rinden und Schleimfluss am Stamm erkennbar. Infektionen werden durch trockenes und heißes Klima und Wasserknappheit begünstigt. Der Absterbeprozess kann mehrere Jahre betragen. Ältere Bäume mit guter Wasserversorgung sind weniger anfällig für Infektionen. Befallenes Stammholz kann im Anschnitt grüne und blaue Verfärbungen aufweisen. Schließlich lösen sich an den abgestorbenen, aber noch stehenden Bäumen die äußeren Rindenschichten ab und geben riesige Massen dunkelschwarz-brauner Konidien frei, wobei sich die Rindenabplatzungen oft über einen sehr großen Bereich erstrecken.
Verletzungsstellen in der Borke sind Eintrittstore für die Konidien dieses Pilzes.
In Jahren mit kühlen Sommern kann das Wachstum des Pilzes zum Stillstand kommen und der Baum sich erholen. Der Pilz kann daher lange Zeit latent im Wirt vorhanden sein, aber wenn der Baum geschwächt ist, und besonders nach längeren Trockenperioden, wächst das Myzel des Pilzes vermehrt vom Kernholz in Richtung Rinde. Die Rinde stirbt in der Folge ab und das unter der Rinde gebildete Stroma des Pilzes teilt sich auf in ein Boden- und ein Dachstroma. Anschließend bilden sich dazwischen über 1 mm lange Säulen, sodass die beiden Schichten voneinander getrennt werden. Der Raum dazwischen, der einer Krypta ähnelt, wird vom Bodenstroma aus mit neuen Konidien gefüllt, während das Dachstroma zerfällt. Wenn es später zu Rindenabplatzungen kommt, werden die Millionen von Sporen (100-170 Millionen Sporen/cm²) durch Wind und Regen verbreitet. In England wurden zudem Sporen des Pilzes im Magen eines Grauhörnchens gefunden, weswegen

vermutet wird, dass diese Tiere durch den Verzehr der Baumrinde die Ausbreitung des Pilzes fördern könnten. Auch Spechte und andere Vögel könnten als Vektoren dienen. In erster Linie ist es aber der Wind als Sporentransporteur.

Die Rußrindenkrankheit wurde erstmals 1889 aus Kanada beschrieben, in Europa wurde der Pilz erstmals 1945 in Großbritannien entdeckt, 2005 in Deutschland, parallel dazu in anderen europäischen Ländern. Seitdem ist er in Ausbreitung.

Als Krankheitsverlauf lässt sich festhalten: Kronenverkahlung, Bildung von Wasserschösslingen im unteren Stammbereich, Entstehung schleimiger Stellen, Aufwölben der Rinde, Ablösung derselben in längliche Streifen, Freisetzung rußschwarzer Flächen und Millionen von Pilzsporen. In dieser Finalphase ist der Baum schon abgestorben und bildet eine Infektionsquelle ersten Ranges für Nachbarbäume.

Da *Cryptostroma corticale* ein wärmeliebender Pilz ist, wird seine Ausbreitung durch trockene und heiße Perioden begünstigt, Durch Wasserknappheit schwächeln die Bäume, was dem Erreger zusätzliche Wachstums- und Ausbreitungschancen bietet.


Allerdings ist auch neben anderen Schwächeparasiten der Ascomycet *Stegonsporium pyriforme* (HOFFM.) CORDA 1839 an äußerlich ähnlich aussehenden Schadprozessen beteiligt und erzeugt das Ahorntriebsterben, indem er schwarze Sporenlager entwickelt, die der Rußrindenkrankheit optisch stark ähneln und zu Verwechselungen führen. Eine eindeutige Schaddiagnose ist nur mikroskopisch führbar. Das *Stegonsporium*-Ahorntriebsterben tritt besonders an Jungbäumen von Ahorn auf und ist lokal mehr oder weniger begrenzt.


Ein weiterer Schadpilz ist indes der Ascomycet *Diatrype stigma* (HOFFM.) FR. 1849 *s. str.*, eine Sammelart, hinter der sich wohl noch verschiedene Kleinarten verstecken.

Dieser entwickelt einen krustenartigen Belag mit schwarzer Färbung. Die Krusten sind etwa einen Millimeter dick und werden unter der Rinde entwickelt. Im Laufe der Zeit löst sich diese ab, sodass die Sporenlager sichtbar werden. Diese haben eine fein punktierte Oberfläche und erscheinen gelegentlich narbenartig oder im Alter rissig.

Das Flächige Eckenscheibchen ist ein häufiger Pilz, der auf Totholz von Birken, Eichen, Buchen und Ahornen zu finden ist.


Im Harly existieren besonders im Ostteil Schadbilder, die auf die Rußrindenkrankheit und auf *Diatrype stigma* hinweisen.


## 2. Eschentriebsterben, Eschenwelke


Ebenfalls besonders an Hanglagen und im Talbereich besonders im Ostteil, aber auch anderenorts (Burggrund, Bärental) zeigen sich an Eschen (*Fraxinus excelsior*) bei Belaubung Kronenverkahlungen (Wipfeldürren), die ebenfalls auf einen Ascomyceten zurückzuführen sind und Eschen in ihrer Existenz bedrohen.

Das Eschentriebsterben, auch bekannt als Eschenwelke, ist eine schwere Baumkrankheit, die durch den aus Ostasien eingeschleppten Pilz *Hymenoscyphus fraxineus* (T. Kowalski) Baral, Queloz & Hosoya 2014 , das Falsche Eschenblattstiel-Stängelbecherchen, verursacht wird. In Asien besiedelt *H. fraxineus* als harmloser Blattpilz die dort heimischen Eschenarten und wurde wohl mit importierten Eschenpflanzen nach Europa eingeschleppt.

Seine Sporen infizieren im Sommer die Blätter der Esche, von wo aus der Erreger in die Triebe vordringt. Dort entwickeln sich die typischen, olivbraun bis orange verfärbten Rindennekrosen, die zum Absterben der Triebe führen. Umfasst eine Nekrose den ganzen Stamm- oder Triebumfang, ist die Wasserversorgung zu den oberen Abschnitten des Triebes unterbrochen. Die Blätter oberhalb der betroffenen Abschnitte beginnen zu welken und sterben ab. Oft bleiben sie braunschwarz verfärbt bis im Herbst an den Zweigen hängen. Auf diese Weise führt ein sich jährlich wiederholender Befall mit *H. fraxineus* vor allem bei jungen Eschen zu einem raschen Absterben der gesamten Pflanze.

Längere Zeit  nahm man an, dass das einheimische Echte Eschenblattstiel-Stängelbecherchen *Hymenoscyphus albidus* (Roberge ex Gillet) W. Phillips 1887 für das Schadbild verantwortlich wäre.

Jedoch hat das invasive Falsche das Echte Eschenblattstiel-Stängelbecherchen verdrängt, an welches die Eschen angepasst waren. Letzteres besiedelt als Saprophyt abgeworfene Eschenblätter und richtet keine Schäden an. Beide Arten bilden im Sommer auf den Blattspindeln letztjähriger Eschenblätter weiße, becherförmige Fruchtkörper, die sich morphologisch kaum unterscheiden. Die Fruchtkörper sind mehrere Millimeter groß und vom Auge gut erkennbar an den dunklen Eschenblattstielen des Vorjahres.

In den befallenen Eschenbeständen Europas dominieren heutzutage die Fruchtkörper von *H. fraxineus*. *H. albidus* wird nur noch sehr selten gefunden. Die zu *H. fraxineus* (sexuelle Hauptfruchtform) gehörige Nebenfruchtform (asexuelle Konidienform) heisst *Chalara fraxinea* T. Kowalski 2006 und lässt sich in isolierten Agarkulturen oder auf Blattresten nachweisen. Betroffen sind Eschen jeden Alters und besonders an feuchten Standorten sind die Eschen einem starken Infektionsdruck ausgesetzt, da Feuchtigkeit die Sporenbildung und den Infektionserfolg fördert. Interessanterweise scheinen bis zu 5% der Eschen in einem Befallsgebiet der Infektion zu widerstehen, so dass Hoffnung auf Arterhalt auf niedrigem Niveau besteht. Diese Widerstands- bzw. Anpassungsfähigkeit ist aber wissenschaftlich noch nicht restlos geklärt.

Beim Gang durch den Harly in den Sommermonaten zeigen sich dem aufmerksamen Auge schon erhebliche Wipfelschäden an den Eschen, gegen die auch die vielen kleinen nachwachsenden Eschenpflanzen nicht gefeit sein werden. Viele kahle Äste und dunkelverfärbtes trockenes Laub in den Eschenkronen zeichnen eindrücklich das Schadbild dieses Ascomyceten nach.

### 3. Allgemeine Trockenschäden

Der Klimawandel beschert uns immer höhere Temperaturen und immer weniger Niederschläge. Nach drei trockenen Jahren, die kaum Regen brachten, sind die Böden ausgetrocknet und die Trockenheit setzt Bäumen und anderen Pflanzen zu. Pflanzen verdunsten große Mengen an Wasser, um Fotosynthese zu betreiben und ihre Blätter zu kühlen. Das notwendige Wasser nehmen sie aus dem Boden auf und transportieren es über ihr einzigartiges Wasserversorgungsystem von den Wurzeln

bis in die Blätter. Suboptimale Umweltbedingungen wie anhaltende Trockenheit stören die Wasserversorgung. Das Wachstum der Bäume wird behindert, ihre Kraftreserven sind erschöpft, die Vitalität geschwächt und Abwehrkräfte reduziert. Der erhebliche Wassermangel stellt eine außergewöhnliche Belastung dar und löst bei Bäumen den sogenannten Trockenstress aus, der letztendlich zum Absterben führt.
Dieses ist leider an vielen Stellen im Harly zu beobachten.

Besonders betroffen sind die Rotbuchen und die Eichen im Harly, aber auch Waldkiefer und Birke zeigen zum Teil erhebliche Trockenschäden. Zu geringer Jahresniederschlag und  anhaltende Trockenheit besonders in den Spätfrühjahrs- und Sommermonaten verursachen bleibende Schäden an der Wachstumsschicht ihrer Stämme, was zur Schädigung der Baumkrone führt. Besonders deutlich ist das Schadbild auf dem Kammbereich des Harly im Ostteil zu beobachten, wo Rotbuchen und Eichen in größerer Zahl abgestorben sind. Auch niederschlagsintensive Episoden ändern wenig am Schadzustand.

Jede zweite Eiche in Deutschland ist mittlerweile krank. Besonders junge Bäume im Alter bis zu 80 Jahren. Die meisten leiden an Trockenstress. Besonders während der Wachstumsphase in den Sommermonaten. Die Schäden im Wald sind unübersehbar:

Die Bäume sprengen ihre Rinde ab, was besonders eindrucksvoll im Eichen-Hainbuchenwald im Osten des Harly zu beobachten ist. Etliche schwer geschädigte Eichen verlieren durch Feinwurzelschwund ihre Standfestigkeit und kippen um. Durch das Vertrocknen der Eichen und Rotbuchen entstehen zusätzliche große Lichtungs- und Austrocknungsflächen, die ungehinderte Sonneneinstrahlung und damit übergroße Erwärmung des Bodens begünstigen. Zusätzlich trocknen Winde die frei und ungeschützt liegenden Oberböden nachhaltig aus.
Das ist bemerkenswert, als die Eiche von Natur aus eigentlich eine ausgeprägte Trockentoleranz aufzeigt und sich nach Trockenperioden  relativ rasch erholt. Das aber ist in diesem Gebiet leider überhaupt nicht feststellbar.

So wird die Bodenaustrocknung zusätzlich beschleunigt, was natürlich verheerende Auswirkungen auf die Artenvielfalt der Pilze hat. Im Gebiet „Unter dem Harly", das noch in den neunziger Jahren ein an Artenvielfalt unglaublich reich ausgestattetes Gebiet war, finden sich kaum mehr nennenswerte Pilzfruchtkörper an. Bisweilen erscheinen sie noch in Einzelexemplaren oder Kümmerformen.
Der Zustand der Bäume auf der Nordseite ist im Ostteil derzeit zwar noch besser, wobei diese Bezeichnung nur eingeschränkt zu verstehen ist, als auf der Südseite, die intensiver der Sonne und Austrocknung ausgesetzt ist.
Aber auch hier sind deutliche Schwächezeichen in der Kronenbelaubung und der Blattgüte zu erkennen.
Aufgrund zunehmender Belichtungsflächen wird eine Verkrautung und Vergrasung stark beschleunigt, was zu einer massiven Abnahme  besonders der terricol lebenden Mykoflora führt.

# 4. Eutrophierung

Eine besondere Gefahr für das Arteninventar der Pilze stellt die Überdüngung (Eutrophierung) der Böden dar, die durch landwirtschaftlichen Einsatz von Düngekalken als Flugstäube in den Wald gelangen, was besonders bei windreichen Trockenperioden begünstigt wird. Dieser Lufteintrag von Nähr- und Düngestoffen bekommt vielen Pilzarten überhaupt nicht. Sie reagieren mit Rückzug, verminderter Fruchtkörperbildung oder gänzlichem Ausbleiben, während sogenannte nitrophile (stickstoffaffine) Pilzarten davon profitieren.

Im Harly ist die Eutrophierung in erster Linie an den frei liegenden Wegen zu sehen in Form von Säumen der Großen Brennnessel (*Urtica dioica)* als Ruderalpflanze.

Ein starker Brennnesselwuchs gilt allgemein als Zeiger für einen stickstoffreichen Boden. Eine große Anzahl Brennnesseln in einem Gebiet erlaubt es somit, auch ohne chemische Untersuchungen Rückschlüsse auf die Bodenbeschaffenheit zu ziehen.

Man weiß heute, dass Mykorrhizapilze sehr sensibel auf Umweltveränderungen reagieren, ganz besonders auf erhöhte Stickstoff- und Phosphatkonzentrationen im Boden.

In den stark stickstoffbelasteten Gebieten in den Niederlanden wurde in den 1980er Jahren ein drastischer Rückgang der Mykorrhizapilze festgestellt (ARNOLDS 1991; TERMORSHUIZEN und SCHAFFERS 1987). In Düngungsversuchen konnte dieser Effekt experimentell reproduziert werden (TERMORSHUIZEN 1993). Aber nicht nur die Fruchtkörper, auch das Pilzmycel von Mykorrhizapilzen zieht sich unter erhöhter Stickstoffzufuhr zurück und vermag die Baumwurzeln nicht mehr zu besiedeln. Dies ist eine ernst zu nehmende Entwicklung, deren Folgen für den Wald heute noch kaum abschätzbar sind und die von Trocknungsschäden überlagert werden.

Stickstoffverbindungen werden v.a. durch das Auswaschen von Stickoxiden aus der Luft durch den Regen in den Boden eingetragen. Hauptemittenten der Stickoxide sind der Straßenverkehr (etwa 50%), gefolgt von Kraft- und Heizwerken sowie Industriefeuerung. Die Ammoniakemission erfolgt hauptsächlich durch die Landwirtschaft (über 90%), sie wurde durch den Rückgang der Tierhaltung in den neuen Bundesländern dort um fast 60% reduziert. Im Vergleich zueinander und bezogen auf die Masse der N-Atome ist die Emission an Ammoniak seit dem Jahr 1999 höher als die der Stickoxide.

Mittlerweile existieren im Harly üppige Brennnesselgesellschaften als Indikatoren für stickstoffreiche Böden nicht nur entlang der Wege, sondern auch auf Waldlichtungen und in Waldbereichen. Sie nehmen sichtlich von Jahr zu Jahr an Zahl und Mächtigkeit zu und bilden regelrechte Brennnesselwände.

Allerdings gibt es auch unter den Pilzen Profiteure von stickstoffreichen Fluren, zu sehen an der jährlich zunehmenden Zahl des Riesenbovist (*Calvatia gigantea)* aus der

Gattung der Großstäublinge (*Calvatia*), der zum Teil stattliche Fruchtkörper ausbildet und bis ins neue Jahr hinein als braunverfärbte, kissenähnliche Fruchtkörperreste ausdauern kann. *Calvatia gigantea* ist eigentlich ein Wiesenpilz, der sich aber im auwaldartigen Laubwaldsaum des östlichen Harly scheinbar wohlfühlt.

Teilweise haben sich im Harly auch größere Bewuchsflächen von Brombeerarten (*Rubus sect. Rubus*) gebildet. Brombeeren sind auf  freien Flächen Konkurrenzpflanzen für Bäume aber auch für Pilze, in ihrem Bereich wird man sie selten finden. Das gleiche vollzieht sich auf Bewuchsflächen von *Hedera helix*, das den Boden an einigen Stellen im Harly dicht zu überwuchern mag. Allerdings ist die ökologische Funktion des Efeus (*Hedera helix*) breitgefächert positiv, jedoch bis auf einige Kleinarten für Pilze nicht attraktiv. Brombeere und Efeu sind keine Eutrophierungszeiger.
Ein gesunder Wald aber ist in summa ausbalanciert, so dass eine Pflanzenart auch nicht zur einseitigen Dominanz neigt. Sich rasch vergrößernde Flächen einer Pflanzenart, die als Schlag- oder Krautflora fungiert, ist jedoch eher als ein Symptom beginnender Unausbalanciertheit des Ökosystems Wald zu verstehen.
Da der Wald auch im Harly sichtlich schwächelt und krankt, lassen sich an etlichen Stellen sich zügig  vergrößernde Flächen ausmachen, die oft nur von ganz wenigen Pflanzen wie Brombeere oder Efeu gebildet werden.
Dass sich insgesamt das Waldbild verändert, lässt sich an Wegesäumen auch an invasiven Pflanzenarten wie dem Drüsigen Springkraut (*Impatiens glandulifera*) erkennen, einem Anzeiger nährstoffreicher und feuchter Böden. Auch nimmt das Einjährige Berufkraut (*Erigeron annuus*) an Wegesäumen zu und verdrängt meist an Ruderalstandorten die einheimische Flora. Auch der Gemeine Beifuß (*Artemisia vulgaris*) zeigt wie die Behaarte Karde (*Dipsacus pilosus*) stickstoffstoffreiche Böden an.
Angesichts der langen Waldbildungs- und -umwandlungszeiten haben die Wald- und Bodenveränderungen in den letzten 30 Beobachtungsjahren eine enormes Tempo an den Tag gelegt.
Reine Streuböden und intakte Altbäume sind immer seltener geworden, so dass man sich eigentlich nicht ausmalen möchte, wie sich Veränderungen wohl in weiteren 30 Jahren darstellen werden.

Trockenschäden im Ostteil des Harly

Betroffen sind Eichen, Buchen und Eschen, die vormals dichte Laubkronen besaßen und nun absterben bzw. abgestorben sind. Eine starke Verkrautung aufgrund des übergroßen Lichteinfalles ist unübersehbar. (Aufnahme Sommer 2023)

Unter dem Harly (Ostteil) bei Schacht I. Die Aufnahme aus dem Sommer 2022 zeigt auf Kammhöhe durchgehend abgestorbene Altbäume (siehe auch die Ausschnittvergrößerung im unteren Bild).
Bemerkenswert dabei ist die hohe Schadensdynamik.

Von der Rußrindenkrankheit *Crypto-stroma corticale* (ELLIS & EVERH.) P. H. GREG. & S. WALLER 1952 befallener Ahorn, Nordseite Harly, nahe der A 36 ( Aufnahme Sommer 2023 )

Eschentriebsterben an *Fraxinus excelsior*, verursacht vom Falschen Weißen Stängelbecherchen *Hymenoscyphus fraxineus* (T.Kowalski) Baral, Queloz & Hosoya 2014, erkennbar am Kronenrand.
(Aufnahme: Unter dem Harly, Sommer 2023)

*Hymenoscyphus fraxineus* lebt auf den Blattspindeln abgeworfener Eschenblätter (s. Tafel). Seine Nebenfruchtform löst das Triebsterben an Gemeiner und an Schmalblättriger Esche aus. (Tafelabbildung vom Autor)

So wie an diesem Wegrand im Nordteil des Harly sehen mittlerweile die meisten Wegränder im Harly aus: Die Wege säumen üppige Bestände der Großen Brennessel (*Urtica dioica*), allgemein ein Eutrophierungs-Anzeiger. (Aufnahme 2023)

## Der Harly als Untersuchungsgebiet

### Kleiner Bergzug – große Vielfalt

Der Harly, in manchen Kartenwerken auch als Harli oder Harlyberg bezeichnet, ist ein ca. 5,8 km langer, nahezu 1,5 km breiter und bis zu 256 m hoher Bergzug im nördlichen Harzvorland. Er erstreckt sich parallel zum Harz in westnordwestlicher – ostsüdöstlicher Richtung, fällt zum Westen zum sogenannten Weddinger Pass flach und nach Osten zur Okerniederung steil ab.

Die an ihn angrenzenden Ortschaften sind im Süden Vienenburg und Wöltingerode, im Westen Weddingen, im Norden Beuchte und Lengde sowie im Osten Wiedelah.

Der Bergzug bildet ein natürliches Hindernis für die aus dem Harz kommende Oker, die ungefähr auf Höhe des ehemaligen Schacht II ihren Lauf nach Osten nimmt und erst bei Wiedelah nach Norden fließt sowie für den Weddebach, der von Ohlhof kommend, den Harly in zunächst westlicher Richtung umfließt und hinter Weddingen ebenfalls in nördliche Richtung  zur Oker hin führt.

Im westlichen Bereich des Harly zeichnen sich zwei fast zueinander parallele Schichtkämme ab, im Ostteil ist diese Gliederung weniger deutlich.

Der Harly gehört zum niedersächsischen Hügelland, sein südlicher Schichtkamm wird von Sand-Tonstein-Wechselfolgen des Unteren und Mittleren Buntsandsteins, der Dachbereich von Kalksteinen des Muschelkalks und vereinzelt des Keupers aufgebaut, was besonders auf dem Kammweg des Harly gut zu beobachten ist.

Zusammen mit dem Vienenburger See ist der Harly ein beliebtes Naherholungsziel, das zu jeder Jahreszeit gern von Spaziergängern und Wanderern angenommen wird.

Durch die A 36, die den Harly am Südostende mit der 200 m langen Okertalbrücke anschneidet, ist über deren Anschlussstelle Vienenburg der Parkplatz Schacht I am Ostteil des Vienenburger Sees gut erreichbar.

Dieser und ein zweiter hinter dem Klostergut Wöltingerode mit Zugang zum Bärental sind beliebte Ausgangspunkte für Wanderungen und Spaziergänge im Harly.

Vom Parkplatz am Vienenburger See aus kann man die 1203 von König Heinrich IV. erbaute und schon 1291 wieder zerstörte Harliburg besuchen, von der auf der großflächigen Bergkuppe jedoch nur noch die großen Wallanlagen und keine Mauerreste erhalten geblieben sind.

Es empfiehlt sich, einen Besuch nur in den Wintermonaten vorzunehmen, weil zu anderen Jahreszeiten der Bereich stark verkrautet ist und die hochgewachsene Vegetation ein Durchkommen kaum gestattet. Diese mittelalterliche Burg hat dem Höhenzug auch den heutigen Namen gegeben. Ihre Steine sind wahrscheinlich in der Wasserburg Wiedelah und der Vienenburg verbaut worden.

Nach Überquerung der Oker direkt am Parkplatz sind beidseitig des Weges Brückenreste, bewachsene Bahndämme und Gebäude, die jetzt als Wohnhäuser genutzt werden, aus der Zeit ehemaligen Bergbaues erkennbar.

Als erstes trifft man auf Schacht I („Neubauerschacht") des Kalibergwerkes „Hercynia", das von 1884 bis 1930 Kalisalze förderte,  im selben Jahr aber am 8. Mai innerhalb weniger Tage durch starke Laugenzuflüsse in die Schächte und Stollen absoff und gänzlich aufgegeben werden musste. In Folge dieses Laugeneinbruches gab es zahlreiche Erdfälle, die zum Teil auch heute noch im Gelände erkennbar sind. Sowohl bei Schacht I am Hercyniaweg, der beide Orte miteinander verbindet, als auch unterhalb von Schacht II sind noch heute Einsturzkrater als Bergschäden aus jener Zeit sichtbar.

Einzelne Werksgebäude und die Direktorenvilla sind noch erhalten geblieben. Sie alle werden heute als schmucke Wohnbauten genutzt und liegen abseits der Straße südlich unterhalb des Ostteils des Harly (Flurbezeichnung "Unter dem Harly").
Das Zechengelände am südöstlichen Waldrand des Harly wurde durch eine Anschlussbahn mit der damaligen Reichsbahnstrecke Vienenburg–Grauhof–Langelsheim verbunden. Längst sind die Gleise demontiert und nur noch stellenweise erinnern Bahntrassenreste und Schotter, Eisenteile und Betonfundamente im Gelände daran.
Hinter der ehemaligen Direktorenvilla bei Schacht I beginnt das kleine Burgtal (auch Burggrund genannt) mit Abzweigungen zum Mittel- und Kammweg sowie zur nördlichen Seite des Harly. Es wird von einem stetig, aber wenig Wasser führenden Fließgewässer durchzogen und im oberen Bereich von Gips- und Sandsteinschichten durchquert. Zwischen beiden Parkplätzen Schacht I und Am alten Forsthaus hinter dem Klostergut Wöltingerode liegen, ungefähr auf Mitte landschaftlich wunderbar eingebettet, Häuser, die zu dem ehemaligen Zechenplatz Schacht II gehören.

Auf dem weitläufigen Gelände der Förderanlage und einer Chlorkaliumfabrik, die Ende des 19. Jahrhunderts nach damals modernster Technik für die Düngemittelproduktion eingerichtet wurde, stehen heute verstreut nur noch einige wenige kleinere Gebäude, unter anderem das ehemalige Labor. Der abgedeckte Schacht ist zwar noch zu sehen, aber zwischen dem Bewuchs schwierig aufzufinden.
Von hier aus ca. 2,3 km westlich Richtung Weddingen sind im Wald vom sogenannten „Röhrigschacht" (Schacht III) außer vom Bahndamm der Anschlussbahn keine Überreste mehr erhalten.
Von Schacht I aus lässt sich über den Kammweg der Harlyturm erreichen. Kürzer aber ist die Strecke vom Parkplatz aus hinter dem Klostergut Wöltingerode. Nach Querung der Kreisstraße erreicht man eine erst asphaltierte dann kalkgeschotterte Forststraße, die links am ehemaligen Forsthaus vorbei ins Bärental führt. Im Taleinschnitt, der sich stetig bergan durch Laubwälder zieht, kommt man an der „Kräuter-August-Höhle", einem Naturdenkmal, vorbei.
Nach einer Rechtskurve der Forststraße führt ein links abzweigender, beschilderter Pfad direkt zum Harlyturm, der nach zwischenzeitlicher Schließung derzeit an Wochenenden wieder geöffnet ist und bewirtschaftet wird. Der Turm, der schon 1845 eine Bewirtschaftung als „Napoleonturm" hatte, aber im Laufe der Zeit verfiel und als Bauwerk geschlossen werden musste, wurde nach jahrzehntelangem Verfall und aufwendiger Restaurierung am 12. Oktober 1986 feierlich wiedereröffnet und als Aussichtsturm mit kleiner Bewirtschaftung wieder in die touristische Nutzung übergeben. Von seinen zwei Plattformen aus genießt man bei entsprechender Witterung einen schönen Fernblick Richtung Harz und Harzvorland. Der Turm ist geöffnet, wenn die Fahne auf seinem Dach weht. Zusätzliche Informationen geben

auch Informationstafeln an beiden Parkplätzen. Die Wege sind gut ausgeschildert. Eigentümerin des Harlyturmes ist die Landesforst.

Geht man im oberen Bärental kurz hinter der Kräuter-August-Höhle auf der Forststraße nach links bergauf und folgt nicht der Rechtskurve, gelangt man hinter dem Anstieg über einen einen vom Hauptweg nach links abzweigenden, schmalen Saumpfad zu einer forstbotanischen Besonderheit des Harly. Es handelt sich um einen Riesenmammutbaum, der hier im Jahr 1880 gepflanzt wurde und mittlerweile einen Stammumfang von 4,32 Meter aufweist sowie eine Höhe von 38 Meter.
Südlich des Mittelweges sind noch weitere, wenn auch kleinere und jüngere Mammutbäume zu finden.
Hält man sich am Anfang des Bärentales am Denkmal, das dem Landschafts- und Jagdmaler Fritz Laube (* Berlin 1914, † 1993 Bad Harzburg) gewidmet ist, gleich nach links, kann man auf dem südlichen Randweg des Harly treffliche Ausblicke auf Vorland, Harz und Brocken genießen.
Weitere Zugänge zum Harly existieren natürlich auch anderenorts, so zum Beispiel an seiner Nordflanke, ausgehend von den Ortschaften Beuchte, Lengde und Wiedelah. Von diesen Gemeinden aus führen Feldwege zum Harly, der auch am Nordrand erschlossen ist und dort auch an einer Stelle Wiesen und Felder umschließt.
Eine weitere Zugangsmöglichkeit liegt an der Bundesstraße B 82 zwischen Weddingen und Beuchte an einer Straßenkurve, jedoch ohne regulären Parkplatz. Eine alte Furt im Bachbett der Wedde unterhalb von Weddingen diente früher als Übergang für Fuhrwerke und ist noch heute erhalten.
Vom Westteil des Harly aus kann man eine Kalksinterquelle am Waldrand mit spezieller Vegetation aufsuchen sowie einen weiteren Geotop, die jedoch nicht zugängliche „Waldmänneken-Höhle" oder den Harlykamm über einen steilen Westaufstieg erkunden. Leider befindet sich derzeit die Kalksinterquelle in  einem eher beklagenswerten Zustand. In der Nähe wurden  Wege- und Forstarbeiten durchgeführt, ohne die Ökologie des Gebietes entsprechend zu berücksichtigen.
Vielfältige Laubwälder mit teilweise vorgelagerten Busch- und Heckengesellschaften, die an ihren Randbereichen mitunter schöne Ausblicke zum Harz oder Vorland freigeben sowie eine paradiesische Stille machen aber auch heute noch den nachhaltigen Erholungswert dieses kleinen Höhenzuges aus.

**Gefährdete und schützenswerte Natur**

Der Harly ist Lebensraum einer überaus vielfältigen Tier- und Pflanzenwelt, die aber wie die Pilze nachhaltiger Gefährdung und einem zum Teil gravierenden Artenrückgang ausgesetzt sind.

Ökologisch gesehen ist der Wald im Harly ein naturnaher Hangwald auf trockenwarmen Kalk- und Silikatstandorten. Viele bestandsgefährdete und seltene Rote Liste-Arten sind hier zu Hause.

Mit viel Glück findet man im Mai und Juni in lichten Eichenbeständen besonders im Ostteil des Bergzuges den Hirschkäfer oder sieht an der Oker oder am Zulauf der Radau den Eisvogel.

So verwundert es nicht, dass die Okerniederung zwischen Vienenburg und Harly am 29.10.1986 zunächst als Landschaftsschutzgebiet, späterhin als Naturschutzgebiet ausgewiesen wurde.

Dieses Gebiet und Teile des Harly etwa bis in Kammhöhe wurden dann 1992 als FFH-Gebiet unter europäischen Naturschutz gestellt. Die Fauna-Flora-Habitat-Richtlinie (FFH-Richtlinie) umfasst die Gebiete Nr. 123 *"Harly, Ecker und Okertal nördlich Vienenburg"* und besitzt eine Größe von über 681 ha. Sie ist eine Naturschutz-Richtlinie der Europäischen Union. Daher dürfen in dem Gebiet Wege nicht verlassen, Pflanzen und Pilze in der Natur nicht unnötig entnommen werden. Das aber ist den allermeisten Besuchern des Harly überhaupt nicht bewusst, da wichtige Informationen schlichtweg fehlen. Leider befindet sich nur unterhalb des Alten Forsthauses hinter dem Klostergut Wöltingerode eine Wandertafel, die jedoch nicht explizit auf den FFH-Status des Gebietes hinweist. Beigefügt sind aber kurze Hinweise zur schützenswerten Pflanzen- und Tierwelt sowie zu Pilzen.

Die Tafel wurde wohl im Zusammenhang mit der Herausgabe der Broschüre *„Der Harly – Von Wöltingerode zum Muschelkalkkamm"* der BUND-Kreisgruppe Goslar, des FEMO (Geopark Harz, Braunschweiger Land, Ostfalen) und der Stiftung Naturlandschaft aufgestellt (Goslar 2008). Das ist allerdings völlig unzureichend, da an anderen Zugangsmöglichkeiten in das FFH-Gebiet ebenfalls Informationstafeln stehen müssten. Auch eine genaue grafische Darstellung der FFH-Bereichsfläche fehlt, so dass sich die einzige aufgestellte Besuchertafel nur als Mischung von Wanderwegeübersicht und ein paar naturkundlichen Zusatzhinweisen präsentiert.

Angesichts des Artenbestandes im Harly und seiner Biotope ist ein differenzierteres Hinweiskonzept längst überfällig.

Der Harly, welcher besonders als Naherholungsgebiet genutzt wird und ein gut beschildertes Wegenetz aufweist, besitzt immer noch Reste naturnaher Wälder. Der Landschaftsbereich aus Wäldern, im Südteil zwei Streuobstwiesen und umliegenden landwirtschaftlichen Flächen weist durch sein abwechslungsreiches Relief, seine Hecken- und Gebüschsäume, Einzelbäumen und unbefestigten Fahrwegen sowie ausgeprägten Saumstreifen eine große Eigenheit und Vielfalt auf.

Am Harly-Hauptkamm wächst im Westteil ein Eschen-Elsbeeren-Wald in typischer Ausprägung, der hier seine nördliche Verbreitungsgrenze erreicht. Im Ostteil ist dagegen ein ebenfalls wärmeliebender Eichen-Hainbuchen-Wald anzutreffen. Buchenwälder mit hohem Eschen- und Bergahornanteil wachsen auf der Nordabdachung, das Waldgebiet im Ostteil hat Auwaldcharakter. Dicht unterhalb des Harly-Westkammes erstrecken sich hangmittig ein Orchideen-Buchenwald, am Südrand wieder Eichen-Hainbuchenwälder. Den Südrand des Harly begrenzt ein meist gut entwickelter Gebüschmantel, der zunehmend in den vorgelagerten, schmalen Saum von Halbtrockenrasen hineinwächst. Der Waldrand wird aber mittlerweile natur- und landschaftspflegerisch betreut.

Leider ist aber eine Verdrängung schattiger Streufluren in den Hallenwäldern durch stete Zunahme dichten Unterholzes bzw. Gräser sowie eine zunehmende Lückenhaftigkeit von Altbaumarealen zu beobachten.

Positiv bleibt aber anzumerken, dass es im Harly einen hohen Totholzanteil gibt, der einen wichtigen Lebensraum und damit ein Refugium für viele Kleintiere, u. a. Insekten, aber auch für Pilze bietet. Doch zeigen sich Folgen vermehrten

Stickstoffeintrages in den Boden an zunehmenden Brennesselrändern und Verkrautungsflächen mit Brombeere, Springkraut und anderen Pflanzen entlang der Wege  oder auf Lichtungsflächen, die zum Beispiel durch Windwurf, Baumsterben oder Fällung entstanden sind.

Trockenschäden der heißen Sommer 2018, 2019 und 2022 zeigen sich im massiven Absterben von Alteichen und Buchen besonders im östlichen Bereich des Harly.

Auch im Harly kränkelt der Wald, wie es uns absterbende Bäume, Kronenverkahlung oder abplatzende Rinde drastisch vor Augen führen. Diese Schäden werden hauptsächlich durch Klimaerwärmung und längere Trockenperioden im Sommer ausgelöst.

Das Falsche Weiße Stängelbecherchen ist eine 2010 neu beschriebene Pilzart aus der Unterabteilung der Echten Schlauchpilze. *Hymenoscyphus fraxineus*, so sein wissenschaftlicher Name, lebt auf den Blattspindeln abgeworfener Eschenblätter. Seine Nebenfruchtform löst das Eschentriebsterben an Gemeiner Esche und Schmalblättriger Esche aus.

Ebenfalls hat die durch Trockenheit begünstigte Ahorn-Rußrindenkrankheit im Harly zugenommen, hervorgerufen durch den Schlauchpilz *Cryptostroma corticale*.

Diese Pilzkrankheit erfasst vor allem den Bergahorn.

Auf beide Schädigungen wurde schon an anderer Stelle näher eingegangen.

Auch eingestreute Kiefern, die eigentlich an nährstoffarme und dünne Oberböden gewöhnt sind, leiden sichtlich unter der zunehmenden Klimaerwärmung.

**Botanische Besonderheiten**

Die Einwirkung unterschiedlicher Klima- und Standortfaktoren bedingt im Harly eine kleinflächige Gliederung in Ordnungen, die von den schon verarmten wärmeliebenden Saumgesellschaften und dem Vorwaldstadium der Schlehengebüsche über die Buchenmischwälder bis zu den wärmegebundenen Eichenmischwäldern reicht. Entsprechend groß und vielfältig ist daher auch (noch) das Pflanzenkleid des Harly. Der Naturkundler Werner Heimhold, der 130 Pflanzenarten für den Harly festgestellt hat (1984) schrieb daher: *"Der Harliberg mit seinem Pflanzenkleid steht hinsichtlich seiner pflanzengeografischen Lage als ein Eckpfeiler im Raum nördlich des Harzes."*

Allerdings sind etliche Pflanzen im Harly ebenfalls rückläufig.

*Cephalanthera rubra* (L.) RICH. (Rotes Waldvöglein) und *Cephalanthera damasonium* (MILL.) DRUCE (Weißes Waldvöglein) sind schon seit Jahrzehnten verschwunden. Der Verfasser hatte das Glück, sie an ihren Standorten auf einer der Harly-Exkursionen von Werner Heimhold noch gezeigt zu bekommen.

Die Bestände von *Orchis purpurea* HUDS. (Purpur-Knabenkraut) sind geschrumpft und sehr übersichtlich geworden. Immerhin erfreuen den Wanderer die typischen Frühblüher wie *Ranunculus verna* HUDS. (Scharbockskraut), *Anemone nemorosa* L. (Busch-Windröschen), *Anemone ranunculoides* L. (Gelbes Windröschen), *Pulmonaria officinalis* L. (Geflecktes Lungenkraut), *Hepatica nobilis* SCHREB. (Leberblümchen), *Viola odorata* L. (März-Veilchen), *Primula veris* L. (Echte Schlüsselblume), *Primula elatior*

(L.) Hɪʟʟ (Hohe Schlüsselblume) oder *Galium odoratum* (L.) Scᴏᴘ. (Waldmeister).
*Allium ursinum* L. (Bär(en)-Lauch) bildet besonders im Ost- und im Westteil des Harly zum Teil großflächige und bodendeckende Pflanzenbestände.
Im Mai zeigen sich häufiger *Aquilegia vulgaris* L. (Gemeine Akelei), zerstreut *Lilium martagon* L. (Türkenbund) und im lichten Kammbereich häufiger *Lithospermum offcinale* (L.) Hᴏʟᴜʙ (Blauroter Steinsame), regional auch unter der regionalen Bezeichnung Harlyblume bekannt.

## Bemerkenswerte Pilzflora

Die Großpilzflora  des Harly wurden in der Literatur bislang noch nicht grundlegend aufbereitet. Vom Verfasser gibt es bislang einen kleinen Aufsatz in der Publikation "Der Harly – von Wöltingerode zum Muschelkalkkamm" (Goslar 2008) und im Goslarer Bergkalender (Goslar 2022). Das alles ist umso erstaunlicher, als sich seit den frühen 90er Jahren erste Hinweise zur Diversität von Großpilzen im Harly verbreiteten. Aus diesem Grunde fanden schon vor fast 25 Jahren gezielt erste mykologische Exkursionen in den Harly statt. (Aɴᴅᴇʀssᴏɴ H., Wöʟᴅᴇᴄᴋᴇ, Kʟᴀᴜs & Kɴᴜᴛ, Sᴄʜᴜʟᴛᴢ Tʜ., Mᴀɴʜᴀʀᴛ H.) Die Fundergebnisse wurden größtenteils in die niedersächsische Pilzkartierung eingearbeitet und haben auch Eingang genommen in die verschiedenen Fassungen der Rote Liste der gefährdeten Großpilze in Niedersachsen und Bremen. Die mykologischen „hot spots" des Harly, das heißt Stellen, die sich durch eine besondere Vielfalt seltener Pilze auszeichnen, überraschten damals wohl jeden Exkursionsteilnehmer.
Geht man die Fundlisten aus jener Zeit durch, findet sich der heute sehr seltene Anhängsel-Röhrling gleich mehrfach und teilweise zu sechs Exemplaren an einer Stelle, Haarschleierlinge wuchsen im Kalkbuchenwald oberhalb des Bärentales noch üppig und bunt durcheinander, dazu kamen seltene Sprödblätterpilzarten, die man nur im Harly zu Gesicht bekam, von den vielen Risspilz-, Schirmlings- und Ritterlingsarten ganz zu schweigen. Diese Vielfalt und Pracht ist längst vorbei und viele Arten sind stark rückläufig geworden, kaum mehr zu finden oder auch gar nicht mehr anzutreffen trotz intensiver Begehungen.
Seit über 30 Jahren zeigt sich ein schleichender Rückgang der Pilzarten, wobei aber die Pilzvielfalt insgesamt immer noch höchst bemerkenswert ist.
Von den 923 Großpilzarten, die im Harly seit 1993 nachgewiesen werden konnten, werden etliche in der Roten Liste der Großpilze Niedersachsens und Bremens (Wöʟᴅᴇᴄᴋᴇ, Kɴ., 2014) als gefährdet geführt, wobei allerdings alle Arten mit einer Gefährdungskategorie  mit einbezogen wurden. Unter Großpilzen versteht man im übrigen Pilze, die noch mit bloßem Auge sichtbar und nicht kleiner als 2 mm sind.

## Geologische Besonderheiten

Wie schon eingangs kurz erwähnt, stellt der Harly einen sogenannten Schmalsattel (Vienenburger Sattel) dar, der parallel zum Harz (herzynisch) verläuft, ist also im Grunde genommen ein durch tektonische Vorgänge (Halokinese) angehobener, ehemaliger Meeresboden. Er wird auch als Salzsattel bezeichnet. In seinem Westteil ist durch den Aufstieg des Salzes (Stein- und Kalisalze) und die damit verbundene Heraushebung eine Abfolge vom Unteren Buntsandstein bis zum Oberen Muschelkalk aufgeschlossen.

Noch bis in die 30er Jahre des letzten Jahrhunderts wurde im Harly der sogenannte Rogenstein abgebaut, was anhand zahlreicher Steinbrüche und Schürfgründe im Mittel- und Westteil zu sehen ist. Als Rogenstein bezeichnet man rötlichbraune bis graurötliche oolithische Kalksteine, die aus kalzitischen Ooiden (kugelig-ovale bis erbsengroße Mineralkörper konzentrischer Anwachsschalen oder radialfaserige Strukturen) bestehen und optisch Ähnlichkeiten mit Fischrogen (Fischlaich) aufweisen. Die relativ widerstandsfähigen Rogensteine wurden früher als Werksteine, Pflaster, Bordsteine, Massiv-Treppenstufen und Viehtränken eingesetzt. Seit dem 11. Jahrhundert wurde Rogenstein als Mauerstein verwendet.

Gesteine des Mittleren Buntsandsteines sind im Harly kaum aufgeschlossen, wohl aber  Tonsteine und an einigen wenigen Stellen Gips (Mittelweg/Burgtal). Viele Erdfälle, die einem schmalen Streifen im Harly folgen, sind wohl durch Lösung von Steinsalzen oder Gips und späterem Nachbrechen darüber liegender Gesteine in die Hohlräume entstanden.

Aus dem Unteren Muschelkalk stehen mehrere Meter mächtige Bänke des Wellenkalkes an, aus dem Oberen Muschelkalk ist im Nordteil nur der Trochitenkalk aufgeschlossen, Gesteine aus der Trias, Keuper und Jura treten nicht zutage. Kalke, Mergel- und Tonsteine aus der Kreidezeit sind ebenfalls anstehend. Schließlich finden sich an den Südhängen Terrassenschotter als Kiese aus dem Quartär.

Der Harly besteht also hauptsächlich aus nährstoffarmen Sand- und Tonsteinen sowie aus basischen Kalken, was einer größeren Diversität von Großpilzen entgegenkommt, sieht man vom Anthropozän unserer Gegenwart mit seinen naturnegativen Einflüssen ab, dessen Einwirkungen doch gravierend sind auf Tier, Pflanze und Pilz.

Fledermaus-Biotop Waldmänneken-Höhle, Westteil bei Weddingen

Austritt der Kalksinterquelle

Reiche Bär(en)-Lauchbestände im Frühjahr

Am Nordrand mit Blick auf Beuchte

Sinterterrassen im Quelllauf

Kräuter-August-Höhle im Bärental bei Wöltingerode

Mammutbaum

Kammweg

Kreideaufschluss oberhalb der Wedde

An der Wedde

Naherholungslandschaft Vienenburger See

Die Oker bei Schacht I

**Vorläufige Liste der Pilzarten aus dem Harly, von denen jeweils eine Bildtafel nach Originalfund vorliegt.**


MTB 4029 Vienenburg

Der RL-Status für die gefundenen Arten basiert auf der Roten Liste für Großpilze in Niedersachsen und Bremen, 3. Fassung vom 01.01.2014 (WÖLDECKE, KNUT), die jedoch weiterer Aktualisierung bedarf.

KG = Kartierungsgebiet

Stand: 01.10.2023   HANS MANHART


**_Agaricus augustus_ FR. 1838**
**Braunschuppiger Riesen-Champignon, Riesen-Egerling**

Syn.: _Agaricus augustus var. albus_ M. M. MOSER 1983, _Agaricus augustus var. perrarus_ (SCHULZER) BON & CAPPELLI 1983, _Agaricus peronatus Massee_ 1892, _Agaricus perrarus_ SCHULZER 1880

Verbr. im KG: zerstreut und nicht häufig, in letzter Zeit etwas rückläufig, wohl nicht bestands-
                        gefährdet.
Ökol. im KG:   Laubmischwald
Ökol. allg.:     Laub- und Nadelwälder

Auf Mulchfläche bei _Salix_
Westufer Vienenburger See/Vienenburg, 4029  Vienenburg, 4029.1/14, 17.05.**2014**
leg. VOLKHARD SIMON, det. H. MANHART
**Die Tafel zeigt ein kräftiges Jungexemplar**

Unter _Fagus_ an Wegeböschung über Rogenstein
Harly, Vienenburg, Schacht I, Burggrund, 4029 Vienenburg, 4029.1/15, 20.05.**2000**
leg./det. H. MANHART

**_Agaricus bitorquis_ (QUÉL.) SACC. 1887**
**Stadt-Egerling, Stadt-Champignon, Trottoir-Egerling**

Syn.: _Agaricus edulis_ (VITTAD.) KONRAD & MAUBL. 1948

Verbr.im KG.: zerstreut, ohne erkennbaren Vitalitätsverlust
Ökol. im KG.: Straßen- und Wegränder, grasige Stellen
Ökol. allg.:     Straßen- und Wegränder, anthropogen beeinflusste Stellen

Unter _Robinia_, zwischen Gräsern neben Straße
Harly, unterhalb Schacht II, Vienenburg
4029  Vienenburg, 4029.1/13, 13.08.**2017**
leg./det. H. MANHART

*Agaricus campestris L.* 1772
**Feld-Egerling, Wiesenchampignon, Wiesen-Egerling**

Syn.: *Agaricus campestris var. equester* (F.H. Møller) Pilát 1951, *Agaricus campestris var. fuscopilosellus* (F.H. Møller) Pilát 1951, *Agaricus campestris var. substerilis* (F.H. Møller) F.H. Møller 1951, *Psalliota campestris* (L.) Quél. 1871

Verbr. im KG:  sehr rückläufig und zerstreut, nur wenige Funde nach 2007
Ökol. im KG:  Wiesen und Wiesenränder, Grünstreifen an Straßen
Ökol. allg.:  Extensivweiden, Grünstreifen, Wiesen

Am Wegrand zwischen Gräsern
Am Fußgängerweg hinter der Klostermauer, nordöstlich des Klostergutes Wöltingerode, Wöltingerode, 4029 Vienenburg, 4029.1/13, 28.05.**2007**
leg./det. H. Manhart

*Agaricus comtulus* Fr. **1838**
**Wiesen-Zwergchampignon, Blasser Zwerg-Egerling, Triften-Zwergchampignon**

Syn.: *Agaricus lutosus* (F.H. Møller) F.H. Møller 1952, *Agaricus rusiophyllus* Lasch 1828

Verbr. im KG:  sehr zerstreut und kaum mehr zu finden
Ökol. im KG:  grasiger Wegrand
Ökol. allg.:  Wiesen, Straßen- und Wegränder

Unter *Fagus* am Wegrand
Harly, Am Harlyberge, Schacht II,
4029 Vienenburg , 4029.1/13, 18.09.**2019**
leg./det. H. Manhart

*Agaricus essetei* Bon  **1983**
**Schiefknolliger Anis-Champignon**

Syn.: *Agaricus abruptibulbus* Peck 1905

Verbr. im KG: zerstreut, hauptsächlich am Südrand bei *Pinus sylvestris*, nur in manchen Jahren häufiger
Ökol. im KG:  Laubmischwald mit eingestreuter *Pinus sylv.*, Wegränder
Ökol. allg.:  Laubmischwälder

Unter *Pinus sylv.* und *Quercus* am Wegrand
Harly, Wöltingerode, Südseite, 4029 Vienenburg, 4029.1/12N, 04.07.**2001**
leg./det. H. Manhart

*Agaricus langei* (F.H. Møller) F.H. Møller  **1952**
**Großsporiger Blut-Egerling, Großer Waldchampignon**

Syn.: *Psalliotia langei* F.H. Møller 1950

Verbr, im KG: Einzelfunde, über Rückläufigkeit kann derzeit keine Aussage getroffen werden
Ökol. im KG:  Nadelstreu von Picea und Larix
Ökol. allg.:  Nadelstreu

Unter *Picea* über Kalk
Harly, Wöltingerode, 4029 Vienenburg, 4029.1/08, 29.09.**2002**
leg./det. H. Manhart

**Agaricus moelleri Wasser 1976**
**Perlhuhn-Champignon, Perlhuhn-Karbol-Egerling**

Syn.: *Agaricus placomyces* Peck 1878, *Agaricus meleagris* Imbach 1946, *Agaricus*
*praeclaresquamosus* Freeman 1979, *Agaricus praeclaresquamosus var. terricolor*
(F.H. Møller) Bon & Capelli 1983

Verbr. im KG: sehr selten, Art wurde seit über 10 Jahren im Harly nicht mehr angefunden
Ökol. im KG.: Laubmischwald
Ökol. allg.:    mesophiler Eichenmischwald, Hartholzauenwald

Unter *Fraxinus, Fagus* und *Carpinus* im Falllaub
Harly, Vienenburg, Schacht I, Unter dem Harly, 4029 Vienenburg, 4029.1/15, 30.10.**2009**
leg./det. H.Manhart

Unter *Quercus, Acer* und *Sambucus n.* an feuchtem und schattigem Hang
Harly, Vienenburg, Schacht I, Unter dem Harly, 4029 Vienenburg, 4029.1/15, 17.09.**2000**
leg./det. H. Manhart

**Gefährdung: RL 3 für Niedersachsen**

**Agaricus subperonatus (J. E. Lange) Singer  1951**
**Gegürtelter Egerling**

Syn.: *A. vaporarius* (Pers.) Jul. Schäff. & F.H. Móller 1926

Verbr. im KG: sehr zerstreut, eher selten gewordene Gelegenheitsfunde im Gebiet
Ökol. im KG:  Wegrand
Ökol. allg.:    Straßen- und Wegränder, Parks, offene Waldbereiche

Unter *Fagus*, tief wurzelnd im Boden
Harly, Vienenburg, Schacht I, oberes Burgtal, 4029 Vienenburg, 4029.1/15, 10.10.**2019**
leg./det. H. Manhart

**Agaricus xanthodermus Genev.  1876**
**Veränderlicher Karbol-Egerling, Giftegerling, Gemeiner Karbol-Egerling**

Syn.: *Agaricus pseudocretaceus* Bon 1985

Verbr. im KG: verbreitet aber rückläufig, in manchen Jahren häufiger
Ökol. im KG:  Laubmischwälder
Ökol. allg.:    Laub- und Nadelwälder, Grünflächen, Straßenränder

Unter Laubbäumen über tonigem Boden
Harly, Vienenburg, Schacht I, Südhang, 4029 Vienenburg, 4029.1/15, 02.06.**2007**
leg./det. H. Manhart

Unter *Fagus* im Falllaub
Harly, Vienenburg, Schacht I, Burggrund, 4029 Vienenburg, 4029.1/15, 19.05.**2005**
leg./det. H. Manhart

Unter *Quercus, Fagus* und *Sorbus torminalis* im Gras über tonigem Boden
Harly, Vienenburg, Schacht I, 4029 Vienenburg, 4029.1/15, 20.05.**2000**
leg./det. H. Manhart

**Agaricus xanthodermus var. lepiotoides** Maire **1910**
**Schirmlingsartiger Karbol-Egerling**

Syn.:

Verbr. im KG: selten, Art wurde seit 20 Jahren nicht mehr angefunden
Ökol. im KG:  Laubmischwald
Ökol. allg.:    Laubmischwälder, Wegränder, frische und schattige Waldränder

Unter *Fagus* an schattiger Stelle über Rogenstein
Harly, Vienenburg, Schacht I, Burggrund, 4029 Vienenburg, 4029.1/15, 20.05.**2000**
leg./det. H. Manhart

**Agrocybe pediades** (Fr.) Fayod **1889**
**Raustieliger Ackerling, Halbkugeliger Ackerling**

Syn.: *Agrocybe arenaria* (Peck) Singer 1978, *Agrocybe arenicola* (Berk.) Singer 1936, *Agro
cybe semiorbicularis* (Bull.) Fayod 1889, *Agrocybe temulenta* (Fr.) P.D. Orton 1960

Verbr. im KG: selten, Gefährdung wohl nicht gegeben
Ökol. im KG:  grasige Wegränder
Ökol. allg.:    Wald- und Wegränder, Grünland, offene zum Teil gestörte Flächen, Mulchflä-
                chen

Zwischen Gräsern am Wegrand
Harly, Vienenburg, Schacht I, Weg von der Zufahrtsstraße in östliche Richtung parallel zur Oker,
4029 Vienenburg, 4029.1/15, 09.06.**2019**
leg./det. H. Manhart

**Agrocybe praecox** (Pers.: Fr.) Fayod **1889**
**Frühlings-Ackerschüppling, Voreilender Ackerling**

Syn.: *Agrocybe ombrophila* (Fr.) Konrad & Maubl. 1949, *Agrocybe praecox f. sphaleromor-
        pha* (Bull.) Migl. & Coccia 1993, *Agrocybe praecox var. cutefracta* (J. E. Lange) Singer
        1953, *Conocybe togularis* (Bull.) Kühner 1935, *Pholiota gibberosa* (Fr.) Sacc. 1871,
        *Pholiota praecox* (Pers.: Fr.) P. Kumm. 1871, *Pholiotina togularis* (Bull.) Fayod 1889

Verbr. im KG: zerstreut aber ungefährdet
Ökol. im KG:  grasiger Wegrand
Ökol. allg.:    lichte Laubwälder, Straßen- und Wegränder, zersetztes Totholz, Mulchflächen

Am Wegrand im Gras an der Oker
Harly, Vienenburg, Schacht I, Unter dem Harly, 4029 Vienenburg, 4029.1/15, 29.04.**2019**
leg./det. H. Manhart
Neben Wegrand im Gras
Harly (Westteil, auf angrenzender Wiese), Weddingen, 4029 Vienenburg, 4029.1/06,
03.04.**1999**
leg./det. H. Manhart

*Albatrellus cristatus* (Schaeff.) Kotl. & Pouzar 1957
**Grüner Kammporling, Kamm-Porling**

Syn.: *Boletus cristatus* Schaeff. 1792, *Caloporus cristatus* (Schaeff.: Fr.) Quél. 1888, *Laeti cutis cristata* (Schaeff.) Audet 2010, *Scutiger cristatus* (Schaeff.: Fr.) Bondartsev & Singer 1941

Verbr. im KG: selten und schon seit Jahren im Harly ausbleibend
Ökol. im KG:  im Laubwald mit eingestreuten Pinus sylvestris auf Wegen und unter Fagus
Ökol. allg.:    Orchideen- und Seggen-Buchenwald, Eichen-Elsbeerenwald, basische
                Böden

Unter *Fagus*, truppweise
Oberhalb einer Wegeböschung
Harly, Wöltingerode, Südseite, 4029 Vienenburg, 4029.1/08, 28.08.**2005**
leg./det. H. Manhart

Unter *Fagus* über tonigem Boden
Harly, Vienenburg, Schacht I, Südhang am Weg zu Schacht II, 4029 Vienenburg,
4029.1/14N, 18.07.**1993**
leg./det. H. Manhart

**Gefährdung: RL 2 für Niedersachsen**

*Aleuria aurantia* (Pers.) Fuckel 1870
**Gemeiner Orangebecherling**

Syn.: *Peziza aurantia* Pers.: Fr.1821

Verbr. im KG: selten und jahrelang ausbleibend, in den letzten 10 Jahren nur ein paar wenige
                Streufunde auf Wegen und an Wegrändern, durchaus auch an eutrophierten
                Stellen
Ökol. im KG: Laubwald, Wegrand
Ökol. allg.:    Laubmischwälder, grasige Stellen, Wegränder

Auf Erdboden in der Nähe eines Stubben von *Fagus*
Harly, Wöltingerode, Bärental, 4029 Vienenburg, 4029.1/13N, 12.10.**2000**
leg./det. H. Manhart

*Amanita ceciliae* (Berk. & Broome) Bas. 1983
**Doppeltbescheideter Scheidenstreifling, Riesen-Scheidenstreifling**

Syn.: *Agaricus ceciliae* Berk. & Broome 1854, *Amanita inaurata Secr. ex* Gillet 1874, *Amanita
        strangulata* (Fr.) Sacc. 1872 *ss.* Fr.

Verbr. im KG: selten, nicht in jedem Jahr fruktifizierend, bevorzugt lehmige, kalkhaltige,
                schwere Böden
Ökol. im KG: Buchen- und Eichen-Hainbuchenwälder
Ökol. allg.:    Haargersten-Buchenwald, Eichen-Hainbuchenwald

Unter *Fagus* und *Quercus* über Kalk
Harly, Wöltingerode, Südseite, 4029 Vienenburg, 4029.1/07S, 06.06.**2007**
leg./det. H. Manhart

**Gefährdung: RL 2, F1 für Niedersachsen**

***Amanita franchetii*** (Boud.) Fayod 1889
**Rauer Wulstling, Gelbflockiger Wulstling**

Syn.: *Amanita aspera* (Fr.) Gray 1799, *Amanita franchetii f. queletii* (Bon & Dennis) Neville &
  Poumarat 2004, *Amanita queletii* Bon & Dennis 1985

Verbr. im KG: zerstreut und nicht in jedem Jahr fruktifizierend
Ökol. im KG:  Eichen-Hainbuchenwald
Ökol. allg.:    basenreiche Laubwälder

Unter *Quercus* und *Carpinus* auf tonigem Boden mit Humusauflage
Harly, Schacht I, Vienenburg, Okerprallhang, 4029 Vienenburg, 4029.1/14, 19.07.**2021**
leg./det. H. Manhart

Unter *Quercus* und *Carpinus* zwischen Gräsern
über tonigem Boden und Rogenstein
Harly, Vienenburg, Schacht I, Unter dem Harly, 4029 Vienenburg, 4029.1/15, 01.09.**2010**
leg./det. H. Manhart

Unter Quercus und Carpinus am Wegrand über Kalk
Harly, Wöltingerode, Südseite, 4029 Vienenburg, 4029.1/07, 14.06.**2007**
leg./det. H. Manhart

**Gefährdung: RL 1F, 2H für Niedersachsen**

***Amanita lividopallescens*** (Secr. ex Gillet) Seyot 1930
**Ockergrauer Riesen-Scheidenstreifling, Natternstieliger Scheidenstreifling**

Syn.: *Amanita lividopallescens var. globosispora* E. Ludw. 2012, *Amanita vaginata var.*
  *lividopallescens* Gillet 1874

Verbr. im KG: selten und nicht in jedem Jahr fruktifizierend, Gefährdungsgrad unbekannt, in
                manchem Jahr ausbleibend, lehmige Böden bevorzugend
Ökol. im KG:   unter *Fagus* und *Quercus*
Ökol. allg.:    basenreiche Laubwälder

Unter *Fagus* und *Quercus*
Harly, Wöltingerode, Südrand, 4029 Vienenburg, 4029.1/12 N, 19.07.**2021**
leg./det. H. Manhart

Harly, Wöltingerode, Südseite, 4029 Vienenburg, 4029.1/12, 14.06.**2007**
leg./det. H. Manhart
Unter *Fagus* und *Quercus* über Kalk
Harly, Wöltingerode, Südseite, 4029 Vienenburg, 4029.1/07S, 06.06.**2007**
leg./det. H. Manhart

**Gefährdung: RL 2, F 1 für Niedersachsen**

***Amanita pantherina*** (DC.)  Krombh. 1846
**Pantherpilz**

Syn.: *Amanita pantherina var. isabellomarginata* Neville & Poumarat 2004, *Amanita umbrina* Pers. 1797

Verbr. im KG: in manchen Jahren häufig, in letzten Jahren etwas rückläufig, weniger kräftige Exx., Bestand jedoch stabil
Ökol. im KG: Buchen- und Eichen-Hainbuchenwälder, Laubmischwälder mit eingestreuter *Pinus sylvestris*
Ökol. allg.: Laub- und Nadelwälder, gern unter *Quercus* und *Carpinus*, aber auch an Waldrändern

Unter *Populus tremula* am Teichrand, Südrand des Vienenburger Sees, Vienenburg, 4029 Vienenburg, 4029.1/14, 13.10.**2019**
leg./det. H. Manhart

## *Amanita phalloides* (Fr.) Link 1833
## Grüner Knollenblätterpilz

Syn.: *Amanita viridis* Pers. 1797

Verbr. im KG: in manchen Jahren verbreitet, in letzter Zeit leicht rückläufig, in manchem Jahr ganz ausbleibend
Ökol. im KG: Eichen-Hainbuchenwald, gern auch nur unter *Quercus*
Ökol. allg.: Laubmischwälder, Haargersten-Buchenwald, Eiche, Buche

Unter *Quercus* über Rogenstein
Harly, Schacht I, Vienenburg, 4029 Vienenburg, 4029.1/15, 14.07.**2014**
leg./det. H. Manhart

Unter *Quercus* und *Fagus*
Über tonigem Boden
Harly, Vienenburg, Schacht I, Unter dem Harly, 4029.1/15, 23.09.**2010**
leg./det. H. Manhart

## *Amanita rubescens* Pers. 1797
## Perlpilz

Syn.: *Amanita pseudorubescens* D. Herrfurth 1935 *nom. inval.*, *Amanita rubens* (Scop.) Quél. 1886

Verbr. im KG: häufig und verbreitet, oft einer der ersten Wulstlinge im Jahr
Ökol. im KG: Laubmischwälder
Ökol. allg.: Laub- und Nadelwälder

Unter *Fagus* und *Quercus* über Braunerde
Harly, Vienenburg, Schacht I, Okerprallhang, 4029 Vienenburg, 4029.1/14, 08.06.**2019**
leg./det. H. Manhart

## *Amanita solitaria* (Bull.) Mérat 1836
## Igel-Wulstling, Stachelschuppiger Wulstling

Syn.: *Amanita echinocephala* (Vittad.) Quél. 1872, *Aspidella solitaria* (Bull.) E.-J. Gilbert 1940

Verbr. im KG: sehr zerstreut, aber relativ standorttreu, unregelmäßig fruktifizierend

Ökol. im KG:  Buchenwald
Ökol. allg.:     wärmebegünstigter Eichen-Hainbuchenwald, Buchenwald

Unter *Fagus* über tonigem Boden mit Humusauflage
Harly, Schacht I, Vienenburg, Okerprallhang, 4029 Vienenburg, 4029.1/14, 19.07.**2021**
leg./det. H. Manhart

Unter *Fagus* auf tonigem Boden, Weg oberhalb vom Okerprallhang
Harly, Schacht II, Vienenburg, 4029 Vienenburg, 4029.1/14, 09.09.2015, 11.09.**2015**
leg./det. H. Manhart

**Gefährdung:  RL 2 für Niedersachsen 1995 , in 2014 RL 1F , 2H**

**Amanita strobiliformis (Paulet ex Vittad.) Bertill. 1866**
**Fransiger Wulstling, Fransen-Wulstling, Einsiedler-Wulstling**

Syn.: *Agaricus strobiliformis* Paulet ex Vittad. 1835, *Amanita ovoidea var. ammophila* Beeli
      1930, *Amanita pellita* (Paulet) Bertill. 1866, *Lepidella strobiliformis* (Paulet ex Vittad.)
      E.-J. Gilbert & Kühner 1930

Verbr. im KG: sehr selten, im Gebiet seit mehr als 20 Jahren nicht angefunden, ob im Harly
              verschollen?
Ökol. im KG:  Buchenwald
Ökol. allg.:     Seggen- und Haargersten-Buchenwald, Eichen-Elsbeerenwald

Unter *Fagus* über Kalktuff
Harly, Weddingen, An der Kalktuffquelle, 4029  Vienenburg, 4029.1/06, 23.06.**1993**
leg./det. H. Manhart

**Gefährdung : Rl 2F, 3H für Niedersachsen**

**Amanita verna (Bull.) Lam.**
**Weißer Knollenblätterpilz**

Syn.: *Amanita phalloides var. verna* (Bull.) Lanzi 1916

Verbr. im KG: sehr selten, Einzelfund, seit dem Fund nicht mehr angetroffen
Ökol. im KG:  unter *Quercus*
Ökol. allg.:     Laubmischwälder, Haargersten-Buchenwald, Eiche, Buche

Unter *Quercus* über Rogenstein
Harly, Schacht I, Vienenburg, 4029 Vienenburg, 4029.1/15, 14.07.**2014**
leg./det. H. Manhart

**Gefährdung: Wird nicht in RL für Niedersachsen aufgeführt**

**Armillaria mellea (Vahl) P. Kumm. *s.str.* 1871**
**Honiggelber Hallimasch**

Syn.: *Armillariella cerasi* Velen. 1920, *Armillariella mellea* (Vahl: Fr.) P. Karst. 1881, *Armilla-*
      *riella nigritula* P.D. Orton 1888

Verbr. im KG: verbreitet, in manchen Jahren im Harly häufig, gern über Kalk

Ökol. im KG:  unter *Fagus* und *Fraxinus*
Ökol. allg.:    Laubmischwälder, an totem und lebendem Laubholz

An Laubholzstubben über Gips
Harly, Vienenburg, Schacht I, oberer Burggrund, 4029 Vienenburg, 4029.1/15, 11.10.**2007**
leg./det. H. Manhart

**Arrhenia acerosa (Fr.) Kühner  1980**
**Grauer Zwergnabeling, Grauer Adermoosling**

Syn.: *Leptoglossum acerosum* (Fr.) Park.-Rhodes 1954, *Omphalina acerosa* (Fr.) M. Lange
    1981, *Phaeotellus acerosus* (Fr.) Kühner & Lamoure 1972, *Pleurotellus acerosus* (Fr.)
    Konrad & Maubl. 1937

Verbr. im KG: sehr selten, Einzelfund, seitdem nicht mehr angefunden
Ökol. im KG:  in Stubbenkuhle an Moos
Ökol. allg.:    verletzte Bodenstellen in Grünflächen

In Stubbenkuhle an Moos
Harly, Unter dem Harly, Weg an der Nordseite parallel zur A 36, 4029 Vienenburg, 4029.1/15,
4.11.**2016**
leg./det. H. Manhart

**Gefährdung: RL 2 für Niedersachsen**

**Arrhenia spathulata (Fr.) Redhead 1984**
**Zwerg-Adermoosling, Blasser Adermoosling, Netziggerunzelter Adermoosling,**
**Schüsselförmiger Adermoosling, Netziger Adermoosling**

Syn.: *Arrhenia retiruga var. spathulata* (Fr.) Gminder 2001, *Leptoglossum muscigenum*
    (Bull.) P. Karst. 1879, *Leptoglossum queletii* (Pilát & Svrček) Corner 1966, *Leptoglos*
    *sum spathulatum* (Fr.) Velen 1925

Verbr. im KG: sehr selten, im Gebiet kaum noch zu finden
Ökol. im KG:  auf Moos
Ökol. allg.:    Moose, Wegränder, Waldlichtungen, an Pflanzenresten

An Moos am Wegrand
Harly, Wöltingerode, Mittelweg in Höhe etwa des Mammutbaumes, 4029 Vienenburg,
4029.1/07, 03.02.**2017**
leg./det. H. Manhart

Auf bemoostem Laubholzstamm am Wegrand
Harly, Wöltingerode, Mittelweg in Höhe des Mammutbaumes, 4029 Vienenburg, 4029.1/07,
22.01.**2009**
leg./det. H. Manhart

**Gefährdung: RL 3 für Niedersachsen**

**Ascocoryne sarcoides (Jacq.) J.W. Groves & D.E. Wilson 1967**
**Fleischroter Gallertbecherling**

Syn.: *Coryne dubia* (Pers.) Gray 1821, *Coryne sarcoides* (Jacq.) Tul. & C. Tul. 1865, *Sclero-*
    *derris majuscula* Cooke & Massee 1893

Verbr. im KG: ortshäufig, nicht gefährdet
Ökol. im KG:  an Laubtotholz von Betula und Quercus
Ökol. allg.:    an Laub- und Nadeltotholz

Auf liegendem Totholzstamm von *Betula*, aus der Rinde hervorbrechend
Harly, Mittelweg, Wöltingerode, 4029 Vienenburg, 4029.1/07, 25.01.**2016**
leg./det. H. Manhart

### *Ascotremella faginea* (Peck) Seaver **1930**
**Buchen-Schlauchzitterling, Schlauchzitterling**

Syn. *Haematomyces fagineus* Peck 1890, *Neobulgaria faginea* (Peck) Raitv. 1963

Verbr. im KG: selten, nur wenige Funde, gern an schattig-feuchten Stellen, seit dem letzten
                Fund 2002 im Harly ausbleibend; alle Funde über Sandsteinböden
Ökol. im KG:  an Totholz (Äste) von *Fagus*
Ökol. allg.:    an Totholz von *Fagus*

An abgestorbenem Ast von *Fagus*
Harly, Wöltingerode, Bärental, 4029 Vienenburg, 4029.1/13, 18.06.**2002**
leg./det. H. Manhart

An Totholzast von *Fagus*
Harly, Wöltingerode, in der Nähe des Mammutbaumes, 4029 Vienenburg, 4029.1/07S,
11.12.**1999**
leg./det. H. Manhart

**Gefährdung: RL 3F für Niedersachsen**

### *Aureoboletus gentilis* (Quél.) Pouzar **1947**
**Lachsroter Schmierröhrling, Goldporiger Röhrling**

Syn.: *Aureoboletus cramesinus* Secr. ex Watling 1957, *Pulveroboletus cramesinus* (Secr. ex
        Watling) M.M. Moser ex Singer 1966, *Pulveroboletus gentilis* (Quél.) Singer 1945,
        *Xerocomus gentilis* (Quél.) Singer 1942

Verbr. im KG: selten, aber fast jedes Jahr in schönen Einzelexemplaren oder zu zweit zu finden
Ökol. im KG:  Laubmischwald mit eingesprengter *Pinus sylv.*
Ökol. allg.:    thermophile Eichen-Hainbuchenwälder, Buchenwälder

Unter *Quercus* und *Fagus* mit eingestreuter *Pinus nigra*
Harly, Schacht I / Vienenburg, Südhang oberhalb der Oker, 4029 Vienenburg, 4029.1/14,
24.09.**2014**
leg./det. H. Manhart

Unter *Quercus*
Harly, Vienenburg, Schacht I, Burggrund, 4029 Vienenburg, 4029.1/15, 13.07.**2007**
leg./det. H. Manhart

Unter *Quercus* an moosigem Hang unter *Quercus* und *Carpinus*
Harly, Vienenburg, Schacht I, Südhang, 4029 Vienenburg, 4029.1/15, 03.08.**2002**
leg./det. H. Manhart

**Gefährdung: RL 1F, 2H für Niedersachsen**

***Auricularia auricula-judae*** (Bull.) Wettst. **1886**
**Judasohr**

Syn.: *Auricularia sambuci* Pers. 1822, *Auricularia sambucina* (Scop.) Mart. 1817, *Hirneola auricula-judae* (Bull.: Fr.) Berk. 1860

Verbr. im KG: verbreitet, besonders in milden und regenreichen Wintermonaten, aber auch ganzjährig. Zunehmend an Lagerstämmen von Buche und starken, abgestorbenen Ästen
Ökol. im KG:  an Holunder, Buche, Eiche und Esche
Ökol. allg.:     Laubtotholz

An liegendem Totholzstamm von *Fagus*
Harly, Schacht II, 4029 Vienenburg, 4029.1/08, 25.01.**2021**
leg./det. H. Manhart

An Totholz von *Sambucus n.* über Rogenstein
Harly, Wöltingerode, Bärental, 4029 Vienenburg, 4029.1/08, 27.01.**2002**
leg./det. H. Manhart

***Auricularia mesenterica*** (Dicks.) Pers. **1822**
**Gezonter Ohrlappenpilz**

Syn.: *Auricularia tremelloides* Bull. 1787

Verbr. im KG: selten, nur in einem kleinen Bereich am Harly-Osthang an Totholz, dort isoliertes Vorkommen, das seit Jahren mehr oder weniger beständig und  wohl ungefährdet ist
Ökol. im KG: an Totholz von *Robinia* und *Fraxinus*
Ökol. allg.:     naturnahe Auwälder, Schluchtwälder, Flussniederungen

An liegendem, entrindetem Totholzstamm (Laubholz)
Harly, Unter dem Harly, Am oberen Osthang, wenige Meter unterhalb des Kammes,
4029 Vienenburg, 4029.1/15, 18.03.**2011**
leg./det. H. Manhart     **2 Tafeln**

**Gefährdung: RL 2 für Niedersachsen**

***Athelia fibulata*** M.P. Christ. **1960**
**Schnallentragende Gewebehaut**

Syn.: *Asterostromella* Höhn. & Litsch.

Verbr. im KG: zerstreut, nur in manchen Jahren anfindbar
Ökol. im KG:  Totholz von *Fagus*
Ökol. allg.:     Laubtotholz, Moose, Farne

Auf Totholzästen (Unterseite) von *Fagus*
Harly, Vienenburg, Schacht I, oberer Burggrund, Beginn Kammweg, 4029 Vienenburg,
4029.1/14, 31.01.**2009**
leg./det. H. Manhart

*Biscogniauxia nummularia* (Bull.) Kuntze **1891**
**Rotbuchen-Rindenkugelpilz, Buchen-Rindenkugelpilz,**
**Rotbuchen-Kohlenbeere**

Syn.: *Hypoxylon nummularium* Bull. 1791, *Nummularia bulliardii* Tul. & C. Tul. 1863, *Nummularia*
    *nummularia* (Bull.) J. Schröt. 1897, *Nummariola nummularia* (Bull.) House 1897,
    *Sphaeria nummularia* DC. 1805

Verbr. im KG: verbreitet und in jedem älteren Buchenbestand des Harly auffindbar
Ökol. im KG:  liegende Buchenstämme und  starke Buchenäste
Ökol. allg.:    liegende Buchenstämme, starke Buchenäste

An berindetem Buchenast
Harly, Bärental, Wöltingerode, 4029 Vienenburg, 4029.1/13, 10.05.**2005**
leg./det. H. Manhart

*Bolbitius titubans* (Bull.) Fr. **1938**
**Gold-Mistpilz, Gelber Mistpilz**

Syn.: *Bolbitius boltonii* (Pers.: Fr.) Fr. 1838, *Bolbitius flavidus* Massee 1893, *Bolbitius fragilis*
    (L.) Fr. 1838, *Bolbitius vitellinus* (Pers.: Fr.) Fr. 1838, *Bolbitius vitellinus var. fragilis*
    (L.) J. Favre 1948, *Bolbitius vitellinus var. titubans* (Bull.) M.M. Moser ex Bon & Courtec. 1987

Verbr.im KG: zerstreut und nicht in jedem Jahr, aber ungefährdet
Ökol. im KG: im Gras auf Dung und an Holzstückchen
Ökol. allg.:    Wiesen- und Feldränder, Grasstreifen, koprophil

Am Wegrand zwischen Gräsern und Dungresten (Equus)
Harly, Oberes Burgtal, Schacht I, Vienenburg
4029 Vienenburg, Schacht I, Vienenburg
4029.1/15, 13.05.**2021**
leg./det. H. Manhart

*Boletus aereus* Bull. **1789**
**Schwarzhütiger Steinpilz, Bronze-Röhrling, Schwarzer Steinpilz**

Syn.: *Boletus sykorae* Smotl. 1934

Verbr. im KG: zerstreut, in manchen Jahren zahlreich fruktizierend, streng geschützte Art,
          die leider immer noch gesammelt wird, im Harly aber ungefährdet ist
Ökol. im KG:  Eichen-Hainbuchen- und Buchenwald
Ökol. allg.:    thermophile Laubmischwälder, neutrale bis basische Böden, Lehmböden

Unter *Quercus* und *Fagus* an lehmiger Hangböschung
Harly, Vienenburg, Schacht I, Südhang, 4029 Vienenburg, 4029.1/15N, 12.08.**2014**
leg./det. H. Manhart

Unter *Quercus* und *Fagus* an lehmiger Hangböschung
Harly, Vienenburg, Schacht I, Südhang, 4029 Vienenburg, 4029.1/15N, 23.10.**2001**
leg./det. H. Manhart

**Gefährdung: RL 1F, 2H für Niedersachsen**

***Buglossoporus quercinus*** (Schrad.) Kotl. & Pouzar **1966**
**Eichen-Zungenporling**

Syn.: *Buglossoporus pulvinus* (Pers.) Donk, *Piptoporus quercinus* (Schrad.) P. Karst.

Verbr. im KG: sehr selten, bisher einziger Fund mit 3 Fkk., seit 7 Jahren ausbleibend;
die Art könnte aber stabil sein, da geeignetes Substrat (entrindete, tote
Eichenstämme) zahlreich im Gebiet "Unter dem Harly" vorhanden ist
Ökol. im KG:  Eichenwald mit eingesprengten Eschen
Ökol. allg.:    Eichenwald, an entrindetem Totholzstämmen  von Eiche, an Alteichen

An liegendem, entrindetem Totholzstamm von *Quercus* mit 3 Fkk.
über tonigem Boden und Rogenstein
Harly, Vienenburg, Schacht I, Unter dem Harly, 4029 Vienenburg, 4029.1/15, 6.08.**2016**
leg./det. Walter Wimmer, vis. Marion Höfert,
gemalt nach Frischpilzzusendung am selben Tag

**Gefährdung: RL 1 für Niedersachsen**

***Butyriboletus appendiculatus*** (Schaeff.) D. Arora & J. L. Frank **2014**
**Anhängsel-Röhrling, Gelber Steinpilz, Gelber Bronze-Röhrling**

Syn.: *Boletus appendiculatus* Schaeff.: Fr. 1821, *Boletus irideus* Rostk. 1844

Verbr. im KG: sehr zerstreut, oft länger ausbleibend, in den letzten Jahren kaum mehr ange
funden, die Art ist im Harly sehr gefährdet und bestandsbedroht; sie war noch
vor 15 Jahren häufiger, mitunter mehrere Exx. an geeigneten Standorten
Ökol. im KG:  Buchenwald über Kalk, Eichen-Hainbuchenwald
Ökol. allg.:    warme Laubmischwälder über Kalk

Unter *Fagus* über Kalk
Harly, Wöltingerode, Kalkbuchenwald oberhalb des Bärentales, 4029 Vienenburg,
4029.1/08, 27.06.**2000**
leg./det. H. Manhart    **2 Tafeln**

**Gefährdung: RL 1F, 2H für Niedersachsen**

***Butyriboletus fechtneri*** (Velen.) D. Arora & J. L. Frank **2014**
**Sommer-Röhrling, Silber-Röhrling**

Syn:: *Boletus fechtneri* Velen. 1922, *Boletus pallescens* (Konrad) Singer 1936

Verbr. im KG: sehr selten, Einzelfund, seitdem kein Wiederfund
Ökol. im KG:  Kalkbuchenwald
Ökol. allg.:    Laubmischwälder über Kalk

Unter *Fagus* über Kalk
Harly, Wöltingerode, Kalkbuchenwald oberhalb des Bärentals
4029 Vienenburg, 4029.1/08, 04.10.**2019**

**Gefährdung: RL 1  für Niedersachsen**

***Byssomerulius corium*** (Pers. ) Parmasto **1967**
**Gemeiner Lederfältling, Häutiger Lederfältling, Gemeiner Lederfältling**

Syn.: *Meruliopsis corium* (PERS.: FR.) GINNS 1976, *Merulius corium* FR. 1828

Verbr. im KG: zerstreut
Ökol. im KG:  an Totholzästen von Laubbäumen
Ökol. allg.:    an abgestorbenen, noch hängenden Laubholzzweigen

An Totholzästchen von *Fraxinus* und *Fagus*
Harly, Vienenburg, Schacht II, 4029 Vienenburg, 4029.1/14, 2.11.**2016**
leg./det. H. MANHART

**Byssonectria terrestris (ALB. & SCHWEIN.) PFISTER *s.str.* 1994**
**Spindelsporiger Aggregatbecherling, Spindelsporiger Dung-Aggregatbecherling**

Syn.: *Byssonectria aggregata* (BERK. & BROOME) ROGERSON & KORF, *Inermisia aggregata* (ALB.
    & SCHWEIN.) PFISTER, *Inermisia buchsii* RIFAI, *Octospora aggregata* (BERK. & BROOME)
    ECKBLAD, *Sphaerobolus terrestris* (ALB. & SCHWEIN.) W.G. SM., *Thelebolus terrestris* ALB.
    & SCHWEIN.

Verbr. im KG: selten, in den letzten Jahren ganz ausbleibend
Ökol. im KG:  auf Erde
Ökol. allg.:    auf humosen, feuchtfrischen Böden

Auf Schwarzerde zwischen *Alliaria petiolata* und *Allium ursinum* über Kalk
Harly, Unter dem Harly, Weg an der Nordseite parallel zur A 36, 4029 Vienenburg, 4029.1/15,
03.05.**2017**
leg./det. H. MANHART
Die Tafel zeigt eine ca. 2,5 fache Vergrößerung

**Gefährdung: Nicht in RL für Niedersachsen aufgeführt**

**Calocybe gambosa (FR.) DONK 1962**
**Maipilz, Mai-Ritterling, Georgspilz**

Syn.: *Calocybe georgii* (L.) KÜHNER 1938, *Gyrophila georgii* (L.) QUÉL. 1886, *Tricholoma*
    *georgii* (L.) QUÉL. 1872

Verbr. im KG: vor 25 Jahren verbreitet, in den letzten Jahren jedoch stark rückläufig, eine im
              Harly nur noch vereinzelt anzutreffende Sammelart, bildet oftmals sogenannte
              Hexenringe und Reihen, früher im Kammbereich des Harly anzutreffen
Ökol. im KG:  Laubmischwald über Kalk
Ökol. allg.:    Laub- und Nadelwald, Parks, Gärten


Unter *Fraxinus, Acer campestris* und *Fagus* über Kalk
Harly, Kammweg, 4029 Vienenburg, 4029.1/07, 17.05.**2017**
leg./det. H. Manhart

Unter *Quercus* und *Fagus* über Kalk
Harly, Wöltingerode, 4029 Vienenburg, 4029.1/09S, 16.05.**1999**
leg./det. H. MANHART

**Calocybe gambosa var. flavida BELLÙ & TURRINI 2014**
**Maipilz, Mairitterling, Georgspilz, semmelfarbige Varietät**

Syn.: *Calocybe georgii* (L.) Kühner 1938, *Gyrophila georgii* (L.) Quél. 1886, *Tricholoma georgii* (L.) Quél. 1872

Verbr. im KG: zerstreut, seit etlichen Jahren gar nicht mehr gefunden
Ökol. im KG:  Laubmischwald
Ökol. allg.:    Laub- und Nadelwald, Parks, Gärten

Unter *Fagus* und *Quercus* über Kalk
Harly, Wöltingerode, Kammweg östlich des Harly-Turmes, 4029 Vienenburg, 4029.1/09S, 30.04.**2000**
leg./det. H. Manhart

**Calonarius alcalinophilus (Rob. Henry) Niskanen & Liimat. 2022** ss. Brandr. & al.
**Fuchsiger Klumpfuß , Leoparden-Klumpfuß**

Syn.: *Cortinarius alcalinophilus* Rob. Henry 1952, *Cortinarius fulmineus* Fr. 1838 *ss.* M.M. Moser, *Cortinarius majusculus* Kühner 1955

Verbr.im KG: sehr selten, seit 14 Jahren nicht mehr angefunden, Gefährdung unbekannten
                    Ausmaßes im Harly
Ökol. im KG:  Kalkbuchenwald
Ökol. allg.:    Kalkbuchenwaldd

Unter *Fagus* im Falllaub über Kalk
Harly, Wöltingerode, Südhang, 4029 Vienenburg, 4029.1/07, 18.10.**2009**
leg./det. H. Manhart

**Gefährdung: Wird nicht in RL für Niedersachsen  aufgeführt**

**Calonarius callochrous agg.**
**Amethystblättriger Klumpfuß**

Syn.: *Cortinarius citrinolilacinus* M. M. Moser; *Cortinarius callochrous* (Pers.: Fr.) Gray *var. callochrous*

Verbr. im KG: zerstreut, vor Jahren noch häufiger, aber deutlich rückläufig mit zum Teil mas-
                    siven Einbrüchen, im Harly mittlerweile stark gefährdet
Ökol. im KG:  Kalkbuchenwald
Ökol. allg.:    basenreicher Buchenwald

Unter *Fagus* im Falllaub
Am Hohlwegrand vom Okerprallhang
Harly, Schacht I, Vienenburg, 4029 Vienenburg, 4029.1/14, 18.10. **2017**
leg. Hans Manhart, det. Mikael Jeppson (Schweden)

Unter *Fagus* über Kalk
Harly, Wöltingerode, Kalkbuchenwald oberhalb des Bärentales, 4029 Vienenburg, 4029.1/08, 14.09.**2000**
leg./det. H. Manhart

Unter *Fagus* über Kalk
Harly, Wöltingerode, 4029 Vienenburg, 4029.1/08S, 05.10.**1996**
leg./det. H. Manhart

**Gefährdung: RL 2F, 3H für Niedersachsen**

***Calonarius catharinae*** (CONSIGLIO) NISKANEN & LIIMAT. 2022
**Starkreagierender Amethyst-Klumpfuß, Rotreagierender Amethyst-Klumpfuß**

Syn.: *Cortinarius callochrous var. parvus* ROB. HENRY 1992 *ss.* Brandr. & al., *Cortinarius catharinae* CONSIGLIO 1997

Verbr. im KG: selten, stark gefährdet, in den letzten Jahren ausbleibend
Ökol. im KG:  Kalkbuchenwald
Ökol. allg.:    basenreicher Buchenwald

Unter *Fagus* über Kalk im Falllaub
Harly, Wöltingerode, Kalkbuchenwald oberhalb des Bärentales, 4029 Vienenburg,
4029.1/08, 23.10.**2019**
leg./det. H. MANHART

**Gefährdung: Rl 2 für Niedersachsen**

***Calonarius elegantissimus*** (ROB. HENRY) NISKANEN & LIIMAT. 2022
**Prächtiger Klumpfuß, Orangebrauner Klumpfuß**

Syn.: *Cortinarius elegantissimus* ROB. HENRY 1989

Verbr. im KG: sehr zerstreut, nicht in jedem Jahr fruktifizierend, eine der schönsten
Phlegmacien im Harly, tritt gern truppweise auf, ist in den letzten Jahren selten
geworden
Ökol. im KG: unter Buche und Eiche
Ökol. allg.:    Kalkbuchwälder, Laubmischwälder mit Eiche

Unter *Fagus* über Kalk und *Quercus*
Harly, Wöltingerode, Südseite, 4029 Vienenburg, 4029.1/12, 11.09. **2007**
leg./det. H. MANHART

Unter *Fagus*
Harly, Wöltingerode, Südseite, 4029 Vienenburg, 4029.1/08, 14.10.2005 und 05.10.**2001**
leg./det. H. MANHART    **2 Tafeln**

**Gefährdung: RL 1F, 2H für Niedersachsen**

***Calonarius citrinus*** (J. E. LANGE EX P.D. ORTON) NISKANEN & LIIMAT. 2022
**Zitronengelber Klumpfuß**

Syn.: *Cortinarius citrinus* P. D. ORTON 1960

Verbr. im KG: selten und jahrelang ausbleibend, im Harly stark gefährdet, Gefährdung unbe-
kannten Ausmaßes
Ökol. im KG:  Kalkbuchenwald
Ökol. allg.:    basenreiche Laubmischwälder (Buche, Eiche, Linde)

Unter *Fagus* über Kalk
Harly, Wöltingerode, Kalkbuchenwald oberhalb des Bärentales, 4029 Vienenburg,
3029.1/08, 26.07.**2000**
leg./det. H. MANHART

*Calonarius fulvocitrinus* (BRANDRUD) NISKANEN & LIIMAT. 2022
**Braunscheibiger Klumpfuß**

Syn.: *Cortinarius fulvocitrinus* BRANDRUD 1998

Verbr. im KG: selten, jahrelang ausbleibend, noch vor 20 Jahren häufiger, die Art hat deut-
             liche Einbußen erlitten, sie ist im Harly sehr stark gefährdet
Ökol. im KG:  Kalkbuchenwald
Ökol. allg.:     basenreiche Laubmischwälder

Unter *Fagus* im Falllaub über Kalk
Harly, Wöltingerode, Kalkbuchenwald oberhalb des Bärentales, 4029 Vienenburg,
4029.1/08S , 13.09.**1998**
leg./det. H. MANHART

**Gefährdung:  RL 2 für Niedersachsen**

*Calonarius odoratus* (JOGUET EX **M. M. MOSER**) NISKANEN & LIIMAT. 2022
**Duftender Grünlings-Klumpfuß, Hellgrüner Duft-Klumpfuß**

Syn.: *Cortinarius odoratus* (JOGUET EX M. M. MOSER) M. M. MOSER 1967

Verbr. im KG: sehr zerstreut, in den letzten Jahren stark rückläufig und kaum mehr anfindbar,
             im Harly sehr stark gefährdet, Gefährdung unbekannten Ausmaßes
Ökol. im KG : Kalkbuchenwald
Ökol. allg.:     basenreiche Laubmischwälder

Unter *Fagus* über Kalk
Harly, Wöltingerode, Kalkbuchenwald oberhalb des Bärentales, 4029 Vienenburg,
4029.1/08S, 03.10.**1996** und 29.08.**1993**
leg./det. H. MANHART    **2 Tafeln**

**Gefährdung: RL1 für Niedersachsen**

*Calonarius olearioides* (ROB. HENRY) NISKANEN & LIIMAT. 2022
**Safran-Klumpfuß, Fuchsiger Klumpfuß**

Syn.: *Cortinarius olearioides* ROB. HENRY 1987, *Cortinarius subfulgens* P. D. ORTON 1960

Verbr. im KG: sehr selten, letzter Fund 2002, ob im Harly verschollen?
Ökol. im KG:  Laubmischwald
Ökol. allg.:     basenreiche Laubmischwälder

Direkt neben *Quercus* mit *Fagus* und *Carpinus*
Harly, Vienenburg, Schacht I, Südhang, 4029 Vienenburg, 4029.1/15, 23.10.**2002**
leg./det. H. MANHART

**Gefährdung: RL 1F, 2H für Niedersachsen**

*Calonarius rufo-olivaceus* (PERS.) NISKANEN & LIIMAT. 2022
**Violettroter Klumpfuß**

Syn.: *Cortinarius rufo-olivaceus* (PERS.) FR. 1838, *Cortinarius rufoolivaceus* FR. 1838
     *orthographic variant*

Verbr. im KG: sehr selten, seit über 20 Jahren nicht mehr angefunden, ob im Harly verschollen?
Ökol. im KG:  Kalkbuchenwald
Ökol. allg.:    Kalkbuchenwald


Unter *Fagus* über Kalk
Harly, Wöltingerode, Kalkbuchenwald oberhalb des Bärentales, 4029 Vienenburg,
4029.1/08, 17.09.**1998**
leg./det. H. MANHART


**Gefährdung: RL 3 für Niedersachsen**


*Calonarius saporatus* (BRITZELM.) NISKANEN & LIIMAT. 2022
**Velumflecken-Klumpfuß, Ockergelber Klumpfuß**


Syn.: *Cortinarius saporatus* BRITZELM. 1897


Verbr. im KG: zerstreut, in den letzten Jahren sehr stark rückläufig und kaum mehr anfindbar,
                Art war noch vor 15 Jahren häufiger im Harly, Gefährdung unbekannten Ausmaßes
Ökol. im KG:  Kalkbuchenwald
Ökol. allg.:    basenreiche Laubmischwälder


Unter *Fagus* im Falllaub
Harly, Schacht I, Vienenburg, Okerprallhang am Rande eines Hohlweges,
4029 Vienenburg, 4029.1/14, 05.10.**2017**
leg./det. H. MANHART


Unter *Fagus* über Kalk
Harly, Wöltingerode, Kalkbuchenwald oberhalb des Bärentales, 4029 Vienenburg,
4029.1/08S, 03.10.**1996** und 26.07.**2000**
leg./det. H. MANHART **2 Tafeln**


**Gefährdung: RL 2H, F1 für Niedersachsen**


*Calonarius sodagnitus* (ROB. HENRY) NISKANEN & LIIMAT. 2022
**Violetter Laugen-Klumpfuß, Violetter Klumpfuß**


Syn.: *Cortinarius sodagnitus* ROB. HENRY 1983


Verbr. im KG: sehr selten, in letzter Zeit nicht mehr anfindbar, Gefährdung unbekannten
                Ausmaßes
Ökol. im KG:  Kalkbuchenwald
Ökol. allg.:    basenreiche Laubmischwälder


Unter *Fagus* im Falllaub über Kalk
Harly, Wöltingerode, Kalkbuchenwald des Bärentales
4029 Vienenburg, 4029.1/08, 30.09.**2017**
leg./det. H. MANHART


Unter *Fagus* über Kalk
Harly, Wöltingerode, Kalkbuchenwald oberhalb des Bärentales, 4029 Vienenburg,
4029.1/08, 17.09.**1998**
leg./det. H. MANHART


**Gefährdung: RL 2 für Niedersachsen**

*Calonarius splendens* (ROB. HENRY) NISKANEN & LIIMAT. 2022
Schöngelber Klumpfuß

Syn.: *Cortinarius splendens* HRY. 1939

Verbr. im KG: selten und in starker Rückläufigkeit, früher unter Rotbuchen über Kalk
truppweise, heute nur in  vereinzelten Kümmerexemplaren, nicht jedes Jahr, oft
ausbleibend
Ökol. im KG:  Kalkbuchenwald
Ökol. allg.:    Kalkbuchenwälder und Eichenwälder auf Kalk

Unter *Fagus* über Kalk
Harly, Wöltingerode, Südrand westlich des Bärentales
4029 Vienenburg, 4029.1/13 N, 6.10.**2017**
leg./det. H. MANHART

Unter *Fagus* über Kalk
Harly, Wöltingerode, Kalkbuchenwald oberhalb des Bärentales, 4029 Vienenburg,
4029.1/08S, 03.10.**1996**
leg./det. H. MANHART

Unter *Fagus* über Kalk
Harly, Wöltingerode, Kalkbuchenwald oberhalb des Bärentales, 4029 Vienenburg,
4029.1/08, 04.09.**1993**
leg./det. H. Manhart

**Gefährdung:  RL 2 für Niedersachsen**

*Cantharellus subpruinosus* EYSSART. & BUYCK 2000
Blasser Pfifferling, Blasser Laubwald-Pfifferling, Bereifter Pfifferling

Syn.: *Cantharellus cibarius var. pallidus* R. SCHULZ 1924, *Cantharellus pallens* PILÁT 1959

Verbr. im KG: zerstreut, aber wohl ungefährdet
Ökol. im KG:  Laubmischwald, grasige Wegränder
Ökol. allg.:    Eichenmischwald, Buchenwald

Auf tonigem Boden unter *Fagus* an Böschung zwischen *Urtica dioica*
Harly, Wöltingerode, Bärental, 4029 Vienenburg, 4029.1/08, 11.0.9.**2015**
leg./det. H. MANHART

*Cantharellus tubaeformis* FR. 1821
Trompeten-Pfifferling

Syn.: *Craterellus tubaeformis* (BULL.: FR.) QUÉL. 1888

Verbr. im KG: zerstreut, nicht in jedem Jahr fruktifizierend
Ökol. im KG:  Seggen-Buchenwald
Ökol. allg.:    Laubmischwälder, Nadelwälder

Unter *Fagus, Picea* und *Pinus* im Falllaub und an morschem Totholz
Harly, Vienenburg, Schacht I, Westhang oberer Burggrund, 4029 Vienenburg, 4029.1/15,
05.10.**2007**
leg./det. H. Manhart

Im Moos unter *Fagus* über Kalk
Harly, Wöltingerode, Kalkbuchenwald oberhalb des Bärentales, 4029 Vienenburg,
4029.1/08S, 04.09.**1993**
leg./det. H. Manhart

*Ceriporia purpurea* (Fr.: Fr.) Donk. **1971**
**Purpurner Wachsporling, Purpurvioletter Wachsporling**

Syn.: *Physisporus purpureus* (Fr.: Fr.) Gillet, *Polyporus purpureus* (Fr.) Fr., *Poria purpurea*
   (Fr.: Fr.) Cooke

Verbr. im KG: vereinzelt
Ökol. im KG:  an liegendem Totholz von *Fagus* und *Fraxinus*
Ökol. allg.:    Buchen-, Eichen- und Eschentotholz

Auf unberindetem Totholzast von *Fraxinus* über Kalk
Harly, Vienenburg, oberhalb Burggrund, 4029 Vienenburg, 4029.1/15, 31.01.**2009**
leg./det. H. Manhart

**Gefährdung: RL 2F, 3H für Niedersachsen**

*Chamaemyces fracidus* (Fr.) Donk  **1962**
**Fleckender Schmierschirmling**

Syn.: *Chamaemyces demisannulus* (Secr. ex Fr.) M. M. Moser, *Lepiota irroata* Quél.

Verbr. im KG: sehr selten, Einzelfund, danach (seit 30 Jahren!) nicht mehr angefunden, im
              Harly wohl verschollen
Ökol. im KG:  Buchenmischwald über Kalksinter (Tuffstein)
Ökol. allg.:    Kiefern- und Buchenwälder

Über Kalktuff (Quellsinter) unter *Fagus* und *Fraxinu*s am Wegrand
Harly, Weddingen, an der Sinterquelle, 4029 Vienenburg, 4029.1/06, 20.06.**1993**
leg./det. H. Andersson

**Gefährdung: RL 3 für Niedersachsen  (wohl aber noch weiter rückläufig)**

*Cheilymenia theleboloides* (Alb. & Schw.) Boud. **1907**
**Blassgelber Erdborstling**

Syn.: *Cheilymenia glumarum* (Desm.) Svrček 1974, *Cheilymenia vinacea* (Rabenh.) Boud.
   1907, *Coprobia theleboloides* (Alb. & Schwein.) J. Moravec 1987, *Scutellinia ascobolo-*
   *ides* (Bertero ex Mont.) S.C.Teng 1963, *Scutellinia theleboloides* (Alb. & Schwein.)
   Lambotte 1887

Verbr. im KG: sehr selten, Einzelfund
Ökol. im KG:  auf mit Grünabfällen durchmischtem Erdhaufen
Ökol. allg.:    Ruderalstellen, Dung, Erdhaufen, an faulenden Pflanzenresten

Auf nackter Erde unter *Quercus*
Harly, Vienenburg, Schacht I, an abbiegendem Okerweg nach Wiedelah, 4029 Vienenburg,
4029.1/15, 15.07.**2007**
leg./det. H. Manhart

*Chroogomphus rutilus* (Schaeff.) O.K. Mill. 1964 *s. str.*
**Kupferroter Gelbfuß agg.** (Sammelart)

Syn.: *Chroogomphus corallinus* O. K. Mill. & Watling 1970, *Chroogomphus rutilus var. corallinus* (O. K. Mill. & Watling) Watling 2004, *Gomphidius rutilus* (Schaeff.: Fr.) S. Lundell 1937, *Gomphidius viscidus* (L.) Fr. 1838

Verbr. im KG: sehr selten, einmal nur gefunden, seit über 20 Jahren kein Wiederfund mehr
Ökol. im KG:  Unter Pinus zwischen Gräsern und Moosen auf Streu
Ökol. allg.:    Unter Kiefern über Kalk-Verwitterungslehm

Im Gras unter *Pinus sylvestris*
Harly, Wöltingerode, Bärental, 4029  Vienenburg, 4029.1/08, 13.10.**2002**
leg./det. H. Manhart

**Gefährdung: Wird nicht in RL für Niedersachsen aufgeführt**

*Chrysomphalina grossula*  (Pers.) Norvell, Redhead & Ammirati 1994
**Gelbgrüner Nabeling, Olivgrüner Nabeling**

Syn.: *Camarophyllopsis abiegna* (Berk. & Broome) Knut Wöldecke ad int., *Camarophyllus grossulus* (Pers.) Clémençon 1982, *Cuphophyllus grossulus* (Pers.) Bon 1985, *Cuphophyllus grossulus var. belleri* Bon 1989, *Gerronema grossulum* (Pers.) Singer 1973, *Hygrophorus wynneae* Berk. & Broome 1879, *Omphalia abiegna* (Berk. & Broome) J.E. Lange 1930, *Omphalia bibula* (Quél.) Sacc. 1887, *Omphalina abiegna* (Berk. & Broome) Singer 1951, *Omphalina bibula* Quél. 1886, *Omphalina grossula* (Pers.) Singer 1961

Verbr. im KG: zerstreut bis sehr selten, mit Absterben der Fichte im Harly wohl auch ver-
                      schwindend
Ökol. im KG:  an Totholz von Fichte
Ökol. allg.:    in Nadelwäldern an zersetzten Holzstückchen

An Stubben von *Picea* über Kalk
Harly, Wöltingerode, Kalkbuchenwald oberhalb des Bärentales, 4029 Vienenburg, 4029.1/08, 04.10.**2001**
leg./det. H. Manhart

**Gefährdung:  Wird nicht in RL für Niedersachsen aufgeführt**

*Clavaria falcata* Pers. 1794
**Weißes Spitzkeulchen, Weißes Keulchen, Weiße Keule**

Syn.: *Clavaria acuta* Sowerby 1822

Verbr. im KG: selten
Ökol. im KG:  moosige Pionierstandorte
Ökol. allg.:    ungedüngte Weisen- und Wiesenflächen, moosige Pionierstandorte

Zwischen Moosen und lehmiger Freifläche neben dem Weg
Harly, Bärental/Wöltingerode, 4029 Vienenburg, 4029.1/13, 16.09.**2014**
leg./det. H. Manhart

**Gefährdung:  RL 3 für Niedersachsen**

*Clavariadelphus pistillaris* (L.) DONK 1933
**Herkuleskeule, Große Herkuleskeule**

Syn.: *Clavaria herculeana* GRAY 1789, *Clavaria pistillaris* L. 1753, *Clavariella pistillaris* (FR.)
P. KARST. 1821

Verbr. im KG: zerstreut, seit über 20 Jahren ausbeibend und nicht mehr fruktifizierend,
im Harly wohl verschollen?
Ökol. im KG:  Kalkbuchenwald
Ökol. allg.:    Seggen- und Haargersten-Buchenwald, basenreiche Buchenwälder

Unter *Fagus* über Kalk
Harly, Wöltingerode, Kalkbuchenwald oberhalb des Bärentales, 4029 Vienenburg,
4029.1/08S, 04.09.**1993**
leg./det. H. MANHART

**Gefährdung: RL 1F, 3H für Niedersachsen**

*Clavulina cinera* (BULL.) J. SCHRÖT. **1888**
**Graue Koralle, Graue Kammkoralle, Grauer Korallenpilz**

Syn.: *Clavaria grisea* PERS. 1797, *Ramaria cinerea* (BULL.) GRAY 1821

Verbr. im KG: zerstreut, in manchen Jahren häufiger
Ökol. im KG:  Buchenwald
Ökol. allg.:    Laub- und Nadelwälder

Unter *Fagus* über Buntsandstein
Harly, Weddingen, 4029 Vienenburg, 4029.1/06, 23.06.**1993**
leg./det. H. MANHART

*Clavulinopsis helvola* (PERS.) CORNER **1950**
**Goldgelbe Wiesenkeule**

Syn.: *Clavaria angustata* PERS.: FR. 1821, *Clavaria helveola* PERS. 1797 orthographic variant,
*Clavaria inaequalis* O.F. MÜLL. 1780 *ss.* R.H. PETERSEN, *Ramariopsis helvola* (PERS.: FR.)
R.H. PETERSEN, 1978

Verbr. im KG: selten und stark rückläufig
Ökol. im KG:  Schlehen- und Ligustergebüsche
Ökol. allg.:    ungedüngte Wiesen und Weiden, Gebüschsäume, Buchen- und Eschenwälder

Unter *Fagus* auf lehmig-sandigem Boden am Fuße einer Wegeböschung eines Hohlweges
Harly, Schacht I/Vienenburg, Hangsüdseite nahe der Oker, 4029 Vienenburg, 40289.1/14,
16.09.**2014**
leg./det. H. MANHART

**Gefährdung: RL 3 für Niedersachsen**

*Clitocybe fragrans* (WITH.) P. KUMM. **1871**
**Heller Anis-Trichterling,  Duft-Trichterling, Langstieliger Duft-Trichterling**

Syn.: *Clitocybe deceptiva* H.E. BIGELOW 1982, *Clitocybe luffii* (MASSEE) P.D. ORTON 1960

Verbr.im KG: zerstreut
Ökol. im KG: unter *Fagus* und *Robinia*
Ökol. allg.:    Laub- und Nadelwälder

Auf feuchter toniger Erde unter *Fagus*
Harly, Vienenburg, Schacht I, Unter dem Harly, Fußweg nach Wiedelah, 4029 Vienenburg,
4029.1/15, 15.07.**2007**
leg./det. H. MANHART

### *Clitocybe phyllophila* (FR.) P. KUMM. 1871
### Bleiweißer Firnistrichterling, Bleiweißer Trichterling

Syn.: *Clitocybe cerussata* (FR.) P. KUMM. 1871, *Clitocybe phyllophila var. fusispora* RAITHELH.
      1970, *Clitocybe phyllophila var. tenuis* HARMAJA 1969, *Clitocybe pithyophila* (SECR.: FR.)
      GILLET 1974 *ss. auct.*, *Omphalia phyllophila* QUÉL. 1886

Verbr. im KG: zerstreut
Ökol. im KG:  Buchenwald
Ökol. allg.:    Buchenwald , Laubmisch- und Nadelwald

Unter *Fagus* im Falllaub
Harly, Wöltingerode, Mittelweg, 4029 Vienenburg, 4029.1/07, 12.11.**2019**
leg./det. H. MANHART

### *Conocybe subovalis* KÜHNER EX KÜHNER & WATLING 1980
### Gerandetknolliges Samthäubchen

Syn.: *Conocybe tenera var. subovalis* KÜHNER 1935

Verbr. im KG: selten
Ökol. Im KG:  Holzlagerplatz
Ökol. allg.:    Laub- und Nadelwälder, Wegränder, Ruderalstellen, Holzlagerplätze

An Holzstückchen am Wegrand an Platz mit Baum- und Mulchresten
Wöltingerode, Verbindungsweg Kloster Wöltingerode zur Landstraße L 510,
4029 Vienenburg, 4029.1/12, 12.05.**2021**
leg./det. H. MANHART

### *Conocybe subpubescens* P.D. ORTON 1960
### Langstieliges Samthäubchen

Syn.: *Conocybe cryptocystis* (G.F. ATK.) SINGER 1954 *ss.* M.M. MOSER, *Conocybe digitalina*
      (VELEN.) SINGER 1989, *Conocybe tetraspora* SINGER 1969, *Galera digitalina* VELEN. 1947

Verbr. im KG: selten
Ökol. im KG:  Ruderalstellen im Buchenwald
Ökol. allg.:    Wegränder, Kompost, Holzlagerstellen, Brandstellen, Laubmischwälder, Waldsäume

Unter *Fagus* im Falllaub zwischen Gräsern
Harly, Wöltingerode, Südseite, 4029 Vienenburg, 4029.1/12N, 09.05.**2004**
leg./det. H. MANHART

### *Coprinellus domesticus* (BOLTON) VILGALYS, HOPPLE & JACQ. JOHNSON 2001
### Haus-Tintling, Großer Holz-Zystidentintling

Syn.: *Coprinus domesticus* (BOLTON) GRAY 1821

Verbr. im KG: zerstreut, in manchen Jahren ausbleibend
Ökol. im KG:  Laubtotholz
Ökol. allg.:    Laubtotholz, besonders von Weide und Hasel

An morschem Totholz von *Acer*
Harly, Vienenburg, Schacht I, Unter dem Harly, 4029 Vienenburg, 4029.1/15, 22.06.**2012**
leg./det. H. MANHART

**Coriolopsis gallica (FR.) RYVARDEN 1973**
**Braune Borstentramete**

Syn.: *Funalia extenuata* (DURIEU & MONT.) DOMAŃSKI 1967, *Funalia gallica* (FR.) BONDARTSEV &
SINGER 1941, *Polyporus gallicus* FR. 1821, *Polyporus schulzeri* KALCHBR. 1874, *Trametes extenuata* (DURIEU & MONT.) PAT. 1897, *Trametes gallica* (FR.) FR. 1838, *Trametes peckii* KALCHBR. 1881

Verbr. im KG: zerstreut, in letzten Jahren mit leicht zunehmender Tendenz
Ökol. im KG:  Totholz von Esche und Buche
Ökol. allg.:    Auwälder, Flusstäler, an Obstbäumen und Esche

An Stammbasis von *Fraxinus*
Klostergut Wöltingerode, Domänenhof, 4029 Vienenburg, 4029.1/13, 28.05.**2007**
leg./det. H MANHART

**Gefährdung: RL 2 für Niedersachsen**

**Coriolopsis trogii (BERK.) DOMANSKI 1974**
**Blasse Borstentramete**

Syn.: *Funalia trogii* (BERK.) BONDARTSEV & SINGER 1941, *Trametella trogii* (BERK.) DOMAŃSKI
1968, *Trametes trogii* BERK. 1850

Verbr. im KG: zerstreut, in den letzten Jahren jedoch in Zunahme begriffen
Ökol. im KG:  an Totholz von Pappel und Esche
Ökol. allg.:    Auwälder, Flusstäler,

An liegendem Totholz von *Populus spec.*
Harly, Vienenburg, Okeraue, 4029.1/14, 20.02.**2016**
leg./det. H. Manhart

**Cortinarius aleuriosmus MAIRE 1910 *non ss*. J.E. LANGE**
**Verfärbender Elfenbein-Klumpfuß, Mehlgeruch-Klumpfuß**

Syn.: *Cortinarius aleuriosmus var. aphanosmus* M. M. MOSER 1997

Verbr. im KG: sehr selten, seit Jahren völlig ausbleibend
Ökol. im KG:  Buchenwald
Ökol. allg.:    basische Buchenwälder, Laubmischwälder

Unter *Fagus* im Falllaub
Harly, Schacht I, Vienenburg, Okerprallhang, 4029 Vienenburg, 4029.1/14, 18.10.**2017**
leg./det. H. MANHART

Farbtest mit Kaliumhydroxid (KOH) auf Fleisch schwach gelblich, Fk. an Druckstellen bräun-
lich verfärbend

**Gefährdung: Nicht in RL für Niedersachsen aufgeführt**

***Cortinarius anserinus*** (Vel.)  Rob.Henry 1986
**Buchen-Klumpfuß, Buchenwald-Klumpfuß**

Syn.: *Cortinarius amoenolens* Rob. Henry ex P.D. Orton, *Cortinarius cyanopus s. auct. p.p.*

Verbr.im KG: früher verbreitet, typischer und charakteristischer Buchenfolger, aber in den
letzten Jahren stark rückläufig und im Harly nur noch bisweilen anzufinden
Ökol. im KG: Kalkbuchenwald
Ökol. allg.:    Kalkbuchenwald, Seggen-Buchenwald

Unter *Fagus* in der Laubstreu
Harly, Schacht II, Vienenburg, unterhalb der Zufahrtsstraße am Abstieg zur Oker
4029 Vienenburg, 4029.1/14, 03.09.**2017**
leg./det. H. Manhart **2 Tafeln**

Unter *Fagus* im Falllaub über Kalk
Harly, Kalkbuchenwald oberhalb des Bärentales/Wöltingerode
4029 Vienenburg, 4029.1/08, 16.09.**2014**
leg./det. H. Manhart

Unter *Fagus* über Kalk
Harly, Wöltingerode, Bärental,4029 Vienenburg, 4029.1/08S, 03.20.**1996**
leg./det. H. Manhart

**Gefährdung: RL 3F/3H für Niedersachsen**

***Cortinarius caerulescens*** (Schaeff.) Fr. 1838 *ss*. Brandr. & al.
**Blauer Klumpfuß**

Syn.: *Agaricus caerulescens* Schaeff., *Phlegmatium caesiocyaneus* (Britzelm.) M. M. Moser

Verbr. im KG: sehr selten, seit 2001 nicht mehr im Harly gefunden, eine sehr schönfarbige
Phlegmacie mit blauer Färbung ohne Violetteinschlag, Gefährdung unbekannten
Ausmaßes im Harly
Ökol. im KG: Kalkbuchenwald
Ökol. allg.:    Buchenwälder und basenreiche Eichenwälder

Unter *Fagus* über Kalk
Harly, Wöltingerode, Kalkbuchenwald oberhalb des Bärentales, 4029 Vienenburg,
4029.1/08, 05.10.**2001**
leg./det. H. Manhart

**Gefährdung: RL 1F, 2H für Niedersachsen**

***Cortinarius chevassutii*** Rob. Henry 1982
**Marmor-Dickfuß, Marmorierter Dickfuß**

Syn.: *Cortinarius subsordescens* Rob. Henry

Verbr. im KG: sehr selten, Art mit langen Fruktifikationspausen
Ökol. im KG:  Eichen-Hainbuchenwald, Esche
Ökol. allg.:    basenreiche Laubmischwälder

Unter *Fraxinus* und *Quercus* sowie *Fagus* über Kalk
Harly, Wöltingerode, Südseite, 4029 Vienenburg, 4029.1/07, 11.09.**2007**
leg./det. H. Manhart

**Gefährdung: Wird nicht in RL für Niedersachsen  aufgeführt**

***Cortinarius cinnamomeoluteus*  P.D. Orton 1960**
**Zimtgelber Hautkopf**

Syn.: *Dermocybe cinnamomeolutea* (P.D. Orton) M.M. Moser, *Dermocybe saligna* M.M.
     Moser & Gerw. Keller 1977

Verbr. im KG: sehr selten, seit über 20 Jahren im Harly nicht mehr angefunden, ob verschollen?
Ökol. im KG:  unter Hainbuche mit Erle
Ökol. allg.:    unter Erlen und Weiden

Unter *Carpinus* über Buntsandstein
Harly, Vienenburg, Schacht II, 4029 Vienenburg, 4029.1/14N, 28.07.**1993**
leg./det. H. Manhart

**Gefährdung: RL 0 für Niedersachsen**
**Wiederfund!**

***Cortinarius claricolor*  (Fr.) Fr. 1838**
**Weißgestiefelter Schleimkopf**

Syn.:

Verbr. im KG: sehr selten, Einzelfund, seit über 20 Jahren nicht mehr im Harly angefunden,
                 ob verschollen?
Ökol. im KG:  Buchenwald über Kalk
Ökol. allg.:    Fichtenwald, zum Teil aber auch unter Laubbäumen

Unter *Fagus*
Ein Fundpunkt mit mehreren Exx.
Harly, Wöltingerode, Südhang, 4029 Vienenburg, 4029.1/07, 08.08.**2000**
leg./det. H. Manhart

**Gefährdung: RL 1 für Niedersachsen**

***Cortinarius cotoneus* Fr. 1838**
**Olivbrauner Laubwald-Raukopf, Olivfarbener Raukopf**

Syn.: *Agaricus conopus* Pers. *Agaricus notatus* Secret. *Cortinarius sublanatus auct.*, *Corti-*
     *narius cotoneus* Fr.

Verbr. im KG: sehr selten, Einzelfund

Ökol. im KG:  Eichen-Hainbuchenwald, basenreicher Buchenwald
Ökol. allg.:    Eichen-Hainbuchenwald, basenreicher Buchenwald

Unter *Fagus, Quercus* und *Carpinus*
Harly, Schacht I, Vienenburg, Hohlwegrand am Okerprallhang, 4029 Vienenburg, 4029.1/14,
05.10.**2017**
leg./det. H. Manhart

**Gefährdung: RL 2 für Niedersachsen**

***Cortinarius duracinus*** Fr. **1838**
**Wurzelnder Wasserkopf, Spindeliger Wasserkopf**

Syn.:

Verbr. im KG: sehr zerstreut, seit einigen Jahren ganz ausbleibend, früher etwas häufiger,
                        war im Ostteil des Harly häufiger anzutreffen
Ökol. im KG:  Eichen-Hainbuchenwald, basenreiche Buchenwälder
Ökol. allg.:    Buchen- und Eichenmischwald

Unter *Carpinus* auf tonigem Boden mit Rogenstein
Harly, Vienenburg, Schacht I, Südhang, 4029 Vienenburg, 4029.1/15, 13.09.**2007**
leg./det. H. Manhart

Unter *Fagus* über Kalk
Harly, Wöltingerode, Kalkbuchenwald oberhalb des Bärentales, 4029 Vienenburg, 4029.1/08,
04.08.**1993** und 05.10.**2001**
leg./det. H. Manhart  **2 Tafeln**

**Gefährdung: RL 3 für Niedersachsen**

***Cortinarius humolens*** Brandr. **1998**
**Hellgelber Schleimkopf**

Syn.: *Cortinarius claroflavus* Henry *ss.* Moser

Verbr. im KG: selten
Ökol. im KG:  Laubmischwald
Ökol. allg.:    obligater Laubwaldbegleiter

Unter *Fagus* und *Quercus* über Braunerde
Harly, Schacht I, Vienenburg, Hohlwegrand, Okerprallhang, 4029 Vienenburg, 4029.1/15,
08.09.**2017**
leg./det. H. Manhart

**Gefährdung: RI 1 für Niedersachsen**

***Cortinarius purpurascens var. largusoides*** Cetto **1991**
**Purpurfleckender Laubwald-Klumpfuß**

Syn.: *Cortinarius largusoides* (Henry) P. D.Orton

Verbr. im KG: sehr selten, Einzelfund, danach nicht mehr angetroffen, Gefährdung unbe-
                        kannten Ausmaßes im Harly

Ökol. im KG:   unter *Quercus* und *Fagus*
Ökol. allg.:   Waldmeister-Buchenwald, Eichen-Hainbuchenwälder

Harly, Wöltingerode, Südseite am Randweg, 4029 Vienenburg, 4029.1/13 N, 17.10.**2002**
leg./det. H. Manhart

**Gefährdung: RL 2F, 3H für Niedersachsen, in 2014 nicht aufgeführt**

***Cortinarius salor* Fr. 1838**
**Blauer Schleimkopf**

Syn.:

Verbr. im KG: sehr selten, Einzelfund. Nach 2014 nicht mehr angetroffen, sehr farbkräftige
               Fruchtkörper, Gefährdung unbekanntenen Ausmaßes im Harly
Ökol. im KG:   basenreicher Lehmboden, wärmebegünstigter Buchenmischwald
Ökol. allg.:   Mischwälder, Buche, Fichte, Tanne, kalkreiche Böden

Unter *Fagus* im Falllaub und unter liegendem Laubtotholzstamm fruktifizierend
Harly, Schacht I/Vienenburg, Weg am Südhang, 4029 Vienenburg, 4029.1/14, 16.09.**2014**
leg./det. H. Manhart

**Gefährdung: RL 0 für Niedersachsen**
**Erstfund für den Harly!**

***Cortinarius suillonigrescens* Reumaux 2002**
**Großer Dickfuß, Wildschwein-Gürtelfuß**

Syn.: *Cortinarius aprinus* Melot

Verbr. im KG: selten, unregelmäßig fruktifizierend
Ökol. im KG:   Buchenwald
Ökol. allg.:   basenreiche Laubwälder

Unter *Quercus* und *Fagus* Im Falllaub über Kalk
Harly, Schacht I, Vienenburg, Okerprallhang, am Rand des ansteigenden Hohlweges,
4029 Vienenburg, 4029.1/14, 12.11.**2016**
leg./det. H. Manhart

**Gefährdung: RL 1F, 3H für Niedersachsen**

***Cortinarius tigrinipes* Bergeron 1997**
**Tigerstieliger Gürtelfuß**

Syn.:

Verbr. im KG: selten, kalkgebundene Art mit gelblichem Velum im Gegensatz zu *Cortinarius*
               *torvus,* Gefährdung unbekannten Ausmaßes
Ökol. im KG:   Kalkbuchenwald
Ökol. allg.:   Laubmischwälder auf Kalk

Unter *Quercus* und *Carpinus* über Kalk
Harly, Vienenburg, Schacht I, Burggrund, Westhang

4029 Vienenburg, 4029.1/15, 17.11.**2019**
leg./det. H. MANHART

Unter *Fagus* im Falllaub über Kalk
Harly, Wöltingerode, südlich der Schutzhütte am Mittelweg, 4029 Vienenburg, 4029.1/07,
06.11.**2019**
leg./det. H. MANHART

**Gefährdung: Wird nicht in RL für Niedersachsen aufgeführt**

*Cortinarius torvus* (FR.) FR. **1838**
**Wohlriechender Gürtelfuß**

Syn.: *Cortinarius testaceofractus* CARTERET & REUMAUX 2000, *Cortinarius torvovelatus* REU-
MAUX 2000, *Cortinarius torvus f. obesipes* BIDAUD, MOËNNE-LOCC. & REUMAUX 1999

Verbr. im KG: lückig verbreitet, in manchen Jahren sogar häufig, gern in der Streu unter Buchen
Ökol. im KG: Laubmischwald, auf Sandstein- und Kalkböden anzutreffen
Ökol. allg.: Buchenwälder, Eichen-Hainbuchenwälder, neutrale bis saure Böden

Unter *Fagus* über Buntsandstein
Harly, Wöltingerode, 4029 Vienenburg, 4028.1/08, 23.07.**1993**
leg./det. H. MANHART

**Gefährdung: RL 2F, 3H für Niedersachsen**
*Cortinarius variecolor* (PERS.) FR. *s.l.* **1838**
**Verfärbender Schleimkopf, Hain-Klumpfuß, Erdigriechender Schleimkopf**

Syn.: *Cortinarius nemorensis* (FR.) BRITZELM., *Cortinarius pseudovariicolor* DAMBLON & LAM-
BINON 1959, *Cortinarius variicolor var. largiusculus* (BRITZELM.) QUADR. 1985,
*Cortinarius variicolor var. marginatus* (M. M. MOSER) QUADR. 1985, *Cortinarius
variicolor var. nemorensis* FR. 1838

Verbr. im KG: zerstreut und rückläufig, im Harly schon seit über 20 Jahren nicht mehr anfind-
bar, Gefährdung unbekannten Ausmaßes
Ökol. im KG: Kalkbuchenwald
Ökol. allg.: Laub- und Nadelwälder

Unter *Fagus* über Kalk
Harly, Wöltingerode, Kalkbuchenwald oberhalb des Bärentales, 4029 Vienenburg, 4029.1/08,
29.08.**1993** und 04.10.**2001**
leg./det. H. MANHART **2 Tafeln**

*Cortinarius venetus* (FR.) FR. **1838**
**Dunkelgrüner Rettich-Raufuß, Grüner Raukopf, Grüner Buchenraukopf,**
**Grünfaseriger Raukopf**

Syn.:

Verbr. im KG: selten, sehr unregelmäßig in der Fruktifikation
Ökol. im KG: unter *Fagus* truppweise im Falllaub
Ökol. allg.: Buchenwälder, nährstoffarme basische, neutral und saure Böden

Unter *Fagus* auf lehmig-sandigem Boden
Harly, Schacht I / Vienenburg, Südhang zur Oker
4029 Vienenburg, 4029.1/14, 16.09.**2014**
leg./det. H. Manhart
In der RL Niedersachsen wird allerdings nicht in Nadel- und Laubwaldform differenziert.

Unter *Fagus* über Kalk
Harly, Wöltingerode, 4029 Vienenburg, 4029.1/08, 22.09.**2002**
leg./det. H. Manhart

**Gefährdung: Wird nicht in RL für Niedersachsen aufgeführt**

**_Craterellus cinereus_  (Pers.) Donk 1933**
**Grauer Leistling, Graue Kraterelle, Grauer Pfiffeling**

Syn. : *Cantharellus cinereus* Pers.: Fr., *Pseudocraterellus cinereus* (Pers. : Fr.) Kalamees

Verbr. im KG: selten, in Jahren, in denen die Herbsttrompete häufig ist, ist es auch diese Art,
              die sich gern in Bestände von Craterellus cornucopioides untermischt
Ökol. im KG:  Seggen-Buchenwald
Ökol. allg.:    Buchenwälder

Unter *Fagus* über lehmigem Boden
Harly, Schacht I, Vienenburg, Okerprallhang, 4029 Vienenburg, 4029.1/14, 24.08.**2017**
leg./det. H. Manhart

**Gefährdung: RL 2F, 3H für Niedersachsen**
**RL 3 für Deutschland**

**_Craterellus cornucopioides_  (L.) Pers. 1825**
**Herbsttrompete, Totentrompete**

Syn.: *Cantharellus cornucopioides* L.: Fr. 1821, *Craterella nigrescens* Pers. 1794, *Helvella punctata* Schaeff. 1774, *Merulius pezizoides* J.F. Gmel. 1792

Verbr. im KG: noch in den 90er Jahren ortshäufig und in manchen Jahren zahlreich, in den
              letzten Jahren im Harly aber zunehmend rückläufig und  nicht in jedem Jahr
              fruktifizierend
Ökol. im KG:  nährstoffarmer Buchenwald
Ökol. allg.:    Haargersten-Buchenwald

Unter *Fagus* auf tonigem Boden zwischen Gräsern über Buntsandstein
Harly, Weddingen, 4029 Vienenburg, 4029.1/06, 30.06.**1993**
leg./det. H. Manhart

**Gefährdung: RL 2F für Niedersachsen**

**_Craterellus sinuosus_ (Fr.) Fr. 1838**
**Krause Kraterelle**

Syn.: *Cantharellus sinuosus* Fr. 1821, *Craterellus crispus* Fr. 1860, *Craterellus undulatus* (Pers.: Fr.) Redeuilh 2004, *Pseudocraterellus sinuosus* (Fr.) D.A. Reid 1962, *Pseudocraterellus undulatus* (Pers.: Fr.) Rauschert 1987
Verbr. im KG: selten, in letzter Zeit kaum noch angefunden

Ökol. im KG:  im Buchenwald über tonigen Böden, gern an Wegrändern und Böschungen
Ökol. allg.:    kalk- und basenreiche Buchenwälder

Unter *Fagus* über Rogenstein
Harly, Wöltingerode, Westhang über dem Bärental, 4029 Vienenburg, 4029.1/08S,
04.09.**1993**
leg./det. H. Manhart

**Gefährdung: RL 2F, 3H für Niedersachsen**

***Cuphophyllus virgineus*** (Wulfen) Kovalenko **1989**
**Glasigweißer Ellerling, Jungfern-Ellerling, Schneeweißer Ellerling,**
**Weißer Ellerling**

Syn.: *Camarophyllus niveus* (Scop.) P. Karst. 1877, *Camarophyllus virgineus* (Wulfen)
        P. Kumm. 1871, *Hygrocybe nivea* (Scop.) P.D. Orton & Watling 1969, *Hygrocybe virginea*
        (Wulfen : Fr.) P.D. Orton & Watling 1969

Verbr. im KG: zerstreut und unregelmäßig im Vorkommen
Ökol. im KG:  nährstoffarme Gras- und Wiesenstreifen
Ökol. allg.:    Grünstreifen, Wiesen, Weg- und Straßenränder, im Laubwald bei *Fraxinus*

Zwischen Gräsern am Wegrand in moosigem Wiesenstreifen
Harly, Wöltingerode, 4029 Vienenburg, 4029.1/13N, 24.12., **2006**
leg./det. H.Manhart

***Crepidotus mollis*** (Schaeff.) Staude **1857**
**Gallertfleischiges Stummelfüßchen**

Syn.: *Crepidotus alabamensis* Murrill 1917, *Crepidotus alveolus* (Lasch) P. Karst.1871,
        *Crepidotus fraxinicola* Murrill 1917

Verbr. im KG: zerstreut
Ökol. im KG:  Stubben vom Laubbaum, Totholzstamm von Fagus
Ökol. allg.:    Kalkbuchenwald

An Stubben von Laubbaum
Harly, Schacht I, Vienenburg, Oberes Burgtal, 4029 Vienenburg , 4029.1/15, 22.05.**2021**
leg./det. H. Manhart

***Cyanoboletus pulverulentus*** (Opat.) Gelardi, Vizzini & Simonini **2014**
**Schwarzblauender Röhrling**

Syn.: *Boletus hortensis* Smotl.1912, *Boletus pulverulentus* Opat. 1836, *Xerocomus pulveru-*
        *lentus* (Opat.) E.-J. Gilbert 1931

Verbr. im KG: zerstreut und unregelmäßig erscheinend, in letzter Zeit erkennbar rückläufig
Ökol. im KG:  Buchenwald, gern an  schattig-feuchten  Wegrändern und Böschungen
Ökol. allg.:    Buchenwald, Eichen-Hainbuchenwald

Unter *Fagus* und *Carpinus* auf tonigem Boden
Harly, Vienenburg, Schacht I, Okerprallhang, 4029 Vienenburg, 4029.1/14, 24.09.**2015**
leg./det. H. Manhart
**Gefährdung: RL 3 für Niedersachsen**

*Cyclocybe erebia* (Fʀ.) Vɪᴢᴢɪɴɪ & Mᴀᴛʜᴇɴʏ 2014
**Lederbrauner Ackerschüppling, Leberbrauner Ackerling**

Syn.: *Agrocybe erebia* (Fʀ.) Kᴜ̈ʜɴᴇʀ 1939, *Pholiota erebia* (Fʀ.) Gɪʟʟᴇᴛ 1876

Verbr. im KG: zerstreut und rückläufig, nur noch vereinzelte Zufallsfunde
Ökol. im KG.: Laubmischwald
Ökol. allg.:    Laubmischwälder, grasige, offene Plätze, Weg- und Waldränder, feuchte Bodenstellen

Unter *Fagus* im Falllaub
Harly, Wöltingerode, 4029 Vienenburg, 4029.1/08, 15.09.**2021**
leg./det. H. Mᴀɴʜᴀʀᴛ

Am Wegrand zwischen Kräutern unter *Fagus*
Harly, Bärental, Wöltingerode, 4029 Vienenburg, 4029.1/12, 31.08.**2006**
leg./det. H. Mᴀɴʜᴀʀᴛ

Unter *Fagus* auf tonigem und feuchtem Boden
Harly, Wöltingerode, 4029 Vienenburg, 4029.1/08, 29.09.**2002**
leg./det. H. Mᴀɴʜᴀʀᴛ

*Cystolepiota adulterina* (F.H. Møʟʟᴇʀ) Bᴏɴ 1976
**Fastberingter Mehlschirmling, Brauner Mehlschirmling, Hecken-Mehlschirmling**

Syn.: *Cystolepiota adulterina var. reidii* (Bᴏɴ) Bᴏɴ 1993

Verbr. im KG: selten, jedoch gebietsbeständig
Ökol. im KG:  unter Buche auf Schwarzerde
Ökol. allg.:    bei Laubbäumen an schattigen Stellen, an Wegrändern, bei *Urtica dioica* und
                Brombeere (*Rubus sect. Rubus*), an eutrophierten Stellen, Böschungen, in
                Parks

Unter *Fagus* und *Sambucus nigra* auf schattigem und feuchtem Boden
Harly, Wöltingerode, unteres Bärental, 4029 Vienenburg, 4029.1/12, 17.10.**2019**
leg./det. H. Mᴀɴʜᴀʀᴛ

**Gefährung: RL 3 für Niedersachsen**

*Cystolepiota bucknallii* (Bᴇʀᴋ. & Bʀᴏᴏᴍᴇ) Sɪɴɢᴇʀ & Cʟᴇ́ᴍᴇɴçᴏɴ 1972
**Violetter Skatol-Mehlschirmling, Violettlicher Mehlschirmling**

Syn.: *Cystoderma bucknallii* (Bᴇʀᴋ. & Bʀᴏᴏᴍᴇ) Sɪɴɢᴇʀ 1939, *Cystolepiota bucknallii*
      *var. lilacina* (Qᴜᴇ́ʟ.) Bᴏɴ 1993, *Lepiota bucknallii* (Bᴇʀᴋ. & Bʀᴏᴏᴍᴇ) Sᴀᴄᴄ. 1887, *Lepiota*
      *lilacina* (Qᴜᴇ́ʟ.) Bᴏᴜᴅ. 1893

Verbr. im KG: sehr zerstreut, in manchen Jahren nicht fruktifizierend, stets wenige Exx.
Ökol. im KG:  Wegränder unter *Fagus* zwischen oder neben *Urtica dioica*
Ökol. allg.:    Haargersten-Buchenwald, Eichen-Elsbeerenwald, Eschen-Bergahornwald

Unter *Urtica* am Wegrand
Harly, Schacht III, Talweg nördlich des Mittelweges, 4029 Vienenburg, 4029.1/06, 11.10.**2019**
leg./det. H. Mᴀɴʜᴀʀᴛ
Unter *Fagus* zwischen *Urtica dioica* an feuchter Wegestelle

Harly, Vienenburg, Schacht I, Querweg nördlich der Harlyburg, 4029 Vienenburg, 4029.1/15, 30.10.**2009**
leg./det. H. Manhart

**Gefährdung: RL 3 für Niedersachsen**

*Cystolepiota hetieri* (Boud.) Singer **1973**
**Rotfleckender Mehlschirmling, Weißer Flockenschirmling**

Syn.: *Cystoderma hetieri* (Boud.) Singer 1939, *Cystolepiota hetieriana* (Locq.) Singer
1976, *Cystolepiota langei* (Locq.) Bon 1993 *non ss.* Knuds., *Lepiota granulosa*
*var. rufescens* (Berk. & Broome) Sacc. 1887, *Lepiota hetieri* Boud. 1902, *Lepiota rufe-*
*scens* (Berk. & Broome) J.E. Lange 1938 *non ss.* Huijsman

Verbr im KG: sehr zerstreut, relativ standorttreu, wenn sich die Habitate nicht verändern
Ökol. im KG: basenreicher Buchenwald, humusreicher, schattiger und feuchter Wegrand
Ökol. allg.: Haargersten-Buchenwald, basenreicher Buchenwald, Eichen-Elsbeerenwald,
an humusreichen Stellen unter *Urtica dioica*

Zwischen *Urtica dioica* und *Sambucus nigra*
Harly, Wöltingerode, Bärental (unterer Teil), 4029 Vienenburg, 4029.1/12, 17.10.**2019**
leg./det. H. Manhart

**Gefährdung: RL 3 für Niedersachsen**

*Cystolepiota moelleri* Knudsen **1978**
**Rosa Mehlschirmling**

Syn.: *Cystolepiota pseudoasperula* (Knudsen) Knudsen 1978 *ss.* End. & Krieglst., *Lepiota*
*rosea* Rea 1918 *non ss.* Singer, *Lepiota rosella* M.M. Moser 1939

Verbr. im KG: sehr selten, relativ standorttreu, jedoch ausgesprochen unregelmäßig fruktifizierend
Ökol. im KG: an schattigem Wegrand, gern versteckt unter der Begleitflora
Ökol. allg.: in Laubwäldern, Parks, an schattigen, feuchten Wegrändern, nitrophil

Zwischen *Urtica dioica* und *Sambucus nigra*
Harly, Wöltingerode, Bärental (unterer Teil), 4029 Vienenburg, 4029.1/12, 17.10.**2019**
leg./det. H. Manhart

**Gefährdung: RL 3 für Niedersachsen**

*Cystolepiota pulverulenta* (Huysman) Vellinga **1992**
**Bräunender Mehlschirmling**

Syn.: *Lepiota pulverulenta* Huijsman 1960, *Leucoagaricus pulverulentus* (Huijsman) M.M.
Moser 1978, *Pulverolepiota pulverulenta* (Huijsman) Bon 1993

Verbr. im KG: sehr selten, Einzelfund, Gefährdung unbekannten Ausmaßes
Ökol. im KG: unter *Quercus*
Ökol. allg.: Wegränder, thermophile Laubmischwälder

Unter *Quercus* im Humus über Tonerde
Harly, Schacht I, Vienenburg, Unter dem Harly, Südhang, 4029 Vienenburg, 4029.1/15,

17.08.**2021**
leg./det. H. Manhart

**Gefährdung: Wird nicht in RL für Niedersachsen aufgeführt**

***Dacryomyces stillatus* Nees 1816**
**Zerfließende Gallertträne, Gewöhnliche Gallertträne**

Syn.: *Dacrymyces deliquescens* (Bull.) Duby 1830 *ss. auct.*, *Tremella abietina* Pers. 1796

Verbr. im KG: verbreitet, ungefährdet
Ökol. im KG:  an abgestorbenen Laubholzästen
Ökol. allg.:    Laubtotholz

Auf Laubholzästchen (Totholz)
Harly, Wöltingerode, Bärental, 4029 Vienenburg, 4029.1/13, 28.05.**2002**
leg./det. H. Manhart

**Gefährdung: RL 2F für Niedersachsen 1995, in 2014 nicht aufgeführt**

***Daedalea quercina* (L. ) Pers. 1801**
**Eichenwirrling**

Syn.: *Trametes quercina* (L.) Pilát 1939

Verbr. im KG: verbreitet und ungefährdet
Ökol. im KG:  an Stubben von *Quercus*
Ökol. allg.:    an Stämmen und Stubben von *Quercus* im Laubmischwald

An Totholzstubben von *Quercus*
Harly, Wöltingerode, Mittelweg, 4029 Vienenburg, 4029.1/08, 27.03.**2021**
leg./det. H. Manhart

***Deconica merdaria* (Fr.) Noordel. 2009**
**Mist-Kahlkopf, Dung-Kahlkopf**

Syn.: *Geophila merdaria* (Fr.: Fr.) Quél. 1886, *Psilocybe merdaria* (Fr.) Ricken 1912, *Stropharia merdaria* (Fr.: Fr.) Quél. 1872, *Stropharia ventricosa* (Massee) Sacc. 1895

Verbr. im KG: selten
Ökol. im KG:  auf Pferdeäpfeln
Ökol. allg.:    auf Dung von Pflanzenfressern, Komposterde, Sägespänen

Auf Pferdeäpfeln auf Forstweg
Harly, Wöltingerode, Bärental, 4029 Vienenburg, 4029.1/08, 13.11.**2018**
leg./det. H. Manhart

***Diatrypella quercina*  (Pers.) Cooke 1866**
**Eichen-Eckenscheibchen**

Syn.: *Diatrype quercina* (Pers.: Fr.) Sacc., *Sphaeria quercina* Pers.: Fr.

Verbr. im KG: häufig

Ökol. im KG:  Totholzäste von *Quercus*
Ökol. allg.:    an  liegenden und hängenden Eichenästen


An Totholzast von *Quercus*
Harly, Wöltingerode, Bärental, 4029 Vienenburg, 4029.1/13, 12.02.**2007**
leg./det.H. Manhart


**Ditangium cerasi (Schumach.) Costantin & L.M. Dufour 1891**
**Kirschbaumkraterpilz, Kirschbaum-Gallertpilz, Streuobstwiesen-Gallertpilz**


Syn.: *Craterocolla cerasi* (Schumach.) Bref. 1888, *Craterocolla insignis* (P. Karst.) Bref. 1888,
    *Ditangium insigne* P. Karst. 1870, *Tremella cerasi* Schumach. 1803


Verbr. im KG: selten, an Süßkirschbäumen gebunden
Ökol. im KG:  an Totholz von *Prunus avium*, hauptsächlich  in milden, regenreichen Winter-
                    monaten
Ökol. allg.:    an lebenden und toten Süßkirschbäumen


An liegendem Stammstück von *Prunus avium*
Wegrand vor dem Alten Forsthaus
Harly, Wöltingerode, 4029 Vienenburg, 4029.1/14, 03.02.**2017**
leg./det. H. Manhart


**Gefährdung:  RL 2 für Niedersachsen**


**Dumontinia tuberosa (Bull. Ex Mérat) L.M. Kohn 1979**
**Anemonen-Becherling, Anemonen-Sklerotienbecherling**


Syn.: *Sclerotinia tuberosa* (Hedw.: Fr.) Fuckel 1870


Verbr. im KG: zerstreut, rückläufig, in manchen Jahren ganz ausbleibend
Ökol. im KG:  Buchenwald
Ökol. allg.:    Laubmischwälder bei *Anemone nemorosa*


An Wurzeln von *Anemone nemorosa* (Buschwindröschen) über Kalk
Harly, Weddingen, 4029 Vienenburg, 4029.1/06, 10.04.**1994**
leg./det. H. Manhart


**Encoelia furfuracea (Roth) P. Karst. 1870**
**Hasel-Kleiebecherling, Kleiiger Haselbecherling**


Syn.:


Verbr. im KG: zerstreut  trotz zahlreicher *Corylus*-Altbestände
Ökol. im KG:  an abgestorbenen Ästen von *Corylus*
Ökol. allg.:    an abgestorbenen Ästen von *Corylus*


An altem, noch berindetem Ast von *Corylus*
Harly, Weddingen, Südrand, Schacht III, 4029 Vienenburg, 4029.1/06, 21.03.**2020**
leg./det. Hans Manhart


**Gefährdung: RL 3 für Niedersachsen**
**Entoloma clypeatum (L.) P. Kumm 1871**

**Schild-Rötling, Festfleischiger Frühlings-Rötling**

Syn.: *Rhodophyllus clypeatus* (L.: FR.) QUÉL. 1886

Verbr. im KG: verbreitet, in den letzten Jahren jedoch stark rückläufig
Ökol. im KG:  unter *Rosa canina* (Hundsrose) über Kalk
Ökol. allg.:    Eichen-Elsbeerenwald, unter *Crataegus laevigata* (Weißdorn), unter Rosen-
                gewächsen und *Prunus* über Kalk

Vor *Rosa canina* zwischen Gräsern
Vienenburger See, Nordostseite, Vienenburg, 4029 Vienenburg, 4029.1/14, 17.05.**2009**
leg./det. H. MANHART

***Entoloma euchroum*** (PERS.) DONK **1949**
**Blauer Holz-Rötling**

Syn.: *Hyporrhodius euchrous* (PERS.: FR.) J. SCHRÖT. 1889, *Leptonia euchroa* (PERS.: FR.)
        P. KUMM. 1871, *Rhodophyllus euchrous* (PERS.: FR.) QUÉL. 1886

Verbr. im KG: sehr selten, Einzelfund, der fünf Jahre lang an derselben Stelle angefunden
                wurde, eine wunderschön gefärbte Entolome, im Harly Gefährdung unbekannten
                Ausmaßes
Ökol. im KG:  auf zersetztem, liegendem Laubholzstamm
Ökol. allg.:    auf Totholz von Laubbäumen

Auf zersetztem Baumstamm von Laubholz
Harly, Wöltingerode, 4029 Vienenburg, 4029.1/08S, 17.09.**1998** und 13.10.**2002**
leg./det. H. MANHART   **2 Tafeln**

**Gefährdung: RL 3 für Niedersachsen  (wohl jedoch zwischenzeitlich weitaus seltener
geworden)**

***Entoloma incanum***  (FR.) HESLER **1967**
**Braungrüner Rötling, Braungrüner Zärtling**

Syn.: *Leptonia incana* (FR.: FR.) GILLET 1876, *Rhodophyllus euchlorus* (LASCH) P. KUMM. 1886,
        *Rhodophyllus incanus* (FR.: FR.) KÜHNER & ROMAGN. 1980

Verbr. im KG: sehr selten und schon Jahre nicht mehr gefunden
Ökol. im KG:  am Wegrand zwischen Gräsern im Eichen-Hainbuchenwald
Ökol. allg.:    lichte Kiefernwälder, Waldränder

Am Wegrand zwischen Gräsern und auf nackter Erde über Rogenstein und unter *Fagus*
Bestand mit etlichen Fkk. von *E. incanum*
Harly, Vienenburg, Schacht I, Südhang, 4029 Vienenburg, 4029.1/15, 14.07.**2014**
leg./det. H. MANHART

**Gefährdung:   RL 3 für Niedersachsen**

***Entoloma incarnatofuscescens***  (BRITZELM.) NOORD. **1985**
**Langstieliger Nabelrötling, Lilagrauer Rötling, Blaustieliger Nabel-Rötling**

Syn.: *Entoloma leptonipes* (KÜHNER & ROMAGN.) M.M. MOSER 1978, *Omphaliopsis leptonipes*

(Romagn.) P. D. Orton 1991

Verbr. im KG: selten
Ökol. im KG:  auf nackter Erde am Wegrand im Laubmischwald
Ökol. allg.:     auf nackter Erde im Laubmischwald, in schattigen Gartenbeeten mit etwas Staunässe

Harly, Vienenburg, Oberer Burggrund, 4029 Vienenburg, 4029.1/15, 22.08.**2011**
leg./det. H. Manhart

Am Wegrand unter *Prunus, Acer* und *Fraxinus* auf tonigem Boden
Harly, Wöltingerode, Südrand, 4029 Vienenburg, 4029.1/07, 27.06.**2007**
leg./det. H. Manhart

Am Wegrand zwischen Kräutern unter *Quercus* und *Carpinus*
Harly, Vienenburg, Schacht I, Südhang, 4029 Vienenburg, 4029.1/15, 11.08.**2002**
leg./det. H. Manhart

**Gefährdung: RL 3 für Niedersachsen**

***Entoloma lanicum*** **(Romagn.) Noordel. 1981**
**Wolliger Nabelrötling**

Syn.: *Rhodophyllus lanicus* Romagn. 1936, *Rhodophyllus undatus var. pusillus* J.E. Lange 1921

Verbr. im KG: selten
Ökol. im KG:  unter *Quercus* auf nackter Erde
Ökol. allg.:     moosbewachsene, alte Brandstellen, an Wegrändern und unter Hecken

Unter *Quercus* auf nackter Erde am Wegrand
Harly, Schacht I, Vienenburg, Südhang unterhalb der Harlyburg, 4029 Vienenburg,
4029.1/15, 15.07.**2014**
leg./det. H. Manhart

**Gefährdung: Wird nicht in RL für Niedersachsen aufgeführt**

***Entoloma pleopodium*** **(Bull.) Noord. 1985**
**Gelber Bonbon-Rötling, Zitronengelber Glöckling**

Syn.: *Entoloma icterinum* (Fr.) M.M. Moser 1978

Verbr. im KG: selten, in den letzten Jahren kaum noch gefunden, rückläufig
Ökol. im KG:  an eutrophiertem Wegrand zwischen *Urtica dioica*
Ökol. allg.:     an Wegrändern zwischen Brennesseln, in lichten Wäldern, Parks und  Auwäldern

An Feuchtstelle auf Wegespuren zwischen *Urtica dioica* über tonigem Boden
Harly, Vienenburg, Schacht I, Burggrund, 4029 Vienenburg, 4029.1/15N, 17.10.**1996**
leg./det. H. Manhart

**Gefährdung: RL 3 für Niedersachsen**

***Entoloma rhodopolium var. nidorosum*** **(Fr.) Krieglst. 1991**
**Niedergedrückter Rötling, Alkalischer Rötling**
Syn.: *Entoloma nidorosum* (Fr.) Quél. 1872, *Entoloma rhodopolium f. nidorosum* (Fr.)

NOORDEL. 1989

Verbr. im KG: sehr zerstreut
Ökol. im KG:  im Eichen-Hainbuchenwald
Ökol. allg.:    Buchenwälder über Kalk, auwaldartige Laubmischwälder

Unter *Quercus* auf tonigem Boden
Harly, Vienenburg, Schacht I, Südhang, 4029 Vienenburg, 4029.1/15, 15.07.**2007**
leg./det. H. MANHART

**Gefährdung:  Wird nicht in RL für Niedersachsen aufgeführt**

***Entoloma undatum*** **(GILLET) M.M. MOSER 1978**
**Dunkelblättriger Nabelrötling, Gezonter Nabel-Rötling**

Syn.: *Eccilia sericeonitida* P.D. ORTON 1960, *Entoloma sericeonitidum* (P.D. ORTON)
       NOORDEL. 1982

Verbr. im KG: zerstreut
Ökol. im KG:  Weg- und Wiesenrand, gern an Rändern offener Wiesenbereiche
Ökol. allg.:    lehmige Weg- und Wiesenränder, Ruderal- und alte Brandstellen

Am Wegrand zwischen Gräsern an einer Wiesenfläche
Harly, Schacht I, Vienenburg, 4029 Vienenburg, 4029.1/15, 15.07.**2014**
leg./det. H. MANHART

**Gefährdung: RL 3F für Niedersachsen**

***Entoloma vernum*** **LUNDELL 1937**
**Spitzgebuckelter Frühlings-Rötling**

Syn.: *Entoloma cucullatum* (J. FAVRE) M. M. MOSER 1986, *Rhodophyllus cucullatus* J. FAVRE
       1955, *Rhodophyllus vernus* (S. LUNDELL) ROMAGN. 1947

Verbr. im KG: selten
Ökol. im KG:  Laubmischwald
Ökol. allg.:    sandige Nadel- und Laubmischwälder, lichte Stellen, neutrale bis saure Böden

Am Wegrand unter *Fraxinus*, *Corylus* und *Fagus*
Harly/Wöltingerode, 4029 Vienenburg, 4029.1/08, 24.04.**1994**
leg./det. H. MANHART

***Ganoderma applanatum*** **(PERS.) PAT. 1887**
**Flacher Lackporling**

Syn.: *Ganoderma lipsiense* (BATSCH) G. F. ATK. 1908

Verbr. im KG: verbreitet und ungefährdet, obgleich man die Art im Harly heute weniger
                anfindet
Ökol. im KG:  an Totholz von *Fagus* und *Quercus*
Ökol. allg.:    in Laub- und Mischwäldern, Parks, Friedhöfe, Straßenränder, auch an Stubben

An Totholz von *Quercus*

Harly, Vienenburg, Schacht I, Burggrund, 4029 Vienenburg, 4029.1/15, 15.04.**1998**
leg./det. H. MANHART

**Geastrum corollinum (BATSCH) HOLLÓS 1904**
**Zitzen-Erdstern**

 Syn.: *Geastrum mammosum* CHEVALL. 1826, *Geastrum recolligens* (WITH.) DESV. 1809

Verbr. im KG: sehr selten, ist an einziger Fundstelle das letzte Mal 2009 angefunden worden
                (s. Foto von Marion-Franke-Sochacki).
                Wurde 2023 an derselben Stelle vom Autor wiedergefunden! (s. Cover-Foto)
Ökol. im KG:  Laubmischwald auf tonigem Boden mit Rogenstein
Ökol. allg.:    basenreiche Laubmischwälder und Nadelwälder

Neben Weg auf tonigem Boden unter *Quercus, Acer* und *Fraxinus*
Harly, Vienenburg, Schacht I, Unter dem Harly, direkt am Fußweg nach Wiedelah,
4029 Vienenburg, 4029.1/15, 15.07.**2007**
leg. H. MANHART, vis./det. KL. WÖLDECKE

**Gefährdung: RL 4 für Niedersachsen 1995, in 2014 RL 1**

**Geastrum fimbriatum  FR. 1829**
**Gewimperter Erdstern**

 Syn.: *Geastrum sessile* (SOWERBY) POUZAR 1971

Verbr. im KG: zerstreut
Ökol. im KG:  unter Buche über Kalk
Ökol. allg.:    Laub- und Nadelwälder, basenreiche Böden, unter Hecken und Gebüschen, in
                Gärten

Unter *Fagus* über Kalk
Harly, Wöltingerode, 4029 Vienenburg, 4029.1/08S, 03.10.**1996**
leg./det. H. MANHART

Unter *Fagus* über Kalk
Harly, Wöltingerode, oberes Bärental, 4029 Vienenburg, 4029.1/08, 14.08.**1992**
leg./det. H. MANHART

**Geastrum fornicatum  (HUDS.) HOOK. 1821**
**Großer Nest-Erdstern**

Syn.:

Verbr. im KG: nach Wiederfund 1993 wieder im Harly verschollen
Ökol. im KG:  Heckengebüsch von *Rosa canina*, Holzmulm
Ökol. allg.:    Gebüsche, Hecken

Unter *Rosa canina* (Wildrose) auf Holzmulm neben *Fraxinus*
Harly, Weddingen, Westrand, 4029 Vienenburg, 4029.1/06, 28.05.**1993**
leg./det. H. MANHART , teste H. ANDERSSON und  KL. WÖLDECKE

**Gefährdung: Die Art galt in Niedersachsen als ausgestorben (RL 0) und wurde vom**

**Verf. wiedergefunden!**
**RL 0F, 4H für Niedersachsen**
**Durch Anlage eines Forstweges wurde der Standort mittlerweile vernichtet!**
**Daher RL 0 in Niedersachsen 2014**

*Geastrum quadrifidum* Pers. 1801
**Kleiner Nest-Erdstern**

Syn.:

Verbr. im KG: selten, durch Absterben der Fichten und Aufzehren ihres Totholzes aktuell
                 nicht mehr anfindbar im Harly
Ökol. im KG:  unter Fichte über Kalk
Ökol. allg.:   mineralreiche Nadelwaldböden (Fichte), an Totholz von Fichte, auf Nadelstreu

Unter *Picea* über Kalk an vermulmtem Totholz von *Picea*
Harly, Wöltingerode, 4029 Vienenburg, 4029.1/08S, 03.10.**1996**
leg./det. H. Manhart

**Gefährdung: RL 4F für Niedersachsen**

*Geastrum rufescens* Pers. 1801
**Rötender Erdstern, Rotbrauner Erdstern**

Syn.: *Geastrum schaefferi* Vittad. 1842, *Geastrum vulgatum* Vittad. 1842

Verbr. im KG: selten, nur wenige Funde, meist in Kammnähe des Harly. Aufgrund des
                 Absterbens der Fichten im KG höchst gefährdet und vermutlich irgendwann
                 ausbleibend, Gefährdung unbekannten Ausmaßes
Ökol. im KG:  an Totholz von Fichte
Ökol. allg.:   Mischwälder mit eingestreuten Fichten, Fichtenforste, Buchenwälder (selten)

Am Boden am alten Stubben von *Picea* über Kalk
Harly, Wöltingerode, 4029 Vienenburg, 4029.1/08S, 05.10.**1996**
leg./det. H. Manhart

Unter *Fagus* und *Carpinus, Corylus* und *Betula* im Falllaub
Harly, Harlyturm, 4029 Vienenburg, 4029.1/08, 25.07.**1993**
leg./det. H. Andersson

**Gefährdung: RL 4 F für Niedersachsen**

*Geastrum striatum* DC. **1805**
**Kragen-Erdstern, Gestreifter Erdstern**

Syn.: *Geastrum bryantii* Berk. 1860

Verbr. im KG: sehr selten, nur eine Fundstelle, an der seit 2015 keine Fkk mehr anzufinden sind
Ökol. im KG:  unter Alteiche und *Robinia*
Ökol. allg.:   nährstoffhaltige Böden unter *Robinia*, Fichten- und Kiefernwälder, Laubwälder
                 (selten)

Unter *Quercus* und *Robinia* im Blattmulm

Fruchtkörper aus dem Vorjahr
Harly, Harlyburg, äußerer Burgwall an Ostseite, 4029 Vienenburg, 4029.1/15, 18.03.**2011**
leg./det. H. Manhart

**Gefährdung: RL 4 für Niedersachsen**

***Geastrum triplex*** Jungh. **1840**
**Halskrausen-Erdstern**

Syn.: *Geastrum michelianum* (Sacc.) W.G. Sm. 1873

Verbr. im KG: früher verbreitet in Laubmischwäldern über Kalk, Reihen bzw. Hexenringe
                 bildend, in den letzten  Jahren stark rückläufig, reduzierte Streufunde
Ökol. im KG:  unter *Aesculus* im Falllaub, im Laubmischwald
Ökol. allg.:    Laub- und Nadelwälder, basenreiche Böden

Unter *Aesculus* im Falllaub
Harly, Vienenburg, Schacht I, 4029 Vienenburg, 4029.1/14, 08.09.**2001**
leg./det. H. Manhart

Im Boden unter *Aesculus*
Harly, Vienenburg, Schacht I, 4029 Vienenburg, 4029.1/14N, 18.07.**1993**
leg./det. H. Manhart

***Geoglossum fallax*** E. J. Durand **1908**
**Schuppige Erdzunge, Täuschende Erdzunge**

Syn.:

Verbr. im KG: selten
Ökol. im KG:  Schwermetallflur der Oker, zwischen Moosen und Gräsern, mehrfach
Ökol. allg.:    an offenen Stellen mit Nadel- oder Laubwaldbestand, Heiden, magere Wiesen
                 zwischen Gräsern, Moosen und Flechten

Auf Schwermetallrasen über Schotterterrasse
Okeraue, ggü. Vienenburger See, Vienenburg, 4029 Vienenburg, 4029.1/14, 17.11.**2017**
leg./det. H. Manhart

**Gefährdung: RL 3 für Niedersachsen**

***Gyromitra parma*** (J. Breitenb. & Maas Geest.) Kotl. & Pouzar **1974**
**Niedersächsische Scheibenlorchel, Schildförmige Scheibenlorchel, Auenwald-Schei-**
**benlorchel**

Syn.: *Discina parma* J. Breitenb. & Maas Geest. 1973

Verbr. im KG: sehr selten, Einzelfund, in den Folgejahren trotz intensiver Absuche nicht mehr
                 gefunden
Ökol. im KG:  an Totholz von *Fraxinus* an schattiger und feuchter Bodenstelle über Kalk
Ökol. allg.:    an Totholz von *Fraxinus, Acer* in Auwäldern

Auf morschem Totholz von *Fraxinus* zusammen mit Moosen an feuchter Stelle
Harly Ostteil, Schacht I, Vienenburg, 4029 Vienenburg, 4029.1/15, 14.04.**2020**

leg./det. H. Manhart

**Gefährdung: RL 1 für Niedersachsen
RL R für Deutschland**

***Hapalopilus rutilans* (Fr.) P. Karst. 1881**
**Zimtfarbener Weichporling**

Syn.: *Hapalopilus rutilans* (Pers.) Murrill 1904, *Phaeolus nidulans* (Fr.) Pat. 1900

Verbr. im KG: zerstreut mit leichter Ausbreitungstendenz
Ökol. im KG:  an  (entrindetem) Laubtotholz von Buche und Eiche
Ökol. allg.:    Eichen-Hainbuchenwälder, Buchen-, Pappel- und Auenwälder, an Totholz

An Laubtotholz
Harly, Weddingen, nördlicher Kammweg, 4029 Vienenburg, 4029.1/06, 21.03.**2020**
leg./det. H. Manhart

An liegendem Totholzast von *Fagus*
Harly, Schacht I, Vienenburg, Okerprallhang, 4029 Vienenburg, 4029.1/14, 22.08.**2017**
leg./det. H. Manhart

An liegendem Totholzast von *Fagus*
Harly, Vienenburg, Schacht I, Weg oberhalb des Okerprallhangs, 4029 Vienenburg,
029.1/14, 22.08.**2016**
leg./det. H. Manhart

***Hebeloma radicosum*  (Bull.) Ricken 1911**
**Wurzelnder Marzipan-Fälbling, Marzipan-Fälbling, Wurzel-Fälbling**

Syn.: *Hylophila radicosa* (Bull.: Fr.) Quél. 1889, *Myxocybe radicosa* (Bull.: Fr.) Fayod 1889,
    *Pholiota radicosa* (Bull.: Fr.) P. Kumm. 1871

Verbr. im KG: selten, nur wenige Funde, die zeitlich sehr auseinanderliegen. Meist in
    Verbindung mit unterirdischen Mäusenestern bzw. anderen tierischen
    Stickstoffquellen. Art wurde im Harly seit über 15 Jahren nicht mehr gefunden,
    Gefährdung unbekannten Ausmaßes
Ökol. im KG:   Laubmischwald, lichte Waldbereiche
Ökol. allg.:    basenreiche Laubwälder, oft *Fagus*, nitrophil

Unter *Fagus* über tonigem Boden
Harly, Weddingen, 4029 Vienenburg, 4029.1/06, 09.09.**1993**
leg./det. H. Manhart

**Gefährdung: RL 2F für Niedersachsen**

***Hebeloma sacchariolens* Quél. 1880**
**Süßriechender Fälbling, Schwärzender Fälbling**

Syn.: *Hebeloma latifolium* Gröger & Zschiesch. 1981 *non ss.* Karsten, *Hebeloma palli-*
    *doluctuosum* Gröger & Zschiesch. 1984, *Hebeloma sacchariolens var. pallidoluc-*
    *tuosum* (Gröger & Zschiesch.) Quadr. 1987
Verbr. im KG: sehr selten, oft ausbleibend, Gefährdung unbekannten Ausmaßes

Ökol. im KG:  Wegrand unter Laubmischwald
Ökol. allg.:    Laubwälder, auf lehmigen Böden und an feuchten Böden mit Staunässe

Am Wegrand zwischen Gräsern unter *Fagus, Quercus* und *Carpinus*
Harly, Vienenburg, Schacht I, Burggrund, 4029 Vienenburg, 4029.1/15, 10.10.**2003**
leg./det. H. Manhart

### *Helvella atra*  J. König **1770**
**Schwarze Sattel-Lorchel, Schwarze Lorchel**

Syn.: *Helvella fallax* Quél. 1876, *Helvella nigricans* Schaeff. 1774, *Leptopodia atra* (J. König:
Fr.) Boud. 1907

Verbr. im KG: zerstreut, in den letzten Jahren mit deutlicher Rückgangstendenz,
in manchen Jahren ausbleibend, Gefährdung unbekannten Ausmaßes
Ökol. im KG:  im Falllaub unter verschiedenen Laubbäumen, auf tonigen Böden
Ökol. allg.:    an Wegrändern in Laubmischwälder, seltener in Nadelwäldern, Art benötigt
lehmige, schwere und basische Böden

Harly, Vienenburg, am ehem. Bahndamm, Schacht I, 4029 Vienenburg, 4029.1/15, 3.10.**2001**
leg./det. H. Manhart

An Wegeböschung in feuchter, toniger Erde
Harly, Wöltingerode, Bärental, 4029 Vienenburg, 4029.1/08, 13.07.**1993**
leg./det. H. Manhart

**Gefährdung: RL 3 für Niedersachsen 1995, in 2014 nicht aufgeführt**

### *Helvella macropus* (Pers.) P. Karst. **1870**
**Grauer Langfuß, Langgestielter Pokalbecherling, Langfuß-Lorchel**

Syn.: *Cyathipodia macropus* (Pers.) Dennis 1960, *Helvella bulbosa* (Hedw.) Kreisel 1984,
*Macropodia macropus* (Pers.) Fuckel 1870, *Macroscyphus macropus* (Pers.)
Gray 1821, *Octospora bulbosa* Hedw. 1789, *Peziza macropus* Pers. 1795

Verbr. im KG: sehr selten und seit über 10 Jahren im Harly nicht mehr gefunden, Gefährdung
unbekannten Ausmaßes
Ökol. im KG:  Buchenwald mit Pinus sylvestris
Ökol. allg.:    Laubmischwälder auf lehmigen Böden, an Pionierstandorten wie Halden und
Gruben, selten im reinen Nadelwald

Unter *Pinus* auf Nadelstreu
Harly, Vienenburg, Westhang oberer Burggrund, Schacht I, 4029 Vienenburg, 4029.1/15,
13.09.**2007**
leg./det. H. Manhart

### Helvella crispa Fr. **1822**
**Herbstlorchel, Krause Lorchel**

Syn.: *Helvella leucophaea* Pers. 1800, *Helvella mitra* Schaeff. 1774, *Helvella nivea*
Schrad. 1799

Verbr. im KG: in den 90er Jahren noch typischer Herbst- und Wegerandpilz, jetzt mit starker

Rückgangstendenz
Ökol. im KG:  Buchenwald, Wegränder
Ökol. allg.:  lehmige, aber auch kiesreiche Böden, an Weg- und Straßenrändern, in
Laub- und (seltener) Nadelwäldern

Unter *Fagus* an geschottertem Weg
Harly, Schacht I, Vienenburg, Burggrund, 4029 Vienenburg, 4029.1/15, 04.10.**2017**
leg./det. H. Manhart

Am Wegrand im Gras
Harly, oberes Bärental, Wöltingerode, 4029 Vienenburg, 4029.1/08, 19.09.**2007**
leg./det. H. Manhart

**Helvella elastica** Bull. **1785**
**Elastische Lorchel**

Syn.: *Leptopodia elastica* (Bull.) Boud. 1907

Verbr .im KG: sehr zerstreut, aber wohl ungefährdet
Ökol. im KG:  Laubmischwälder, Wegränder, lichte Stellen, Lehmböden
Ökol. allg.:  Wegränder und lichte Bereiche in Laubwäldern, in Fichtenwäldern auf
Nadelstreu, gern auch auf Schneisen

Am Wegrand zwischen Gräsern
Harly, Vienenburg, Schacht II, 4029 Vienenburg, 4029.1/14N, 19.07.**1993**
leg./det. H. Manhart

**Helvella lacunosa** Afzel. **1783**
**Gruben-Lorchel**

Syn.: *Helvella lacunosa var. sulcata* (Afzel.) S. Imai 1954, *Helvella macropus var. brevis* Peck
1902, *Helvella sulcata* Afzel. 1783, *Helvella sulcata var. cinerea* (Afzel.) Bres. 1892

Verbr. im KG: sehr zerstreut, noch vor zwanzig Jahren in manchen Jahren verbreitet und
ortshäufig, in letzter Zeit jedoch mit deutlicher Rückgangstendenz
Ökol. im KG:  auf Lehmböden im Buchenmischwald
Ökol. allg.:  an Weg- und Straßenrändern, in Laubmischwäldern, auf stark zersetztem Holz

Unter *Fagus* auf lehmig-tonigem Boden
Harly, Vienenburg, Schacht II, 4029 Vienenburg, 4029.1/14N, 30.06.**1993**
leg./det. H. Manhart

Unter *Fagus* auf lehmig-tonigem Boden
Harly, Wöltingerode, Bärental, 4029 Vienenburg, 4029.1/14N, 13.07.**1993**
leg./det. H. Manhart

**Helvella latispora** Boud. **1898**
**Blassgraue Sattel-Lorchel, Breitsporige Sattel-Lorchel**

Syn.: *Helvella connivens* Dissing & M. Lange 1967, *Helvella stevensii* Peck 1904, *Leptopodia
stevensii* Peck 1937

Verbr. im KG: sehr selten, seit 2007 nur wenige Streufunde

Ökol. im KG:  Laubmischwald über Kalk
Ökol. allg.:    basenreiche Laubmischwälder

Am Wegrand zwischen Kräutern über Kalk
Harly, Wöltingerode, Oberes Bärental, 4029 Vienenburg, 4029.1/08, 19.09.**2007**
leg./det. H. Manhart

**Gefährdung: Wird nicht in  RL für Niedersachsen aufgeführt**

*Helvella phlebophora* Pat. & Doass. **1886**
**Kleine Rippen-Lorchel, Rillstielige Lorchel**

Syn.:

Verbr. im KG: sehr selten, seit Fundjahr nicht mehr im Harly angetroffen, Gefährdung
                unbekannten Ausmaßes
Ökol. im KG: unter Buche am Wegrand
Ökol. allg.:    schattige Laubmischwälder, lehmige und tonige Böden

Unter *Fagus* auf tonigem Boden
Harly, Vienenburg, Schacht I, oberer Burggrund, 4029 Vienenburg, 4029.1/15, 11.10.**2007**
leg./det. H. Manhart

Auf tonigem Boden zwischen Kräutern in einem schattigen Hohlweg
Harly, Wöltingerode, Südseite, 4029 Vienenburg, 4029.1/07, 24.06.**2007**
leg./det. H. Manhart

**Gefährdung: RL 2 für Niedersachsen 1995, in 2014 nicht aufgeführt.**
**Die Art ist deutlich seltener und gehört eigentlich in die Kategorie 1!**

*Hemimycena cucullata* (Pers.) Singer **1961**
**Gipsweißer Scheinhelmling**

Syn.: *Hemimycena gypsea* (Fr.) Singer 1943, *Marasmiellus gypseus* (Fr.) Singer 1951,
        *Mycena cucullata* (Pers.: Fr.) Bon 1984, *Mycena gypsea* (Fr.) Quél. 1873, *Trogia*
        *gypsea* (Fr.) Corner 1966

Verbr. im KG: selten
Ökol. im KG:  an feuchtem Rindenmulch von Fichte an schattiger Stelle
Ökol. allg.:    Laub- und Nadelwälder, an Holzstückchen oder auf Nadelstreu, an grasigen Stellen

Auf Rindenmulch von *Picea* auf schattiger Hangseite
Harly, Wöltingerode, Bärental, 4029 Vienenburg, 4029.1/08S, 30.05.**2000**
leg./det. H. Manhart

*Hemileccinum depilatum* (Redeuilh) Šutara **2008**
**Gefleckthütiger Röhrling, Blasshütiger Röhrling, Gehämmerter Röhrling**

Syn.: *Boletus depilatus* Redeuilh 1986, *Leccinum depilatum* (Redeuilh) Šutara 1989,
        *Xerocomus depilatus* (Redeuilh) Manfr. Binder & Besl 2000

Verbr. im KG: sehr selten, sporadisch fruktifizierend, Gefährdung unbekannten Ausmaßes
                und lokal stark begrenzt, im Harly immer unter Hainbuche
Ökol. im KG:  unter Hainbuchen, an Waldsäumen

Ökol. allg.:    Eichen-Hainbuchenwälder, Eiche-Elsbeeren-Buchenwald

Unter *Carpinus* über tonigem Boden
Am Fuße des Okerprallhanges am Wegrand
Harly, Schacht I, Vienenburg, 4029 Vienenburg, 4029.1/14, 16.07.**2016**
leg./det. H. Manhart

Unter *Carpinus* auf tonigem Boden, Harly, Vienenburg, Okerprallhang, 4029 Vienenburg,
4029.1/14, 18.09.**2015**
leg./det. H. Manhart

**Gefährdung: RL 2 für Niedersachsen**

***Hemipholiota populnea*** **(Pers.) Kuyper & Tjall.-Beuk. 1986**
**Pappel-Schüppling**

Syn.: *Dryophila destruens* (Brond.) Quél. 1886, *Hemipholiota comosa* (Fr.) Bon 1994,
*Myxocybe destruens* (Brond.) R. Heim 1957, *Pholiota comosa* (Fr.) Quél. 1872,
*Pholiota destruens* (Brond.) Gillet 1876, *Pholiota populnea* (Pers.: Fr.) Kuyper &
Tjall.-Beuk. 1986


Verbr. im KG:  zerstreut und lokal stark begrenzt
Ökol. im KG:  an der Schnittseite liegenden Totholzstämmen von *Populus*
Ökol. allg.:    Auwald, an liegenden oder stehenden Pappelstämmen

An liegenden Totholzstämmchen von *Populus*
Harly, Vienenburg, Schacht I, vor dem Prallhang am Rande der Okeraue,
4029 Vienenburg, 4029.1/14, 06.10.**2015**
leg./det. H. Manhart **2 Tafeln**

***Hohenbuehelia atrocoerulea*** **(Fr.) Singer 1951**
**Blaugrauer Muscheling**

Syn.: *Acanthocystis atrocoerulea* (Fr.: Fr.) Konrad & Maubl. 1949, *Calathinus*
*atrocoeruleus* (Fr.: Fr.) Quél. 1886, *Phyllotus atrocoeruleus* (Fr.: Fr.) P. Karst. 1879,
*Pleurotus atrocoeruleus f. albidotomentosus* Pilát 1935, *Resupinatus atrocoeruleus*
(Fr.) Murrill 1912

Verbr. im KG: selten
Ökol. im KG:  an Totholz von Eiche
Ökol. allg.:    auf totem oder lebendem Holz von Laubbäumen

An Totholzast von *Quercus*
Harly, Wöltingerode, Südseite, 4029 Vienenburg, 4029.1/07, 16.06.**2007**
leg./det. H. Manhart

**Gefährdung: Wird nicht in RL für Niedersachsen  aufgeführt**

***Hohenbuehelia geogenia*** **(DC.) Singer 1951**
**Großer Gallertmuscheling, Erd-Muscheling**

Syn.: *Acanthocystis geogenia* (DC.: Fr.) Kühner 1926, *Geopetalum geogenium* (DC.: Fr.)

Pᴀᴛ. 1887, *Pleurotus geogenius* (DC.: Fʀ.) Qᴜᴇ́ʟ. 1876

Verbr. im KG: sehr selten
Ökol. im KG:  Kalkbuchenwald, *Carpinus*
Ökol. allg.:   auf lehmigem Kalkboden in Laubmischwäldern, in Parks, an wärmebe-
              günstigten Standorten

Unter *Carpinus* an kleinen Holzteilchen am Boden
Harly, Vienenburg, Schacht I, oberer Weg am Okerprallhang, 4029 Vienenburg, 4029.1/14,
24.09.**2015**
leg./det. H. Mᴀɴʜᴀʀᴛ

Am Wegrand auf Erde unter *Fagus* über Kalk
Harly, Wöltingerode, 4029 Vienenburg, 4029.1/08, 14.10.**2005**
leg./det. H. Mᴀɴʜᴀʀᴛ

**Gefährdung: RL 3 für Niedersachsen**

**_Hortiboletus engelii_ (Hʟᴀᴠᴀ́ᴄ̌ᴇᴋ) Bɪᴋᴇᴛᴏᴠᴀ & Wᴀssᴇʀ 2009**
**Eichen-Filzröhrling**

Syn.: *Boletus communis* Bᴜʟʟ. 1789, *Boletus declivitatum* (C. Mᴀʀᴛɪ́ɴ) Wᴀᴛʟɪɴɢ 2004, *Boletus
      engelii* Hʟᴀᴠᴀ́ᴄ̌ᴇᴋ 2001, *Xerocomellus engelii* (Hʟᴀᴠᴀ́ᴄ̌ᴇᴋ) Šᴜᴛᴀʀᴀ 2008, *Xerocomu
      communis* (Bᴜʟʟ.) Bᴏɴ 1985, *Xerocomus declivitatum* (C. Mᴀʀᴛɪ́ɴ) Kʟᴏғᴀᴄ 2007,
      *Xerocomus engelii* (Hʟᴀᴠᴀ́ᴄ̌ᴇᴋ) Gᴇʟᴀʀᴅɪ 2009, *Xerocomus quercinus* H. Eɴɢᴇʟ &
      T. Bʀᴜ̈ᴄᴋɴ. 1996

Verbr. im KG: zerstreut, wurde und wird oft mit Xerocomellus-Arten vermengt
Ökol. im KG:  im Laubmischwald gern unter Eiche, Waldränder thermophiler Ausprägung
Ökol. allg.:   fast nur Eiche folgend, seltener Buche in lichten Wäldern und bei
              Einzelbäumen in Parks, kalkreiche aber auch saure Böden bevorzugend

Unter *Quercus* auf tonigem Boden, Harly, Vienenburg, Okerprallhang, Schacht I,
4029 Vienenburg, 4029.1/14, 18.09.**2015**
leg./det. H. Mᴀɴʜᴀʀᴛ

Unter *Quercus* auf grasigem Boden
Harly, Vienenburg, Schacht I, Okeruferweg, Unter dem Harly, 4029 Vienenburg, 4029.1/15,
22.06.**2012**
leg./det. H. Mᴀɴʜᴀʀᴛ

An tonig-lehmigem Wegrand unter *Fagus*, büschelig an schattiger Stelle
Harly, Wöltingerode, Bärental, 4029 Vienenburg, 4029.1/13, 29.08.**2004**
leg./det. H. Mᴀɴʜᴀʀᴛ

**_Hortiboletus rubellus_ (Kʀᴏᴍʙʜ.) Sɪᴍᴏɴɪɴɪ, Vɪᴢᴢɪɴɪ & Gᴇʟᴀʀᴅɪ 2015**
**Blutroter Röhrling**

Syn.: *Boletus rubellus* Kʀᴏᴍʙʜ. 1836, *Boletus versicolor* Rᴏsᴛᴋ. 1844 *non* S.F. Gʀᴀʏ,
      *Xerocomellus rubellus* (Kʀᴏᴍʙʜ.) Šᴜᴛᴀʀᴀ 2008, *Xerocomus rubellus* (Kʀᴏᴍʙʜ.) Qᴜᴇ́ʟ.
      1896, *Xerocomus versicolor* E.-J. Gɪʟʙᴇʀᴛ 1931

Verbr. im KG: zerstreut, nicht jedes Jahr fruktifizíerend, geeignete Biotope sind im Harly selten

Ökol. im KG: lichte Waldränder von Laubmischwäldern thermophiler Ausprägung
Ökol. allg.:   in lichten Laubmischwäldern und bei Einzelbäumen in Parks, grasige
                 Wegränder, Wiesenflächen in Parks, basenreiche aber auch saure Böden

An tonig-lehmigem Wegrand unter *Fagus*, büschelig an schattiger Stelle
Harly, Wöltingerode, Bärental, 4029 Vienenburg, 4029.1/13, 29.08.2004
leg./det. H. Manhart

## *Humaria hemisphaerica* (Wiggers) Fuckel 1870
**Halbkugeliger Borstling**

Syn.: *Patella albida* (Schaeff.) Saev. 1928

Verbr. im KG: früher stärker verbreitet, heute kaum noch auffindbar und stark rückläufig,
                 Gefährdung unbekannten Ausmaßes
Ökol. im KG: unter Buche auf nackter Erde
Ökol. allg.:   wärmebegünstigte Eichenwälder, Laubmisch- und Nadelwälder, an morschem
                 Holz, auf nackter Erde am Wegrand

Unter *Fagus* im Erdmulm
Harly, Wöltingerode, Südseite, 4029 Vienenburg, 4029.1/07S, 20.06.**1993**
leg./det. H. Manhart

Zwischen Falllaub und Holzresten
Harly, Wöltingerode, Bärental, 4029 Vienenburg, 4029.1/13N, 10.08.**1993**
leg./det. H. Manhart

## *Hydnum repandum* L. **1753 agg. (Sammelart)**
**Gewöhnlicher Semmelstoppelpilz**

Syn.:

Verbr. im KG: zerstreut, in manchen Jahren etwas häufiger, relativ bereichstreu
Ökol. im KG: Kalkbuchenwald
Ökol. allg.:   Laub- und Nadelbäume, auf basischen Böden, gern unter Buche und Fichte

Unter *Fagus* über Kalk
Harly, Wöltingerode, Kalkbuchenwald oberhalb des Bärentales,4029 Vienenburg, 4029.1/08,
25.07.**1993**
leg./det. H .Manhart

**Gefährdung:  RL 3F für Niedersachsen**

## *Hygrocybe acutoconica* (Clem.) Singer 1951
**Safrangelber Saftling**

Syn.: *Hygrocybe aurantiolutescens* P.D. Orton 1969, *Hygrocybe aurantiolutescens var.
parapersistens* Bon 1989, *Hygrocybe langei* Kühner 1927, *Hygrocybe persistens*
(Britzelm.) Singer 1940

Verbr. im KG: sehr selten, wenige Funde, seit Fundjahr nicht mehr im Harly angefunden,
                 Gefährdung unbekannten Ausmaßes
Ökol. im KG:   unter Buche auf tonigem Boden an lichter, moosiger Böschung

Ökol. allg.:     moosige Wiesen, lichte Stellen, Böschungen

Unter *Fagus* auf tonigem Boden, Einzel-Ex. nicht schwärzend
Harly, Vienenburg, Schacht I, Burggrund, 4029 Vienenburg, 4029.1/15, 19.06.**2007**
leg. H. Manhart/det. Kn. Wöldecke

**Hygrophorus discoideus** (Pers.) Fr. 1938
**Braunscheibiger Schneckling**

Syn.:

Verbr. im KG: selten, durch Absterben der Fichten im Harly vermutlich bald verschollen
Ökol. im KG:  unter Fichte über Kalk
Ökol. allg.:    Fichtenwälder über Kalk

Unter *Picea* im Moos über Kalk
Harly, Wöltingerode, 4029 Vienenburg, 4029.1/08, 05.10.**2001**
leg./det. H. Manhart

**Gefährdung: RL 2 für Niedersachsen 1995, in 2014 RL 4**

**Hygrophorus discoxanthus** (Fr.) Rea 1908
**Verfärbender Schneckling**

Syn.: *Hygrophorus chrysaspis* Métrod 1938, *Hygrophorus eburneus var. discoxanthus* (Fr.)
        Krieglst. 2000

Verbr. im KG: noch vor wenigen Jahren im Hallenbuchenwald verbreitet, in den letzten
                Jahren aber im Harly rückläufig
Ökol. im KG:  basenreicher Buchenwald
Ökol. allg.:    basenreiche Buchenwälder

Unter *Fagus* auf toniger Böschung im Falllaub
Harly, Vienenburg, Schacht I, Osthang Burggrund, 4029 Vienenburg, 40291./15, 01.10.**1999**
leg./det. H. Manhart

**Gefährdung: RL 2F für Niedersachsen**

**Hygrophorus eburneus** (Bull.) Fr. 1838
**Elfenbein-Schneckling**

Syn.: *Limacium eburneum* (Bull.: Fr.) P. Kumm. 1871

Verbr. im KG: verbreitet, in manchen Jahren fast ausbleibend, noch ungefährdet
Ökol. im KG:  Buchenwälder
Ökol. allg.:    basenreiche, flachgründige Buchenwälder

Unter *Fagus* im Falllaub
Harly, Wöltingerode, 4029 Vienenburg, 4029.1/13, 18.11.**2016**
leg./det. H. Manhart

Unter *Fagus* im Falllaub
Harly, Südseite, Wöltingerode, 4029 Vienenburg, 4029.1/13, 29.09.**2007**

leg./det. H. Manhart

**Gefährdung: RL 3F für Niedersachsen 1995, in 2014 RL 2F**

*Hygrophorus mesotephrus* Berk. 1854
**Ungenatterter Schleimstiel-Schneckling, Kleiner Nattern-Schneckling, Graubrauner Schleimstiel-Schneckling**

Syn.:

Verbr. im KG: sehr selten, bislang nur einmal gefunden in mehreren Exemplaren
                        Gefährdung unbekannten Ausmaßes
Ökol. im KG:  unter *Quercus* und *Fagus*
Ökol. allg.:    Kalkbuchenwälder, Haargersten-Buchenwälder, Seggen-Buchenwälder

Unter *Fagus* und *Quercus* im Falllaub, Anstieg zum Harlyturm vom Mittelweg, 4029 Vienenburg, 4029.1/08, 16.11.**2016**
leg./det. H. Manhart  **2 Tafeln**

**Gefährdung: RL 0F, 2H für Niedersachsen**

*Hygrophorus nemoreus* (Pers.) Fr. 1838
**Wald-Schneckling, Hain-Schneckling**

Syn.: *Hygrophorus nemoreus var. gracilis* Bon 1989

Verbr. im KG: selten, seit über 20 Jahren im Harly nicht mehr gefunden, ob verschollen?
                        Art wurde anderenorts stets unter Eiche und Buche über Sandsteinböden
                        gefunden
Ökol. im KG:  Kalkbuchenwald
Ökol. allg.:    basenreiche Eichen- und Buchenwälder

Unter *Fagus* zwischen Gräsern und Kräutern über Kalk
Harly, Wöltingerode, Südhang unterhalb des nördl. Kammweges, 4029 Vienenburg, 4029.1/07, 05.10.**1999**
leg./det. H. Manhart

**Gefährdung: RL 2F, 3H für Niedersachsen 1995, in 2014 RL 2**

*Hygrophorus penarius* Fr. 1836
**Trockener Buchen-Schneckling**

Syn.: *Hygrophorus barbatulus* G. Becker 1954, *Hygrophorus penarius var. barbatulus* (G. Becker) Bon 1989

Verbr. im KG: zerstreut, früher häufiger
Ökol. im KG:  wärmeliebender, kalkreicher Buchenwald mit Eiche
Ökol. allg.:    basenreiche Eichen- und Buchenwälder

Unter *Fagus* und *Quercus* zwischen Gräsern
Harly, Wöltingerode, 4029 Vienenburg, 4029.1/08, 28.08.**2005**
leg./det. H. Manhart
**Gefährdung: RL 2F für Niedersachsen**

*Hygrophorus poetarum* R.HEIM 1948
**Rosa Buchen-Schneckling, Isabellrötlicher Buchen-Schneckling**

Syn.:

Verbr. im KG:  sehr selten, nur einmal gefunden, Gefährdung unbekannten Ausmaßes
Ökol. im KG:  Kalkbuchenwald
Ökol. allg.:  Laubmischwälder über Kalk

Unter *Fagus* zwischen *Hedera helix* (Efeu) über Kalk
Harly, Wöltingerode, Kalkbuchenwald oberhalb des Bärentales, 4029 Vienenburg,
4029.1/08, 05.10.**2001**
leg./det. H. MANHART

**Gefährdung: RL 2 für Niedersachsen 1995, in 2014 RL 1**

*Hygrophorus unicolor* GRÖGER 1980
**Orangefalber Schneckling, Seidiggerandeter Schneckling**

Syn.: *Hygrophorus leucophaeus* (SCOP.: FR.) FR. 1838 *ss. auct., Hygrophorus lindtneri var.*
      *unicolor* (GRÖGER) KRIEGLST. 2000

Verbr. im KG: sehr zerstreut, jedoch relativ standorttreu
Ökol. im KG:  Kalkbuchenwald
Ökol. allg.:  kalkreiche Laubwaldböden, gern unter *Fagus* und *Carpinus*

Harly, Wöltingerode, unterhalb des Kammweges im Kalkbuchenwald
4029 Vienenburg, 4029.1/08, 23.11.**2019**
leg./det. H. MANHART

Unter *Fagus* im Falllaub über Kalk
Harly, Wöltingerode, 4029 Vienenburg, 4029.1/13, 18.11.**2016**
leg./det. H. MANHART

Unter *Fagus, Quercus* und *Carpinus* über Kalk
Harly, Südhang, Wöltingerode, 4029 Vienenburg, 4029.1/07, 03.10.**2007**
leg./det. H. MANHART

**Gefährdung: RL 2F für Niedersachsen**

*Hymenogaster luteus* VITTADINI 1831
**Gelbe Erdnuss, Gelbe Glattspor-Erdnuss**

Syn.: *Splanchnomyces luteus* (VITTAD.) CORDA 1854

Verbr. im KG: Einzelfund, über Verbreitung und Gefährdung kann keine gesicherte Aussage
              getroffen werden
Ökol. im KG:  Laubmischwald unter *Fagus* und *Quercus*
Ökol. allg.:  basenreiche Böden unter Laubmischwald, hypogäisch, über Verbreitung und
              Gefährdung liegen keine gesicherten Erkenntnisse vor

Im Erdboden unter *Fagus* und *Quercus* über Kalk

Harly, Wöltingerode, Südrand, 4029 Vienenburg, 4029.1/07, 16.12.**2016**
leg./det. H. Manhart

***Hymenogaster niveus*** Vittad. **1831**
**Schneeweiße Erdnuss**

Syn.: *Cortinomyces niveus* Bougher & Castellano 1993, *Hymenogaster mutabilis* (Soehner)
        Zeller & C.W. Dodge 1934, *Protoglossum niveum* (Vittad.) T.W. May 1995

Verbr. im KG: selten, über Verbreitung und Gefährdung gibt es keine weiteren Erkenntnisse
Ökol. im KG:  hypogäisch, im Lehmboden an Wegeböschung unter Buche
Ökol. allg.:    hypogäisch, unter Eiche und Buche über Kalk

In Wegeböschung, ca. in 15-16 cm Erdtiefe
Harly, Wöltingerode, Hauptweg, ca. 150 m westlich des Mammutbaumes auf abfallender
Wegestrecke, 4029 Vienenburg, 4029.1/07, 27.10.**2001**
leg. H. Manhart, det. Kl. Wöldecke

**Gefährdung: Wird nicht in RL für Niedersachsen aufgeführt**

***Hymenoscyphus fraxineus*** (T. Kowalski) Baral, Queloz & Hosoya **2014**
**Falsches Eschenblattstiel-Stängelbecherchen, Eschentriebsterben, Eschenwelke**

Syn.: *Chalara fraxinea* T. Kowalski 2006 Anamorphe, *Hymenoscyphus pseudoalbidus*
        Queloz, Grünig, Berndt, T. Kowalski, T.N. Sieber & Holdenr. 2010

Verbr. im KG: verbreitet und (leider) in Eschenbeständen im Harly häufig
Ökol. im KG:  unter Fraxinus, für deren Absterben (Eschentriebsterben) der Ascomycet
                verantwortlich ist. Mit dem Schwinden der Eschen dürfte der Pilz aber
                ebenfalls rückläufig werden
Ökol. allg.:    auf vorjährigen, geschwärzten Blattstielen der Esche

An verrotteten Blattstielen von *Fraxinus excelsior* am Boden
Harly, Schacht I/Vienenburg, Oberes Burgtal, 4029 Vienenburg, 4029.1/15, 22.06.**2014**
leg./det. H. Manhart

***Hypholoma lateritium*** (Schaeff.) P. Kumm. **1871**
**Ziegelroter Schwefelkopf**

Syn.: *Hypholoma perplexum* (Peck) Sacc. 1887, *Hypholoma sublateritium* (Fr.) Quél. 1872,
        *Naematoloma sublateritium* (Fr.) P. Karst. 1880

Verbr. im KG: verbreitet mit leichter Rückgangstendenz, aber ungefährdet
Ökol. im KG:  an Buchen- und Eichenstubben
Ökol. allg.:    an Stubben ubd liegendem Totholz von *Fagus* und *Quercus*

Auf Stubben von *Quercus*
Harly, Wöltingerode, 4029 Vienenburg, 4029.1/07, 14.12.**2006**
leg./det. H. Manhart

An Laubholzstubben
Harly, Wöltingerode, Mittelweg, in der Nähe des Mammutbaumes, 4029 Vienenburg,
4029.1/07, 20.10.**2018**

leg./det. H. Manhart

**_Hypomyces chrysospermus_ Tul. & C.Tul. 1860**
**Goldschimmel**

Syn.: _Apiocrea chrysosperma_ (Tul. & C. Tul.) Syd. & P. Syd. 1921, _Sepedonium chrysospermum_ (Bull.) Fr. 1832, _Sepedonium mycophilum_ (Pers.) Nees 1809, Anamorphe

Verbr. im KG: verbreitet an Röhrlingsarten
Ökol. im KG:  in Laubmischwäldern, an Wegeböschungen
Ökol. allg.:    innerhalb und außerhalb von Wäldern an überständigen Röhrlingsarten

Auf vertrocknetem Fruchtkörper von _Caloboletus radicans_ (Pers.: Fr.) Vizzini, Wurzelnder Bitterröhrling
An Böschung des ehemaligen Bahndammes
Harly, Schacht I, Vienenburg, 4029 Vienenburg, 4029.1/15, 03.09.**2022**
leg./det. H. Manhart

**_Inocybe adaequata_ (Britzelm.) Sacc. 1887**
**Weinrötlicher Risspilz, Weinroter Risspilz**

Syn.: _Inosperma adaequata agg._ (Sammelart)

Verbr. im KG: selten. Oft nur in Einzelexemplaren
Ökol. im KG:  Laubwälder über Kalk
Ökol. allg.:    Laubwälder über Kalk, Parkanlagen

Unter _Quercus_ auf lehmigem Boden
Harly, Wöltingerode, Südseite, 4029 Vienenburg, 4029.1/07, 10.08.**2000**
leg./det. H. Manhart

**Gefährdung: RL 3F für Niedersachsen**

**_Inocybe asterospora_ Quél. 1879**
**Sternsporiger Risspilz**

Syn.:

Vebr. im KG: verstreut, nur wenige Funde
Ökol. im KG: Kalkbuchenwald, basenreiche Laubmischwälder
Ökol. allg.:    kalkreiche Laub- und (seltener) Nadelwälder

Unter _Fagus_ über Kalk
Harly, Wöltingerode, 4029 Vienenburg, 4029.1/07, 17.08.**2021**
leg./det. H. Manhart

**_Inocybe bongardii_ (Weinm.) Quél. 1872**
**Süßduftender Risspilz, Duftender Risspilz**

Syn.: _Agaricus bongardii_ Weinm. 1836, _Inocybe bongardii_ (Weinm.) Quél. 1872, _Inocybe pisciodora_ Donadini & Riousset 1975, _Inocybe bongardii var. pisciodora_ (Donadini & Riousset) Kuyper 1986, _Inocybe bongardii_ (Weinm.) Quél.
Verbr. im KG: selten und nur in manchen Jahren als Einzelexemplar oder mit wenigen

Fruchtkörpern
Ökol. im KG:  grasiger Wegrand, unter *Fagus*
Ökol. allg.:    Kalkbuchenwälder, Laubmischwälder über Kalk oder Lehm

Unter *Fagus* am Wegrand zwischen Gräsern
Harly, Wöltingerode, 4029 Vienenburg, 4029.1/13, 25.08.**2005**
leg./det. H. Manhart

Unter *Fagus*
Harly, Wöltingerode, 4029 Vienenburg, 4029.1/08, 27.10.**2001**
leg./det. H. Manhart

**_Inocybe bresadolae_ Massee 1904**
**Bresadola's Risspilz, Rotfuchsiger Risspilz, Rötlichfuchsiger Rispilz**

Syn.: *Astrosporina bresadolae* (Massee) E.Horak

Verbr. im KG: selten und in den letzten Jahren völlig ausbleibend, Gefährdung unbekannten
                        Ausmaßes
Ökol. im KG:   unter *Quercus* auf tonigem Boden
Ökol. allg.:      basenreiche  Laubmischwälder

Unter *Quercus* zwischen Walderdbeeren am Wegrand
Harly, Vienenburg, Schacht I, Südhang, 4029 Vienenburg, 4029.1/15, 15.06.**2002**
leg./det. H. Manhart

**RL 3 für Niedersachsen 1995, in 2014 RL 2**

**_Inocybe corydalina_ Quél. 1875**
**Grüngebuckelter Risspilz, Grünbuckeliger Risspilz**

Syn.: *Inocybe erinaceomorpha* Stangl & J. Veselský 1979

Verbr. im KG: selten und schon seit mehreren Jahren im Harly nicht mehr zu finden,
                        Gefährdung unbekannten Ausmaßes
Ökol. im KG:  unter *Fagus* und *Quercus* über Kalk
Ökol. allg.:     basenreiche Laubwälder

Unter *Fagus* und *Quercus* an feuchter Bodenstelle über Kalk
Harly, Wöltingerode, Südseite, 4029 Vienenburg, 4029.1/07, 10.08.**2000**
leg./det. H. Manhart

**Gefährdung: RL 3F für Niedersachsen**

**_Inocybe flocculosa_ (Berk.) Sacc. *agg.* 1887**
**Flockiger Risspilz**

Syn.: *Inocybe abjecta* (P. Karst.) Sacc. 1887, *Inocybe deglubens* (Fr.) Gillet 1876, *Inocybe
    fulvidula* Velen. 1939, *Inocybe geraniolens* Bon & Beller 1976, *Inocybe langei var.
    heterosporoides* Reumaux 1983, *Inocybe lucifuga* Lange 1871

Verbr. im KG: nicht häufig
Ökol. im KG:  unter Buche

Ökol. allg.:    Ubiquist, Laubmischwälder

Unter *Fagus* an Böschung im Falllaub
Harly, Wöltingerode, Südseite, 4029 Vienenburg, 4029.1/13, 18.10.**2009**
leg./det. H. Manhart

**Inocybe fraudans** (Britzelm.) Sacc. 1887
**Birnen-Risspilz**

Syn.: *Inocybe pyriodora* (Pers.: Fr.) P. Kumm. 1871 *ss. auct.*

Verbr. im KG: selten und schon seit Jahren nicht mehr im Harly gefunden
Ökol. im KG:   basenreicher Buchenwald
Ökol. allg.:    Laubwälder, gern bei Buche, auch unter Fichte und Kiefer

Unter *Fagus* über Kalk
Harly, Vienenburg, Schacht I, Burggrund, 4029 Vienenburg, 4029.1/15, 27.10.**2001**
leg./det. H. Manhart

An lehmig-schattigem Weg unter *Fagus*
Harly, Wöltingerode, Südseite, 4029 Vienenburg, 4029.1/07, 10.08.**2000**
leg./det. H. Manhart

**Inocybe geophylla** (Sowerby) P. Kumm. 1871 *s. str.*
**Erdblättriger Risspilz, Seidiger Risspilz**

Syn.: *Inocybe xantholeuca* Kuyper 1986

Verbr. im KG: verbreitet, aber nicht in jedem Jahr, auch diese früher verbreitete Art ist
               rückläufig geworden
Ökol. im KG:   Kalkbuchenwald
Ökol. allg.:    Laub- und Nadelwald, Ruderalstellen, Wegränder, der Pilz ist ein Ubiquist
               *Inocybe geophylla agg.*, wird als als Sammelart geführt

Unter *Fagus* im Falllaub über Kalk
Harly, Vienenburg, Schacht I, 4029 Vienenburg, 4029.1/15, 29.10.**2020**
leg./det. H. Manhart

**Inocybe godeyi** Gillet 1874
**Rötender Risspilz**

Syn.:

Verbr. im KG: zerstreut, ist in manchen Jahren etwas häufiger; fast  jedes Jahr kann man ihn
               am Südrand des Harly direkt am Wegrand vereinzelt noch finden
Ökol. im KG:   Im kalkreichen Laubmischwald
Ökol. allg.:    Laubmischwald, besonders unter Buche, Eiche und Hainbuche, kalkfordernd

Unter *Fagus, Quercus* und *Carpinus* über Kalk auf Mergelboden mit Schwarzerde
Harly, Wöltingerode, Südhangweg, 4029  Vienenburg, 4029.1/13, 01.07.**2012**
leg./det. H. Manhart

**Inocybe lilacina agg.**

**Violetter Risspilz  Sammelart**

Syn.:

Verbr. im KG: zerstreut
Ökol. im KG:  Kalkbuchenwald
Ökol. allg.:    Laub- und Nadelwälder
                Galt noch vor wenigen Jahren als Varietät von *Inocybe geophylla*, wird aber als
                eigenständige Art und Sammelart geführt.

Unter *Fagus* über Kalk
Harly, Wöltingerode, Kalkbuchenwald oberhalb des Bärentales, 4029 Vienenburg,
4029.1/08S, 29.08.**1993**
leg./det. H. Manhart

**Inocybe maculata Boud. 1885**
**Gefleckter Risspilz**

Syn.:

Verbr. im KG: zerstreut
Ökol. im KG:  unter Buche über Kalk
Ökol. allg.:    unter Laubbäumen

Unter *Fagus* am Wegrand zwischen Moosen über Kalk
Harly, Wöltingerode, am Mittelweg östlich der Schutzhütte, 4029 Vienenburg , 4029.1/07,
08.11.**2019**
leg./det. H. Manhart

**Inocybe phaeodisca  Kühner 1955**
**Cremerandiger Risspilz**

Syn.: *Inocybe descissa* (Fr.) Quél. 1872 *ss. auct.*

Verbr. im KG: selten und stark rückläufig, Gefährdung unbekannten Ausmaßes
Ökol. im KG:  unter Hainbuche und Eiche
Ökol. allg.:    basenreiche Laubmischwälder

Unter *Carpinus* und *Quercus* auf tonigem Boden
Harly, Vienenburg, Schacht I, Südhang, 4029 Vienenburg, 4029.1/15, 25.08.**2002**
leg./det. H. Manhart

Unter *Fagus* über Kalk
Harly, Wöltingerode, Bärental, 4029 Vienenburg, 4129.1/08, 16.07.**1999**
leg./det. H. Manhart

**Gefährdung: RL 3 für Niedersachsen**

**Inocybe posterula (Britz.) Sacc. 1887**
**Falber Risspilz**

Syn.: *Inocybe xanthodisca* Kühner 1955
Verbr. im KG: selten und stark rückläufig, Gefährdung unbekannten Ausmaßes

Ökol. im KG:  kalkreicher Buchenwald
Ökol. allg.:    basenreiche Laubmischwälder

Unter *Fagus* über Kalk im feuchten Bodenhumus
Harly, Wöltingerode, Kalkbuchenwald oberhalb des Bärentales, 4029 Vienenburg,
4029.1/08S, 12.05.**2000**
leg./det. H. Manhart

***Inonotus cuticularis*** (Bull.) P. Karst. 1880
**Flacher Schillerporling**

Syn.:

Verbr. im KG: zerstreut bis selten, im Harly gibt es nur wenige Standorte dieser Art
Ökol. im KG:  an Totholz von *Quercus*
Ökol. allg.:    in Buchenwäldern (Hauptwirt: *Fagus*) und Laubmischwäldern, Stubben und
                stehende Totholzstämme

An Stamm von *Quercus*
Harly, Schacht I, Vienenburg, Okerprallhang, 4029 Vienenburg, 4029.1/14, 30.07.**2017**
leg./det. H. Manhart

An Stammwunde von *Quercus*
Harly, Vienenburg, Schacht I, Weg oberhalb des Okerprallhanges, 4029 Vienenburg,
4029.1/14, 30.07.**2016**
leg./det. H. Manhart

***Inonotus dryadeus***  (Pers.) Murrill 1908
**Tropfender Eichen-Schillerporling, Tropfender Schillerporling**

Syn.: *Fomitiporia dryadea* (Pers.: Fr.) Y.C. Dai 1999, *Ischnoderma dryadeum* (Pers.: Fr.)
       P. Karst. 1879, *Pseudoinonotus dryadeus* (Pers.: Fr.) Wagner & M. Fisch. 2001

Verbr. im KG: selten, im Gebiet insgesamt nur an drei Alteichen festgestellt, von denen eine
                zwischenzeitlich gefällt wurde und eine  andere  schon so geschädigt ist, dass
                ein baldiges Umstürzen des Baumes wahrscheinlich ist, bestandsgefährdet
Ökol. im KG:  an Stammbasis von Eichen
Ökol. allg.:    an Stammbasis von Eichen

An Stammbasis von *Quercus*
Harly, Schacht I, Vienenburg, Unter dem Harly, 4029 Vienenburg, 4029.1/15, 9.08.**2013**
leg./det. H. Manhart

**Gefährdung: RL 2 für Niedersachsen**

***Inonotus hispidus*** (Bull.) P. Karst. 1880
**Zottiger Schillerporling**

Syn.: *Inonotus hirsutus* (Scop.) Murrill 1904, *Polyporus hispidus* (Bull.) Fr. 1818,
       *Xanthochrous hispidus* (Bull.) Pat. 1897

Verbr. im KG: zerstreut
Ökol. im KG:  im Gebiet hauptsächlich an Eschen auftretend

Ökol. allg.:	an verschiedenen Obst- und Laubbäumen, an Straßenrändern, in Parks, auf
		Friedhöfen

An lebender *Fraxinus*
Harly, Vienenburg, Schacht I, Unter dem Harly, 4029 Vienenburg, 4029.1/15, 30.08.**2016**
leg./det. H Manhart	**2 Tafeln**

An Stamm von *Fraxinus*
Klostergut Wöltingerode, Domänenhof, Wöltingerode, 4029 Vienenburg, 4029.1/12N,
03.07.**1999**
leg./det. H.Manhart

**Gefährdung: RL 3 für Niedersachsen**

***Inonotus nodulosus*** (Fr.) P. Karst. **1882**
**Knotiger Schillerporling, Buchen-Schillerporling**

Syn.: *Mensularia nodulosa* (Fr.) T. Wagner & M. Fisch. 2001, *Xanthoporia nodulosa* (Fr.)
	Tura, Zmitr., Wasser, Raats & Nevo 2011

Verbr. im KG: zerstreut
Ökol. im KG:	an Totholz von Buche
Ökol. allg.:	an Totholz von Buche (Stämme, starke Äste)

An Stubben von *Fagus*
Harly, Wöltingerode, Bärental, 4029 Vienenburg, 4029.1/08, 18.01.**2009**
leg./det. H. Manhart

***Inonotus radiatus*** (Sowerby) P. Karst. **1881**
**Strahliger Schillerporling, Erlen-Schillerporling**

Syn.: *Mensularia radiata* (Sowerby) Lázaro Ibiza 1916, *Polyporus radiatus* (Sowerby)
	Fr. 1821, *Polystictus radiatus* (Sowerby) Cooke 1886, *Xanthochrous radiatus* (Sowerby)
	Pat. 1900, *Xanthochrous radiatus f. resupinatus* Bourdot & Galzin 1925, *Xanthoporia
	radiata* (Sowerby) Tura, Zmitr., Wasser, Raats & Nevo 2012

Verbr. im KG: zerstreut
Ökol. im KG:	an Totholz von Fagus
Ökol. allg.:	an toten Laubholzstämmen von *Alnus, Populus, Corylus* und *Betula*, selten an *Fagus*

An liegendem Stamm von *Fagus*
(Altexemplar aus dem Vorjahr)
Harly, Weddingen, 4029 Vienenburg, 4029.1/06 , 03.01.**2005**
leg./det. H. Manhart

***Inosperma erubescens*** (A.Blytt) Matheny & Esteve-Rav. **2019**
**Ziegelroter Risspilz**

Syn.: *Inocybe erubescens* A. Blytt, 1905, *Inocybe patouillardii* Bres. 1905

Verbr. im KG: zerstreut, früher eine häufigere Frühsommer-Art, derzeit nur schwer noch zu
		finden und im Harly stark rückläufig
Ökol. im KG:	Buchenwald, Laubmischwälder

Ökol. allg.:    basenreiche Laubmischwälder, Parks, Friedhöfe

Unter *Fagus* über Kalk
Harly, Weddingen, Westrand nahe Kalktuffquelle, 4029 Vienenburg, 4029.1/06N, 13.06.**1999**
und 05.06.**1994**
leg./det. H. Manhart    **2 Tafeln**

*Ischnoderma benzoinum* (Wahlenb.) P. Karst. 1881
**Schwarzgebänderter Harzporling, Nadelholz-Harzporling**

Syn.: *Lasiochlaena benzoina* (Wahlenb.: Fr.) Pouzar 1990, *Polyporus benzoinus* Wahlenb.:
    Fr. 1828

Verbr. im KG: sehr selten und wohl im Gebiet nicht bestandsstabil
Ökol. im KG:  Totholz von *Pinus sylvestris*
Ökol. allg.:    in Nadelwäldern, vornehmlich an Fichte, Tanne, Lärche und Kiefer

An Totholzstamm von *Pinus*
Harly, Schacht I, Vienenburg, Oberes Burgtal, 4029 Vienenburg, 4029.1/15, 28.10.**2017**
leg./det. H. Manhart

**Gefährdung: RL 3 für Niedersachsen**

*Lactarius acerrimus* Britzelm. 1893
**Queradriger Milchling, Verbogener Milchling**

Syn.:

Verbr. im KG: selten, aber relativ standorttreu, Gefährdung unbekannten Ausmaßes
Ökol. Im KG:  unter *Quercus* über Rogenstein und tonigem Boden
Ökol. allg.:    Eichen-Elsbeerenwald, grasige Eichen-Buchenwälder

Unter *Quercus* auf tonigem Boden
Harly, Vienenburg, Schacht II, Südhang oberhalb der Oker, 4029 Vienenburg, 4029.1/14,
18.06.**2007**
leg./det. H. Manhart

**Gefährdung: RL 2 für Niedersachsen**

*Lactarius acris* (Bolton) Gray 1821
**Rosaverfärbender Milchling, Rosaanlaufender Milchling**

Syn.: *Agaricus acris* Bolton 1788, *Lactarius pudibundus* (Scop.) J. Schröt. 1889

Verbr. im KG: selten, Gefährdung unbekannten Ausmaßes
Ökol. im KG: Kalkbuchenwald
Ökol. allg.:    Kalkbuchenwälder, Buchenmischwälder über Kalk

Unter *Fagus* über Kalk
Harly, Wöltingerode, 4029 Vienenburg, 4029.1/08, 29.09.**2002**
leg./det. H. Manhart    **2 Tafeln**

**Gefährdung: RL 1F, 2H für Niedersachsen 1995, in 2014 RL 0F, 2H**
*Lactarius aurantiacus* (Pers.: Fr.) Gray 1821

**Milder Orangemilchling, Orangefarbener Milchling**

Syn.: *Lactarius aurantiacus var. mitissimus* (FR.) J.E. LANGE 1928, *Lactarius aurantiofulvus*
    J. BLUM EX BON 1985, *Lactarius mitissimus* (FR.: FR.) FR. 1838

Verbr. im KG: verbreitet
Ökol. im KG:  basenreicher Buchenwald
Ökol. allg.:    Laubmischwälder, nach Lit. aber hauptsächlich Nadelwälder

Unter *Fagus* über Kalk
Harly, Wöltingerode, Kalkbuchenwald oberhalb des Bärentales, 4029 Vienenburg,
4029.1/08, 02.09.**1998**
leg./det. H. MANHART

Unter *Carpinus* über Kalk
Harly, Wöltingerode, Südhang, 4029 Vienenburg, 4029.1/12N, 02.09.**2010**
leg./det. H. MANHART

**Gefährdung: RL 3 für Niedersachsen**

***Lactarius chrysorrheus* FR. 1838**
**Goldmilchender Milchling, Goldflüssiger Milchling**

Syn.: *Lactarius theiogalus var. chrysorrheus* QUÉL. 1886

Verbr. im KG: verbreitet, in manchen Jahren spärlicher fruktifizierend
Ökol. im KG:  unter *Quercus* über Sandstein
Ökol. allg.:    obligater Eichenbegleiter

Unter *Quercus* im Falllaub
Harly, Schacht I, Vienenburg, Burggrund (oberer Bereich), 4029 Vienenburg, 4029.1/15,
10.11.**2016**
leg./det. H. MANHART

Unter *Quercus* auf tonigem Boden
Harly, Vienenburg, Schacht I, Südhang, 4029 Vienenburg, 4029.1/15, 15.07.**2007**
leg./det. H. MANHART

Unter *Quercus* am Wegrand im Falllaub
Harly, Vienenburg, Schacht II, Südhang oberhalb der Oker, 4029 Vienenburg, 4029.1/14,
04.07.**2007**
leg./det. H. MANHART

**Gefärdung: RL 3H für Niedersachsen**

***Lactarius circellatus* FR. 1838**
**Gebänderter Hainbuchen-Milchling, Hainbuchen-Milchling,**
**Gebänderter Milchling**

Syn.: *Lactarius polyzonus* VELEN. 1920, *Lactarius pyrogalus ss. auct.*

Verbr. im KG: zerstreut und nicht in jedem Jahr anfindbar
Ökol. im KG:  unter *Carpinus*

Ökol. allg.:    Eichen-Hainbuchenwälder, in mit Hainbuchen durchmischten Laubmisch-
                wäldern, obligater Hainbuchenfolger

Unter *Carpinus* auf schwerem, lehmigen Boden
Harly, Schacht I, Vienenburg, Seitental vom Burggrund, 4029 Vienenburg, 4029.1/15,
25.09.**2015**
leg./det. H. Manhart

Unter *Carpinus*
Harly, Wöltingerode, Südseite, 4029 Vienenburg, 4029.1/13, 21.06.**2007**
leg./det. H. Manhart

Unter *Carpinus, Fagus* und *Quercus* am grasigen Wegrand
Harly, Vienenburg, Schacht I, Burggrund, 4029 Vienenburg, 4029.1/15, 10.10.**2003**
leg./det. H. Manhart

**Gefährdung: RL 3 F für Niedersachsen**

**Lactarius flavidus Boud. 1887**
**Hain-Schildmilchling, Hellgelber Violett-Milchling**

Syn.: *Lactarius aspideus var. flavidus* (Boud.) Neuhoff 1956, *Lactarius uvidus var. flavidus*
      (Boud.) Bataille 1908

Verbr. im KG: sehr selten und nur in manchen Jahren zu finden,
                Gefährdung unbekannten Ausmaßes
Ökol. im KG:   Eichen-Hainbuchenwald
Ökol. allg.:    Eichen-Hainbuchenwald, Eichen-Elsbeerenwald

Unter *Fagus, Quercus* und *Carpinus* im Falllaub über Kalk
Harly, Vienenburg, Schacht I, Westhang oberer Burggrund, 4029 Vienenburg, 4029.1./15,
05.10.**2007**
leg./det. H. Manhart

**Gefährdung: RL 2 für Niedersachsen**

**Lactarius fluens Boud. 1899**
**Braunfleckender Milchling**

Syn.: *Lactarius blennius var. fluens* (Boud.) Krieglst. 1999

Verbr. im KG: zerstreut, vermutlich aber auch oft übersehen und mit Lactarius blennius
                verwechselt
Ökol. im KG:   Kalkbuchenwald
Ökol. allg.:    basenreiche Buchenwälder

Unter *Fagus* über Kalk
Harly, Wöltingerode, südlich des Mittelweges in der Nähe der Schutzhütte, 4029 Vienenburg,
4029.1/07, 08.11.**2019**
leg./det. H. Manhart

**Lactarius fulvissimus Romagn. 1954 *s. str.***
**Orangefuchsiger Milchling, Fuchsigbrauner Milchling, Orangeroter Milchling**
Syn: *Lactarius britannicus* D.A. Reid, *Lactarius ichoratus* (Batsch) Fr. *s.auct.*, *Lactarius*

*subsericatus* KÜHNER & ROMAGN. EX BON

Verbr. im KG: zerstreut und nicht häufig, wenngleich die Art im Harly gern truppweise auftritt
Ökol. im KG:  Eichen-Hainbuchenwald, Kalkbuchenwald
Ökol. allg.:    basenreiche Laub- und Nadelwälder

Unter *Carpinus*
Harly, Wöltingerode, Südrand, 4029 Vienenburg, 4029.1/07, 03.09.**2010**
leg./det. H. MANHART

Unter *Fagus* über Kalk
Harly, Wöltingerode, 4029 Vienenburg, 4029.1/08, 14.08.**2005**
leg./det. H. MANHART

**Gefährdung: RL 2F für Niedersachsen**

**Lactarius pallidus** PERS. **1797**
**Fleischfarbener Milchling, Falber Milchling, Fleischblasser Milchling**

Syn.: *Lactarius carneoisabellinus* BRITZELM. 1896, *Lactarius nominabilis* BRITZELM. 1893

Verbr. im KG: selten, nur wenige Male im Harly gefunden
Ökol. im KG:  Eichen-Hainbuchenwald
Ökol. allg.:    Eichen-Hainbuchenwälder, Eichen-Elbeerenwälder, Eichenwälder

Unter *Quercus*
Harly, Vienenburg, Schacht I, Südhang, 4029 Vienenburg, 4029.1/15, 15.07.**2007**
leg./det. H. MANHART

**Gefährdung: RL 3F für Niedersachsen 1995 , in 2014 RL 2F**

**Lactarius pterosporus** ROMAGN. **1949**
**Aderiger Flügelspor-Milchling, Flügelsporiger Milchling, Scharfer Korallenmilchling**

Syn..

Verbr. im KG: zerstreut, jedoch Gefährdung unbekannten Ausmaßes
Ökol. im KG:  Hainbuche und Buche über Kalk
Ökol. allg.:    Eichen-Elsbeerenwälder, Seggen-Buchenwälder, Kalkbuchenwälder

Unter *Carpinus* über Ton
Harly, Vienenburg, Schacht I, Südhang, 4029 Vienenburg, 4029.1/15, 25.08.**2002**
leg./det. H. MANHART

Harly, Wöltingerode, Kalkbuchenwald oberhalb des Bärentales, 4029 Vienenburg,
4029.1/08S, 04.09.**1993**
leg./det. H. MANHART

**Gefährdung: RL 2F, 3H für Niedersachsen**

**Lactarius quietus** (FR.) FR. **1838**
**Eichen-Milchling**
Syn.: *Agaricus quietus* FR. 1821, *Lactarius quietus var. unicolor* FR. 1863

Verbr. im KG: verbreitet und noch weitgehend ungefährdet
Ökol. im KG: *Quercus* über Kalk
Ökol. allg.:   Eichen-Hainbuchenwald, Eichen-Elsbeerenwald, obligater Eichenbegleiter

Unter *Quercus*
Harly, Vienenburg, Schacht I, Südhang, 4029 Vienenburg, 4029.1/08, 21.08.**1997**
leg./det. H. Manhart

### *Lactarius serifluus* (DC.) Fr. 1838
**Dunkler Wanzen-Milchling, Olivbrauner Wanzen-Milchling, Wässriger Milchling**

Syn.: *Agaricus serifluus* DC. 1815, *Lactarius camphoratus var. serifluus* (DC.: Fr.) Barbier
      1901, *Lactarius cimicarius* (Batsch) Gillet 1874, *Lactarius subdulcis var. cimicarius*
      (Batsch) Gray 1821, *Lactarius subumbonatus* Lindgr. 1845

Verbr. im KG: sehr zerstreut, öfters ausbleibend, Gefährdung unbekannten Ausmaßes
Ökol. im KG:  unter Eiche und Hainbuche
Ökol. allg.:    hauptsächlich Eichen- und Eichenmischwälder

Im Moos unter *Quercus* und *Carpinus*
Harly, Wöltingerode, Südseite, 4029 Vienenburg, 4029.1/07, 13.06.**2007**
leg./det. H. Manhart

**Gefährdung: RL 3 für Niedersachsen 1995, in 2014 nicht aufgeführt**

### *Lactarius subdulcis* (Pers.) Gray 1821
**Süßlicher Milchling, Süßlicher Buchen-Milchling**

Syn.: *Agaricus subdulcis* Pers. 1801

Verbr. im KG: verbreitet und ungefährdet
Ökol. im KG: Buchenwald
Ökol. allg.:    Buchenwälder auf basischen wie sauren Böden, obligater Buchenbegleiter

Unter *Fagus* im Falllaub
Harly, Wöltingerode, östliches Paralleltal zum Bärental, 4029 Vienenburg, 4029.1/13N,
25.10..**2000**
leg./det. H. Manhart

### *Lactarius zonarius* (Bull.) Fr. 1838 *ss.* Heilmann-Clausen
**Blasser Zonen-Milchling, Schöner Zonen-Milchling**

Syn.: *Agaricus zonarius* Bull. 1783, *Lactarius insulsus* (Fr.) Fr. 1838 *ss. auct.*, *Lactarius
      scrobipes* Kühner & Romagn. 1954, *Lactarius zonarius f. scrobipes* (Kühner &
      Romagn.) Quadr. 1985, *Lactarius zonarius var. scrobipes* (Kühner & Romagn.) Bon 1979

Verbr. im KG: zerstreut und nicht in jedem Jahr fruktifizierend, Gefährdung unbekannten
              Ausmaßes
Ökol. im KG: Eichen-Hainbuchenwald
Ökol. allg.:    basenreiche Eichen- und Eichenmischwälder, obligater Eichenbegleiter

Unter *Quercus* und *Carpinus* über tonigem Boden

Harly, Vienenburg, Schacht I, Südhang, 4029 Vienenburg, 4029.1/15, 03.08.**2002**
leg. H. Manhart/det. Kl. Wöldecke

**Gefährdung: RL 2 für Niedersachsen 1995, in 2014 nicht aufgeführt**
(Letzteres wenig nachvollziehbar)

*Laetiporus sulphureus* (Bull.) Murrill **1920**
**Schwefelporling**

Syn.: Ceriomyces aurantiacus (Pat.) Sacc. 1888 Anamorphe, Polyporus sulphureus (Bull.:
    Fr.) Fr. 1821, Ptychogaster aurantiacus Pat. 1885 Anamorphe, Sporotrichum
    versisporum (Lloyd) Stalpers 1984 Anamorphe

Verbr. im KG: verbreitet, aber in den letzten Jahren leicht zurückgehend, ungefährdet
Ökol. im KG:  an *Quercus*
Ökol. allg.:    an verschiedenen lebenden und toten Laub- und Obstbäumen

An liegendem Totholzstamm von *Quercus*, an frei liegender, entrindeter Wurzel
Harly, Schacht I, Vienenburg, Osthang des Burggrund, 4029 Vienenburg, 4029.1/15,
22.08.**2017**
leg./det. H. Manhart

An liegendem Totholzstamm von *Quercus*
Harly, Vienenburg, Schacht I, Osthang des Burggrund, 4029 Vienenburg, 4029.1/15,
22.08.**2016**
leg./det. H. Manhart

*Langermannia gigantea* (Batsch) Rostk. **1839**
**Riesenbovist**

Syn.: *Bovista gigantea* Lloyd 1821, *Calvatia gigantea* (Batsch) Lloyd 1904, *Calvatia maxima*
    (Schaeff.) Morgan 1890, *Lycoperdon giganteum* Batsch 1786

Verbr. im KG: zerstreut, ohne erkennbare Rückgangstendenz und ungefährdet
Ökol. im KG:  Wald- und Wegeränder, eutrophierte, auwaldartige Bereiche
Ökol. allg.:    nährstoffreiche Wiesen und Weiden, eutrophierte Wegränder, Gebüsche,
        Hecken, lichte Waldsäume

Unter *Fraxinus* auf nackter Erde (toniger Boden)
Harly, Vienenburg, Schacht I, Unter dem Harly, 4029 Vienenburg, 4029.1/15, 01.09.**2010**
leg./det. H. Manhart

*Leccinellum pseudoscabrum* (Kallenb.) Mikšík **2017**
**Hainbuchen-Raufuß**

Syn.: *Leccinum carpini* (R. Schulz) M.M. Moser ex D.A. Reid 1965, *Leccinum carpini f.*
    *isabellinum* Lannoy & Estadès 1994, *Leccinum griseum* (Quel.) Singer 1966, *Leccinum*
    *pseudoscabrum* (Kallenb.) Šutara 1989, *Leccinum pseudoscabrum f. isabellinum*
    (Lannoy & Estadès) Klofac 2016

Verbr. im KG: zerstreut und nicht jedes Jahr
Ökol. im KG:  unter *Carpinus* über Kalk
Ökol. allg.:    Eichen-Hainbuchenwald, Eichen-Elsbeerenwald mit Hainbuche

Unter *Carpinus*
Harly, Wöltingerode, Südseite, 4029 Vienenburg, 4029.1/12, 17.06.**2007**
leg./det. H. Manhart

**Gefährdung: RL 3 für Niedersachsen**

***Leccinum crocipodium*** (Letell.) Watling **1961**
**Gelbporiger Raufuß, Gelber Raustielröhrling**

Syn.: *Leccinellum crocipodium* (Letell.) Della Magg. & Trassin. 2014, *Leccinum luteoporum*
(Bouchinot) Šutara 1989, *Leccinum nigrescens* (Richon & Roze) Singer 1947, *Leccinum
tessulatum* (Kuntze) Rauschert 1987

Verbr. im KG: selten und lange Zeit ausbleibend, obgleich es eine thermophile Art ist,
Gefährdung unbekannten Ausmaßes
Ökol. im KG:  Eichen-Hainbuchenwald
Ökol. allg.:  Eichen-Hainbuchenwald über Kalk

Unter *Quercus* über Rogenstein und toniger Erde
Harly, Schacht I, Vienenburg, Okerprallhang, 4029 Vienenburg, 4029.1/14, 13.08.**2017**
leg./det. H. Manhart    **2 Tafeln**

Unter *Quercus* und *Carpinus*
Harly, Vienenburg, Schacht I, Südhang, 4029 Vienenburg, 4029.1/15, 03.08.**2002**
leg./det. H. Manhart

**Gefährdung: RL 2 für Niedersachsen**

***Leccinum quercinum*** (Pilát) E.E. Green & Watling **1969**
**Eichen-Rotkappe, Buchenwald-Rotkappe**

Syn.: *Leccinum aurantiacum* (Bull.) Gray 1821 *ss.* Šutara, den Bakker & Noordel.

Verbr. im KG: selten, Gefährdung unbekannten Ausmaßes
Ökol. im KG:  Buchenwald mit eingestreuten Eichen
Ökol. allg.:  Eichen-Hainbuchenwald

Unter *Quercus* über Kalk
Harly, Wöltingerode, Südseite, 4029 Vienenburg, 4029.1/13N, 24.07.**2000**
leg./det. H. Manhart

**Gefährdung: RL 3F, 2H für Niedersachsen**

***Lentinellus ursinus*** (Fr.) Kühn. **1926**
**Geschichteter Zähling**

Syn.:

Verbr. im KG: selten, Gefährdung unbekannten Ausmaßes
Ökol. im KG:  Laubtotholz im Buchenwald über Kalk
Ökol. allg.:  an Totholz von überwiegend Laubbäumen
An liegendem Totholzstamm von *Fagus* über Kalk zusammen mit *Phyllotopsis nidulans*

(Pers.: Fr.) Sing., Orange-Seitling,
Harly, Wöltingerode, westlich des Harlyturmes, 4029 Vienenburg, 4029.1/08, 17.11.**2015**
leg./det. H. Manhart

**Gefährdung: RL 2 für Niedersachsen**

***Lenzites betulinus* (L.) Fr. 1838**
**Birkenblättling, Birkentramete, Birken-Blätterporling**

Syn.: *Trametes betulina* (L.: Fr.) Pilát 1939

Verbr. im KG: zerstreut aber ungefährdet im Harly
Ökol. im KG:  an liegenden Stämmen von Buche
Ökol. allg.:    an liegenden Stämmen und Stubben diverser Laubbäume

Auf Lagerstamm von *Fagus*
Harly, Weddingen, Schacht III, Mittelweg, 4029 Vienenburg, 4029.1/06, 25.03.**2020**
leg./det. Hans Manhart   **2 Tafeln**

***Leotia lubrica* (Scop.) Pers. 1794**
**Gallertkäppchen, Gemeines Gallertkäppchen, Grüngelbes Gallertkäppchen**

Syn.: *Leotia gelatinosa* Hill 1771

Verbr. im KG: unter Buche im Moos, über sandigen und kalkreichen Böden
Ökol. im KG:  unter Buche im Moos
Ökol. allg.:    in Laub- und Nadelwäldern, gern bei Buche, bodenvag

Unter *Fagus* im Moos über Kalk
Harly, Wöltingerode, Kalkbuchenwald oberhalb des Bärentales, 4029 Vienenburg,
4029.1/08S, 04.09.**1993**
leg./det. H. Manhart

***Lepiota aspera* (Fr.) Quél. 1886**
**Spitzschuppiger Stachelschirmling, Spitzschuppiger Schirmling**

Syn.: *Cystolepiota acutesquamosa* (Weinm.) Bon 1977, *Cystolepiota aspera* (Pers.: Fr.) Bon
         1978, *Echinoderma acutesquamosum* (Weinm.) Bon 1993, *Echinoderma asperum*
         (Pers.: Fr.) Bon 1991, *Lepiota acutesquamosa* (Weinm.) Gillet 1871, *Lepiota friesii*
         (Lasch: Fr.) Quél. 872

Verbr. im KG: zerstreut aber ungefährdet, oft truppweise aus Schwarzerde aufbrechend
Ökol. im KG:  unter *Fagus* und *Quercus* über basenreichen Böden
Ökol. allg.:    Laub- und Mischwälder , gern an stickstoffreichen Plätzen, Wegrändern,
                    Waldsäumen

Harly, Wöltingerode, Bärental, 4029 Vienenburg, 4029.1/13, 10.06.**2007**
leg./det. H. Manhart

Unter *Fagus* und *Quercus* auf humosem Boden
Harly, Wöltingerode, 4029 Vienenburg, 4029.1/08, 28.08.**2005**
leg./det. H. Manhart
***Lepiota aspera fm. albinea* (Rèaudin) Ludw., *comb.* Nov.**

**Großer Stachel-Schirmling, helle Form**

Syn.: *Cystolepiota acutesquamosa* (WEINM.) BON 1977, *Cystolepiota aspera* (PERS.: FR.) BON
1978, *Echinoderma acutesquamosum* (WEINM.) BON 1993, *Echinoderma asperum*
(PERS.: FR.) BON 1991, *Lepiota acutesquamosa* (WEINM.) GILLET 1871, *Lepiota friesii*
(LASCH: FR.) QUÉL. 1872


Verbr. im KG: zerstreut bis sehr selten
Ökol. im KG:  im Laubmischwald an schattigen und eutrophierten Plätzen
Ökol. allg.:    basenreiche Laubmischwälder, Wegränder, Gärten


Unter *Quercus, Fagus* und *Fraxinus* im Falllaub
Harly, Unter dem Harly, Weg an der Nordseite paralell zur A 36, 4029 Vienenburg, 4029.1/15,
2.11.**2016**
leg./det. H. MANHART

*Lepiota echinacea* J. E. LANGE **1940**
**Igel-Stachelschirmling, Igel-Schirmling**


Syn.: *Cystolepiota echinacea* (J.E. LANGE) KNUDSEN 1978, *Echinoderma echinaceum*
(J.E. LANGE) BON 1991


Verbr. im KG: zerstreut
Ökol. im KG:  eutrophierter Wegrand unter *Fagus*
Ökol. allg.:    Buchenwälder über Kalk, ruderale Wegränder


Zwischen *Urtica* unter *Fagus*
Weg nördlich der Harlyburg
Harly, Vienenburg, Weg an der Nordseite parallel zur A 36, Harlyburg, 4029 Vienenburg,
4029.1/15, 30.10.**2009**
leg./det. H. MANHART

*Lepiota boudieri* BRES. **1881**
**Fuchsbräunlicher Schirmling, Orangebrauner Schirmling, Fuchsbrauner Schirmling**

Syn.: *Lepiota acerina var. subpurpurata* BON 1992, *Lepiota fulvella* REA 1918, *Lepiota
fulvella f. gracilis* J. E. LANGE 1935

Verbr. im KG: verbreitet, keine größere Rückgangstendenz erkennbar, wohl an geeigneten
              Standorten ungefährdet, im Harly des öfteren zu finden, meist in Einzel-
              exemplaren
Ökol. im KG:  Buchenwald mit eingemischter Fichte über Kalk
Ökol. allg.:    basische Laubmischwälder


Unter *Picea* auf tonigem Boden
Harly, Vienenburg, Schacht I, Unter dem Harly, 4029 Vienenburg, 4029.1/15, 17.09.**2002**
leg./det. H. MANHART


Neben Stubben von *Fagus* im Falllaub
Harly, Vienenburg, Schacht I, Burggrund, 4029 Vienenburg, 4029.1/15, 04.10.**2003**
leg./det. H. MANHART   **2 Tafeln**

**Gefährdung: RL 3F für Niedersachsen**
*Lepiota castanea* QUÉL. **1881**

**Kastanienbrauner Schirmling**

Syn.:

Verbr. im KG: selten, an geeigneten Standorten aber bestandsstabil
Ökol. im KG:  basenreicher Laubmischwald
Ökol. allg.:    Kalkbuchenwälder, Wegränder, schattige Stellen

Unter *Fagus* und *Fraxinus* zwischen *Urtica* und Kräutern am Wegrand
Harly, Vienenburg, Weg an der Nordseite parallel zur A 36, 4029 Vienenburg, 4029.1/15,
4.11.**2016**
leg./det. H. Manhart

Unter *Fagus* zwischen Gräsern und Kräutern über Kalk
Harly, Wöltingerode, Südrand, 4029 Vienenburg, 4029.1/13, 18.10.**2009**
leg./det. H. Manhart

Unter *Rubus, Pinus* und *Betula* zwischen Gräsern
Harly, Südweg oberhalb der Oker, Schacht II, 4029 Vienenburg, 4029.1/14, 30.09.**2007**
leg./det. H. Manhart

**Lepiota clypeolaria** (Bull.)  P. Kumm. **1871**
**Blasser Wollstiel-Schirmling, Wolliggestiefelter Schirmling**

Syn.: *Lepiota colubrina* (Pers.) Gray 1871

Verbr. im KG: zerstreut, in manchen Jahren verbreitet und ungefährdet
Ökol. im KG:  kalkreicher Laubmischwald
Ökol. allg.:    Laubmischwälder, ohne besonderen Bodenansprüche

Unter *Fagus, Quercus* und *Carpinus* über Kalk am Wegrand
Harly, Vienenburg, Weg an der Nordseite parallel zur A 36, 4029 Vienenburg, 4029.1/07,
12.11.**2019**
leg./det. H. Manhart

Unter *Fagus* im Falllaub
Harly, Unter dem Harly, Weg an der Nordseite parallel zur A 36, 4029 Vienenburg, 4029.1/15,
4.11.**2016**
leg./det. H. Manhart

**Gefährdung: RL 3 F für Niedersachsen**

**Lepiota cortinarius** J. E. Lange **1915**
**Schleier-Schirmling**

Syn.: *Lepiota cortinarius var. audreae* D. A. Reid 1968, *Lepiota dryadicola* Kühner 1983

Verbr. Im KG: sehr selten und im Harly erst einmal angefunden, weitere Verbreitung im Harly
              unklar
Ökol. im KG:   basenreicher Buchenwald
Ökol. allg.:     Haargersten-Buchenwald, Labkraut-Eichenwald, basische Böden

Unter *Fagus* im Falllaub über Kalk

Harly, Wöltingerode, Bärental (oberer Teil), 4029 Vienenburg, 4029.1/08, 08.10.**2019**
leg./det. Knut Wöldecke

**Gefährdung: RL 1 für Niedersachsen**

***Lepiota echinacea* J.E. Lange 1940**
**Dichtdorniger Stachel-Schirmling, Vielgestaltiger Igel-Schirmling, Igel-Schirmling**

Syn.: *Cystolepiota echinacea* (J.E. Lange) Knudsen 1978, *Echinoderma echinaceum*
　　　(J.E. Lange) Bon 1991

Verbr. im KG: selten, aber an geeigneten Standort bestandsstabil
Ökol. im KG:  Kalkbuchenwald , an eutrophiertem Wegesrand
Ökol. allg.:    Kalkbuchenwälder

Unter *Urtica* und *Fagus* an feuchter Bodenstelle
Harly, Vienenburg, Schacht I, Burggrund, 4029 Vienenburg, 4029.1/15,  26.10.**2019**
leg./det. H. Manhart

**Gefährdung: RL 3 für Niedersachsen**

***Lepiota echinella* Quél. & G.E. Bernard 1888**
**Spitzschuppiger Schirmling, Kleiner Borsten-Schirmling, Striegeliger Schirmling**

Syn.: *Lepiota setulosa* J. E. Lange 1935

Verbr. im KG: selten, Gefährdung unbekannten Ausmaßes
Ökol. im KG:  basenreicher Buchenwald
Ökol. allg.:    nährstoffreiche Laubwälder

Harly, Wöltingerode, oberer Teil des Bärentales, 4029 Vienenburg, 4029.1/08, 17.10.**2019**
leg./det. H. Manhart

**Gefährdung: Rl 2F, 3H für Niedersachsen**

***Lepiota felina* (Pers.) P. Karst. 1879**
**Schwarzschuppiger Schirmling**

Syn.: *Lepiota clypeolaria var. felina* (Pers.) Gillet 1874, *Lepiota felina var. lilacina* Bon 1993

Verbr. im KG: sehr selten, bislang nur einmal gefunden, Gefährdung unbekannten Ausmaßes
Ökol. im KG:  Buchenwald über Kalk, in Wegespur
Ökol. allg.:    Laub- und Nadelwälder

Unter *Fagus* in eutrophierter, alter Wegespur im Falllaub
Harly, Wöltingerode, südlich vom Mammutbaum am Berghang, 4029  Vienenburg, 4029.1/07,
09.11.**2019**
leg./det. H. Manhart

**Gefährdung: Wird nicht in RL-Niedersachsen aufgeführt**

***Lepiota forquignonii* Quél. 1885**
**Olivgrauer Schirmling**
Syn.: *Lepiota forquignonii var. olivaceobrunnea* (P. D. Orton) Bon 1993, *Lepiota oliva-*

*ceobrunnea* P. D. ORTON 1988

Verbr. im KG: selten, an geeigneten Standorten einzeln und sehr unstet fruktifizierend
Ökol. im KG:  Buchenmischwald, eutrophierter Wegrand
Ökol. allg.:    basenreiche Buchenmischwälder

Unter *Fagus* und *Fraxinus* zwischen *Urtica* am Wegrand
Harly, Vienenburg, Weg an der Nordseite parallel zur A 36, 4029 Vienenburg, 4029.1/15,
4.11.**2016**
leg./det. H. MANHART

**Gefährdung: Wird nicht in RL für Niedersachsen aufgeführt**
**Erstfund für den Harly!**

**_Lepiota ignivolvata_ BOUSSET- & JOSS. EX JOSS. 1990**
**Braunberingter Schirmling, Beschuhter Schirmling, Feuerfüßiger Schirmling,**
**Rotknolliger Schirmling**

Syn.:

Verbr. im KG.: zerstreut, in manchen Jahren ortshäufig, Gefährdung unbekannten Ausmaßes
Ökol. im KG:  Laubmischwald
Ökol. allg.:    krautreiche Laubmischwälder

Zwischen *Hedera helix* (Efeu) unter *Fagus, Quercus* und *Fraxinus*
Harly, Vienenburg, Schacht I, Burgtal, 4029 Vienenburg, 4029.1/15, 10.10.**2003**
leg./det. H. MANHART

**Gefährdung: RL 2F für Niedersachsen 1995, in 2014 RL 0F, 2H**

**_Lepiota jacobi_ VELLINGA & KNUDSEN 1992**
**Langes Igel-Schirmling, Langes Stachelschirmling**

Syn.: *Cystolepiota eriophora* (PECK) KNUDSEN 1978, *Echinoderma eriophorum* (PECK) BON
       1991, *Echinoderma jacobi* (VELLINGA & KNUDSEN) GMINDER 2003, *Lepiota eriophora* PECK
       1903, *Lepiota langei* KNUDSEN 1981

Verbr. im KG: sehr zerstreut, aber standorttreu, kleinhütige Art wird wohl oft übersehen
Ökol. im KG:  Laubmischwälder, auf feuchtem, humosem und tonigem Boden, versteckt sich
               gern als kleinhütige Art unter der Begleitflora und kann im Gelände leicht
               übersehen werden
Ökol. allg.:    Laubmischwälder, ruderale Wegränder

Am Wegrand auf tonigem Boden zwischen *Urtica*
Harly, Wöltingerode, Bärental, 4029 Vienenburg, 4029.1/08, 13.07.**1993**
leg./det. H. MANHART

**Gefährdung: RL 3F für Niedersachsen 1995, in 2014 nicht aufgeführt**

**_Lepiota pseudolilacea_ HUIJSMAN 1947**
**Manschetten-Schirmling, Falscher Lila-Schirmling, Violettbrauner Manschetten-**
**Schirmling**
Syn.: *Lepiota pseudohelveola* KÜHNER EX HORA 1960, *Lepiota pseudohelveola var. sabulosa*

Verbr. im KG: selten und bisher im Harly nur einmal gefunden, Gefährdung unbekannten
Ausmaßes
Ökol. im KG:  basenreicher Buchenmischwald
Ökol. allg.:    Kalkbuchenwälder

Zwischen *Urtica* am Wegrand über Falllaub
Harly, Vienenburg, Schacht I, Weg an der Nordseite parallel zur A 36, 4029 Vienenburg,
4029.1/15, 01.11.**2020**
leg./det. HANS MANHART

Unter *Fagus* zwischen *Urtica* und Kräutern am Wegrand
Harly, Unter dem Harly, Weg an der Nordseite parallel zur A 36, 4029 Vienenburg, 4029.1/15,
4.11.**2016**
leg./det. H. MANHART

**Gefährdung: Wird nicht in RL für Niedersachsen aufgeführt**

**Lepiota spec.**

Unter *Fagus, Acer* und *Quercus* am Wegrand über Schwarzerde
Stiel nach Berührung bräunend, Geruch nach Anschnitt pilzig-banal
Harly, Nordseite, 4029 Vienenburg, 4029.1/15, 10.11.**2019**
leg. H. MANHART

**_Lepista flaccida_ (SOWERBY) PAT. 1887**
**Fuchsiger Rötelritterling, Fuchsiger Trichterling**

Syn.: *Clitocybe inversa* (SCOP.) QUÉL. 1872, *Clitocybe subinversa* MURRILL 1913, *Lepista
flaccida var. lobata* (SOWERBY) ROMAGN. & BON 1987, *Lepista inversa* (SCOP.) PAT. 1887,
*Paralepista flaccida* (SOWERBY) VIZZINI 2012

Verbr. im KG: früher verbreitet, in machen Jahren ausbleibend, in letzter Zeit rückläufig
Ökol. im KG:  im Laubmischwald
Ökol. allg.:    im Laubmischwald

Im Falllaub an Wegeböschung
Harly, Vienenburg, Schacht I, Unter dem Harly, 4029 Vienenburg, 4029.1/15, 28.12.**2006**
leg./det. H. MANHART

**_Lepista irina_  (FR.) BIGELOW 1959**
**Veilchen-Rötelritterling**

Syn.: *Clitocybe irina* (FR.) H.E. BIGELOW & A.H. SM. 1969, *Rhodopaxillus irinus* (FR.) MÉTROD
1942, *Tricholoma cyclophilum* (LASCH) SACC. & TROTTER 1912, *Tricholoma irinum* (FR.)
P. KUMM. 1871

Verbr. im KG: zerstreut und nicht in jedem Jahr
Ökol. im KG:  Laubmischwald
Ökol. allg.:    kalkreiche Laubmischwälder

Unter *Betula* und *Acer* am Wegrand
Harly, Vienenburg, Schacht I, Unter dem Harly, 4029 Vienenburg, 4029.1/15, 23.10.**2002**
leg./det. H. MANHART

**Gefährdung: RL 3F für Niedersachsen**

***Leratiomyces ceres*** (COOKE & MASSEE) SPOONER & BRIDGE 2008
**Orangeroter Träuschling**

Syn.: *Stropharia aurantiaca* (COOKE) S. IMAI 1938 *ss. auct.*

Verbr. im KG: selten, nur sehr sporadisch fruktifizierend, schönfarbige und unverwechselbare Art
Ökol. im KG:  unter *Salix* zwischen Flussgeröllen im Uferbereich der Oker
Ökol. allg.:   auf Mulchflächen, kleinen Holzstückchen und Sägespänen, in Gärten, Parks
              und Wäldern

Über angeschwemmten Flussgeröllen unter *Salix* und *Fallopia japonica*
Okeraue, unterhalb vom Zusammenfluss Radau und Oker, Harly, Vienenburg,
4029 Vienenburg, 4029.1/15, 2.11.**2018**
leg./det. HANS MANHART

***Leucocoprinus badhamii*** (BERK. & BROOME) LOCQ. 1943
**Anlaufender Egerlings-Schirmling, Badhams Egerlings-Schirmling**

Syn.: *Leucoagaricus badhamii* (BERK. & BROOME) SINGER 1951, *Leucocoprinus meleagroides*
      HUIJSMAN 1951

Verbr. im KG: sehr selten, im Harly sind derzeit nur drei Fundstellen bekannt. Die Art ist sehr
              unstet, Gefährdung unbekannten Ausmaßes
Ökol. im KG:  Laubmischwald über Ton und Rogenstein
Ökol. allg.:   basenreiche Laubmischwälder, Gewächshäuser

Unter *Fraxinus* zwischen *Urtica*
Harly, Vienenburg, Schacht I, Unter dem Harly, 4029 Vienenburg, 4029.1/15, 10.11.**2019**
leg./det. H. MANHART

Unter *Aesculus* und *Corylus* im Falllaub am Böschungshang ehem. Bahntrasse
Harly, Vienenburg, Schacht I, 4029 Vienenburg, 4029.1/15, 26. und 28.10.**2009**
leg./det. H. MANHART   **2 Tafeln**

**Gefährdung: RL 4 für Niedersachsen, Wiederfund im Harly (Erstfund im Harly:**
**16.09.89 durch Kl. & Kn. Wöldecke), in 2014 nicht aufgeführt**

***Leucopaxillus rhodoleucus*** (ROMELL) KÜHNER 1926
**Rosablättriger Krempentrichterling, Lachsblättriger Krempentrichterling**

Syn.: *Lepista rhodoleuca* (ROMELL) MAIRE 1924, *Clitocybe rhodoleuca* (ROMELL) SACC. 1895,
      *Leucopaxillus rhodoleucus* (ROMELL) KÜHNER 1926, *Agaricus rhodoleucus* ROMELL 1895

Verbr. im KG: selten, im Gelände problemlos makroskopisch ansprechbar, Gefährdung
              unbekannten Ausmaßes
Ökol. im KG:  unter *Robinia*
Ökol. allg.:   in Laub- und Nadelwäldern, nitrophile Stellen, lichte Waldsäume

Unter *Robinia* im Falllaub
Harly, Vienenburg, Schacht I, Okerufer, 4029 Vienenburg, 4029.1/13, 27.10.**2016** und
20.11.**2016** (Hexenring mit mehreren Fkk. bildend)
leg./det. H. MANHART   **2 Tafeln**

**Gefährdung: RL 4 für Niedersachsen, Erstfund für den Harly**

***Limacella guttata*** **(PERS.) KONRAD & MAUBL. 1948**
**Getropfter Schleimschirmling**

Syn.: *Agaricus guttatus* PERS. 1793, *Amanita megalodactyla* (BERK. & BROOME) SACC. 1885,
    *Lepiota guttata* (PERS.: FR.) QUÉL. 1877, *Limacella lenticularis* (LASCH) MAIRE 1926

Verbr. im KG: selten und nur in manchen Jahren in größeren zeitlichen Abständen zu finden
Ökol. im KG:  Laubmischwald, auf frischen, leicht kalkhaltigen Böden
Ökol. allg.:    humus- und kalkreiche Laubmischwälder

Unter *Fraxinus* neben Wegrand zwischen *Urtica dioica*
Harly, Vienenburg, Harlyburg, Weg vom Burggrund zur Harlyburg (Nordseite), 4029 Vienenburg, 4029.1/15, 30.10.**2009**
leg./det. H. MANHART   **2 Tafeln**

**Gefährdung: RL 2F für Niedersachsen**

***Lycoperdon echinatum*** **PERS. 1801**
**Igel-Stäubling**

Syn.: *Lycoperdon constellatum* FR. 1817

Verbr. Im KG: zerstreut und in den letzten Jahren selten geworden, Gefährdung unbekannten
            Ausmaßes
Ökol. im KG:  Laubmischwälder, bevorzugt in der Laubstreu von *Fagus*
Ökol. allg.:    kalkreiche Laubmischwälder

Unter *Fagus* im Falllaub
Kalkbuchenwald unterhalb des Kammweges zum Harlyturm
Harly, Wöltingerode, 4029 Vienenburg, 4029.1/08, 28.10.**1999**
leg./det. H. MANHART

**Gefährdung: RL 2F für Niedersachsen**

***Lycoperdon mammiforme*** **PERS. 1801**
**Flocken-Stäubling**

Syn.: *Lycoperdon laxum* BONORD. 1857

Verbr. im KG: sehr selten, nur einmal gefunden, Gefährdung unbekannten Ausmaßes
Ökol. im KG:  auf Braunerde an Hohlwegrand unter Buchenwald
Ökol. allg.:    kalkreiche Laubmischwälder

Unter *Carpinus betulus*, *Quercus* und *Fagus* über lehmiger Hangböschung
Harly, Vienenburg, Schacht II, Südseite, 4029 Vienenburg, 4029.1/14, 30.06.**2012**
leg./det. H.MANHART

**Gefährdung: RL 2F, 3H für Niedersachsen 1995, in 2014 RL 0F, 2H**

*Lyophyllum decastes* (Fr.) Singer **1951**
**Brauner Büschelrasling**

Syn.: *Clitocybe coffeata* (Fr.) Quél. 1872, *Clitocybe hortensis* (Pers.) Gillet 1874, *Lyophyllum aggregatum* (Schaeff.) Kühner 1938, *Lyophyllum conglobatum* (Vittad.) M.M. Moser 1995

Verbr. im KG: zerstreut und nicht in jedem Jahr
Ökol. im KG:  auf nährstoffreicher Wiese
Ökol. allg.:    Parks, offene Wiesenbereiche, innerhalb und außerhalb von Laub- und
               Nadelwäldern, Wegeränder, alte Holzlagerplätze

In nährstoffreicher Wiese am Ostteil des Vienenburger Sees
4029 Vienenburg, 4029.1/14, 16.10.**2022**
leg./det. H. Manhart

*Lyophyllum rancidum* (Fr.) Singer **1943**
**Wurzel-Graublatt, Wurzelndes Graublatt**

Syn.: *Collybia rancida* (Fr.) Quél. 1872, *Tephrocybe rancida* (Fr.) Donk 1962

Verbr. im KG: zerstreut
Ökol. im KG:  unter Buche im Falllaub über Kalk
Ökol. allg.:    im Laub- und Nadelwald

Unter *Fagus* im Falllaub
Harly, Vienenburg, Weg an der Nordseite parallel zur A 36, 4029 Vienenburg, 4029.1/15,
04.11.**2016**
leg./det. H. Manhart

**Gefährdung: RL 3F für Niedersachsen**

*Macrocystidia cucumis* (Pers.) Joss. **1934**
**Gurken-Schnitzling**

Syn.: *Collybia mimica* (W.G. Sm.) Sacc. 1887, *Galeromycena mirabilis* Velen. 1947,
       *Macrocystis cucumis* (Pers.: Fr.) R. Heim 1931, *Nolanea nigripes* (Trog) Gillet 1887,
       *Nolanea pisciodora* (Ces.) Gillet 1876

Verbr. im KG: verbreitet, aber nur in wenigen Exemplaren, ungefährdet
Ökol. im KG:  Buchenwälder, Laubmischwälder, Eichen-Hainbuchenwälder
Ökol. allg.:    stark ruderalisierte Stellen inner- und außerhalb von Wäldern, Holzlagerplätze

An lehmiger Wegeböschung zwischen *Urtica dioica* und Kräutern im Moos
Harly, Wöltingerode, Bärental, 4029 Vienenburg, 4029.1/13N, 08.08.**2000**
leg./det. H. Manhart

*Macrolepiota mastoidea* (Fr.) Singer **1951**
**Zitzen-Riesenschirmling, Zitzen-Schirmling**

Syn.: *Lepiota gracilenta* (Krombh.) Quél. 1872 *ss.* Ricken, *Lepiota mastoidea* (Fr.) P. Kumm.
       1871, *Lepiota rickenii* Velen. 1939, *Lepiota umbonata* J. Schröt. 1889, *Leucocoprinus
       mastoideus* (Fr.) Singer 1939, *Macrolepiota gracilenta* (Krombh.) S. Wasser 1978,
       *Macrolepiota mastoidea var. coccineobasalis* (Locq.) Bon 1981, *Macrolepiota*

*mastoidea var. rickenii* (VELEN.) GMINDER 2003, *Macrolepiota rickenii* (VELEN.) BELLÚ & LANZONI 1987

Verbr. im  KG: selten und im Harly sehr verstreut
Ökol. im KG:   unter Eiche und Hainbuche an lichter Wegrandstelle
Ökol. allg.:    lichte Buchen- und Laubmischwälder, basenreiche Böden

Unter *Quercus* und *Carpinus* über Kalk
Harly, Wöltingerode, Südrand, 4029 Vienenburg, 4029.1/07, 09.06.**2019**
leg./det. H. MANHART

## *Marasmius epiphylloides* (REA) SACC. & TROTTER 1925
**Efeu-Schwindling**

Syn.: *Androsaceus epiphylloides* REA 1911, *Androsaceus hederae* KÜHNER 1927

Verbr. im KG: sehr selten und trotz größerer Efeubestände, die im Harly zum Teil flächen-
                 bedeckende Bestände bilden, in den letzten Jahren nicht mehr gefunden,
                 Gefährdung unbekannten Ausmaßes
Ökol. im KG:  an alten Blättern von *Hedera helix* über Kalk
Ökol. allg.:    an alten Blättern von *Hedera helix*, Gärten, Parks, Friedhöfe

Auf alten braunen Blättern von *Hedera helix* (Efeu)
Harly, Wöltingerode, SW-Aufstieg zum Harly-Turm, 4029 Vienenburg, 4029.1/08, 24.01.**2009**
leg./det. H. MANHART

**Gefährdung: RL 4 für Niedersachsen 1995, in 2014 RL 3**

## *Melampsora salicina agg.* (Sammelart)
**Weidenrost**

Syn.:

Verbr. im KG: verbreitet, aber nur in manchen Jahren
Ökol. im KG:  an Blättern von *Salix*
Ökol. allg.:    diverse Blütenpflanzen und *Salix* (Wirtwechsel)

An Blättern und Stielen von *Salix spec.*
Harly, Okeraue, 4029 Vienenburg, 4029.1/15, 07.06.**2009**
leg./det. H. MANHART

## *Melanogaster broomeanus* BERK. 1843
**Gelbbraune Schleimtrüffel**

Syn.: *Melanogaster variegatus var. broomeanus* TUL. & C. TUL. 1851

Verbr. im KG: selten, über Verbreitung und Gefährdung gibt es keine weiteren Erkenntnisse
Ökol. im KG:  unter *Carpinus*
Ökol. allg.:    hypogäisch, in der Humusschicht schattiger Wälder

Unter *Carpinus*, hypogäisch
Harly, Beuchte, Steinbruch, 4029 Vienenburg, 4029.1/07N, 16.07.**2009**
leg. MARION HÖFERT, det. KN. WÖLDECKE, Zusendung MARION HÖFERT

**Gefährdung: Erstfund für Niedersachsen!**
**Wird nicht in RL für Niedersachsen aufgeführt.**

***Melanophyllum eyrei*** (MASSEE) SINGER **1951**
**Grünblättriger Zwerg-Schirmling, Grünblättriger Buntkörnchen-Schirmling**

Syn.: *Chlorospora eyrei* (MASSEE) MASSEE 1898, *Cystoderma eyrei* (MASSEE) SINGER 1943,
       *Lepiota eyrei* (MASSEE) J. E. LANGE 1935, *Schulzeria eyrei* MASSEE 1893

Verbr. im KG: sehr selten, Einzelfund, jedoch mit über 50 Fkk.an drei Stellen!
              In über 30 Jahren Begehung wurde die schönlamellenfarbene Art bislang nur
              2019 im Harly gefunden; trotz damaligen "Massenaufkommens" ist sie extrem
              selten
Ökol. im KG:  eutrophierter Wegerand mit *Urtica* und *Sambucus nigra*, unter Buche über
              Sandstein
Ökol. allg.:  Laubmischwälder, schattige und basenreiche Böden

Zwischen *Urtica* und *Sambucus nigra* zwischen diversen *Lepioten* und *Cystolepioten* an
schattig-feuchter Stelle,
Harly, Wöltingerode, oberer Teil des Bärentales, 4029 Vienenburg, 4029.1/08, 08.10.**2019**
leg./det. H. MANHART

Harly, Wöltingerode, unterer Teil des Bärentales, 4029 Vienenburg, 4029.1/12, 17.10.**2019**
leg./det. H. MANHART

**Gefährdung: Erstfund für den Harly!**
**RL 1 für Niedersachsen**
**RL1 für Deutschland**

***Melanophyllum haematospermum*** (BULL.) KREISEL **1984**
**Blutblättriger Körnchenschirmpilz, Blutblättriger Bunt-Körnchenschirmling**

Syn.: *Cystoderma echinatum* (ROTH: FR.) SINGER 1936, *Lepiota echinata* (ROTH: FR.) QUÉL.
       1880, *Lepiota haematosperma* (BULL.: FR.) QUÉL. 1886, *Melanophyllum canali* VELEN.
       1921, *Melanophyllum echinatum* (ROTH: FR.) SINGER 1951

Verbr. im KG: zerstreut, aber ungefährdet
Ökol. im KG:  schattige, frische Wegränder, Buchenwald
Ökol. allg.:  Laubmischwälder, an Holzstückchen

Unter *Fagus* im Falllaub am Wegrand
Harly, Vienenburg, Schacht I, Harlyburg, Weg nördlich der Harlyburg, 4029 Vienenburg,
4029.1/15, 18.10.**2009**
leg./det. H. MANHART

***Melogramma campylosporum*** FR. **1849**
**Bulliards Krustenscheibchen, Mondsichelsporiges Krustenscheibchen**

Syn.: *Diatrype lateritia* ELLIS 1882, *Hypoxylon melogrammum* (BULL.) J. KICKX F. 1841,
       *Melogramma bulliardii* TUL. & C. TUL. 1863, *Melogramma fusisporum* FR. 1849,
       *Melogramma vagans* DE NOT. 1855, *Sphaeria melogramma* (BULL.) PERS. 1823,
       *Variolaria melogramma* BULL. 1791

Verbr. im KG: zerstreut
Ökol. im KG:  an berindetem Ast von Hasel
Ökol. allg.:    an Hainbuche, Hasel und Birke

Auf *Corylus*, berindeter Ast
Harly, Schacht I, Vienenburg, Burggrund, 4029 Vienenburg, 4029.1/15, 14.02.**2019**
leg./det. H. Manhart

## *Meottomyces dissimulans* (Berk. & Broome) Vizzini 2008
## Pappelblatt-Schüppling, Winter-Schüppling, Pappel-Winterschüppling

Syn.: *Dryophila oedipus* (Cooke) Kühner 1957, *Dryophila sordida* Kühner 1953, *Galerina
oedipus* (Cooke) Clémençon 1986, *Hemipholiota oedipus* (Cooke) Bon 1986,
*Hypholoma oedipus* (Cooke) Sacc. 1887, *Phaeogalera dissimulans* (Berk. & Broome)
Holec 2003, *Phaeogalera oedipus* (Cooke) Romagn. 1980, *Pholiota oedipus* (Cooke)
P.D. Orton 1960, *Psathyrella oedipus* (Cooke) Konrad & Maubl. 1949

Verbr. im KG: selten, nur wenige Fundpunkte
Ökol. im KG:  an Blättern von Buche (!)
Ökol. allg.:    an Blättern und Holzstückchen von *Populus*, selten an anderen Laubholzarten,
                ruderale Stellen, Wegränder und feuchte Waldbereiche

Auf liegenden Vorjahresblättern von *Fagus* (!) am Wegrand
Harly, Nordseite, Weg von Lengder Lichtung zum Harlyturm, 4029 Vienenburg, 4029.1/06,
11.05.**2014**
leg./det. H. Manhart

**Gefährdung: RL 3 für Niedersachsen**

## *Morchella esculenta* (L.) Pers. 1797
## Speisemorchel, Runde Speisemorchel

Syn. : *Morchella esculenta var. alba* Boud. 1821, *Morchella esculenta var. rotunda* (Pers.)
Sacc. 1889, *Morchella rotunda* (Pers.) Boud. 1895, *Morchella rotunda var. cinerea*
Boud. 1897

Verbr. im KG: verbreitet, in manchen Jahren ausbleibend oder nur in Einzel-Exx. fruktifizierend
Ökol. im KG:  Eschenmischwälder, in  moosigen, schattig-feuchten Bereichen
Ökol. allg.:    Feuchte Laubwälder mit Eschen, gern über Kalk und lehmhaltigen Böden,
                auf Wiesen und Waldrändern mit Eschen, auf Obstwiesen stets bei Eschen
                oder Obstbäumen

Unter *Fraxinus* und neben *Crataegus* zwischen Gräsern und Moos
Harly, Nordseite, 4029 Vienenburg, 4029.1/09, 12.04.**2014**
leg./det. H. Manhart
**Die Tafel zeigt *Morchella esculenta* zusammen mit der *Verpa digitalis* Pers.: Fr. = *Verpa conica* (Timm: Fr.) Pers., Fingerhut-Verpel, Glocken-Verpel.**
Die Verpel ist ein seltener Morchelbegleiter, gern bei *Crataegus monogyna* (Eingriffeliger
Weißdorn) und *Fraxinus*

Unter *Fraxinus* über Kalk
Harly, Wöltingerode, Kammweg, 4029 Vienenburg, 4029.1/07, 25.04.**1999**
leg./det. H. Manhart

**Gefährdung: RL 4F in Niedersachsen 1995, für 2014 RL 2F, 3H**

**Morchella semilibera DC. 1805**
**Halbfreie Morchel, Käppchen-Morchel**

Syn.: *Mitrophora gigas* (Batsch: Fr.) Lév. 1846, *Mitrophora hybrida* Boud.1897, *Mitrophora rimosipes* (DC.) Lév. 1846, *Mitrophora semilibera* (DC: Fr.) Lév. 1846, *Morchella gigas* (Batsch: Fr.) Pers. 1801, *Morchella hybrida* Pers. 1801, *Morchella rimosipes* DC. 1805

Verbr. im KG: früher verbreitet, seit Jahren im Gebiet jedoch erkennbar rückläufig
Ökol. im KG:  Eschenmischwälder, in moosigen, schattig-feuchten Bereichen, in feuchten
                   Laub-Mischwäldern, gern auf basischen Böden
Ökol. allg.:    wie im KG

Zwischen Gräsern unter *Fraxinus* über Kalk
Harly, Nordseite bei Lengde, 4029 Vienenburg, 4029.1/07, 02.05.**2021**

Unter *Fraxinus* zwischen Moosen und Gräsern über Kalk
Harly, Nordhang, 4029 Vienenburg, 4029.1/09, 07.05.**2019**
leg./det. H. Manhart

Unter Laubbäumen (*Fraxinus, Acer, Fagus*) zwischen Gräsern und Moos
Harly, Nordseite, 4029 Vienenburg, 4029.1/15, 11.04.**2017**
leg./det. H. Manhart

**Gefährdung: RL 3F für Niedersachsen**

**Mutinus caninus (Huds.) Fr. 1849**
**Gewöhnliche Hundsrute**

Syn.: *Phallus caninus* Huds. 1778, *Phallus inodorus* Sowerby 1801

Verbr. im KG: zerstreut
Ökol. im KG:  an Wegrändern und im Falllaub von Laubmischwäldern
Ökol. allg.:    in humus- und streureichen Laub- und Nadelwäldern

Unter *Quercus* zwischen Falllaub
Harly, Wöltingerode, Südseite, 4029 Vienenburg, 4029.1/12, 28.05.**2002**
leg./det. H. Manhart

**Mycena acicula (Schaeff.) P. Kumm. 1871**
**Orangeroter Helmling**

Syn.: *Trogia acicula* (Schaeff.: Fr.) Corner 1966

Verbr. im KG: selten
Ökol. im KG:  schattiger Buchenwald über Kalk
Ökol. allg.:    ruderale und stickstoffreiche Wegränder, auf Erde und an Detritus

An zersetzten Blattresten von *Fagus* im Falllaub unter *Fagus* und *Fraxinus* über Kalk
Harly, Nordseite, 4029 Vienenburg, 4029.1/15, 10.05.**2017**
leg./det. H. Manhart

Am Wegrand zwischen *Allium ursinum*
Harly, Vienenburg, Schacht I, Osthang Burggrund, 4029 Vienenburg, 4029.1/15, 26.05.**2002**
leg./det. H. Manhart
**Fkk. sind auf einer Tafel abgebildet**

In krautüberwachsener Reifenspur (Feuchtstelle) eines Weges
Harly, Weddingen, Westrand, 4029 Vienenburg, 4029.1/06, 16.07.**1999**

***Mycena crocata*** (Schrad.) P. Kumm. 1871
**Gelbmilchender Helmling**


Syn.:

Verbr. im KG: häufig
Ökol. im KG:  an Totholzstückchen im basenreichen Buchenwald
Ökol. allg.:    Laubmischwälder über Kalk, besonders basenreiche Buchenwälder, an Totholz


Auf bemoostem Totholzast von *Fagus*
Harly, Wöltingerode, östl. Paralleltal zum Bärental, 4029 Vienenburg, 4029.1/13N,
25.10.**2000**
leg./det. H. Manhart


**Gefährdung: RL 3F für Niedersachsen**

***Mycena pura*** (Pers.) P. Kumm. 1871
**Gemeiner Rettich-Helmling**

Syn.: *Mycena pseudopura* (Cooke) Sacc. 1887, *Mycena pura f. purpurea* (Gillet) Maas Geest.
        1989, *Mycena pura f. roseoviolacea* (Gillet) Maas Geest. 1989, *Poromycena pseudo-
        pura* (Cooke) Singer 1945


Verbr. im KG: verbreitet, aber in den letzten Jahren leicht rückläufig
Ökol. im KG:  Eichen-Hainbuchen- und Buchenwald
Ökol. allg.:    Laub- und Nadelwälder


Unter *Quercus* und *Carpinus* am Wegrand
Harly, Vienenburg, Schacht I, 4029 Vienenburg, 4029.1/15, 03.11.**2001**
leg./det. H. Manhart


***Mycena rosea*** (Bull.) Gramberg 1912
**Rosafarbener Rettich-Helmling, Rosa Rettich-Helmling**


Syn.: *Mycena pura var. rosea* (Gramberg) J.E. Lange 1938, *Prunulus roseus* (Bull.) Gramberg
        1876


Verbr. im KG: verbreitet und in den letzten Jahren leicht zunehmend
Ökol. im KG:  Eichen-Hainbuchenwald
Ökol. allg.:    Buchen- und Laubmischwälder


Auf Blattmulm unter *Quercus* und *Carpinus*
Harly, Vienenburg, Schacht I, Südhang, 4029 Vienenburg, 4029.1/15, 03.11.**2001**
leg./det. H. Manhart


***Mycena tintinnabulum*** (Batsch) Quél. 1872
**Winter-Helmling, Kleinsporiger Winter-Helmling**


Syn.:

Verbr. im KG: zerstreut, aber in milden und regenreichen Wintermonaten anfindbar,
            ungefährdet
Ökol. im KG:  an Totholz von Eiche und Buche
Ökol. allg.:    Buchen- und Buchenmischwälder


An Totholzstamm von *Quercus*
Harly, Weddingen, Mittelweg, 4029 Vienenburg, 4029.1/06, 30.01.**2000**
leg./det. H. Manhart


### *Ombrophila pura* (Pers.) Baral 1985
**Gemeiner Buchenkreisling, Blassroter Gallertbecher, Blassroter Buchen-Gallertbecher**

Syn.: *Ascocoryne microspora* (Ellis & Everh.) Korf 1971, *Bulgaria pura* (Pers.) Fr. 1822,
      *Coryne foliacea* Bres. 1905, *Neobulgaria foliacea* (Bres.) Dennis 1956, *Neobulgaria*
      *pura* (Pers.) Petr. 1921, *Neobulgaria pura var. foliacea* (Bres.) Dennis & Gamundí 1969


Verbr. im KG: zerstreut und im Harly nicht häufig zu finden
Ökol. im KG:  auf morschem, liegendem Buchenholz, auf Buchenstubben
Ökol. allg.:    an morschem Laubtotholz, vorwiegend Buche


Auf Stubben von *Fagus* zwischen Moos
Harly, Wöltingerode, 4029 Vienenburg, 4029.1/13, 25.10.**2018**
leg./det. H. Manhart


Auf Totholz von *Fagus*
Harly, Wöltingerode, Schacht III, Talweg, 4029 Vienenburg, 4029.1/07S, 24.11.**1999**
leg./det. H. Manhart


### *Otidea bufonia* (Pers.) Boud. 1907
**Kröten-Öhrling**

Syn.: *Otidea grandis* (Pers.) Rehm 1893 *nom. dub.*, *Otidea umbrina* (Pers.) Bres. 1898


Verbr. im KG: selten, in den letzten Jahren ausgeblieben, Gefährdung unbekannten Ausmaßes
Ökol. im KG:  Buchenwald über tonigem Boden mit Rogenstein
Ökol. allg.:    Laubwälder auf basenreichen Böden


Unter *Fagus* im Falllaub
Harly, Vienenburg, Am Kammweg oberhalb vom ehem. Schacht III, 4029 Vienenburg,
4029.1/07, 27.10.**2001**
leg./det. H. Manhart


Unter *Fagus* über Rogenstein
Harly, Vienenburg, Schacht II, 4029 Vienenburg, 4029.1/14N, 19.07.**1993**
leg./det. H. Manhart


### *Otidea cochleata* (L.) Fuck. 1870
**Schnecken-Öhrling, Umbrabrauner Öhrling**

Syn.:

Verbr. im KG: selten und seit Jahren im Harly nicht mehr anfindbar, Gefährdung unbekannten
            Ausmaßes

Ökol. im KG:  unter *Carpinus* auf lehmig-tonigem Boden
Ökol. allg.:    Auwälder, Wegränder unter Pappeln, basenreiche und humose Böden

Unter *Carpinus* auf lehmig-tonigem Boden
Harly, Schacht I, Vienenburg, Okerprallhang am Weg neben dem alten Gleisbett,
4029 Vienenburg, 4029.1/14, 24.08.**2017**
leg./det. H. Manhart

*Otidea onotica* (Pers. ) Fuckel **1870**
**Eselsohr**

Syn.:

Verbr. im KG: zerstreut, mit erkennbarer Rückgangstendenz
Ökol. im KG:  auf kalkreichen, frischen Böden im Buchenwald
Ökol. allg.:    Laubmischwälder, auf lehmigen Kalkverwitterungsböden, in der Streu
                     basenreicher Buchenwälder

Unter *Fagus* auf tonigem Boden
Harly, Wöltingerode, Bärental, nördl. Kräuter-August-Höhle, 4029 Vienenburg, 4029.1/08S,
17.07.**1993**
leg./det. H. Manhart

**Gefährdung: RL 3 für Niedersachsen**

*Panaeolus cinctulus* (Bolton) Sacc. **1887**
**Dunkelrandiger Düngerling**

Syn.: *Panaeolus alveolatus* Peck 1902, *Panaeolus rufus* Overh. 1916, *Panaeolus semi
       globatus* (Murrill) Sacc. & Trotter 1925, *Panaeolus subbalteatus* (Berk. & Broome)
       Sacc. 1887, *Panaeolus venenosus* Murrill 1916

Verbr. im KG: selten, im Harly Gefährdung unbekannten Ausmaßes
Ökol. im KG:  auf an Wiese jahrelang gelagerten, alten Heuballen
Ökol. allg.:    an stark gedüngten Stellen, alten Misthaufen oder verrottenden Heuballen

Auf feuchten, nicht abgedeckten Heuballen
Harly, Vienenburg, oberhalb des Burgtales am nördlichen Waldrand am Feld, 4029 Vienenburg, 4029.1/15N, 08.11.**2015**
leg./det. H. Manhart    **2 Tafeln**

*Panaeolus foenisecii* (Pers.) J.Schröt. **1926**
**Heu-Düngerling**

Syn.: *Drosophila foenisecii* (Pers. & Fr.) Quél. 1886, *Panaeolina foenisecii* (Pers.: Fr.)
       Maire 1933, *Psathyrella foenisecii* (Pers.: Fr.) A. H. Sm. 1972, *Psilocybe foenisecii*
       (Pers.: Fr.) Quél. 1872

Verbr. im KG: zerstreut aber ungefährdet, nach Regengüssen in fast  jeder Wiese  zu finden
Ökol. im KG:  grasiger Wegrand
Ökol. allg.:    kultivierte Wiesen- und Rasenflächen, grasige Wegränder, Parks, Gärten,
                     Grünanlagen

Zwischen Gräsern am Wegrand
Harly, Vienenburg, Schacht I, 4029 Vienenburg, 4029.1/15, 22.10.**2018**
leg./det. H, MANHART

**Panaeolus papilionaceus** (BULL.) QUÉL. **1872**
**Behangener Düngerling, Glocken-Düngerling**

Syn.: *Panaeolus campanulatus* (L.) QUÉL. 1872, *Panaeolus niveus* VELEN. 1921,
    *Panaeolus retirugis var. elongatus* PECK 1897, *Panaeolus sphinctrinus* (FR.)
    QUÉL. 1872, *Panaeolus sphinctrinus var. minor* (FR.) SINGER 1960

Verbr. im KG: selten, im Harly Gefährdung unbekannten Ausmaßes
Ökol. im KG:  an Pferdedung
Ökol. allg.:    Dung von Pflanzenfressern (vor allem *Equus*), alte Misthaufen und
                dungbelastete Stellen

Unter *Aesculus* zwischen Gräsern auf Exkrementen von *Equus*
Klostergut Wöltingerode, Wöltingerode, 4029 Vienenburg, 4029.1/13, 09.05.**2004**
leg./det. H. MANHART

**Panus torulosus** (PERS.) FR. **1838**
**Laubholz-Knäueling, Buchen-Knäueling, Birken-Knäueling**

Syn.: *Lentinus conchatus* (BULL.) J. SCHRÖT. 1856, *Lentinus torulosus* (PERS.: FR.) LLOYD 1913,
    *Panus carneotomentosus* BATSCH 1856, *Panus conchatus* (BULL.: FR.) FR. 1838

Verbr. im KG: zerstreut aber ungefährdet
Ökol. im KG:  an Stubben von Buche
Ökol. allg.:    an Stubben von Buche und Birke

Auf vermoostem Stubben von *Fagus* über Kalk
Harly, Schacht I, Vienenburg, oberhalb (nördlich) des Burgtales, 4029 Vienenburg,
4029.1/15, 25.05.**2020**
leg./det. H. MANHART

**Paragalactinia succosa** (BERK.) VAN VOOREN **2020**
**Gelbmilchender Becherling**

Syn.: *Galactinia succosa* (BERK.) SACC. 1889, *Peziza succosa* BERK. 1841

Verbr. im KG: zerstreut und stark rückläufig, im Harly Gefährdung unbekannten Ausmaßes
Ökol. im KG:  auf nackter Erde am Wegrand mit Bauschuttanteilen
Ökol. allg.:    an Wegrändern, Böschungen und gestörten Stellen in Laubwäldern, auf
                lehmigen und basenreichen Böden

Am Wegrand auf Schwarzerde, durchsetzt mit lehmigen und tonigen Anteilen und Bau-
schuttresten
Harly, Wöltingerode, Bärental, nördl. Kräuter-August-Höhle, 4029 Vienenburg, 4029.1/08S,
13.07.**1993**
und 4029.1/08, 26.08.**1999**
leg./det. H. MANHART   **2 Tafeln**

Auf lehmig-toniger Erde am Wegrand

Harly, Wöltingerode, Südseite, 4029 Vienenburg, 4029.1/07, 24.06.**2007**
leg./det. H. Manhart

**Gefährdung: RL 3F in Niedersachsen**

*Parasola conopilea* (Fr.) Örstadius & E. Larss. 2008
**Steifstieliger Mürbling, Lederbrauner Faserling, Huthaarfaserling**

Syn.: *Drosophila subatrata* (Batsch) Quél. 1886, *Psathyra conopilea* (Fr.) P. Kumm. 1871,
*Psathyra conopilea var. superba* (Cooke) Massee 1892, *Psathyra elata* Massee 1892,
*Psathyrella arata* (Berk.) W.G. Sm. 1887, *Psathyrella circellatipes* Benoist 1899,
*Psathyrella conopilea* (Fr.) A. Pearson & Dennis 1948, *Psathyrella subatrata* (Batsch)
Gillet 1878

Verbr. im KG: häufig und meist truppartig wachsend bis spät ins Jahr, ungefährdet
Ökol. im KG:  an kleinen Holzstückchen unter *Populus*, an Ruderalstellen, Wald- und
              Wiesensäumen, im Buchenwald im Falllaub am Wegesrand, in Gärten und Parks
Ökol. allg.:  auf Erde und an Holz, in verschiedenen Laubmischwäldern, gern auf
              basenreichen Böden

An kleinen Holzstückchen von *Populus*
Harly, Schacht I, Vienenburg, Okeraue, 4029 Vienenburg, 4029.1/15, 08.11.**2017**
leg./det. H. Manhart

Im Gras am Wegrand über Kalk
Harly, Wöltingerode, Bärental, 4029 Vienenburg, 4029.1/13N, 11.07.**2000**
leg./det. H. Manhart

*Peniophora incarnata* (Pers.) P. Karst. 1889
**Orangefarbener Cystidenrindenpilz, Fleischroter Cystidenrindenpilz**

Syn.:

Verbr. im KG: zerstreut
Ökol. im KG:  an Totholzast von Buche
Ökol. allg.:  hauptsächlich an Rinde toter Laubhölzer

An Totholzast von *Fagus*, im Falllaub liegend, auf Unterseite
Harly, Nordseite, Beuchte, 4029 Vienenburg, 4029.1/06N, 27.01.**2016**
leg./det. H. Manhart

*Peniophora limitata* (Chaillet) Cooke 1879
**Eschen-Cystidenrindenpilz, Violettgraue Eschen-Peniophora, Berandete Eschen-
Peniophora**

Syn.: *Peniophora cinerea var. interrupta* (Pers.: Fr.) Bourdot & Galzin 1928, *Peniophora
fraxinea* (Pers.) S. Lundell 1934, *Thelephora fraxinea* Pers. 1822

Verbr. im KG: verbreitet
Ökol. im KG:  unter fast jeder Esche an der Unterseite abgefallener Äste zu finden
Ökol. allg.:  an toten, noch hängenden oder schon herunter gefallenen Ästen von *Fraxinus*
              (hauptsächlich), aber auch an *Malus* und *Crataegus*

Auf Unterseite toter Äste von *Fraxinus*
Harly, Wöltingerode, 4029 Vienenburg, 4029.1/08, 22.01.**2009**
leg./det. H. Manhart

**Peziza arvernensis Roze & Boud. 1879**
**Buchen-Becherling, Buchenwaldbecherling**

Syn.: *Peziza silvestris* (Boud.) Sacc. & Traverso 1911

Verbr. im KG: nicht häufig und in den letzten Jahren bestandsrückläufig
Ökol. im KG:  unter *Fagus* auf Erde und Holzmulm
Ökol. allg.:    Buchen- und Buchen-Mischwälder

Um Stubben gefällter *Fagus*
Harly, Wöltingerode, 4029 Vienenburg, 4029.1/07, 21.05.**2005**
leg./det. H. Manhart

Auf Erde und Holzmulm unter *Fagus*
Harly, Wöltingerode, 4029 Vienenburg, 4029.1/13N, 25.05.**1997**
leg./det. H. Manhart

Unter *Fagus* am Wegrand
Harly, Weddingen, 4029 Vienenburg, 4029.1/06, 23.06.**1993**
leg./det. H. Manhart

**Peziza celtica (Boud.) M.M. Mos. 1963**
**Blauvioletter Erdbecherling, Großer Lila-Becherling**

Syn.: *Galactinia celtica* Boud. 1898, *Pachyella celtica* (Boud.) Häffner 1993

Verbr. im KG: sehr selten, im Harly Gefährdung unbekannten Ausmaßes
Ökol. im KG:  humusreicher Laubmischwald
Ökol. allg.:    unbewachsene Grabenränder, Böschungen, lehmige und
                basenreiche Böden, mesophile Buchen- und Eichenmischwälder

Terricol unter verschiedenen Laubbäumen (*Acer, Aesculus, Quercus ...*)
Ehemaliger Grubenbahndamm, Harly, Vienenburg, Schacht I, 4029 Vienenburg, 4029.1/15,
08.11.**2015**
leg./det. H. Manhart

**Gefährdung: RL 2 für Niedersachsen**

**Peziza depressa Pers. 1796**
**Niedergedrückter Becherling, Rotbrauner Becherling**

Syn.: *Galactinia castanea* (Quél.) Boud. 1899, *Galactinia depressa* (Pers.) Boud. 1907,
      *Pachyella castanea* (Quél.) Häffner 1992, *Peziza applanata* (Hedw.) Fr. 1822, *Peziza*
      *castanea* Quél. 1873, *Plicaria disciformis* Velen. 1934, *Plicaria obscura* Velen. 1934

Verbr. im KG: sehr selten, im Harly Gefährdung unbekannten Ausmaßes
Ökol. im KG:  Laubmischwälder, Wegeränder
Ökol. allg.:    Laubmischwälder, basenreiche Böden

Harly, Wöltingerode, Mittelweg, 4029 Vienenburg, 4029.1/08, 13.08.**2017**
leg./det. H. Manhart

An feuchter, mergeliger Wegeböschung
Harly, Wöltingerode, Mittelweg (Anstieg am Ende des Bärentales), 4029 Vienenburg,
4029.1/08S, 26.07.**2000**
leg./det. H. Manhart

**Gefährdung: RL 2 für Niedersachsen**

***Peziza granularis*** Donaldini **1978** *nom. inval.*
**Körnchen-Becherling, Granulierter Becherling**

Syn.:

Verbr. im KG: sehr selten, im Harly Gefährdung unbekannten Ausmaßes
Ökol. im KG:  unter Buche am Wegrand über Kalk
Ökol. allg.:    Laubmischwälder, Wegränder

Am Wegrand unter *Fagus* auf feuchtem Boden mit Mergelanteilen
Harly, Nordseite, Weg von Lengder Lichtung zum Harlyturm, 4029 Vienenburg, 4029.1/06,
11.05.**2014**
leg./det. H. Manhart

**Gefährdung: Erstfund für den Harly!**
**Wird nicht in RL für Niedersachsen 1995 aufgeführt, in 2014 RL 4**

***Peziza phyllogena*** (Cooke) Van Vooren **2020**
**Frühlings-Becherling, Schwarzbrauner Becherling, Rötlicher Mediterran-Becherling,**
**Purpurolivbrauner Becherling**

Syn.: *Aleuria olivacea* Boud. 1897, *Galactinia olivacea* (Boud.) Boud. 1907, *Peziza*
      *badioconfusa* Korf 1954, *Peziza kallioi* Harmaja 1986, *Peziza phyllogena* Cooke 1877,
      *Plicaria olivacea* Boud.1922

Verbr. im KG: selten, seit 2021 etwas häufiger anzutreffen, wohl ungefährdet
Ökol. im KG:  auf humosem Boden unter Fraxinus
Ökol. allg.:    Laubmischwald, an Wegerändern, gern an moosig-feuchten Stellen, an
            zersetzten Holzstückchen, einmal in der Nähe eines Misthaufens

Unter *Fraxinus* und *Acer* zwischen Moosen auf Erde
Harly, Nordseite bei Lengde, 4029 Vienenburg, 4029.1/09, 10.05.**2021**
leg./det. H. Manhart

**Gefährdung: RL 4 für Niedersachsen**

***Peziza spec. 1***

Unter *Quercus* zwischen Gräsern auf tonigem Boden
Harly, Wöltingerode, Südseite, oberhalb eines alten Hohlweges, 4029 Vienenburg,
4029.1/07, 08.07.**2007**
leg./det. H. Manhart

Auf lehmig-toniger Erde am Wegrand
Harly, Wöltingerode, Südseite, 4029 Vienenburg, 4029.1/07, 24.06.**2007**
leg./det. H. Manhart

***Peziza varia*** (Hedw.) Fr. **1822**
**Gewöhnlicher Becherling, Riesenbecherling**

Syn.: *Peziza cerea* Sowerby 1796, *Peziza micropus* Pers. 1800, *Peziza muralis* Sowerby
1803, *Peziza repanda* Pers. 1808

Verbr. im KG: zerstreut und im Harly rückläufig, Gefährdung unbekannten Ausmaßes
Ökol. im KG:  Wegrand auf pflanzlichen Resten auf Erdboden
Ökol. allg.:    auf Streu oder Mulch, an Wegerändern inner- oder außerhalb von Wäldern

Am Wegrand im Grabenbereich
Harly, Weddingen, 4029 Vienenburg, 4029.1/06, 30.06.**1993**
leg./det. H. Manhart

***Phaeotremella fimbriata*** (Pers.) Spirin **& V.** Malysheva **2017**
**Rotbrauner Laubholz-Zitterling**

Syn.: *Tremella fimbriata* Pers. 1800

Verbr. im KG: zerstreut und nicht häufig
Ökol. im KG:  an Laubtothölzern (liegenden Ästen)
Ökol. allg.:    Laubtotholz, Art wird oft mit *Tremella foliacea* verwechselt, die aber auf
Nadelholz wächst

An entrindetem Totholz von *Quercus*
Harly, Wöltingerode, nördlich des Mittelweges zwischen Mammutbaum und Schutzhütte,
4029 Vienenburg, 4029.1/07, 08.11.**2019**
leg./det. H. Manhart

Auf Totholzstamm von *Betula*
Harly, Mittelweg am Verbindungsweg zu Schacht III, 4029 Vienenburg, 4029.1/07,
12.01.**2016**
Llg./det. H. Manhart

An Totholzast von *Fagus*
Harly, Wöltingerode, Bärental, 4029 Vienenburg, 4029.1/08, 28.01.**2002**
leg./det. H. Manhart

Auf liegendem Totholzstamm von *Fagus*
Harly, Wöltingerode, Kammweg über Schacht III, 4029 Vienenburg, 4029.1/07, 30.01.**2000**
leg./det. H. Manhart

***Phellinus igniarius*** (L.) Quél. **1886 s. str.**
**Gewöhnlicher Feuerschwamm, Grauer Feuerschwamm, Weiden-Feuerschwamm,**
**Falscher Zunderschwamm**

Syn.: *Fomes igniarius* (L.) Fr. 1849, *Ochroporus igniarius* (L.) J. Schröt. 1888, *Ochroporus
ossatus* M. Fisch. 1986, *Phellinus igniarius var. trivialis* (Killerm.) Niemelä 1975,
*Phellinus trivialis* (Bres.) Kreisel 1964, *Polyporus igniarius* (L.) Fr. 1821, *Polyporus
ungulatus* Secr. 1833

Verbr. im KG: verbreitet und ungefährdet
Ökol. im KG:  an alten Bäumen von *Salix* und *Populus spec.* an der Oker, an *Salix* und
              *Populus* im Laubmischwald
Ökol. allg.:  an Pappeln, Weiden, Apfelbäumen, in Bach- und Flussuferfluren, Auwäldern,
              Gärten, lichte Stellen in Eichen-Hainbuchen- und Buchenwäldern

An Totholz von *Salix*
Harly, Wöltingerode, Mittelweg, 4029 Vienenburg, 4029.1/07, 18.01.**2009**
leg./det. H. Manhart

## *Phlebia tremellosa* (Schrad.: Fr.) Nakasone 1984
## Gallertfleischiger Fältling

Syn.: *Merulius tremellosus* Schrad. 1794

Verbr. im KG: verbreitet und ungefährdet
Ökol. im KG:  an Stubben von Laubholz
Ökol. allg.:   an Stubben und Totholzstämmen diverser Laubhölzer

An Stubben von Laubholz
Harly, Wöltingerode, Mittelweg, 4029 Vienenburg, 4029.1/08, 12.01.**2021**
leg./det. H. Manhart   **2 Tafeln**

## *Phlegmacium cliduchum* (Secr. ex Fr.) Niskanen & Liimat. 2022
## Körnighäutiger Schleimkopf, Gelbgegürtelter Schleimkopf, Gelbgestiefelter Schleim-
## kopf

Syn.: *Cortinarius cliduchus* Secr. ex Fr. 1836, *Cortinarius olidus* J.E. Lange 1940, *Cortinarius*
      *vitellinopes* Secr. ex Gillet 1874

Verbr. im KG: noch in den 90er Jahren im Harly im Kalkbuchenwald verbreitet, seit 2010
              stark rückläufig und nur noch zu wenigen Exx. anzufinden,
              Gefährdung unbekannten Ausmaßes
Ökol. im KG:  Kalkbuchenwald
Ökol. allg.:   Eichen-Hainbuchenwälder, Kalkbuchenwälder,

Unter *Fagus* über Mergel und Kalk
Harly, Wöltingerode, 4029 Vienenburg, 4029.1/08S, 10.08.**1993** und 03.10.**1996**
leg./det. H. Manhart   **2 Tafeln**

Unter *Fagus* im Falllaub über Kalk
Harly, Wöltingerode, Kalkbuchenwald oberhalb des Bärentales, 4029 Vienenburg, 029.1/08,
14.09.**2000**
leg./det. H. Manhart

**Gefährdung: RL 3 für Niedersachsen**

## *Phlegmacium eucaeruleum* (Rob. Henry) Niskanen & Liimat. 2022
## Schönblauer Klumpfuß, Indigo-Klumpfuß

Syn.: *Cortinarius eucaeruleus* Rob. Henry 1989, *Cortinarius terpsichores var. calosporus*
      Melot 1992

Verbr. im KG: sehr selten, eine wunderschön intensiv violettfarbige Phlegmacie, deren
Farbpigmente jedoch nicht lichtbeständig sind und rasch ausbleichen,
erstmals im Harly 2016 gefunden, Gefährdung unbekannten Ausmaßes
Ökol. im KG:   unter Buche
Ökol. allg.:     Kalkbuchenwälder, Laubmischwälder mit Eiche

Unter *Fagus* am Steilhang zwischen *Hedera helix*
Harly, Schacht I, Vienenburg, Okerprallhang, 4029 Vienenburg, 4029.1/14, 18.10. **2017**
leg. H. Manhart, det. Mikael Jeppson (Schweden)

Unter *Fagus* und *Carpinus* im Falllaub
Harly, Schacht I, Vienenburg, Okerprallhang, am Anstieg des Hohlweges, 4029 Vienenburg,
4029.1/14, 10.11.**2016**
leg./det. H. Manhart     **4 Tafeln**

**Gefährdung: Wird nicht RL für Niedersachsen aufgeführt**
**Erstfund für Niedersachsen (?) und dem Harly!**

**_Pholiota astragalina_ (Fr.) Singer 1951**
**Safranfarbener Schüppling, Safranroter Schüppling**

Syn.: *Dryophila astragalina* (Fr.) Quél. 1886, *Flammula astragalina* (Fr.) P. Kumm. 1871,
*Flammula laeticolor* (Murrill) Murrill 1912, *Gymnopilus laeticolor* Murrill 1912

Verbr. im KG: selten, im Harly nur an Waldkiefer bislang gefunden
Ökol. im KG:  an *Larix* und *Pinus sylvestris*
Ökol. allg.:     an morschem Nadelholz

An Stubben von *Pinus sylvestris*
Harly, Wöltingerode, südlich des Mittelweges zwischen Mammutbaum und Schutzhütte,
4029 Vienenburg, 4029.1/07, 06.11.**2019**
leg./det. H. Manhart

**_Pholiota cerifera_ (P. Karst. ) P. Karst. 1879**
**Goldfellschüppling, Hochthronender Schüppling, Weiden-Schüppling**

Syn.: *Pholiota aurivella* (Batsch: Fr.) P. Kumm. 1871

Verbr. im KG: sehr zerstreut und in manchen Jahren ausbleibend, schon ab Mai bis spät ins
Jahr, ungefährdet
Ökol. im KG:  an Totholz von *Betula*, an Starkholz von *Fagus*
Ökol. allg.:     an Weiden, in Auwäldern, selten an anderen Laubbäumen

An liegendem Totholzstamm von *Betula*
Harly, Weg an der Nordseite parallel zur A 36, 4029 Vienenburg, 4029.1/15, 27.10.**2018**
leg./det. H. Manhart

**_Pholiota gummosa_ (Lasch) Singer 1951**
**Gummi-Schüppling, Strohblasser Schüppling**

Syn.: *Dryophila alnicola var. ochrochlora* (Fr.) Quél. 1886, *Dryophila gummosa* (Lasch: Fr.)
Quél. 1886, *Dryophila gummosa var. ochrochlora* (Fr.) Quél. 1886, *Flammula
gummosa* (Lasch: Fr.) P. Kumm. 1871

Verbr. im KG: selten, aber ungefährdet
Ökol. im KG:  an Totholz von Weide und Fagus, an Flussaue der Oker, auch im Waldinneren
(Buchenwald) Auch im Waldinneren (Buchenwald) an Wurzelholz alter,
zugewachsener Wege
Ökol. allg.:  an anthropogen beeinflussten Stellen, in Wiesen, Parks, an Wege- und
Straßenrändern, Ruderalstellen und Holzlagerplätzen

An vergrabenem Holz von *Salix* in Flussaue (Oker), Harly, Vienenburg, 4029 Vienenburg,
4029.1/15, 27.10.**2018**
leg./det. H. Manhart

### *Pholiota jahnii* Tjall.-Beuk. & Bas. 1986
**Pinsel-Schüppling, Hermann Jahns Spitzschüppling, Chromgelber Schüppling**

Syn.: *Pholiota muelleri* (Fr.) P. D. Orton 1879 *ss.* M. M. Moser, Romagn.

Verbr. im KG: selten, aber ungefährdet
Ökol. im KG:  in feuchter Wegespur unter Buchen
Ökol. allg.:  an vergrabenen Laubtotholz, an Stubben und Ästen

An Wurzel von Laubholz (wohl *Fagus*)
Harly, Vienenburg, Westhang oberer Burggrund, 4029 Vienenburg, 4029.1/15, 11.10.**2007**
leg./det. H. Manhart

**Gefährdung: RL 3F für Niedersachsen 1995, in 2014 RL 2F**

### *Pholiota lenta* (Pers.) Singer 1951
**Tonweißer Schüppling**

Syn.: *Dryophila lenta* (Pers.. Fr.) Quél. 1886, *Flammula betulina* Peck 1907, *Flammula lenta*
(Pers.: Fr.) P. Kumm. 1871, *Gymnopilus lentus* (Pers.: Fr.) Murrill 1917

Verbr. im KG.: zerstreut, früher häufiger fruktifizierend
Ökol. im KG:  an Totholz von Buche
Ökol. allg.:  in Wäldern aller Art an liegendem Laubtotholz, vor allem an Buchentotholz,
an Stubben und vergrabenen Holzteilen

An Totholz von *Fagus* und im Falllaub am Boden an Holzresten über Kalk
Harly, Vienenburg, Schacht I, Burggrund, 4029 Vienenburg, 4029.1/15, 05.11.**2016**
leg./det. H. Manhart

Im Falllaub unter *Fagus*
Harly, Wöltingerode, Bärental, 4029 Vienenburg, 4029.1/08, 18.11.**2006**
leg./det. H. Manhart

### *Pholiota limonella* (Peck) Sacc. 1887
**Hochthronender Schüppling, Haariger Schüppling**

Syn.: *Pholiota squarrosoadiposa* J. E. Lange 1940

Verbr. im KG: selten
Ökol. im KG:  an Birke
Ökol. allg.:  an liegendem Laubtotholz, seltener an Nadeltotholz

An Stammbasis von *Betula*
Harly, Vienenburg, Schacht I, Okeraue, nahe Weg an der Oker, 4029 Vienenburg, 4029.1/14,
31.10.**2016**
leg./det. H. Manhart

### *Phragmidium mucronatum* (Pers.) Schltdt. **1824**
**Wildrosenrost, Flachsporiger Rosenrost**

Syn.: *Ascophora disciflora* Tode 1790, *Ascophora solida* Tode 1803, *Phragmidium disciflorum*
(Tode) James 1895, *Puccinia mucronata* Pers. 1803, *Puccinia rosae* Schumach. 1803

Verbr. im KG: verbreitet, in manchen Jahren häufig
Ökol. im KG:  an *Rosa canina* (Hundsrose)
Ökol. allg.:    an Blättern und Stängeln von *Rosa canina* (Hundsrose)

An Stängeln und auf Blättern von *Rosa canina* (Hundsrose)
Harly, Wöltingerode, Südseite, 4029 Vienenburg, 4029.1/12, 25.05.**2008**
leg./det. H. Manhart

### *Phylloporus pelletieri* (Lév.) Quél. **1888**
**Goldblatt, Europäisches Goldblatt**

Syn.: *Phylloporus rhodoxanthus ss. auct. europ.* 1955, *Phylloporus rhodoxanthus subsp.*
*europaeus* Singer 1955, *Xerocomus pelletieri* (Lév.) Bresinsky & Manfr. Binder 1999

Verbr. im KG: selten, im Harly Gefährdung unbekannten Ausmaßes
Ökol. im KG:  Eichen-Hainbuchen- und Buchenwald, auf nackter Erde
Ökol. allg.:    Wegränder, sandige, neutrale bis schwach saure Böden, Waldsäume

Unter *Quercus* und *Carpinus* am Wegrand
Harly, Schacht I, Vienenburg, Okerprallhang, 4029 Vienenburg, 4029.1/14, 13.08.**2017**
leg./det. H. Manhart

**Besonderheit des Harly-Fundes: Auffällig ist eine deutlich violette Färbung des Stiel-
und Hutfleisches nach Anschnitt des Fruchtkörpers; von ihr wird in der Literatur
nicht berichtet!**

**Gefährdung: Nicht in RL für Niedersachsen 2014 aufgeführt
In 1998 RL 1, 2H für Niedersachsen**

### *Phyllotopsis nidulans* (Pers.) Singer **1936**
**Orange-Seitling**

Syn.:   *Claudopus nidulans* (Pers.: Fr.) P. Karst. 1886, *Crepidotus jonquilla* (Lév.) Quél.
1888, *Crepidotus nidulans* (Pers.: Fr.) Quél. 1875, *Panus nidulans* (Pers.: Fr.)
Pilát 1930, *Pleurotus nidulans* (Pers.: Fr.) P. Kumm. 1871, *Pleurotus stevensonii*
Berk. & Broome 1886

Verbr. im KG: zerstreut, in den letzten Jahren aber häufiger
Ökol. im KG:  an Totholz von Buche
Ökol. allg.:    an verschiedenen Laub- und Nadelhölzern, an Stubben und liegenden
                Stämmen sowie starken Ästen

An liegendem Totholzstamm von *Fagus* über Kalk zusammen mit *Lentinellus ursinus* (Fr.:
Fr.) Kühn., Geschichteter Zähling
Harly, Wöltingerode, westlich des Harlyturmes, 4029 Vienenburg, 4029.1/08, 17.11.**2015**
leg./det. H. Manhart

**Gefährdung: RL 4 für Niedersachsen 1995, in 2014 nicht aufgeführt**
**Die Art ist häufiger geworden.**

### *Physisporinus vitreus* (Pers.) P. Karst. 1889
**Glasigweißer Porling, Wässriger Porling**

Syn.: *Boletus venosus* Humb. 1792, *Polyporus vitreus* (Pers.) Fr. 1818, *Rigidoporus vitreus*
    *(Pers.) Donk* 1966

Verbr. im KG: zerstreut und nur stellenweise im Harly, ungefährdet
Ökol. im KG: an Stubben von Buche, das Substrat eisartig überziehend
Ökol. allg.:    bodenfrische Laub- und Mischwälder, an Stubben und Ästen, an Teich- und
    Bachrändern

Große Stubben von *Fagus* total überziehend
Harly, Wöltingerode, Bärental, 4029 Vienenburg, 4029.1/13, 28.09.**2007**
leg./det. H. Manhart

### *Pleurotus cornucopiae* (Paulet) Rolland 1910
**Rillstieliger Seitling**

Syn.: *Pleurotus cornucopioides* (Klotzsch) Gillet 1876, *Pleurotus ostreatus var. cornucopiae*
    (Paulet) Pilát 1935

Verbr. im KG: selten, Im Harly Gefährdung unbekannten Ausmaßes
Ökol. im KG: an Totholz von Pappel
Ökol. allg.:    Auwälder, besonders Silberweiden-Auwald, an stehenden und liegenden,
    toten Pappeln und Weiden

An Totholz von *Populus*
Harly, Wöltingerode, Mittelweg, 4029 Vienenburg, 4029.1/07, 20.12.**2003**
leg./det. H. Manhart

**Gefährdung: RL 2 für Niedersachsen**

### *Pleurotus dryinus* (Pers.) P. Kumm. 1871
**Berindeter Seitling**

Syn.: *Lentodiopsis albida* Bubák 1895, *Lentodiopsis dryina* (Pers.: Fr.) Kreisel 1977,
    *Pleurotus corticatus* (Fr.) P. Kumm. 1871, *Pleurotus corticatus var. albertini* (Fr.) Rea
    1922 *non ss.* Bres., *Pleurotus dryinus var. pometi* (Fr.) Reijnders 1973, *Pleurotus
    pantoleucus* (Fr.) Sacc. 1887, *Pleurotus spongiosus* (Fr.) Sacc. 1887

Verbr. im KG: selten und nicht jedes Jahr
Ökol. im KG: auf Ästen von liegendem Laubtotholz, am Stamm lebender Linde
Ökol. allg.:    in Laubmischwäldern, gern an Eiche, an Obstbäumen, an Fichten, in
    Friedhöfen, Obstwiesen, Gärten und Parks, an stehenden, selten an liegenden
    Laubholzstämmen

Auf Ästen von liegendem Laubtotholz
Harly, Wöltingerode, Straßenabzweigung Am Harlyberg, 4029 Vienenburg, 4029.1/13N,
07.11.**1997**
leg./det. H. Manhart

## *Pleurotus pulmonarius* (Fr.: Fr,) Quél. **1872**
**Lungen-Seitling, Sommer-Seitling**

Syn.:

Verbr. im KG: zerstreut, in den letzten 10 Jahren aber sichtlich zunehmend
Ökol. im KG:  an liegenden Totholzstämmen und starken Ästen von Buche
Ökol. allg.    in buchendominierten Laubwäldern, an liegenden Stämmen und starken Ästen

An liegendem Totholzstamm von *Fagus*
Harly, Schacht I, Vienenburg, 4029 Vienenburg, 4029.1/14, 07.09.**2022**
leg./det. H. Manhart

## *Plicatura crispa* (Pers.) Rea **1922**
**Buchen-Adernzähling, Krauser Adern-Zähling**

Syn.: *Merulius fagineus* Schrad. 1794, *Plicatura faginea* (Schrad.) P. Karst. 1889,
    *Plicaturopsis crispa* (Pers.: Fr.) D.A. Reid 1964, *Trogia crispa* (Pers.: Fr.) Fr. 1863

Verbr. im KG: häufig und in deutlicher Zunahme, ungefährdet im Harly
Ökol. im KG:  an Totholz von Buche, Birke, Kastanie
Ökol. allg.:    an abgefallenen Laubholzästen, die Art hat in den letzten Jahren
        verbreitungsmäßig rasant zugenommen!

Rasig auf liegendem Totholzstamm von *Betula* (Lagerholz)
Harly, Mittelweg, Wöltingerode, 4029 Vienenburg, 4029.1/07, 25.01.**2016**
leg./det. H. Manhart

**Gefährdung: Die Art ist ungefährdet.**

## *Pluteus aurantiorugosus* (Trog) Sacc. **1896**
**Orangeroter Dachpilz**

Syn.: *Pluteus caloceps* G.F. Atk. 1909, *Pluteus coccineus* (Massee) J.E. Lange 1937

Verbr. im KG: sehr selten, Art wurde nur einmal im Harly gefunden und ist seitdem im Harly
        wohl verschollen, Gefährdung unbekannten Ausmaßes
Ökol. im KG:   an Stubben von Buche im Buchenwald mit eingestreuten Eichen
Ökol. allg.:    an Stubben und noch beborkten, dicken Totholzstämmen von Populus, in
        Auwäldern, Teichgebieten, schattigen und urwaldartigen Bachsäumen

Auf Stubben von *Fagus*
Harly, Wöltingerode, östl. des Bärentales, 4029 Vienenburg, 4029.1/13N, 25.07.**1993**
leg./det. Thomas Schultz

**Gefährdung: RL 2 für Niedersachsen 1995, in 2014 RL 1**

*Pluteus cervinus* (SCHAEFF.) KUMM. 1871
**Rehbrauner Dachpilz**

Syn.: *Pluteus atricapillus* (BATSCH) FAYOD 1889, *Pluteus eximius* (W. SAUNDERS & W.G. SM.)
  SACC. 1887

Verbr. im KG: verbreitet und nicht gefährdet, schon früh im Jahr (04) im Harly erscheinend
Ökol. im KG:  Stubben von Laubholz, auf Sägespänen
Ökol. allg.:    an Stubben und Totholz von Buchen, aber auch (weniger) anderen
        Laubholzarten, an Fichten, auf Sägespänen an Holzlagerplätzen, scheinbar
        terrestrisch auf kleinen, vergrabenen Holzstückchen an Wegrändern und
        Waldsäumen

Auf Sägespänen unter *Fagus* am Wegrand
Harly, Nordseite, 4029 Vienenburg, 4029.1/09, 02.05.**2017**
leg./det. H. MANHART

Auf Sägespänen unter *Fagus* am Wegrand
Harly, Nordrand, Beuchte, 4029 Vienenburg, 4029.1/09, 02.05.**2016**
leg./det. H. MANHART

Auf zersetztem Laubholz
Harly, Wöltingerode, Bärental, 4029 Vienenburg, 4029.1/08S, 10.06.**1999**
leg./det. H. MANHART

*Pluteus diettrichii*  BRES. 1905
**Aufreißender Dachpilz, Rissighütiger Dachpilz**

Syn.: *Pluteus rimulosus* KÜHNER & ROMAGN. 1956

Verbr. im KG: sehr selten, im Harly Gefährdung unbekannten Ausmaßes
Ökol. im KG:  an vergrabenen Holzstückchen unter Eiche
Ökol. allg.:    in Laubmischwäldern, scheinbar terrestrisch, gern an Detritus

An feuchter und schattiger Wegesstelle unter *Quercus*
Harly, Wöltingerode, Bärental, 4029 Vienenburg, 4029.1/13N, 24.07.**2007**
leg./det. H. MANHART

**Gefährdung: RL 2 für Niedersachsen**

*Pluteus leoninus* (SCHAEFF.) P. KUMM. 1871
**Löwengelber Dachpilz**

Syn.: *Pluteus luteomarginatus* ROLLAND 1889, *Pluteus sororiatus* (P. KARST.) SACC. 1887

Verbr. im KG: zerstreut und in letzter Zeit rückläufig
Ökol. im KG:  an Totholz (Stubben und Stämme sowie starken Ästen von Laubholz)
Ökol. allg.:    an Laubtotholz (gern Buche), seltener an Nadeltotholz

An modrigem Totholzstamm von Laubholz
Harly, Schacht I, Vienenburg, 4029 Vienenburg, 4029.1/14, 04.07.**2021**
leg./det. H. MANHART

Auf zersetztem Totholz eines liegenden Laubholzstammes, Harly, Vienenburg, Schacht I,
Okerhangfußweg, 4029 Vienenburg, 40291/14, 24.09.**2015**
leg./det. H. Manhart

An Stubben von *Fagus*
Harly, Wöltingerode, südlicher Rand des Kalkbuchenwaldes oberhalb des Bärentales,
4029 Vienenburg, 4029.1/08, 18.08.**2006**
leg./det. H. Manhart

**Gefährdung: RL 3 für Niedersachsen**

***Pluteus nanus*** (Pers.) P. Kumm. 1871
**Erglänzender Dachpilz, Graubrauner Dachpilz, Zwerg-Dachpilz**

Syn.: *Pluteus griseopus* P. D. Orton 1960, *Pluteus nanus f. griseopus* (P. D. Orton) Vellinga 1985

Verbr. im KG: selten
Ökol. im KG:  auf kleinen Holzresten an schattiger Stelle unter Eichen-Hainbuchenwald
Ökol. allg.:    reiche, basenreiche Buchen- und Laubmischwälder

Unter *Quercus* auf tonigem Boden auf kleinen Holzresten
Harly, Vienenburg, Schacht I, Unter dem Harly, 4029 Vienenburg, 4029.1/15, 22.06.**2012**
leg./det. H. Manhart

***Pluteus nigrofloccosus*** (R. Schulz) J. Favre **1948**
**Schwarzschneidiger Dachpilz**

Syn.: *Pluteus atromarginatus* (Singer) Kühner 1935, *Pluteus tricuspidatus* Velen. 1939

Verbr. im KG: sehr selten, im Harly Gefährdung unbekannten Ausmaßes durch Arealverluste
                 der Fichte, aber auch der Kiefern
Ökol. im KG:  an Fichtentotholz
Ökol. allg.:    an totem Nadelholz, besonders an Kiefer

An Totholz von *Picea*
Harly, Wöltingerode, Bärental, 4029 Vienenburg, 4029.1/12, 31.08.**2006**
leg./det. H. Manhart

***Pluteus phlebophorus*** (Ditmar) P. Kumm. 1871
**Netzaderiger Dachpilz, Netzadriger Zwerg-Dachpilz, Runzeliger Dachpilz**

Syn.:

Verbr. im KG: zerstreut, aber noch ungefährdet
Ökol. im KG:  im Laubmischwald auf basenreichem Boden, scheinbar terrestrisch
Ökol. allg.:    an liegendem oder vergrabenem, mehr oder weniger stark zersetztem
                 Laubholz, bevorzugt an Buche, gern auf kalkreichen Böden

Scheinbar terrestrisch bei *Fraxinus* und *Pinus nigra*, durchmischt mit *Fagus* und *Corylus*
Harly, Nordseite, 4029 Vienenburg, 4029.1/15, 02.05.**2014**
leg./det. H. Manhart

*Pluteus plautus* (Weinm.) Gillet 1876
**Verschiedenfarbiger Dachpilz**

Syn. *Pluteus depauperatus* Romagn. 1956, *Pluteus dryophiloides* P. D. Orton 1969, *Pluteus granulatus* Bres. 1881, *Pluteus hiatulus* Romagn. 1953, *Pluteus punctatus* Wichanský 1972, *Pluteus punctipes* P. D. Orton 1960, *Pluteus roseoalbus* Fr. 1871 *ss.* Vel. et Vacek

Verbr. im KG: zerstreut, aber ungefährdet
Ökol. im KG:  an stark zersetztem Totholz von Buche über tonigem Boden
Ökol. allg.:    an Buchentotholz in der Initial- bis Finalphase, seltener an Nadeltotholz

An verrottendem Totholz von *Fagus*
Harly, Schacht I, Vienenburg, Osthang des unteren Burgtales, 4029 Vienenburg, 4029.1/15, 08.08.**2022**
leg./det. H. Manhart

Scheinbar terrestrisch an kleinen Laubholzstückchen
Harly, Schacht I, Vienenburg, Unter dem Harly, Südhang, 4029 Vienenburg, 4029.1/15, 14.07.**2014**
leg./det. H. Manhart

Auf Sägespänen am Wegrand
Harly, Vienenburg, Schacht I, Burggrund, 4029 Vienenburg, 4029.1/15, 31.05.**2012**
leg./det. H. Manhart

*Pluteus romellii* (Britzelm.) Sacc. 1895
**Gelbstieliger Dachpilz**

Syn.: *Pluteus lutescens* (Fr.) Bres. 1929, *Pluteus nanus var. lutescens* (Fr.) P. Karst. 1879, *Pluteus splendidus* A. Pearson 1952, *Pluteus sternbergii* Velen. 1921

Verbr. im KG: verbreitet, in den letzten Jahren jedoch rückläufig, schon früh im Jahr (ab 04) erscheinend
Ökol. im KG:  an Totholzstückchen, an Stubben und liegenden Ästen von Buche
Ökol. allg.:    an Buchentotholz in feuchten Laubmischwäldern auf neutralen bis basischen Böden

Auf Totholzstückchen unter *Fraxinus* und zwischen Moosen über Kalk
Harly, Nordseite bei Lengde, 4029 Vienenburg, 4029.1/09, 10.05.**2021**
leg./det. H. Manhart

Auf vermorschtem Totholzstamm von *Fagus*
Harly, Vienenburg, Schacht I, Ostseite Burggrund, 4029 Vienenburg, 4029.1/15, 28.05.**2000**
leg./det. H. Manhart

Auf Laubtotholz
Harly, Wöltingerode, 4029 Vienenburg, 4029./08,  07.07.**1994**
leg./det. H. Manhart

*Pluteus salicinus* (Pers.)  P. Kumm. 1871
**Graugrüner Dachpilz, Grauer Dachpilz**

Syn.:

Verbr. im KG: zerstreut, aber bestandsstabil
Ökol. im KG:  an Totholz von Buche
Ökol. allg.:    Auf Laubtotholz, seltener an Nadeltotholz in schattigen und feuchten Lagen,
                mitunter findet man *Pluteus salicinus* mit deutlich blaugrün eingefärbter unterer
                Stielhälfte, der Pilz enthält unterschiedliche Mengen an Psilocybin.


Auf Totholz von *Fagus*
Harly, Wöltingerode, Bärental, 4029 Vienenburg, 4029.1/08S, 28.05.**2007**
leg./det. H. MANHART

Auf Stubben von *Fagus* über Buntsandstein
Harly, Weddingen, 4029 Vienenburg, 4029.1/06N, 17.08.**1996**
leg./det. H. MANHART

**_Polyporus arcularius_ (BATSCH) FR. 1821**
**Weitlöcheriger Stielporling, Borstrandiger Porling**

Syn.: *Lentinus arcularius* (BATSCH) ZMITR. 2010, *Polyporellus arcularius* (BATSCH: FR.) P. KARST.
       1879, *Polyporus anisoporus* DELASTRE & MONT. 1845, *Polyporus intermedius* ROSTK.
       1837, *Polyporus rhombiporus* PERS. 1825

Verbr. im KG: selten, erstmals 2022 gefunden, im Harly Gefährdung unbekannten Ausmaßes
Ökol. im KG:  an Totholz (Äste und Stubben) von Buche
Ökol. allg.:    an Totholzästen und Stubben von Laub- und Nadelholz

An Totholz von *Fagus*
Harly, Wöltingerode, 4029 Vienenburg, 4029.1/14, 20.09.**2022**
leg./det. H. MANHART

**Gefährdung: RL 0 für Niedersachsen**
**Wiederfund und Erstfund im Harly**

**_Polyporus badius_ (PERS.) SCHWEIN. 1832**
**Kastanienbrauner Schwarzfuß-Porling, Schwarzroter Stielporling, Süßriechender**
**Stielporling**

Syn.: *Picipes badius* (PERS.) ZMITR. & KOVALENKO 2016, *Polyporellus badius* (PERS.) IMAZEKI
       1989, *Polyporellus picipes* (FR.) P. KARST. 1879, *Polyporus durus* (TIMM.) KREISEL 1984,
       *Polyporus picipes* FR. 1848, *Royoporus badius* (PERS.) A. B. DE 1997

Verbr. im KG: zerstreut und nicht in jedem Jahr zu finden
Ökol. im KG:  an Totholz (Stubben, Stämme, starke Äste) von Buche
Ökol. allg.:    in Laubmischwäldern, Auwäldern, an Bachläufen und in Erlenbrüchen, an
                verschiedenen Laubholzarten (Weide, Esche, Pappel) an feuchten und
                schattigen Standorten

An Totholz von *Fagus*
Harly, Schacht III, 4029 Vienenburg, 4029.1/07, 15.05.**2021**
leg./det. H. MANHART

An Laubholztotast von *Fagus*
Harly, Wöltingerode, Mittelweg, 4029 Vienenburg, 4029.1/07, 12,11.**2019**
leg./det. H. MANHART

An Totholzast von *Fagus*
Harly, Wöltingerode, Bärental, 4029 Vienenburg, 4029.1/08, 25.08.**2005**
leg./det. H. Manhart

**Gefährdung: RL 3 für Niedersachsen**

***Polyporus brumalis*** **(Pers.) Fr. 1818**
**Winterporling**

Syn.: *Boletus brumalis* Pers. 1794, *Lentinus brumalis* (Pers.) Zmitr. 2010, *Polyporellus brumalis* (Pers.: Fr.) P. Karst. 1879, *Polyporus brumalis var. megaloporus* Kreisel 1963, *Polyporus subarcularius* (Donk) Bondartsev 1953

Verbr. im KG: zerstreut
Ökol. im KG: an Buchentotholz
Ökol. allg.:  meist an liegenden toten Laubholzästen wie Buche, Erle, Esche, Birke und anderen Weichholzarten

An Totholzstück von *Fagus*, im Falllaub liegend
Harly, Vienenburg, Schacht I, Oberer Burggrund, 4029 Vienenburg, 4029.1/15, 27.01.**2016**
leg./det. H. Manhart

***Polyporus squamosus*** **(Huds.) Fr. 1821**
**Schuppiger Porling**

Syn.: *Cerioporus squamosus* (Huds.) Quél. 1886

Verbr. im KG: verbreitet und schon im Mai fruktifizierend, ungefährdet
Ökol. im KG:  an Stubben von Buche, Esche und Weide
Ökol. allg.:  gern an Stubben verschiedener Laubbäume, in Laubmischwäldern, Gärten, an Waldsäumen, Wegrändern und Bachläufen und in auwaldartigen Gebieten

An Stubben von *Fraxinus*
Privatgarten, Harly, Siedlung Am Harlyberg (westl. Schacht II), 4029 Vienenburg, 4029.1/13, 03.05.**2009**
leg./det. H. Manhart

An *Fagus* (Tafel zeigt ein Jung-Ex.)
Harly, Wöltingerode, Bärental, 4029 Vienenburg, 4029.1/13, 09.05.**2004**
leg./det. H. Manhart

***Polyporus umbellatus*** **(Pers.) Fr. 1821**
**Eichhase, Ästiger Porling, Ästiger Büschelporling**

Syn.:  *Dendropolyporus umbellatus* (Pers.) Jülich 1982, *Grifola umbellata* (Pers.) Pilát 1934, *Polyporus ramosissimus* (Scop.) J. Schröt. 1833

Verbr. im KG: sehr selten, einziger Fund im Harly stammt aus dem Jahr 1993, danach nicht mehr angefunden, Gefährdung unbekannten Ausmaßes, ob im Harly verschollen?

Ökol. im KG:  unter *Quercus* und *Fagus*
Ökol. allg.:  wärmeliebende Laubmischwälder über Kalk

Dem Pilz wird eine Symbiose mit *Armillaria mellea s.l.* nachgesagt, er müsste im Harly eigentlich häufiger anzutreffen sein.

Unter *Quercus*
Harly, Wöltingerode, Mittelweg, 4029 Vienenburg, 4029.1/07, 24.06.**1993**

### *Postia stiptica* (PERS.) JÜLICH **1982**
**Bitterer Saftporling, Grauweißer Saftporling**

Syn.: *Boletus patella* HUMB. 1793, *Leptoporus albidus* (SCHAEFF.) BOURDOT & GALZIN 1925, *Oligoporus stipticus* (PERS.) GILB. & RYVARDEN 1987, *Polyporus albidus* (SCHAEFF.) TROG 1869, *Spongiporus stipticus* (PERS.: FR.) A. DAVID 1980, *Tyromyces stipticus* (PERS.: FR.) KOTL. & POUZAR 1959

Verbr. im KG: zerstreut, durch Absterben der Fichte im Harly und Arealverluste der Kiefer im Harly gefährdet
Ökol. im KG:  An Nadeltotholz
Ökol. allg.:    Fichten-, Kiefern- und gemischte Nadelforsten

An Totholz (vermutl. *Pinus sylvestris*), Harly, Vienenburg, Schacht I, Burgtal, oberer Bereich, 4029 Vienenburg, 4029.1/15, 08.11.**2015**
leg./det. H. MANHART

### *Postia tephroleuca f. lactea* (KOTL. & POUZAR) PEGLER & E. M. SAUNDERS **1994**
**Milder Saftporling, Milchweißer Saftporling, Weißlicher Saftporling**

Syn.: *Leptoporus lacteus* (FR.) QUÉL. 1886, *Oligoporus lacteus* (FR.) GILB. & RYVARDEN 1985, *Polyporus lacteus* FR. 1821, *Postia lactea* (FR.) P. KARST. 1881, *Spongiporus lacteus* (FR.) AOSHIMA 1966, *Tyromyces lacteus* (FR.) MURRILL 1907

Verbr. im KG: zerstreut
Ökol. im KG:  an Laubtotholz
Ökol. allg.:    an Stubben oder Totholzästen von Buche, Birke und Hasel

An liegendem Totholzstamm von *Fagus*
Harly, Schacht II, Vienenburg, Okerprallhang nahe der kleinen Okerbrücke, 4029 Vienenburg, 4029.1/14, 20.08.**2021**
leg./det. H. MANHART

### *Psathyrella candolleana* (FR.) MAIRE **1913**
**Behangener Faserling, Schmalblättriger Mürbling**

Syn.: *Psathyra tuberosa* P. KARST. 1938, *Psathyrella appendiculata* (BULL.) G. BERTRAND 1938, *Psathyrella coronata* (P. KARST.) M. M. MOSER 1953, *Psathyrella egenula* BERK. & BROOME 1953, *Psathyrella elegans* ROMAGN. 1983, *Psathyrella proxima* ROMAGN. 1983

Verbr. im KG: verbreitet, jedoch mit Rückgangstendenz
Ökol. im KG:  unter Esche in feuchter Bodenstreu
Ökol. allg.:    an Holzresten von Laubholz, an Wegerändern und Böschungen innerhalb und außerhalb von Laubmischwäldern, in Gärten, auf Rasenflächen

Unter *Fraxinus*
Harly, Vienenburg, oberhalb des Burggrundes, 4029 Vienenburg, 4029.1/15N, 08.11.**2015**
leg./det. H. MANHART

Am Wegrand neben *Urtica dioica*
Harly, Wöltingerode, Bärental, 4029 Vienenburg, 4029.1/13, 28.09.**2007**
leg./det. H. Manhart

**Psathyrella hirta Peck 1897**
**Mist-Faserling, Flockiger Mist-Faserling**

Syn.: *Drosophila coprobia* (J. E. Lange) Kühner & Romagn. 1953, *Psathyra coprobia*
(J. E. Lange) J. E. Lange 1939, *Psathyrella coprobia* (J. E. Lange) A. H. Sm. 1941

Verbr. im KG: zerstreut
Ökol. im KG:  an Dung von *Equus*
Ökol. allg.:    an Dung von Pferd, Rind und Wild

Auf Exkrementen von *Equus* am Wegrand
Harly, Wöltingerode, Bärental, 4029 Vienenburg, 4029.1/12, 31.08.**2006**
leg./det. H. Manhart

**Gefährdung: RL 3 für Niedersachsen 1995, in 2014 RL 4**

**Psathyrella multipedata (Peck.) A.H.Sm. 1941**
**Büscheliger Faserling**

Syn.: *Drosophila multipedata* (Peck) Kühner & Romagn. 1953, *Psathyra fasciculata* Velen.
1939, *Psathyra multissima* S. Imai 1938, *Psathyrella multipedata f. annulata*
Hagara 2014, *Psathyrella stipatissima* J. E. Lange 1938

Verbr. im KG: alljährlich neben Wegaufstieg am Osthang zur A 36 etliche Fruktifikationsstel-
len mit vielstieligen Fkk., nach Aushieb von Bäumen und Belichtungszunahme
und verstärktem Unterwuchs drastischer Rückgang. 2022 wurde kein einziger
Fk. mehr beobachtet.

Eigentlich hätte *Psathyrella leucotephra* (Berk. & Broome) P. D. Orton 1960, der
Ring-Mürbling, Beringter Büschel-Mürbling in diesem Bereich auch
vorkommen können, da ähnliche ökologische Voraussetzungen gegeben waren,
diese Art ist jedoch im Harly noch nicht gefunden worden
Ökol. im KG:  ruderaler Waldsaum mit *Robinia pseudoacacia* und Gebüschen über Kalk und
Mergel
Ökol. allg.:    Laubwälder, ruderale Gehölze, Gebüsche, Parks

Zwischen Gräsern im Falllaub
Osthang vom Harly, nahe der A 36, 4029 Vienenburg, 4029.1/15, 20.12.**2015**
leg./det. H. Manhart

**Psathyrella piluliformis (Bull. ) P. D. Orton 1969**
**Wässriger Mürbling, Weißstieliges Stockschwämmchen, Wässriger Saumpilz**

Syn.: *Drosophila subpapillata* (P. Karst.) Kühner & Romagn. 1953, *Hypholoma subpapillatum*
P. Karst. 1879, *Psathyrella appendiculata var. piluliformis* (Bull.) Kühner & Romagn.
1964, *Psathyrella hydrophila* (Bull. ex Mérat) Maire 1938, *Psathyrella hydrophiloides*
Kits van Wav. 1982, *Psathyrella pilulifera* (Bull.) P. D. Orton 1964, *Psathyrella*
*subpapillata* (P. Karst.) Romagn. 1955

Verbr. im KG: zerstreut
Ökol. im KG:  an Stubben von Fagus
Ökol. allg.:     büschelig an Totholz von Laubbäumen, gern an Buche


An Stubben von *Fagus*
Harly, Wöltingerode, Mittelweg, 4029 Vienenburg, 4029.1/08, 10.01.**2021**
leg./det. H. Manhart


### *Psathyrella spadiceogrisea* (Schaeff.) Maire 1937
**Frühjahrs-Zärtling, Schmalblättriger Zärtling, Früher Mürbling, Früher Faserling**

Syn.: *Drosophila spadiceogrisea* (Schaeff.) Quél. 1886, *Psathyra spadiceogrisea* (Schaeff.)
      P. Kumm. 1871, *Psathyrella mammifera* Romagn. 2008, *Psathyrella spadiceogrisea f.*
      *exalbicans* (Romagn.) Kits van Wav. 1985, *Psathyrella spadiceogrisea f. mammifera*
      (Romagn.) Kits van Wav. 1985, *Psathyrella spadiceogrisea f. phaeophylla*
      Kits van Wav. 1985, *Psathyrella spadiceogrisea f. vernalis* (J. E. Lange) Kits van
      Wav. 1985


Verbr. im KG: mäßig verbreitet, schon früh im Jahr an Wegesäumen erscheinend, ungefährdet
Ökol. im KG:  unter Buche im Falllaub, an Wegrändern und offenen Waldsäumen
Ökol. allg.:     in Laubwäldern, Parkanlagen, an Wegrändern und Ruderalstellen, gern auf
           Holzlagerplätzen


Unter *Fagus* im Falllaub
Harly, Vienenburg, Schacht I, Burggrund, 4029 Vienenburg, 4029.1/15, 15.04.**2012**
leg./det. H. Manhart


### *Pseudoclitocybe cyathiformis* (Bull.) Singer 1956
**Kaffeebrauner Gabeltrichterling**

Syn.: *Cantharellula cyathiformis* (Bull.: Fr.) Singer 1936, *Clitocybe cyathiformis* (Bull.: Fr.)
      Quél. 1871, *Clitocybe poculum* (Peck) Sacc. 1887, *Omphalia cyathiformis* (Bull.: Fr.)
      Quél. 1886, *Pseudoclitocybe atra* (Velen.) Harmaja 1974


Verbr. im KG: verbreitet, aber leicht rückläufig, jedoch ungefährdet
Ökol. im KG:  unter Weide zwischen Flussschotter, Uferbereich der Oker
Ökol. allg.:     in Laub- und Nadelwäldern, an Holzresten, grasigen Wegen und auf
           kultivierten Flächen


Unter *Salix* auf angeschwemmten Flussgeröllen mit *Fallopia japonica*
Okeraue, unterhalb vom Zusammenfluss Radau und Oker, Harly, Vienenburg,
4029 Vienenburg, 4029.1/15, 2.11.**2018**
leg./det. H. Manhart


Unter *Fagus* am Wegrand auf tonigem Boden
Harly, Wöltingerode, Bärental, 4029 Vienenburg, 4029.1/08, 05.12.**2004**
leg./det. H. Manhart


### *Pseudosperma rimosum* (Bull.:Fr.) Kumm. **2019**
**Kegeliger Risspilz**

Syn.: *Inocybe fastigiata* (Schaeff.) Quél.1872, *Inocybe rimosa* (Bull.) P. Kumm. 1871 *s. str.*

Verbr. im KG: zerstreut, jedoch wohl ungefährdet
Ökol. im KG:  unter Eiche
Ökol. allg.:   Laub- und Nadelwälder
                *Pseudosperma rimosum* gilt derzeit als Sammelart.


Unter *Quercus*
Harly, Vienenburg, Schacht I, Unter dem Harly, 4029 Vienenburg, 4029.1/15, 16.06.**2002**
leg./det. H. Manhart

### *Puccinia sessilis* W.G. Schneid. 1870
**Bärlauchrost, Weißwurz-Glanzgrasrost**

Syn.: *Puccinia angulosi-phalaridis* Poeverl. 1924, *Puccinia ari-phalaridis* Kleb. 1899,
     *Puccinia digraphidis* Soppitt 1890, Puccinia festucina P. Syd. & Syd. 1912, *Puccinia
     orchidearum-phalaridis* Kleb. 1897, *Puccinia phalaridis* Plowr. 1888, *Puccinia
     schmidtiana* Dietel 1896, *Puccinia smilacearum-festucae* Mayor 1922, *Puccinia
     winteriana* Magnus 1894


Verbr. im KG: zerstreut, aber aufgrund großflächiger Bärlauchbestände ungefährdet
Ökol. im KG:  in Beständen von *Allium ursinum*
Ökol. allg.:   an Bärlauch, Maiglöckchen, Liliengewächsen, Gräsern und Weide (Wirtwechsel)

Auf Blättern von *Allium ursinum* (Bärlauch)
Harly, Talgrund an der Westseite zu Weddingen, 4029 Vienenburg, 4029.1/06, 28.04.**2020**
leg./det. H. Manhart

An Blättern von *Allium ursinum*
Harly, Vienenburg, Unter dem Harly, 4029 Vienenburg, 4029.1/15, 22.05.**2010**
leg./det. H. Manhart

### *Puccinia violae* (Schumach.) DC. 1815
**Veilchen-Rostpilz, Gewöhnlicher Veilchenrost**

Syn.: *Puccinia aegra* Grove 1883

Verbr. im KG: zerstreut, aber ungefährdet
Ökol. im KG:  an *Viola riviniana*
Ökol. allg.:   an Stielen und Blättern von Veilchen

An *Viola riviniana* (Hain-Veilchen) über Kalk
Harly, Westhang bei Weddingen, 4029 Vienenburg, 4029.1/06, 28.04.**2020**
leg./det. H. Manhart

### *Radulomyces molaris* (Chaillet) M. P. Christ. 1960
**Gezähnelter Reibeisenpilz, Gezähnter Reibeisenpilz**

Syn.: *Cerocorticium molare* (Chaillet: Fr.) Jülich & Stalpers 1980, *Radulum molare*
     Chaillet: Fr. 1828

Verbr. im KG: zerstreut, aber ungefährdet
Ökol. im KG:  an Eichentotholzast
Ökol. allg.:   im Eichen-Hainbuchen- und Buchenwald, gern auch an Totholzästen von Linde

Auf Unterseite eines liegenden Totholzastes von *Quercus*
Harly, Wöltingerode, Südrand, 4029 Vienenburg, 4029.1/12N, 14.01.**2022**
leg./det. H. Manhart

### *Ramaria aurea* (Schaeff.) Quél. 1888
### Echte Gold-Koralle, Goldgelbe Koralle

Syn.: *Clavaria aurea* Schaeff. 1774, *Clavariella aurea* (Schaeff.: Fr.) P. Karst. 1881,
*Corallium aurea* (Schaeff.: Fr.) G. Hahn 1883

Verbr. im KG: sehr selten, seit 2002 nicht mehr angefunden, im Harly wohl verschollen?
Ökol. im KG:  Kalkbuchenwald
Ökol. allg.:    in Laub- und Nadelwäldern (Buche, Kiefer, Fichte)

Unter *Fagus* über Kalk
Harly, Wöltingerode, Kalkbuchenwald oberhalb des Bärentales, 4029 Vienenburg,
4029.1/08, 29.08.**1993**
und 04.10.**1997**
leg./det. H. Manhart    **2 Tafeln**

**Gefährdung: RL 1 in Niedersachsen**
**Im Harly wohl verschollen?**

### *Rhizochaete radicata* (Henn.) Gresl., Nakasone & Rajchenb. 2004
### Zimtfarbener Cystidenrindenpilz, Fransiger Cystidenrindenpilz

Syn.: *Phanerochaete filamentosa* (Berk. & M. A. Curtis) Burds.1968 *ss. auct. europ.*,
*Phanerochaete radicata* (Henn.) Nakasone, C. R. Bergman & Burds. 1994

Verbr. im KG: selten, im Harly Gefährdung unbekannten Ausmaßes auch durch Areal-
verluste von Nadelhölzern
Ökol. im KG:  auf Unterseite von liegendem Nadeltotholz
Ökol. allg.:    auf Unterseite verschiedener Laub-, seltener Nadeltothölzer

Auf Unterseite liegenden und unberindeten Totholzstammes (Nadelholz: *Pinus* oder *Picea*)
Harly, Vienenburg, Burggrund (oberer Teil), 4029 Vienenburg, 4029.1/15, 31.01.**2009**
leg./det. H. Manhart

**Gefährdung: RL 2 in Niedersachsen**

### *Rhodocollybia butyracea f. asema* (Fr.) Antonín, Halling & Noordel. 1997
### Butter-Rosasporrübling, Horngrauer Rübling

Syn.: *Agaricus leiopus var. fuligineus* Alb. & Schwein. 1805, *Collybia asema* (Fr.: Fr.) Gillet
1876, *Collybia butyracea var. asema* (Fr.) Cetto 1981

.

Verbr. im KG: verbreitet bis häufig, noch bis spät im Jahr fruktifizierend, ungefährdet
Ökol. im KG: Buchenwald
Ökol. allg.:    Buchenwald, Eichen-Hainbuchenwald, Eichen-Elsbeerenwald, Buchenwald mit
eingestreuten Kiefern und Fichten

Unter *Fagus* im Falllaub

Harly, Wöltingerode, Südseite, 4029 Vienenburg, 4029.1/13, 06.12.**2004**
leg./det. H. Manhart

### *Rhodocybe gemina* (Paulet) Kuyper & Noord. 1987
### Fleischrötlicher Tellerling, Würziger Tellerling

Syn.: *Clitopilus geminus* (Paulet) Noordel. & Co-David 2009, *Clitopilus geminus var.*
*subvermicularis* (Maire) Noordel. & Co-David 2009, *Clitopilus truncatus* (Schaeff.: Fr.)
Kühner & Romagn. 1953, *Rhodocybe gemina var. mauretanica* (Maire) Bon 1990,
*Rhodocybe gemina var. subvermicularis* (Maire) Bon 1990, *Rhodocybe truncata*
*ss. auct., Rhodopaxillus truncatus* (Schaeff.: Fr.) Maire 1913, *Tricholoma geminum*
(Paulet) Sacc. 1887, *Tricholoma truncatum* (Schaeff.: Fr.) Quél. 1880

Verbr. im KG: zerstreut, aber insgesamt wohl bestandsstabil
Ökol. im KG:  unter Kastanie im dicken Falllaub
Ökol. allg.:     in verschiedenen Laub- und Nadelwäldern, an Straßenrändern unter Weide, an
                    Wegrändern und auf Wiesensäumen

Unter *Aesculus* im Falllaub
Harly, Vienenburg, Alter Bahndamm an Fahrstraße zum ehem. Schacht I, 4029 Vienenburg,
4029.1/15, 28.07.**2000**
leg./det. H. Manhart

**Gefährdung: RL 3 für Niedersachsen**

### *Rubroboletus rhodoxanthus* (Krombh.) Kuan Zhao & Zhu L. Yang 2014
### Rosahütiger Purpur-Röhrling, Blasshütiger Purpur-Röhrling

Syn.: *Boletus rhodoxanthus* (Krombh.) Kallenb. 1925, *Boletus sanguineus var. rhodoxanthus*
Krombh. 1836, *Suillellus rhodoxanthus* (Krombh.) Blanco-Dios 2015

Verbr. im KG: selten, drei Standorte im Harly (!), Basidiocarpien oft jahrelang ausbleibend,
                  im Harly Gefährdung unbekannten Ausmaßes
Ökol. im KG:  Eichen-Hainbuchenwald
Ökol. allg.:     Waldmeister-Buchenwald, Eichen-Hainbuchenwald

Unter *Quercus* und *Carpinus* auf tonigem Boden
Harly, Vienenburg, Schacht I, Südhang, 4029 Vienenburg, 4029.1/15, 12.08.2014
leg./det. H. Manhart

Unter *Quercus* und *Carpinus* auf tonigem Boden
Harly, Vienenburg, Schacht I, Südhang, 4039 Vienenburg, 4029.1/15, 03.08.**2002**
leg./det. H. Manhart    **2 Tafeln**

**Gefährdung: RL 1 für Niedersachsen**

### *Rubroboletus satanas* (Lenz) Kuan Zhao & Zhu L.Yang 2014
### Satans-Röhrling

Syn.: *Boletus crataegi* Smotl. 1952, *Boletus foetidus* Trog 1898, *Boletus marmoreus*
Roques 1898, *Boletus satanas* Lenz 1831, *Boletus satanas f. crataegi* Smotl. ex
Antonín & Janda 2007, *Rubroboletus satanas f. crataegi* (Smotl. ex Antonín & Janda)
Janda & Kříž 2006, *Suillellus satanas* (Lenz) Blanco-Dios 2015, *Suillus satanas* (Lenz)
Kuntze 1898, *Tubiporus satanas* (Lenz) Ricken 1937

Verbr. im KG: selten, im Harly Gefährdung unbekannten Ausmaßes
Ökol. im KG.: Buchenwald
Ökol. allg.:    Buchenwald, Buchenmischwälder mit Eiche, Hainbuche, Hasel, Birke

Unter *Fagus* im Falllaub über Tonerde, Harly, Vienenburg, Schacht I, Weg oberhalb des
Okerprallhanges, 4029 Vienenburg, 4029.1/14, 02.09.**2015**
leg./det. H. Manhart

**Gefährdung: RL 2 für Niedersachsen**

### *Russula acetolens* Rauschert 1989
**Glänzendgelber Dottertäubling, Hasel-Dottertäubling, Gelber Hasel-Täubling**

Syn.: *Russula lutea* (Huds.: Fr.) Gray 1887, *Russula risigallina var. acetolens* (Rauschert)
        Krieglst. 2000

Verbr. im KG: selten, in manchen Jahren ausbleibend, im Harly Gefährdung unbekannten
                    Ausmaßes
Ökol. im KG:   unter Hainbuche am Wegrand
Ökol. allg.:     in Laubmischwäldern und Parks, unter Buche, Eiche, Hainbuche und Kiefer

Unter *Carpinus* auf tonigem Boden
Harly, Vienenburg,  Schacht II, Südhang oberhalb der Oker, 4029 Vienenburg, 4029.1/14,
18.06.**2007**
leg./det. H. Manhart

### *Russula aurea* Pers. 1796
**Gold-Täubling, Goldschneidiger Täubling**

Syn.: *Russula aurata* (With.) Fr. 1838, *Russula aurea var. axantha* (Romagn.) Bon 1987,
        *Russula blumii* Bon 1986

Verbr. im KG.: selten, im Harly Gefährdung unbekannten Ausmaßes
Ökol. im KG:   im Laubmischwald, unter Buche, über Kalk
Ökol. allg.:     in kalkreichen Laubmischwäldern

Unter *Fagus* und *Carpinus* über tonigem Boden
Harly, Schacht I, Vienenburg, Okerprallhang, 4029 Vienenburg, 4029.1/14, 08.08.**2017**
leg./det. H. Manhart

Unter *Quercus* auf tonigem Boden
Harly, Vienenburg, Schacht I, Unter dem Harly (Weg an der Oker), 4029 Vienenburg,
4029.1/15, 13.07.**2007**
leg./det. H. Manhart

Unter *Fagus* über Kalk
Harly, Vienenburg, Schacht I, Osthang des Burggrundes, 4029 Vienenburg, 4029.1/15,
28.07.**2000**
leg./det. H. Manhart

**Gefährdung: RL 2F, 3H für Niedersachsen 1995, in 2014 RL 1F, 2H**

*Russula bresadolae* Schulzer **1885**
**Purpurschwarzer Täubling, Gefurchter Purpur-Täubling**

Syn.: *Russula atropurpurea* (Krombh.) Britzelm. 1893, *Russula krombholzii* Shaffer 1970,
   *Russula krombholzii f. alutaceomaculata* (Britzelm.) Bon 1987, *Russula krombholzii f.
   violaceomarginata* R. Socha 2011, *Russula krombholzii var. atropurpurella* (Singer)
   R. Socha 2011, *Russula krombholzii var. fuscovinacea* (J. E. Lange) R. Socha 2011,
   *Russula krombholzii var. luteoviridis* R. Socha & Hálek 2011, *Russula krombholzii
   var. pantherina* (Zvára) R. Socha 2011, *Russula undulata* Velen. 1920

Verbr. im KG.: zerstreut und rückläufig
Ökol. im KG:  im Eichen-Hainbuchenwald
Ökol. allg.:    im Laubmischwald, obligater Eichenfolger

Unter *Quercus* über Rogenstein
Harly, Schacht I, Vienenburg, Unter dem Harly, 4029 Vienenburg, 4029.1/1, 13.08.**2017**
leg./det. H. Manhart

Unter *Quercus* im Gras
Harly, Vienenburg, Schacht I, Unter dem Harly (Weg an der Oker), 4029 Vienenburg,
4029.1/15, 11.07.**2007**
leg./det. H. Manhart

*Russula brunneoviolacea* Crawshay **1930**
**Violettbrauner Täubling, Braunvioletter Samt-Täubling**

Syn.: *Russula aerina* Romagn. 1962, *Russula brunneoviolacea var. cristatispora* J. Blum ex
   Bon 1986, *Russula pseudoviolacea* Joachim 1931, *Russula purpurea* Gillet 1882,
   *Russula purpureoviolacea* Reumaux 1960, *Russula violaceoides* Hora 1960

Verbr. im KG: sehr selten, im Harly Gefährdung unbekannten Ausmaßes
Ökol. im KG: Eichen-Hainbuchenwald
Ökol. allg.:    in sandigen Laubmischwäldern und auf leicht versauerten Böden, unter Eiche,
    Buche und Kastanie, in Parkanlagen

Unter *Carpinus* auf tonigem Boden am Wegrand
Harly, Wöltingerode, Am Harlyberg, südlicher Randweg vom Alten Forstweg zum Schacht II,
4029 Vienenburg, 4029.1/13, 01.07.**2012**
leg./det. H. Manhart

**Gefährdung: Wird nicht in RL für Niedersachsen  aufgeführt**

*Russula carpini* Heinem. & Girard **1956**
**Hainbuchen-Täubling**

Syn.: *Russula carpini f. olens* Donelli 2000, *Russula carpini f. tenella* Bon 1979

Verbr. im KG.: zerstreut, aber nicht bestandsbedroht
Ökol. im KG:   unter Hainbuche
Ökol. allg.:    im Laubmischwald, an wärmebegünstigten Waldsäumen

Unter *Carpinus* über tonigem Boden
Harly, Schacht I, Vienenburg, Okerprallhang, 4029 Vienenburg, 4029.1/14, 08.08.**2017**
leg./det. H. Manhart

Unter *Carpinus* über tonigem Boden und Rogenstein
Harly, Vienenburg, Schacht I, Okerprallhang, 4029 Vienenburg, 4029.1/14, 7.08.**2016**
leg./det. H. Manhart

**Gefährdung: RL 3 für Niedersachsen**

***Russula delica* Fr. 1838 *agg.*** (Sammelart)
**Schmalblättriger Weißtäubling, Gemeiner Weißtäubling**

Syn.: *Agaricus piperatus var. exsuccus* (Pers.) Pers. 1801, *Agaricus vellereus var. exsuccus*
(Pers.) Fr. 1821, *Lactifluus exsuccus* (J. Otto) Kuntze 1891, *Russula delica f. delica*
Fr. 1838

Verbr. im KG: verbreitet, in den letzten Jahren rückläufig, jedoch ungefährdet
Ökol. im KG:  unter Buche
Ökol. allg.:    Laubmischwälder auf kalkreichen Böden, gern unter Kiefer und Eiche

Unter *Fagus* über Braunerde
Harly, Schacht I, Vienenburg, am Rande eines Hohlweganstieges, 4029 Vienenburg,
4029.1/14, 06.06.**2017**
leg./det. H. Manhart

***Russula farinipes* Romell. 1893**
**Mehlstiel-Täubling, Starrer Täubling**

Syn.:

Verbr. im KG: sehr selten, im Harly Gefährdung unbekannten Ausmaßes
Ökol. im KG:  unter Buche auf lehmigem Boden
Ökol. allg.:    in Buchen-, Eichen-Hainbuchenwäldern, Eichen-Feldulmen-Hartholzauen,
                unter Tannen, auf lehmigen Braunerden, kalkreichen Böden, an lichten
                Wegesrandstellen, in Parkanlagen

Unter *Fagus* über lehmig-tonigen Boden
Harly, Vienenburg, Schacht I, Westhang oberer Burggrund, 4029 Vienenburg, 4029.1/15,
14.09.**2007**
leg./det. H. Manhart

**Gefährdung: RL 2F, 3H für Niedersachsen**

***Russula integra* (L.) Fr. 1838**
**Kleinsporiger Braun-Täubling, Brauner Ledertäubling, Braunroter Leder-Täubling**

Syn.: *Russula integra f. grisella* (Singer) Bon 1986, *Russula integra f. phlyctidospora*
Romagn. 1962, *Russula integra var. brunneorosea* R. Socha 2011, *Russula integra*
*var. oreas* Romagn. 1962, *Russula integra var. phlyctidospora* (Romagn.) Romagn.
1967, *Russula integra var. purpurella* (Singer) R. Socha 2011, *Russula polychroma*
Hora 1960

Verbr. im KG: zerstreut
Ökol. im KG:  unter Buche und Kiefer
Ökol. allg.:    im kalkreichen Laubmischwald

Unter *Fagus* und *Pinus nigra* über Kalk am Wegrand
Harly, Wöltingerode, Südseite, 4029 Vienenburg, 4029.1/11N, 03.07.**1999**
leg./det. H. Manhart

**Gefährdung: RL 4F für Niedersachsen**

**_Russula lilacea_ Quél. 1876**
**Rotstieliger Reiftäubling**

Syn.: *Russula carnicolor* (Bres.) Bataille 1908, *Russula cremeoflavescens* Reumaux 1996,
*Russula lilacea* f. *flavoviridis* Romagn. 1962, *Russula lilacea* subsp. *retispora* Singer
1934, *Russula lilacea* var. *carnicolor* Bres. 1892, *Russula lilacea* var. *pseudolilace*
(J. Blum) Bon 1983, *Russula pseudolilacea* J. Blum 1954, *Russula purpureolilacina*
Fayod 1893 *ss.* Romagn.

Verbr. im KG: sehr selten, im Harly Gefährdung unbekannten Ausmaßes
Ökol. im KG:  Eichen-Hainbuchenwald
Ökol. allg.:    unter Buchen und Hainbuchen, im Laubmischwald

Unter *Quercus* auf tonigem Boden
Harly, Wöltingerode, Südseite, an Oberkante eines alten Hohlweges, 4029 Vienenburg,
4029.1/07, 08.07.**2007**
leg./det. H. Manhart

**Gefährdung: RL 2 für Niedersachsen**

**_Russula intermedia_ P. Karst. 1888**
**Prächtiger Birken-Täubling, Scharfer Birken-Dottertäubling, Weicher Dotter-Täubling**

Syn.: *Russula aurantiolutea* Kauffman 1909, *Russula lundellii* Singer 1951, *Russula
mesospora* Singer 1938, *Russula pulcherrima* S. Lundell & Jul. Schäff. 1938

Verbr. im KG: selten, im Harly Gefährdung unbekannten Ausmaßes
Ökol. im KG:  unter Birke auf lehmreicher Braunerde
Ökol. allg.:    im Laubmischwald, gern unter Birken

An lehmiger und toniger Steilwand unter *Betula*
Abstieg vom ehem. Schacht II zur Oker, Südhang oberhalb der Oker, 4029 Vienenburg,
4029.1/14, 18.06.**2007**
leg./det. H. Manhart

**Gefährdung: RL 2 für Niedersachsen 1995, in 2014 RL 1**

**_Russula lepida_ Fr. 1836**
**Harter Zinnober-Täubling, Zinnoberroter Täubling**

Syn.: *Russula lactea* Fr. 1838, *Russula lepida* var. *lactea* (Fr.) F. H. Møller & Jul. Schäff.
1952, *Russula lepida* var. *salmonea* Zvára 1927, *Russula lepida* var. *sapinea* Zvára
1927, *Russula lepida* var. *speciosa* Zvára 1927, *Russula rosacea* (Pers.) Gray 1821,
*Russula rosea* Pers. 1796

Verbr. im KG: früher häufig, in den letzten Jahren rückläufig
Ökol. im KG:  im Buchenwald
Ökol. allg.:    im Laubmischwald

Unter *Fagus* über Buntsandstein
Harly, Wöltingerode, Bärental, 4029 Vienenburg, 4029.1/12, 23.06.**1993** und 10.08.**1993**
leg./det. H. MANHART   **2 Tafeln**


**RL 3 F für Niedersachsen**

***Russula maculata* QUÉL. 1878**
**Gefleckter Täubling, Flecken-Täubling**


Syn.: *Russula maculata var. bresadolana* (SINGER) ROMAGN. 1967


Verbr. im KG:  selten, im Harly Gefährdung unbekannten Ausmaßes
Ökol. im KG:   unter Eiche auf tonigem Boden
Ökol. allg.:    Laubmischwälder, gern unter Eiche, Buche und Hasel


Unter *Quercus* auf tonigem Boden
Harly, Vienenburg, Schacht II, Südhang oberhalb der Oker, 4029 Vienenburg, 4029.1/14,
18.06.**2007**
leg./det. H. MANHART


**Gefährdung: RL 1F, 3H für Niedersachsen**

***Russula mairei agg.***
**Gedrungener Buchen-Speitäubling, Bräunender Buchen-Speitäubling  (Sammelart)**


Wird geführt als *Russula nobilis* VELEN. 1920
Syn.: *Russula emetica var. mairei* (SINGER) KILLERM. 1936, *Russula nobilis* VELEN. 1920,
      *Russula nobilis var. semilucida* R. SOCHA 2011


Verbr. im KG: ein im Buchenwald früher häufiger Scharftäubling, der in den letzten 5 Jahren
              drastische Einbußen im Harly verzeichnet hat; *R. maieri agg.* ist eine
              Sammelart
Ökol. im KG: Buchenwald
Ökol. allg.:   kalkreiche Buchenwaldböden

Unter *Fagus* im Falllaub
Harly, Wöltingerode, 4029 Vienenburg, 4029.1/08, 15.09.**2021**
leg./det. H. MANHART


Unter *Fagus, Quercus* und *Carpinus* über tonigem Boden
Harly, Vienenburg, Schacht I, Südhang, 4029 Vienenburg, 4029.1/15, 14.06.**2007**
leg./det. H. MANHART

***Russula nigricans* FR. 1838**
**Dickblättriger Schwärz-Täubling**


Syn.:


Verbr. im KG: verbreitet, ungefährdet
Ökol. im KG: im Laubmischwald
Ökol. allg.:   in Laub- und Nadelwäldern


Unter *Fagus* und *Quercus* über Buntsandstein

Harly, Weddingen, 4029 Vienenburg, 4029.1/06, 23.07.**2006**
leg./det. H. Manhart

***Russula olivacea* Pers. 1796 *agg.* (Sammelart)**
**Rotstieliger Leder-Täubling, Wechselfarbiger Leder-Täubling**

Syn.: *Agaricus olivaceus* Schaeff. 1774, *Russula alutacea var. olivacea* (Schaeff.) J. E. Lange
1926, *Russula alutacea var. roseola* J. E. Lange 1926, *Russula olivacea var. roseola*
R. Socha 2011

Verbr. im KG: zerstreut, *R. olivacea agg.* ist eine Sammelart
Ökol. im KG:  im Kalkbuchenwald
Ökol. allg.:    auf kalkreichen Böden in Laubmisch- und Nadelwäldern

Unter *Fagus* über Kalk
Harly, Wöltingerode, Kalkbuchenwald oberhalb des Bärentales, 4029 Vienenburg,
4029.1/08, 30.09.**2002**
leg./det. H. Manhart

**RL 2F für Niedersachsen**

***Russula pallidospora agg.***
**Gelbblättriger Weißtäubling     Sammelart**

Syn.:

Verbr. im KG: sehr selten, *R. pallidospora agg.* ist eine Sammelart, Daten ungenügend,
                sichere Einschätzung nicht möglich
Ökol. im KG:  im Laubmischwald am Wegrand über tonigem Boden
Ökol. allg.:    in Laubwäldern und Parks, auf kalkreichen bis neutralen Böden

Unter *Quercus* und *Fagus* am Wegrand über Tonboden
Harly, Vienenburg, Schacht II, Südhang über der Oker, 4029 Vienenburg, 4029.1/14,
18.06.**2007**
leg./det. H. Manhart

**Gefährdung: Wird nicht in RL für Niedersachsen 1995 aufgeführt, in 2014 RL 1**

***Russula persicina* Krombh. 1845 *ss.* Melzer & Zvára**
**Schwachfleckender Täubling, Cremesporiger Täubling, Rosaroter Speitäubling**

Syn.: *Russula luteotacta var. intactior* Jul. Schäff. 1938, *Russula persicina f. alba* Bon 1987,
        *Russula persicina var. rubrata* Romagn. 1967

Verbr. im KG: zerstreut, aber noch ungefährdet
Ökol. im KG:  unter Eiche
Ökol. allg.:    im Labkraut-Eichen-Hainbuchenwald, im Seggen-Buchenwald, auf
                Waldlichtungen, in Parkanlagen, an Straßen- und Wegesrändern, auch unter
                Pappel und Linde

Unter *Quercus*
Harly, Vienenburg, Südhang, 4029 Vienenburg, 4029.1/15, 08.08.**2002**
leg./det. H. Manhart

**Gefährdung: RL 2 für Niedersachsen**

*Russula pseudointegra* Arnould & Goris **1907**
**Ockerblättriger Zinnober-Täubling**

Syn.: *Russula pseudointegra* f. *persicolor* Reumaux 1996, *Russula pseudointegra var. subdecolorans* Reumaux 1996

Verbr. im KG: zerstreut, aber noch ungefährdet
Ökol. im KG:  im Laubmischwald
Ökol. allg.:    in grasigen Laubmischwäldern, auf verlehmten Braunerden, in wärme-
liebenden Laubwaldgesellschaften

Unter *Fagus* und *Quercus* im Falllaub
Harly, Wöltingerode, Südseite, 4029 Vienenburg, 4029.1/13, 15.06.**2007**
leg./det. H. Manhart

**Gefährdung: RL 2 für Niedersachsen**

*Russula raoultii* Quél. **1886** *agg.*
**Blassgelber Täubling, Weißblättiger Ocker-Täubling**  (Sammelart)

Syn.:

Verbr. im KG: zerstreut, *R. raoultii agg.*bildet einen noch ungeklärten Artenkomplex
Ökol. im KG:  im Buchenwald
Ökol. allg.:    in Hainsimsen- und Labkraut-Buchenwäldern, auch unter Fichten auf
basen- und nährstoffarmen sandigen oder lehmigen Böden

Unter *Fagus* auf tonigem Boden an Wegeböschung, Harly, Weg von Schacht II zum Mittelweg,
4029 Vienenburg, 4029.1/06, 13.09.**2015**
leg./det. H. Manhart

**Gefährdung: RL 1F, 2H für Niedersachsen**

*Russula recondita* Melera & Ostellari **2016**
**Kratzender Kammtäubling**

Syn.: *Russula consobrina var. pectinatoides* (Peck) Singer, 1926, *Russula pectinata subsp. pectinatoides* (Peck) Bohus & Babos 1960

Verbr. im KG: zerstreut
Ökol. im KG:  unter Pappel, Birke und anderen Laubbäumen
Ökol. allg.:    Laubmischwald

Im Gras unter *Populus*
Harly, Vienenburg, Schacht I, Unter dem Harly, 4029 Vienenburg, 4029.1/15, 26.06.**2012**
leg./det. H.Manhart

Im Gras unter *Betula*
Harly, Vienenburg, Schacht II, Südhang, Wiese an der Oker, 4029 Vienenburg, 4029.1/14,
30.09.**2007**
leg./det. H. Manhart

*Russula risigallina* (Batsch) Sacc. 1915
**Aprikosen-Täubling, Weicher Täubling, Wechselfarbiger Dotter-Täubling**

Syn.: *Russula armeniaca* Cooke 1888, *Russula chamaeleontina* (Lasch) Fr. 1838, *Russula luteoalba* Britzelm. 1895, *Russula luteorosella* Britzelm. 1895, *Russula minutalis* Britzelm. 1885, *Russula ochraceoalba* Britzelm. 1896, *Russula puellaris var. minutalis* (Britzelm.) Singer 1926, *Russula risigallina f. bicolor* (Melzer & Zvára) Bon 1986, *Russula risigallina f. luteorosella* (Britzelm.) Bon 1986

Verbr. im KG: selten, im Harly Gefährdung unbekannten Ausmaßes
Ökol. im KG:  im Buchenmischwald über Rogenstein
Ökol. allg.:    in Laubmischwäldern unter verschiedenen Laubbaumarten

Unter *Fagus* über Rogenstein
Harly, Weddingen, 4029 Vienenburg, 4029.1/06, 20.06.**1993**
leg./det. H. Manhart

*Russula sanguinaria* (Schumach.) Rauschert **1989**
**Blutroter Täubling, Blutroter Scharftäubling, Bluttäubling**

Syn.: *Russula sanguinaria f. sulphurea* (Velen.) R. Socha 2011, *Russula sanguinaria var. confusa* (Velen.) Bon 1994, *Russula sanguinaria var. pseudorosacea* (Maire) Bon 1994, *Russula sanguinea* Fr. 1838

Verbr. im KG: sehr selten, im Harly Gefährdung unbekannten Ausmaßes
Ökol. im KG:  unter *Pinus sylvestris* über Kalk
Ökol. allg.:    im Nadelwald (Fichte, Kiefer, Lärche, Eibe) ohne besonderen Bodenansprüche

Unter *Pinus* zwischen Gräsern
Harly, Wöltingerode, Bärental, 4029 Vienenburg, 4029.1/ 08, 6.11.**2016**
leg./det. H. Manhart

**Gefährdung: RL 3 für Niedersachsen**

*Russula subfoetens* W.G. Sm. 1873
**Gilbender Stink-Täubling**

Syn.:

Verbr. im KG: zerstreut
Ökol. im KG:  im Kalkbuchenwald
Ökol. allg.:    im Laubmisch- und Nadelwald, unter Buche, Birke, Eiche und Hainbuche

Unter *Fagus* truppweise im Falllaub über Kalk
Harly, Schacht II, kurz hinter den Kreideaufschluss oberhalb der Wedde, 4029 Vienenburg, 4029.1/12, 17.07.**2016**
leg./det. H. Manhart

*Russula torulosa* Bres. 1929
**Wolfs-Täubling, Gedrungener Täubling, Dunkelroter Wolfs-Täubling**

Syn.:

Verbr. im KG: selten, im Harly Gefährdung unbekannten Ausmaßes
Ökol. im KG:  unter *Pinus sylvestris* über Kalk
Ökol. allg.:    Waldkiefernfolger lichter Waldsäume über basenreichen und nährstoffarmen
               Böden

Unter *Quercus* und *Pinus sylvestris* über Kalk
Harly, Wöltingerode, Südrand, 4029 Vienenburg, 4029.1/12N, 27.07.**2021**
leg./det. H. Manhart

### *Russula vinosa* Lindblad 1901
### Weinroter Graustiel-Täubling

Syn.: *Russula decolorans var. obscura* Romell 1891, *Russula obscura* (Romell) Peck 1906,
       *Russula phoenix* Kučera 1930, *Russula vinosa f. rubellipes* R. Socha 2011, *Russula
       vinosa var. phoenix* (Kučera) R. Socha 2011

Verbr. im KG: selten, durch Borkenkäfer und anschließendem Kahlschlag wurde die
               Fichtenparzelle vernichtet und damit der Biotop
Ökol. im KG:  unter *Picea*
Ökol. allg.:    im Nadelwald an feuchten Stellen

Unter *Picea* in Nadelstreu über tonigem Boden
Harly, Vienenburg, Westhang oberer Burggrund, 4029 Vienenburg, 4029.1/15, 05.10.**2007**
leg./det. H. Manhart

**Gefährdung: RL 2 für Niedersachsen**

### *Russula virescens* (Schaeff.) Fr. 1836
### Gefelderter Grün-Täubling

Syn.: *Russula virescens var. albidocitrina* Gillet 1876

Verbr. im KG: zerstreut
Ökol. im KG:  im Laubmischwald über Braunerde
Ökol. allg.:    Buchen- und Eichen-Hainbuchenwald, in Fichtenwäldern, an Wegesrändern,
               Böschungen, Waldsäumen, auf neutralen, schwach basischen oder sauren
               Sand- und Lehmböden

Unter *Fagus* und *Quercus*
Harly, Schacht I, Vienenburg, Okerprallhang, 4029 Vienenburg, 4029.1/14, 13.08.**2017**
leg./det. H. Manhart

Unter *Fagus* auf lehmigem Boden
Harly, Schacht I, Südhang, Prallhang zur Oker, 4029 Vienenburg, 4029.1/14, 12.08.**2014**
leg./det. H. Manhart
**Die Tafel zeigt eine ausgeblichene Form.**

Unter *Quercus* und *Fagus* am Wegrand über Tonboden
Harly, Vienenburg, Schacht II, Südhang über der Oker, 4029 Vienenburg, 4029.1/14,
18.06.**2007**
leg./det. H. Manhart

**Gefährdung: RL 3 für Niedersachsen**

*Sarcoscypha austriaca* (O. Beck ex Sacc.) Boud. 1907
**Österreichischer Prachtbecherling**

Syn.: *Lachnea austriaca* Beck ex Sacc. 1913, *Peziza imperialis* Beck 188

Verbr. im KG: sehr selten, im Harly konnte bislang die Art nur an zwei räumlich
auseinanderliegenden, ökologisch unterschiedlichen Fundstellen ausgemacht
werden, die Art fruktifiziert unstet!
Im Harly Gefährdung unbekannten Ausmaßes
Ökol. im KG:  an Laubtotholzstückchen unter *Robinia* und an vergrabenen Totholzästchen
von *Fagus*
Ökol. allg.:  in feuchten Erlen-Ahorn-Weiden-Mischwäldern, gern an Grauerle, Weide,
Bergahorn und  Robinie (*Robinia pseudoaciaca*), bundesweit ist die
farbenprächtige Art wohl in Zunahme begriffen

Auf Totholzästchen von *Fagus* und Holzstückchen unter *Robinia* (*Robinia pseudoaciaca*)
Harly, Wöltingerode, Mittelweg, 4029 Vienenburg, 4029.1/07, 07.03.**1999**
leg. H. Manhart, det. Kl. Wöldecke, teste O.Baral

**Gefährdung: RL 2 für Niedersachsen**

*Schizophyllum commune* Fr. 1815
**Spaltblättling**

Syn.: *Schizophyllum alneum* (L.) J. Schröt. 1898, *Schizophyllum radiatum* Fr. 1851

Verbr. im KG: häufig und verbreitet, ungefährdet
Ökol. im KG:  an Totholz von Buche, Eiche und Birke
Ökol. allg.:  an vielen Laubholzarten, aber auch an Fichtenholz, an Wege- und
Straßenrändern, auf Kahlschlägen, Holzlagerplätzen, in Gärten und Parks

Auf Lagerstamm von *Fagus*
Harly, Vienenburg, Schacht II, 4029 Vienenburg, 4029.1/14, 28.12.**2006**
leg./det. H. Manhart

*Scleroderma bovista* Fr. 1829
**Gelbflockiger Hartbovist**

Syn.: *Scleroderma verrucosum var. bovista* (Fr.) Sebek 1953

Verbr. im KG: zerstreut, ungefährdet
Ökol. im KG:  unter *Pinus sylvestris* über Kalk
Ökol. allg.:  innerhalb von Wäldern, an Wegrändern, in Parks

Unter *Pinus* auf Nadelstreu über Kalk
Harly, Wöltingerode, Südseite, 4029.1/11, 07.07.**1999**

*Sericeomyces sericifer* (Locq.) Døssing 1991
**Bräunender Seidenschirmling**

Syn.: *Lepiota cristata var. sericea* Cool 1922, *Lepiota sericata* Kühner & Romagn. 1953,
*Lepiota sericea* (Cool) Huijsman 1943, *Leucoagaricus sericeus* (Cool) Bon & Boiff.
1979, *Leucoagaricus sericifer* (Locq.) Vellinga 2000, *Leucoagaricus sericifer*

*f. sericatellus* (MALENÇON) VELLINGA 2000, *Pseudobaeospora sericifera* LOCQ. 1952,
*Sericeomyces sericatus* (KÜHNER & ROMAGN.) HEINEM. 1978, *Sericeomyces sericeus*
(COOL) CONTU 1991

Verbr. im KG: selten, im Harly Gefährdung unbekannten Ausmaßes
Ökol. im KG: unter *Fraxinus* auf Schwarzerde
Ökol. allg.: Laubmisch- und Auwälder, Gebüsche, humusreiche Böden, auch in
Blumentöpfen, in Gewächshäusern

Unter *Quercus* und *Fraxinus* im Falllaub
Harly, Unter dem Harly, Hangweg südlich der A 36-Brücke, 4029 Vienenburg, 4029.1/15,
4.11.**2016**
leg./det. H. MANHART

**Simocybe centunculus (FR.) P. KARST. 1879**
**Kleinsporiger Olivschnitzling, Buchen-Olivschnitzling, Buchenschnitzling**

Syn.: *Hylophila centunculus* (FR.) QUÉL. 1886, *Naucoria centunculus* (FR.) P. KUMM. 1871,
*Naucoria umbriniceps* MURRILL 1917, *Ramicola centunculus* (FR.) WATLING 1989

Verbr. im KG: selten, Datenlage unzureichend, so dass sichere Einschätzung nicht möglich ist
Ökol. im KG: an Laubtotholz
Ökol. allg.: an entrindetem Totholz von Buche, Eiche und anderen Laubbäumen

An Laubtotholz
Harly, Weddingen, Westhang über Kalk, 4029 Vienenburg, 4029.1/06, 24.07.**2009**
leg./det. KN. WÖLDECKE
Zusendung MARION HÖFERT

**Skeletocutis nivea (JUNGHUHN ) JEAN KELLER 1979 agg.**
**Engporiger Knorpelporling, Kleinsporiger Knorpelporling (Sammelart)**

Syn.: *Polyporus niveus* JUNGH.1838, *Polystictus niveus* (JUNGH.) COOKE 1886, *Microporus
niveus* (JUNGH.) KUNTZE 1898, *Incrustoporia nivea* (JUNGH.) RYVARDEN 1972,
*Trametes nivea* (JUNGH.) CORNER 1989, *Polyporus semipileatus* PECK1881, *Polyporus
hymeniicola* MURRILL 1920

Verbr. im KG: verbreitet, ungefährdet, *Skeletocutis nivea agg.* ist eine Sammelart
Ökol. im KG: an Totholzästen (gern auch an Unterseite) von Ésche
Ökol. allg.: in Laubmisch- und Auwäldern, gern an Totholz von Esche, an Stubben, Ästen
und Stämmen sowie am Boden vergrabener Laubholzreste

An liegendem Totholzast von *Fraxinus excelsior*
Harly, Unter dem Harly, 4029 Vienenburg, 4029.1/15, 15.03.**2011**
leg./det. H. MANHART

**Stereum gausapatum (FR.) FR. 1874**
**Eichen-Schichtpilz, Zottiger Eichen-Schichtpilz**

Syn.: *Thelephora gausapata* FR. 1828

Verbr. im KG: verbreitet und ungefährdet
Ökol. im KG: an Totholz von Eiche
Ökol. allg.: an Totholz (Äste) von Eiche

An abgestorbenem, liegendem Ast von *Quercus*
Harly, Wöltingerode, Bärental, 4029 Vienenburg, 4029.1/13, 23.01.**2019**
leg./det. H. Manhart

### *Stereum hirsutum* (Willd.) Pers. 1800
**Zottiger Schichtpilz, Striegeliger Schichtpilz**

Syn.: *Auricularia reflexa* (Berk.) Bres. 1911, *Corticium reisneri* Velen. 1922, *Stereum
leoninum* Skovst. 1956, *Stereum persoonianum* Britzelm. 1897, *Thelephora hirsuta*
Willd. 1787

Verbr. im KG: sehr häufig, ungefährdet
Ökol. im KG:  an Totholzast von Birke
Ökol. allg.:    an Laubtotholz (Stubben, Äste, Stämme), gern an Eiche und Buche

An liegendem Totholzast von *Betula*
Harly, Mittelweg, Wöltingerode, 4029 Vienenburg, 4029.1/07, 25.01.**2016**
leg./det. H. Manhart

### *Strobilurus tenacellus* (Pers.) Singer 1962
**Bitterer Kiefern-Zapfenrübling, Bitterer Zapfenrübling**

Syn.: *Collybia tenacella* (Pers.: Fr.) P. Kumm. 1871, *Marasmius esculentus var. tenacellus*
(Pers.) P. Karst. 1889, *Marasmius tenacellus* (Pers.: Fr.) J. Favre 1939, *Pseudohiatula
tenacella* (Pers.: Fr.) Métrod 1952, *Strobilurus favrei* Tuom. 1953

Verbr. im KG: selten, aber wohl ungefährdet
Ökol. im KG:  an vergrabenem Zapfen der Waldkiefer
Ökol. allg.:    an verrottenden Kiefernzapfen

Auf vergrabenem Zapfen von *Pinus sylvestris* über Buntsandstein
Harly, Vienenburg, Schacht I, Oberer Burggrund, 4029 Vienenburg, 4029.1/15, 07.05.**2019**
leg./det. H. Manhart

### *Stropharia caerulea* Kreisel 1979
**Blaugrüner Träuschling, Blauer Träuschling**

Syn.: *Psilocybe caerulea* (Kreisel) Noordel. 1995, *Stropharia cyanea* (Bolton) Tuom. 1953 *ss. auct.*

Verbr. im KG: selten, Aufsammlungen im Harly erst in den letzten 6 Jahren
Ökol. im KG:  im Laubmischwald über Kalk, noch spät im Jahr fruktifizierend
Ökol. allg.:    in basen- und nährstoffreichen Laubmischwäldern

Im Falllaub unter *Fagus, Quercus* und *Fraxinus* über Kalk
Harly, Schacht I, Vienenburg, Burggrund (mittlerer Talabschnitt), 4029 Vienenburg,
4029.1/14, 10.11.**2016**
leg./det. H. Manhart

Im Falllaub unter *Fagus, Quercus* und *Carpinus* über Kalk
Harly, Nordhang oberhalb A 36, 4029 Vienenburg, 40239.1/15, 02.01.**2016**
leg./det. H. Manhart

### *Stropharia squamulosa* (Massee) Massee 1902
**Schuppiger Träuschling, Sparriger Träuschling**

Syn.: *Psilocybe squamulosa* (Massee) Noordel. 1995, *Stropharia aeruginosa var. calolepis*
Pilát 1961, *Stropharia aeruginosa var. squamulosa* Massee 1898

Verbr. im KG: selten
Ökol. im KG:  im Buchenwald im Falllaub
Ökol. allg.:    auf basenreichen, lehmhaltigen Böden in Laubmischwäldern

Unter *Fagus* im Falllaub
Harly, Wöltingerode, Südseite, 4029 Vienenburg, 4029.1/07, 03.12.**2006**
leg./det. H. Manhart

**Suillellus luridus var. erythroteron (Bezdek) Blanco-Dios 2015**
**Rotfleischiger Hexenröhrling**

Syn.: *Boletus luridus var. erythroteron* (Bezdek) Pilat & Dermek 1979

Verbr. im KG: verbreitet, in den letzten Jahren rückläufig
Ökol. im KG:  Buchenwald, Eichen-Hainbuchenwald
Ökol. allg.:    Buchenwald, Eichen-Elsbeerenwald, Eichen-Hainbuchenwald

Unter *Fagus* über Kalk
Harly, Wöltingerode, Kalkbuchenwald oberhalb des Bärentales, 4029 Vienenburg,
4029.1/08, 27.10.**2001**
leg./det. H. Manhart

**Gefährdung: Wird nicht in RL für Niedersachsen aufgeführt**

**Suillellus mendax (Simonini & Vizzini) Vizzini, Simonini & Gelardi 2014**
**Kurznetziger Hexenröhrling, Trügerischer Hexenröhrling**

Syn.: *Boletus mendax* Simonini & Vizzini 2013

Verbr. im KG: selten. Aufsammlungen im Harly erst in den letzten Jahren
Ökol. im KG:  unter Eiche und Buche über Braunerde
Ökol. allg.:    Eichen-Hainbuchenwald, kalkreiche Buchenwälder, Buchenmischwälder
                basenreicher Böden

Unter *Fagus* und *Quercus* über Braunerde
Harly, Vienenburg, Schacht II, Okerprallhang, 4029 Vienenburg, 4029.1/14, 09.06.**2019**
leg./det. H. Manhart

**Gefährdung: Wird nicht in RL Niedersachsen geführt**

**Suillus collinitus (Fr.) O. Kuntze 1898**
**Ringloser Butterpilz, Rosafüßiger Körnchen-Röhrling**

Syn.: *Suillus abietinus* Pantidou & Watling 1973, *Suillus fluryi* Huijsman 1969, *Suillus
roseobasis* (J. Blum) Gröger 1967

Verbr. im KG: selten und noch nicht gefährdet
Ökol. im KG:  unter *Pinus sylvestris* über Kalk
Ökol. allg.:    in Nadelwäldern über Kalk, an Waldsäumen, Wegerändern

Unter *Pinus* über Kalk zwischen Gräsern
Harly, Wöltingerode, Südrand, 4029 Vienenburg, 4029.1/13, 16.09.**2007**
leg. / det. H. Manhart

**Gefährdung: RL 4 in Niedersachsen**

*Suillellus queletii* (Schulzer) Vizzini, Simonini & Gelardi 2014
**Glattstieliger Hexenröhrling**

Syn.: *Boletus queletii* Schulzer 1885, *Boletus queletii var. lateritius* (Bres. & Schulzer)
E.-J. Gilbert 1931, *Boletus queletii var. pseudoluridus* J. Blum 1969, *Boletus queletii
var. rubicundus* Maire 1910

Verbr. im KG: sehr selten, Einzelfund, im Harly Gefährdung unbekannten Ausmaßes
Ökol. im KG:  Eichen-Hainbuchenwald
Ökol. allg.:   Orchideen-Buchenwald, Eichen-Hainbuchenwald, parkartige Biotope,
Rasenstreifen

Unter *Quercus* im Gras
Harly, Vienenburg, Schacht I, Südhang, 4029 Vienenburg, 4029.1/15, 01.08.**2002**
leg./det. H. Manhart

**Gefährdung: RL 2 für Niedersachsen 1995, in 2014 nicht mehr aufgeführt**

*Suillus luteus* (L.) Roussel 1796
**Butterpilz**

Syn.:

Verbr. im KG: zerstreut und nicht gefährdet
Ökol. im KG:  unter *Pinus sylvestris*
Ökol. allg.:   in Kiefernwäldern

Unter *Pinus sylvestris* im Gras oberhalb des Weges
Harly, Wöltingerode, Südseite, 4029 Vienenburg, 4029.1/12N, 25.10.**2003**
leg./det. H. Manhart

*Suillus viscidus* (L.) Roussel 1796
**Grauer Lärchen-Röhrling, Graublasser Lärchen-Röhrling**

Syn.: *Boletus britzelmayri* Sacc. & Trotter 1912, *Boletus elbensis* Peck 1872, *Boletus
indecisus* Britzelm. 1891, *Boletus larignus* Britzelm. 1893, *Boletus serotinus* Frost
1877, *Fuscoboletinus viscidus* (L.) Grund & Harr. 1976, *Suillus collarius* (Pers.)
Redeuilh 1990, *Suillus laricinus* (Berk.) Kuntze 1898, *Suillus viscidus f. albus* (Kühner)
Klofac 2013

Verbr. im KG: selten, aber bestandsstabil
Ökol. im KG:  unter Lärche am Wegrand über Kalk
Ökol. allg.:   obligater Lärchenfolger über Kalk

Unter *Larix* am Wegrand zwischen Gräsern über Kalk
Harly, Wöltingerode, Forststraße am Alten Forsthaus Richtung Bärental, 4029 Vienenburg,
4029.1/13, 06.10.**2017**
leg./det. H. Manhart

**Taphrina pruni** (FUCKEL) TUL. 1866
**Zwetschgen-Narrentasche**

Syn.: Exoascus pruni FUCKEL 1870, *Exoascus rostrupianus* SADEB. 1893, *Taphrina rostrupiana*
(SADEB.) GIESENH. 1895

Verbr. im KG: verbreitet und ungefährdet
Ökol. im KG:  an Zwetschgenbäumen und an Schlehen
Ökol. allg.:    an Zwetschge und Schlehe, in Obstplantagen, an Straßenrändern, in Gärten,
in Schlehengebüschen

An *Prunus* (Zwetschge)
Harly, Wöltingerode, 4029 Vienenburg, 4029.1/12, 28.05.**2002**
leg./det. H. MANHART

**Tarzetta catinus** (HOLMSK.) KORF **& J. K.** ROGERS **1971**
**Großer Kelchbecherling, Tiegelförmiger Kelchbecherling, Schüsselförmiger Kelchbe-**
**cherling**

Syn.: *Peziza pustulata* (HEDW.) PERS. 1801, *Pustularia catinus* (HOLMSK.) FUCKEL 1870,
*Pustulina catinus* (HOLMSK.) ECKBLAD 1968

Verbr. im KG: selten, in früheren Jahren etwas häufiger,
im Harly Gefährdung unbekannten Ausmaßes
Ökol. im KG:   auf lehmigem Boden über Kalk
Ökol. allg.:    terricol, oft auf nackter Erde, an verrottenden Holzstückchen, in
Laubmischwäldern, an Wiesenrändern, auf lehmigen Wegen, auf
lückig-grasigen Böden in Parks, an Böschungen

Auf lehmigem Boden über Kalk
Harly, Wöltingerode, Südseite, 4029 Vienenburg, 4029.1/07, 07.06.**2007**
leg./det. H. MANHART

An lehmiger Wegeböschung auf nackter Erde unter *Fagus*
Harly, Wöltingerode, Bärental, 4029 Vienenburg, 4029.1/13, 28.05.**2007**
leg./det. H. MANHART

**Thaxterogaster eburneus** (VELEN.) NISKANEN **&** LIIMAT. **2022**
**Weißer Schleimfuß, Elfenbein-Schleimfuß**

Syn.: *Cortinarius eburneus* (VELEN.) ROB. HENRY 1958

Verbr. im KG: nur eine Fundstelle, Fkk. seit 2013 nicht mehr angetroffen
Unzureichende Datenlage, Bestandsgefährdung nicht sicher einschätzbar
Ökol. im KG:   unter Buche im Falllaub
Ökol. allg.:    Laubwald (Buche), Fichte

Unter *Fagus* im dickem Blattmulm
Büschelig wachsend
Harly, Vienenburg, Schacht I, an Böschung am alten Bahndamm an der Fahrstraße zum
Burggrund, 4029 Vienenburg, 4029.1/15, 15.10.**2011**
leg./det. H.MANHART   **2 Tafeln**
**Gefährdung: Wird nicht in RL für Niedersachsen aufgeführt**
**Thaxterogaster talus** (FR.) NISKANEN **&** LIIMAT. **2022**

**Falbblättriger Klumpfuß, Sägeblättriger Klumpfuß, Falbblättriger Honig-Klumpfuß**

Syn.: *Cortinarius aurantionapus* BIDAUD & REUMAUX 2006, *Cortinarius crenulatus* ROB. HENRY
EX BIDAUD & REUMAUX 2006, *Cortinarius melliolens* J. SCHÄFF. EX P. D. ORTON 1960,
*Cortinarius ochropallidus* ROB. HENRY 1936, *Cortinarius ochropudorinus* Rob. Henry EX
BIDAUD & REUMAUX 2006, *Cortinarius pseudominor* ROB. HENRY EX BIDAUD & REUMAUX
2006, *Cortinarius pseudotalus* ROB. HENRY 1958, *Cortinarius pudorinus* REUMAUX
1975, *Cortinarius talus* FR. 1838


Verbr. im KG: sehr zerstreut, im Harly Gefährdung unbekannten Ausmaßes
Ökol. im KG:  unter *Fagus* und *Quercus*
Ökol. allg.:    Laubmischwälder, basische, neutrale und mäßig saure Böden

Unter *Fagus* im Falllaub am Straßenrand (Zufahrt zu Wohngebäuden Schacht II)
Harly, Vienenburg, Schacht II, 4029 Vienenburg, 4029.1/14, 20.11.**2016**
leg./det. H. MANHART    **2 Tafeln**

Unter *Quercus* und *Fagus* im Falllaub über Rogenstein
Harly, Schacht I/Vienenburg, 4029 Vienenburg, 4029.1/15, 14.09.**2014**
leg./det. H. MANHART

Unter *Quercus*
Harly, Vienenburg, Schacht I, Südhang, 4029 Vienenburg, 4029.1/15, 23.10.**2002**
leg./det. H. MANHART

**Gefährdung: RL 1F, 3H für Niedersachsen**

***Thelephora anthocephala*** **(BULL.) FR. 1838**
**Blumen-Erdwarzenpilz, Blumenartige Lederkoralle**

Syn.: *Merisma clavulare* FR. 1815, *Phylacteria anthocephala* (BULL.: FR.) PAT. 1887,
*Thelephora anthocephala f. repens* (BOURDOT & GALZIN) CORNER 1968, *Thelephora
digitata* FR. 1874

Verbr. im KG: selten, im Harly Gefährdung unbekannten Ausmaßes
Ökol. im KG:  im Laubmischwald am Wegrand über Gips
Ökol. allg.:    in Laub- und Nadelwälder, Ökologie aber wohl noch wenig bekannt

Unter *Fagus, Fraxinus* und *Quercus* über Gips
Harly, Vienenburg, Schacht I, Burggrund (Westhang Talmitte), 4029 Vienenburg, 4029.1/15,
15.07.**2007**
leg./det. H. MANHART

**Gefährdung: RL 3 für Niedersachsen**

***Trametes hirsuta*** **(WULFEN) PILÁT 1939**
**Striegelige Tramete**

Syn.: *Coriolus hirsutus* (WULFEN) PAT. 1897

Verbr. im KG: verbreitet und ungefährdet
Ökol. im KG:  an Buchentotholz
Ökol. allg.:    an Totholzästen von Laubbäumen, gern an Buche, auch an Kräuterresten
An liegendem Totholzast von *Fagus*

Harly, Vienenburg, nördlich des Mittelweges nach Abzweigung vom Burggrund, 4029 Vienenburg, 4029.1/14, 29.01.**2016**
leg./det. H. MANHART

**_Trametes versicolor_ (L.) LLOYD 1921**
**Schmetterlings-Tramete**

Syn.: _Coriolus versicolor_ (L.: FR.) QUÉL. 1886, _Polyporus versicolor_ (L.) FR. 1818

Verbr. im KG: sehr häufig und ungefährdet
Ökol. im KG:  an Stubben, Totholzästen und -stämmen von Buche und anderer Laubbäume
Ökol. allg.:    an Stubben, Totholzästen und -stämmen von Buche und anderer Laubbäume

An Totholz von _Fagus_
Harly, Weddingen, Mittelweg, 4029 Vienenburg, 4029.1/07, 25.03.**2020**
leg./det. H. MANHART    **2 Tafeln**

**_Tremella candida_ PERS. 1801**

Syn.:

Verbr. im KG: sehr selten, Datenlage unzureichend
Ökol. im KG:  an Laubtotholzästen in sehr feuchten und nassen Witterungslagen des
              Herbstes und in milden Phasen des Winters
Ökol. allg.:    an Laubtotholzästen

Auf toten Laubholzästen, _Diatrype_-Arten überziehend
Harly, Wöltingerode, 4029 Vienenburg, 4029.1/08, 31.01.**2005**
leg./det. H. MANHART

**_Tricholoma album_ (SCHAEFF. ) P. KUMM. 1871**
**Strohblasser Ritterling, Ungleichblättriger Stink-Ritterling**

Syn.: _Tricholoma album var. thalliophilum_ (ROB. HENRY) BON 1970

Verbr. im KG: zerstreut, aber wohl stabil
Ökol. im KG:  im Laubmischwald über Kalk und Mergel
Ökol. allg.:    im Laubmischwald, an Waldrändern und -wegen, an Böschungen, gern unter
                Buche, Eiche, Birke, Hainbuche und Hasel

Unter _Fagus_, _Quercus_ und _Carpinus_ im Falllaub über Kalk
Harly, Wöltingerode, Kalkbuchenwald oberhalb des Bärentales, 4029 Vienenburg,
4029.1/08S, 17.09.**1998**
leg./det. H. MANHART

**_Tricholoma atrosquamosum_ (CHEVALL.) SACC. 1887**
**Pfeffriger Schuppen-Ritterling, Schwarzschuppiger Ritterling**

Syn.: _Tricholoma murinaceum_ QUÉL. 1874, _Tricholoma nigromarginatum_ BRES. 1926

Verbr. im KG: selten, im Harly Gefährdung unbekannten Ausmaßes
Ökol. im KG:  Kalkbuchenwald
Ökol. allg.:    im Misch- und Nadelwald, auf kalkhaltigen oder basischen Sand- und

Lehmböden

Unter *Fagus* zwischen Gräsern im Falllaub über Kalk
Harly, Wöltingerode, Kalkbuchenwald nördlich vom Bärental, 4029 Vienenburg, 4029.1/08,
06.11.**2016**
leg./det. H. MANHART

**Gefährdung: RL 1F, 2H für Niedersachsen**

*Tricholoma orirubens var. basirubens* BON **1975**
**Rotfüßiger Erd-Ritterling (rosafüßige Varietät), Rötender Schuppen-Ritterling**

Syn.: *Tricholoma basirubens* BON & A. RIVA 1988

Verbr. im KG: selten, im Harly Gefährdung unbekannten Ausmaßes
Ökol. im KG:  Kalkbuchenwald
Ökol. allg.:    im Buchen- und Buchenmischwald über kalkreichen Böden

Unter *Fagus* im Falllaub über Kalk
Harly, Wöltingerode, südlich des Mittelweges in der Nähe der Schutzhütte, 4029 Vienenburg,
4029.1/07, 07.11.**2019**
leg./det. H. MANHART

**Gefährdung: Wird nicht in RL-Niedersachsen  aufgeführt**

*Tricholoma cingulatum* (ALMFELT) JACOBASCH **1890**
**Beringter Erdritterling**

Syn.: *Armillaria cingulata* (ALMFELT) QUÉL. 1872, *Tricholoma ramentaceum* (BULL.: FR.) RICKEN
 1915, *Tricholoma ramentaceum var. pseudotriste* BON 1975

Verbr. im KG: zerstreut und nur in manchen Jahren fruktifizierend,
                    die für die Art wichtigen Biotope fehlen im Harly größtenteils
Ökol. im KG:    unter Weide an offener Stelle (Straßenrand)
Ökol. allg.:     in Wiesen, Parks, Gärten, an Waldrändern bei Weiden


Am Waldrand vor Feldgehölz unter *Salix*
Harly, Wöltingerode, 4029 Vienenburg, 4029.1/13N, 03.12.**2006**
leg./det. H. MANHART

**Gefährdung: RL 3 für Niedersachsen**

*Tricholoma filamentosum* (ALESSIO) ALESSSIO **1988**
**Faseriger Tiger-Ritterling**

Syn.: *Tricholoma pardinum var. filamentosum* ALESSIO 1983

Verbr. im KG: zerstreut, im Harly Gefährdung unbekannten Ausmaßes
Ökol. im KG:  im Laubwald über Kalk
Ökol. allg.:    basenreiche Buchen- und Laubmischwälder

Unter *Fagus* auf Laubstreu über Kalk

Harly, Wöltingerode, 4029 Vienenburg, 4029.1/07, 15.09.**2021**
leg./det. H. Manhart

**Gefährdung: nur (veraltet) als Tricholoma tigrinum in RL Niedersachsen aufgeführt mit Status RL2 F0**

*Tricholoma frondosae* Kalamees & Shchukin 2001
**Pappel-Grünling, Laubwald-Grünling**

Syn.: *Tricholoma equestre var. populinum* Mort. Chr. & Noordel. 1999

Verbr. im KG: sehr selten, Einzelfund, Datenlage ungenügend
Ökol. im KG:  unter *Populus* und *Fagus* auf lehmigem Boden zwischen *Hedera helix*
Ökol. allg.:    unter verschiedenen Pappelarten auf lehmigen und basenreichen Böden

Unter *Populus* auf lehmigem Boden über Kalk zwischen *Hedera helix*
An Wegeböschung zum ehemaligen Bahngleis unterhalb des Hercynia-Weges
Harly, Vienenburg, Schacht II, 4029 Vienenburg, 4029.1/14, 20.11.**2016**
leg./det. H. Manhart

**Gefährdung: RL 2 für Niedersachsen**
**Erstfund für Harly!**

*Tricholoma lascivum* (Fr.) Gillet 1874
**Widerlicher Ritterling, Unverschämter Ritterling**

Syn.:

Verbr. im KG: sehr zerstreut, aber wohl noch ungefährdet
Ökol. im KG:  im Laubmischwald über kalkreichen Böden
Ökol. allg.:    im Laubmischwald, gern unter Eichen auf basenreichen Böden

Unter *Quercus* und *Fagus* im Falllaub über Kalk
Harly, Vienenburg, Schacht I, Burggrund, 4029 Vienenburg, 4029.1/15, 12.11.**2016**
leg./det. H. Manhart

*Tricholoma orirubens* Quél. 1873
**Rötender Ritterling**

Syn.:

Verbr. im KG: sehr zerstreut
Ökol. im KG:  im Laubmischwald
Ökol. allg.:    im Buchen- und Buchenmischwald über kalkreichen Böden
                wie *Tricholoma orirubens var. basirubens* Bon

Unter *Fagus* mit *Pinus*
Harly, Vienenburg, Schacht I, Burggrund, 4029 Vienenburg, 4029.1/15, 29.09.**2011**
leg./det. H. Manhart

**Gefährdung: RL 2F, 3H für Niedersachsen 1995, in 2014 RL 1F, 3H**

*Tricholoma pardalotum* Herink & Kotl. 1967

**Tiger-Ritterling**

Syn.: *Tricholoma pardinum* (Pers.) Quél. 1873 *ss. auct.*, *Tricholoma tigrinum* (Schaeff.: Fr.)
    P. Kumm. 1871 *ss. auct.*

Verbr. im KG: selten, im Harly Gefährdung unbekannten Ausmaßes
Ökol. im KG:  Kalkbuchenwald
Ökol. allg.:    basenreiche Buchen- und Laubmischwälder

Unter *Fagus* im Falllaub über Kalk
Harly, Wöltingerode, Südseite, 4029 Vienenburg, 4029.1/13, 18.10.**2009**
leg./det. H. Manhart

**Gefährdung: RL 2 für Niedersachsen 1995, in 2014 RL 2F0?**

*Tricholoma sejunctum* **(Sowerby) Quél. 1872**
**Gelbgrüner Ritterling**

Syn.: *Tricholoma sejunctum f. pallidum* Bon 1990, *Tricholoma sejunctum var. squamuliferum*
    Pilát ex Bon 1976

Verbr. im KG: sehr zerstreut, längere Zeit ausbleibend im Harly, Gefährdung unbekannten
                Ausmaßes
Ökol. im KG:  Kalkbuchenwald
Ökol. allg.:    im Laubmischwald auf basenreichen Böden, gern bei Eiche, Buche, Birke, auf
                ton- und lehmreichen Böden

Unter *Fagus* über Kalk
Harly, Wöltingerode, Kalkbuchenwald oberhalb des Bärentales, 4029 Vienenburg,
4029.1/08, 04.09.**1993**
leg./det. H. Manhart

**Gefährdung: RL 2 für Niedersachsen**

*Tricholoma sulphureum* **(Bull.) P. Kumm. 1871**
**Schwefel-Ritterling, Gemeiner Schwefel-Ritterling**

Syn.: *Tricholoma sulphureum var. coronarium* Nüesch 1923, *Tricholoma sulphureum var.*
    *pallidum* Bon 1974

Verbr. im KG: verbreitet, jedoch in den letzten Jahren mit deutlicher Rückgangstendenz,
                noch ungefährdet
Ökol. im KG:  im Buchen- und Buchenmischwald
Ökol. allg.:    in Laub- und Nadelwäldern, auch über sandigen und lehmigen Böden

Unter *Fagus* über Buntsandstein
Harly, Wöltingerode, 4029 Vienenburg, 4029.1/15, 16.10.**1996**
leg./det. H. Manhart

Unter *Fagus* über tonigem Boden
Harly, Wöltingerode, Bärental, 4029 Vienenburg, 4029.1/08S, 19.07.**1993**
leg./det. H. Manhart
*Tricholoma ustale* **(Fr.) P. Kumm. 1871**

**Angebrannter Ritterling, Brandiger Ritterling**

Syn.: *Tricholoma ustale var. rufoaurantiacum* BON 1984

Verbr. im KG: zerstreut mit Rückgangstendenz, im Harly Gefährdung unbekannten Ausmaßes
Ökol. im KG:  Kalkbuchenwald
Ökol. allg.:   Eichen-Hainbuchen- und Buchenwälder, ohne besondere Bodenansprüche,
               gern über Braunerde und Rendzinen

Unter *Fagus* über Kalk
Harly, Wöltingerode, Kalkbuchenwald oberhalb des Bärentales, 4029 Vienenburg,
4029.1/08, 04.10.**2001**
leg./det. H. MANHART

**Gefährdung: RL 3F für Niedersachsen**

*Tricholoma ustaloides* ROMAGN. **1954**
**Bitterer Eichen-Ritterling, Fastberingter Mehlritterling**

Syn.: *Tricholoma ustaloides var. aurantioides* BON & MARCHD. 1987

Verbr. im KG: sehr selten, im Harly Gefährdung unbekannten Ausmaßes
Ökol. im KG:  unter Eiche auf Lehm
Ökol. allg.:   Eichenwald, Eichen-Hainbuchenwald, seltener im Buchenmischwald

Unter *Quercus* auf lehmigen Boden
Harly, Schacht I, Vienenburg, Okerprallhang (Steilhang), 4029 Vienenburg, 4029.1/14,
24.08.**2017**
leg./det. H. MANHART

**Gefährdung: Wird nicht in RL für Niedersachsen aufgeführt, RL 3 für Deutschland**

*Tubaria conspersa* (PERS.) FAYOD **1889**
**Flockiger Trompeten-Schnitzling**

Syn.: *Naucoria conspersa* PERS.: FR. 1871, *Tubaria conspersa var. brevis* ROMAGN. 1940

Verbr. im KG: zerstreut, aber ungefährdet
Ökol. im KG:  auf Pflanzen- und Holzresten
Ökol. allg.:   auf Pflanzen- und Holzresten an Wegrändern und Waldsäumen, im Laub- und
               Nadelwald

Zwischen Gräsern am Wegrand
Harly, Vienenburg, Schacht I, 4029 Vienenburg, 4029.1/15, 22.10.**2018**
leg./det. H. MANHART

*Tuber aestivum* (WULFEN) SPRENG. **1827**
**Sommer-Trüffel**

Syn.: *Aschion nigrum* WALLR. 1833, *Tuber blotii Deslandes* 1824, *Tuber bohemicum* CORDA
       1854, *Tuber culinare* ZOBEL 1854, *Tuber gallicum* CORDA 1854, *Tuber uncinatum*
       Chatin 1888
Verbr. im KG: selten, zu Verbreitung und Gefährdung liegen keine gesicherten Erkenntnisse vor

Ökol. im KG:  hypogäisch unter *Quercus, Corylus, Tillia* und *Fagus*
Ökol. allg.:    unter Eichen und Buchen, in Mergel- und über Kalkböden

Am Wegrand unter *Corylus* und *Quercus*, leicht mit dem Scheitel aus dem Erdboden ragend
Harly, Wöltingerode, Südseite, 4029 Vienenburg, 4029.1/07, 24.06.**2007**
leg./det. H. Manhart

**Gefährdung: RL 2 für Niedersachsen 1995, in 2014 RL 3F0**

***Tuber fulgens* Quél. 1883**
**Orangerote Harttrüffel**

Syn.:

Verbr. im KG: selten, zu Verbreitung und Gefährdung liegen keine gesicherten Erkenntnisse vor
Ökol. im KG:  hypogäisch unter *Quercus, Corylus* und *Carpinus*
Ökol. allg.:    in Laubmischwäldern, an Waldsäumen über Kalk und im Mergelboden

Unter *Carpinus*, hypogäisch
Harly, Beuchte, Steinbruch, 4029 Vienenburg, 4029.1/07N, 16.07.**2009**
leg. Kl. Wöldecke und Marion Höfert, det. Kn. Wöldecke
Zusendung Marion Höfert

**Gefährdung:  Wiederfund in Niedersachsen!**
**Die Art galt bislang in Niedersachsen als verschollen (RL0), in 2014 RL 1**

***Tuber maculatum* Vitt. 1831**
**Gefleckte Zwergtrüffel**

Syn.: *Tuber intermedium* Bucholtz 1901, *Tuber maculatum var. ferraresei* Gross 1996

Verbr. im KG: selten, zu Verbreitung und Gefährdung liegen keine gesicherten Erkenntnisse vor
Ökol. im KG:  im Laubmischwald
Ökol. allg.:    im Laubmischwald über Kalk

Unter *Fagus*, hypogäisch, *Quercus* und *Prunus avium* auf Erdboden (vermutl. vom Tier
ausgescharrt)
Harly, Wöltingerode, 4029 Vienenburg, 4029.1/07, 19.06.**2002**
leg. H. Manhart/det. Kl. Wöldecke

**Gefährdung: RL 2 für Niedersachsen**

***Tuber rapaeodorum* Tul. & C. Tul. 1943**
**Rettich-Zwergtrüffel**

Syn.:

Verbr. im KG: selten, zu Verbreitung und Gefährdung liegen keine gesicherten Erkenntnisse vor
Ökol. im KG:  im Laubmischwald
Ökol. allg.:    im Laubmischwald über Kalk

Unter *Fagus* und *Acer campestris*, hypogäisch
Harly, Beuchte, Steinbruch, 4029 Vienenburg, 4029.1/07N, 16.07.**2009**

leg. Kl. Wöldecke, det. Kn. Wöldecke
Zusendung Marion Höfert

**Gefährdung: Wird nicht in RL für Niedersachsen 1995 aufgeführt, in 2014 RL 1**

***Tuber rufum* Pollini 1816**
**Rotbraune Trüffel**

Syn.: *Oogaster nitidus* Zobel 1854, *Rhizopogon nitidus* Rabenh. 1845, *Tuber cinereum*
Tul. & C. Tul. 1845, *Tuber requienii* Tul. & C. Tul. 1851, *Tuber rutilum* R. Hesse 1891,
*Tuber scleroneurum* Berk. & Broome 1845, *Tuber suillum* Bornh. 1845, *Tuber vacini*
Velen. 1947

Verbr. im KG: selten, zu Verbreitung und Gefährdung liegen keine gesicherten Erkenntnisse vor
Ökol. im KG:  unter Buche und Eiche
Ökol. allg.:    im Laubmischwald über Kalk

Unter *Fagus* und *Quercus* hypogäisch über Kalk
Harly, Wöltingerode, Südseite, 4029 Vienenburg, 4029.1/07, 10.12.**2016**
leg./det. H. Manhart

Unter *Quercus*, hypogäisch
Harly Wöltingerode, Südrand, 4029 Vienenburg, 4029.1/07S, 24.07.**2009**
leg. H. Manhart, det. Kl. Wöldecke

**Gefährdung: RL 3F für Niedersachsen**

***Verpa conica* (O. F. Müll.) Sw. 1815**
**Glocken-Verpel, Fingerhut-Verpel**

Syn.: *Verpa digitaliformis* Pers.: Fr. 1822, *Verpa digitaliformis var. cerebriformis* J. Moravec
& Svrček 1967, *Verpa helvelloides* Krombh. 1831

Verbr. im KG: selten, fruktifiziert nicht jedes Jahr, im Harly Gefährdung unbekannten Ausmaßes
Ökol. im KG:  unter Esche, Weißdorn über Kalk, Morchelbegleiter
Ökol. allg.:    in Auwäldern und Flussauen, unter *Crataegus* auf Halbtrockenrasen über Kalk,
                in feuchten und lichten Eschenwäldern über Kalk zwischen Moosen, auf
                gemulchten Flächen, über lehmig-tonigen Böden und in Grasrändern

Unter *Fraxinus* und neben *Crataegus* zwischen Gräsern und Moos
Harly, Nordseite, 4029 Vienenburg, 4029.1/09, 12.04.**2014**
leg./det. H. Manhart

**Gefährdung: RL 3 für Niedersachsen**

***Volvariella caesiotincta* P. D. Orton 1974**
**Blaugrauer Scheidling**

Syn.:

Verbr. im KG: selten, im Harly Gefährdung unbekannten Ausmaßes
Ökol. im KG:  an zersetztem Laubtotholz
Ökol. allg.:    in Laubmischwäldern, an Wiesenrändern und in Parks
An feuchtem Laubtotholz

Harly, Wöltingerode, Bärental, 4029 Vienenburg, 4029.1/13, 4.11.**1999**
leg./det. H. Manhart

**Gefährdung: RL 2 für Niedersachsen**

***Volvariella murinella*** **(Quél.) M. M. Moser 1953**
**Mausgrauer Scheidling**

Syn.: *Volvaria plumulosa var. griseola* Maire 1928

Verbr. im KG: selten im Harly Gefährdung unbekannten Ausmaßes,
Ökol. im KG:  im Buchenwald
Ökol. allg.:    in Laubmischwäldern, an nährstoffreichen Stellen, auf Wiesen, in Parks, auf
                Weiden

Im Falllaub unter *Fagus*
Harly, Wöltingerode, Waldrand am südwestlichen Randweg (ca. 200 m westlich des Fritz-
Laube-Denkmales), 4029 Vienenburg, 4029.1/12N, 01.07.**1999**
leg./det. H. Manhart

**Gefährdung: RL 3 für Niedersachsen**

***Volvariella pusilla*** **(Pers.) Singer 1951**
**Kleinster Scheidling**

Syn.: *Volvariella argentina* Speg. 1898, *Volvariella parvula* (Weinm.) Speg. 1926

Verbr. im KG: selten, im Harly Gefährdung unbekannten Ausmaßes
Ökol. im KG:  am eutrophiertem Wegesrand über Sandstein
Ökol. allg.:    in Laubmischwäldern auf lehmigen Böden, in Parks und an Waldrändern

An feuchter Wegeböschung zwischen *Urtica dioica* über Buntsandstein
Harly, Wöltingerode, Bärental, 4029 Vienenburg, 4029.1/08S, 27.06.**2000**
leg./det. H. Manhart

**Gefährdung: Wird nicht in RL für Niedersachsen aufgeführt**

***Vuilleminia comedens*** **(Nees) Maire 1902**
**Gemeiner Rindensprenger**

Syn.: *Thelephora decorticans* Pers. 1822

Verbr. im KG: häufig und ungefährdet
Ökol. im KG:  an Ästen von Eiche
Ökol. allg.:    an Ästen von Laubbäumen, besonders von Eiche und Buche

Auf abgefallenem Totholzast von *Quercus*
Bauernwald südlich des Harly, Immenrode, 4029 Vienenburg, 4029.1/11, 01.02.**2016**
leg./det. H. Manhart

***Xerocomellus porosporus*** **(Imler: ex G. Moreno & Bon) Sutara 2008**
**Falscher Rotfuß-Röhrling, Dunkler Rotfuß-Röhrling, Gelbrissiger Rotfuß-Röhrling**
Syn.: *Boletus porosporus* Imler ex Bon & G. Moreno 1968, *Xerocomus porosporus* Imler 1990

Verbr. im KG: zerstreut, aber ungefährdet
Ökol. im KG:  im Laubmischwald
Ökol. allg.:    im Eichen-Hainbuchenwald, unter Eichen im Park, unter verschiedenen
                anderen Laubbäumen

Unter *Fagus* und *Aesculus* im Falllaub
Ehemaliger Bahndamm Schacht I, Harly, Vienenburg, Schacht I, 4029 Vienenburg, 029.1/15,
03.06.**2019**
leg./det. H. Manhart

Unter *Fagus*
Harly, Weddingen, 4029 Vienenburg, 4029.1/06, 20.06.**1993**
leg./det. H. Manhart

**Gefährdung: RL 3F für Niedersachsen 1995, in 2014 nicht aufgeführt**

***Xerocomus armeniacus*** (Quél.) Quél. **2008**
**Aprikosenfarbiger Filzröhrling**

Syn.: *Boletus armeniacus* Quél. 1885, *Boletus bicolor var. subreticulatus* A. H. Sm. & Thiers
        1971, *Rheubarbariboletus armeniacus* (Quél.) Vizzini, Simonini & Gelardi 2015,
        *Xerocomus armeniacus* (Quél.) Quél. 1888

Verbr. im KG: sehr selten, im Harly Gefährdung unbekannten Ausmaßes
Ökol. im KG:  im Eichen-Hainbuchenwald
Ökol. allg.:    in Laubmischwäldern

Unter *Quercus* und *Carpinus* über tonigem Boden im Falllaub
Harly, Vienenburg, Schacht I, Südhang, 4029 Vienenburg, 4029.1/15, 14.06.**2007**
leg./det. H. Manhart

**Gefährdung: Wird nicht in RL für Niedersachsen aufgeführt**

***Xerocomellus chrysenteron*** (Bull.) Šutara **2008** *s. str.*
**Rotfuß-Röhrling**

Syn.: *Boletus chrysenteron* Bull. 1791, *Xerocomellus chrysenteron f. aereomaculatus*
        (H. Engel & Schrein.) Klofac 2011, *Xerocomellus chrysenteron var. crassipes* (Pilát)
        Klofac 2011, *Xerocomus chrysenteron* (Bull.) Quél. 1888, *Xerocomus chrysenteron f.
        aereomaculatus* H. Engel & Schrein. 1996, *Xerocomus chrysenteron var. crassipes*
        Pilát 1994

Verbr. im KG: verbreitet, ungefährdet, *Xerocomellus chrysenteron agg.* ist eine Sammelart
Ökol. im KG:  im Laubmischwald über oberflächenversauerten und nährstoffarmen Böden
Ökol. allg.:    neutrale und saure Böden, Laub- und  Nadelwälder, Wegränder, grasige
                Waldsäume

Unter *Fagus, Fraxinus* und *Quercus* im Falllaub
Harly, Wöltingerode, Bärental, 4029 Vienenburg, 4029.1/13, 25.07.**1999**
leg./det. H. Manhart

***Xerocomus subtomentosus*** (L.) Quél. **1888**

**Ziegenlippe**

Syn.: *Boletus cinnamomeus* Rostk. 1803, *Boletus cupreus* Schaeff. 1774, *Boletus dentatus*
Rostk. 1844, *Boletus eriophorus* Rostk. 1844, *Boletus fuscus* Rostk. 1792, *Boletus
pannosus* Rostk. 1844, *Boletus subtomentosus* L.: Fr. 1821, *Xerocomus
subtomentosus f. xanthus* E.-J. Gilbert 1931, *Xerocomus subtomentosus var.
variecolor* (Berk. & Broome) H. Engel & E. Ludw. 1996

Verbr. im KG: zerstreut, einzeln bis wenige Fkk., ungefährdet
Ökol. im KG: Laubmischwald, lehmige Wegränder
Ökol. allg.: Buchenmischwälder, Eichen-Hainbuchenwälder, Nadelwälder, neutrale bis
saure Böden

Unter *Quercus* im Gras und Falllaub am Wegrand
Harly, Vienenburg, Schacht I, Unter dem Harly, 4029 Vienenburg, 4029.1/15, 01.08.**2002**
leg./det. H. Manhart

Unter *Acer* und *Fagus*
Harly, Weddingen, 4029 Vienenburg, 4029.1/06, 16.07.**1999**
leg./det. H. Manhart

### *Xerocomus ferrugineus* (Schaeff.) Bon 1985
### Brauner Filzröhrling, Rotbrauner Filzröhrling, Rostbrauner Filzröhrling

Syn.: *Boletus citrinovirens* Watling 1969, *Boletus ferrugineus* Schaeff. 1774, *Boletus
hieroglyphicus* Rostk. 1844, *Boletus leguei* Boud. 1894, *Boletus spadiceus*
Schaeff.: Fr. 1838, *Xerocomus ferrugineus f. variecolor* (Berk. & Broome) Klofac
2007, *Xerocomus spadiceus* (Schaeff.: Fr.) Quél. 1888, *Xerocomus subtomentosus
var. ferrugineus* (Schaeff.) Krieglst. 1991, *Xerocomus subtomentosus var. leguei*
(Boud.) Maire 1933

Verbr. im KG: sehr zerstreut, mitunter ausbleibend, jedoch ungefährdet
Ökol. im KG: Laubmischwald mit *Pinus sylvestris*
Ökol. allg.: bodenvage Art der Laubmisch- und Nadelwälder, gern auf sauren Böden, auch
bei Eichen

Unter *Quercus, Fagus* und *Pinus sylestris*
Harly, Wöltingerode, 4029 Vienenburg, 4029.1/11N, 15.07.**1999**
leg./det. H. Manhart

### *Xerula pudens* (Pers.) Sing. 1951
### Braunhaariger Samtrübling

Syn.: *Collybia badia* (Lucand) J. E. Lange 1938, *Oudemansiella longipes* (P. Kumm.)
M. M. Moser 1955, *Oudemansiella pudens* (Pers.) Pegler & T. W. K. Young 1987,
*Xerula longipes* (P. Kumm.) Maire 1933, *Xerula longipes var. fusca* (Lucand ex Quél.)
Dörfelt 1982

Verbr. im KG: selten, im Harly Gefährdung unbekannten Ausmaßes
Ökol. im KG: im lichten thermophilen Eichen-Hainbuchen-Wald
Ökol. allg.: Eichen-Hainbuchen-, Eichen-Elsbeerenwälder auf basischen Böden

Unter *Quercus* und *Carpinus*

Harly, Vienenburg, Schacht I, Südhang, 4029 Vienenburg, 4029.1/15, 25.08.**2002**
leg./det. H. Manhart

Am Wegrand zwischen Gräsern unter *Quercus* und über tonigem Boden
Harly, Vienenburg, Schacht I, Südhang, 4029 Vienenburg, 4029.1/15, 18.07.**1993**
leg./det. H. Manhart

**Gefährdung: RL 2F, 3H für Niedersachsen**

**Xerula radicata (Relhan) Dörfelt 1975**
**Grubiger Wurzelrübling, Grubiger Wurzelschleimrübling, Wurzelnder Schleimrübling**

Syn.: *Collybia macroura* (Scop.) Fr. 1871, *Collybia radicata* (Relhan: Fr.) Quél. 1871, *Hy menopellis radicata* (Relhan: Fr.) R. H. Petersen 2010, *Mucidula radicata*
(Relhan: Fr.) Boursier 1924, *Oudemansiella radicata* (Relhan: Fr.) Singer 1936,
*Xerula radicata f. arrhiza*
Verbeken & Walleyn 2003

Verbr. im KG: verbreitet, selbst in trockenen Sommern zertreut noch anfindbar, ungefährdet
Ökol. im KG:  im Buchenwald
Ökol. allg.:   Buchen-, Eichen-Hainbuchen- und Laubmischwälder, an oder neben Stubben
               sowie über im Boden verlaufenden Wurzeln

An vergrabenem Laubholz unter *Fagus* über Buntsandstein
Harly, Bärental, 4029 Vienenburg, 4029.1/08, 22.07.**2022**
leg./det. H. Manhart

**Xerula radicata var. alba Dörfelt 1983**
**Grubiger Wurzelrübling, Grubiger Schleimrübling, Wurzelnder Schleimrübling, Al-**
**binoform**

Syn.:

Verbr. im KG: selten, Einzelfund
Ökol. im KG:  an Wurzel von Fagus
Ökol. allg.:   Buchen-, Eichen-Hainbuchen- und Laubmischwälder, an oder neben Stubben
               sowie über im Boden verlaufender Wurzeln

An Wurzel von *Fagus* über Kalk
Harly, Wöltingerode, 4029 Vienenburg, 4029.1/13N, 14.07.**2000**
leg./det. H. Manhart

**Xylaria longipes Nitschke 1867**
**Schlanke Holzkeule, Langstielige Ahorn-Holzkeule**

Syn.:

Verbr. im KG: ortshäufig und ungefährdet
Ökol. im KG:  in feuchten und frischen Laubwäldern an Totholzästen von Ahorn und Esche
Ökol. allg.:   an liegenden Ästen von Laubbäumen, gern *Acer* folgend, aber auch an
               *Fraxinus excelsior*
Auf abgestorbenem Ast von *Acer*

Harly, Vienenburg, Schacht I, Burggrund, 4029 Vienenburg, 4029.1/15, 30.06.**1993**
leg./det. H. Manhart

*Xylaria polymorpha* (Pers.) Grev. 1824
**Vielgestaltige Holzkeule**

Syn.: *Xylaria clavata* (Scop.) Schrank 1879

Verbr. im KG: verbreitet und ungefährdet
Ökol. im KG:  in Laubmischwäldern über Kalk, gern auf Buche, Eiche, Esche und Ahorn,
              meist an Stubben, bevorzugt an schattigen und feuchten Stellen im Wald
Ökol. allg.:   auf Laubholzstubben und -stämmen und am Boden liegenden Ästen

Harly, Schacht I, Vienenburg, Oberes Burgtal, 4029 Vienenburg, 4029.1/15, 25.10.**2017**
leg./det. H. Manhart

An vergrabenem Holzstück
Harly, Vienenburg, nördlich des Mittelweges nach Abzweigung vom Burggrund, 4029 Vienenburg, 4029.1/14, 29.01.**2016**
leg./det. H. Manhart

**Pilztafeln aus dem Harly**

## Hinweise zu den Pilztafeln

Die Tafeln werden nach eigenen Frischpilzfunden oder Zusendungen mit Aquarellfarben und Deckweiß gemalt. Benutzt werden Studien-Aquarellfarben der Marke Pelikan. Zur Stofflichkeitsbetonung wurde als Deckweiß Designers Gouache HKS* 199 von Schmincke eingesetzt.

Als Papier und Bildträger diente ein satinierter 300g/m²-Karton von Fabriano. Leider ist dieser feinmatte Karton seit einigen Jahren nicht mehr im Handel erhältlich, so dass die Illustrationen derzeit auf einem 300g/m²-Zeichen- und Passepartoutkarton von Arcoprint anfertigt werden. Da die Suche nach einem säurefreien, klangharten und feinporigen, matten Karton anfänglich einige Zeit in Anspruch nahm, finden sich im Tafelkonvolut unterschiedliche Papiersorten in Stärke und Weißtönen an.

Die Pilze werden im natürlichen Größenmaßstab zunächst mit einem wasserlöslichen Aquarellstift vorkonturiert. Wenn Vergrößerungen vorliegen, weil die Fruchtkörper im Original sehr klein sind, ist der Vergrößerungsgrad der Abbildung auf der Tafelrückseite vermerkt worden. Auf dieser Konturzeichnung wird das Motiv meist in deckender Mischung mit Aquarellfarben zunächst untermalt, dann in verschiedenen halbdeckenden oder lasierenden Schichten übermalt. Zum Einsatz kommen einfache Flachpinsel für die Flächen und Spitzpinsel für Kleinflächen und Details. Die Schichtenmalerei berücksichtigt sodann Körperhaftigkeit (Plastizität), Stofflichkeit und Oberflächentextur der zu malenden Arten. Ganz zum Schluss werden arttypische Details (Hutschüppchen, Stielfasern, Stielpustel, Ornamentierungen etc.) dargestellt.

Bei der Anlage der Tafeln wurde auch darauf geachtet, charakteristische Merkmale wie Oxidationsreaktionen nach Anschnitt oder Besonderheiten des Pilzfruchtkörpers wiederzugeben. Dies geschieht hauptsächlich mit Hilfe fein abgestimmter Lasuren, so dass die Tafeln insgesamt gesehen eine differenzierte Schichtenmalerei darstellen und möglichst unterschiedliche Altersstadien der Pilze wiedergeben.

Bei kleinporigen Arten (z.B. bei holzbewohnenden Arten) wurden die Poren mit mittelharten Bleistiften gepunktet, da Spitzpinsel die erforderliche Exaktheit nicht liefern können. Zudem werden, soweit dies die Funde erlauben, verschiedenen Fruchtkörper dargestellt, um auch die Pigmentveränderungen von Pilzen z.B. in Huthaut oder Stielrinde zu berücksichtigen. Dasselbe trifft auch auf die Farbe der Lamellen der lamellentragenden Arten zu, die sich im Reifestadium aufgrund der Sporenfarbigkeit verändern, flecken, gilben, röten oder schwärzen können.

Die meisten Arten der Tafeln sind vom Bildautor selbst gefunden und bestimmt worden.
Ansonsten sind es Tafeln nach zugesandten oder direkt überbrachten Frischpilzfunden.

Auf jeder Rückseite der Originaltafeln finden sich die Vermerke leg. = legit (gesammelt von..) und det. = determinavit (bestimmt von...) bzw. rev. = revidit (nachgeprüft, nachbestimmt von...). Liegen andere Finder und Bestimmer als der Bildautor vor, werden diese mit Namen angegeben. Das bezieht sich auch auf Zusender/innen von Frisch- oder Exsikkatmaterial.
Die Rückseitenbeschriftung der Originaltafeln enthält den lateinischen und deutschen Artnamen, den Standort (Habitat) mit Wirts- und Begleitpflanzen sowie Angaben zum Substrat, den Fundort (MTB TK 1:25000) mit Quadranten und Minutenfeld sowie das Funddatum.

Einige Zusendungen konnten leider nicht rekonstruiert werden, da der/die Finder/in weder auf das Habitat noch auf den TK-Quadranten geachtet hat. Dies ist zum Beispiel bei der vorläufigen Gesamtfundliste mitunter der Fall. Die Art wurde nachgewiesenermaßen im Harly gefunden, nähere Angaben zum Quadranten, Minutenfeld, zum Funddatum und Habitat fehlen jedoch. Der Vollständigkeit wegen sind aber auch diese Aufsammlungen mit entsprechendem Vermerk mit in die Gesamtliste aufgenommen worden.

Auch sind einige noch unbestimmte Arten in das Tafelkonvolut mit aufgenommen worden. Einige wenige können nur als spec. angegeben werden, da eine genaue Bestimmung nicht möglich war oder noch aussteht.

Der Bildautor hat sich bemüht, gegenwärtige nomenklatorische Vereinbarungen zu berücksichtigen. Allerdings ist die Taxonomie im Fluss aufgrund neuer DNA-sequenzanalytischer Untersuchungen und ändert sich oftmals. Diesem Umstand wurde aber im Wesentlichen durch die zusätzliche Angabe jeweils bestehender Synonyme Rechnung getragen.

Untersuchungsgebiet:
Als Grundlage für die Feldbegehungen im Rahmen pilzfloristischer Erfassungen dient die vom Niedersächsischen Landesamt für Ökologie und Naturschutz herausgegebene Kartographische Arbeitsgrundlage aus der Reihe Naturschutz und Landschaftspflege in Niedersachsen A/5, Hannover 1993. Dieses Kartenwerk basiert auf der Topografischen Karte 1:50000 (TK 50). Blatteinteilung, Blattnamen und Blattnummern entsprechen der Topografischen Karte 1:25000 (TK25/ Messtischblatt). Der Harly liegt im Quadranten 4029.1 Vienenburg.

**Tafel 1**

***Agaricus bitorquis*** (QUÉL.) SACC. 1887          **Stadt-Champignon**

**Tafel 2**

*Agaricus moelleri* WASSER 1976                    **Perlhuhn-Karbol-Egerling**

**Tafel 3**

***Agrocybe praecox*** (PERS.) FAYOD **1889**                    **Frühlings-Ackerling**

Tafel 4

***Albatrellus cristatus*** (Schaeff.) Kotl. & Pouzar 1957                          **Grüner Kammporling**

**_Amanita ceciliae_** (Berk. & Broome) Bas 1983

Riesen-Scheidenstreifling

**Tafel 6**

*Amanita eliae* QUÉL. 1872                    Kammrandiger Wulstling

***Amanita franchetii*** (Boud.) Fayod **1889**                    **Rauer Wulstling**

Tafel 8

**Amanita lividopallescens** (Secr. ex Gillet) Seyot 1930

Ockergrauer Scheidenstreifling

**Tafel 9**

*Amanita phalloides* (Fʀ.) Lɪɴᴋ 1833                    Grüner Knollenblätterpilz

**Tafel 10**

***Amanita rubescens*** PERS. 1797                              **Perlpilz**

Tafel 11

*Amanita solitaria* (Bull.) Mérat 1836          Stachelschuppiger Wulstling, Igel-Wulstling

190

**Amanita strobiliformis** (Paulet ex Vittad.)
Bertill. 1866

Fransiger Wulstling

*Armillaria mellea* (VAHL) P. KUMM. 1871 *s. str.*                    Honiggelber Hallimasch

***Ascotremella faginea*** (PECK) SEAVER 1930                    Schlauchzitterling

**Tafel 15**

*Aureoboletus gentilis* (QUÉL.) POUZAR 1947  Goldporiger Röhrling

*Auricularia auricula-judae* (BULL.) WETTST. 1886                    Judasohr

**Tafel 17**

*Auricularia mesenterica* (Dicks.) Pers. 1822        Gezonter Ohrlappenpilz

**Tafel 18**

*Boletus aereus* Bull. 1789

Schwarzer Steinpilz, Bronze-Röhrling,
Schwarzhütiger Steinpilz

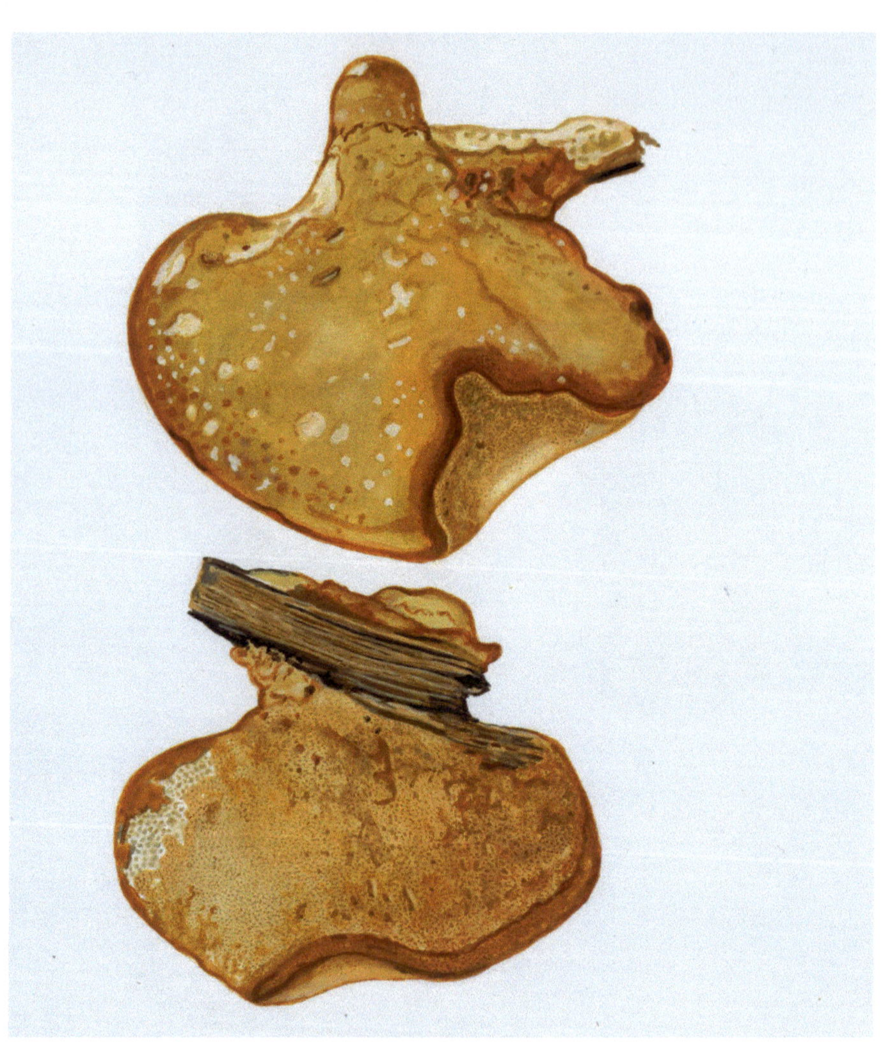

**Tafel 19**

***Buglossoporus quercinus*** (Schrad.) Kotl. & Pouzar **1966**                    Eichen-Zungenporling

**Tafel 20**

*Butyriboletus appendiculatus* (Schaeff.)    Gelber Bronzeröhrling, Anhängsel-Röhrling
D. Arora & J. L. Frank 2014

***Butyriboletus fechtneri*** (Velen.) D. Arora &
J. L. Frank 2014

Silber-Röhrling

**Tafel 22**

*Caloboletus calopus* (Pers.) Vizzini 2014                    **Schönfuß-Röhrling**

*Calonarius elegantissimus* (ROB. HENRY)
NISKANEN & LIIMAT. 2022

Prächtiger Klumpfuß

**Tafel 24**

*Calonarius odoratus* (Joguet ex M. M. Moser) Niskanen & Liimat. 2022

Hellgrüner Duft-Klumpfuß

**Tafel 25**

*Calonarius rufo-olivaceus* (Pers.) Niskanen & Liimat. 2022

Violettroter Klumpfuß

**Tafel 26**

*Calonarius saporatus* (Britzelm.) Niskanen & Liimat. 2022

Breitknolliger Klumpfuß, Velumflecken-Klumpfuß

**Tafel 27**

*Calonarius sodagnitus* (ROB. HENRY) NISKA-NEN & LIIMAT. 2022

Violetter Klumpfuß

Tafel 28

*Calonarius splendens* (ROB. HENRY) NISKANEN & LIIMAT. 2022

Schöngelber Klumpfuß

**Tafel 29**

***Chamaemyces fracidus*** (Fʀ.) Dᴏɴᴋ 1962　　　　　**Fleckender Schleimschirmling**

**Tafel 30**

*Chroogomphus rutilus* (Schaeff.) O. K. Mill.
**1964** *s. str.*

**Kupferroter Gelbfuß**

Tafel 31

***Chrysomphalina grossula*** (Pers.) Norvell, Redhead & Ammirati 1994      Gelbgrüner Nabeling

**Tafel 32**

*Cortinarius anserinus* (VELEN.) ROB. HENRY 1986

**Buchenklumpfuß**

Tafel 33

***Cortinarius infractus*** (PERS.) FR. 1860 s. str., *agg.*     Bitterer Schleimkopf

Tafel 34

*Cortinarius venetus* (Fr.) Fr. 1838                    Grüner Raukopf

**Tafel 35**

*Cyanoboletus pulverulentus* (Opat.) Gelardi, Vizzini & Simonini **2014**

Schwarzblauender Röhrling

**Tafel 36**

*Cystolepiota bucknallii* (Berk. & Broome)
Singer & Clémençon 1972

Stinkender Mehlschirmling,
Violettlicher Mehlschirmling

**Tafel 37**

***Entoloma incanum*** (Fr.) Hesler 1967  Braungrüner Rötling

**Tafel 38**

***Entoloma vernum*** S. LUNDELL 1937                    **Frühlings-Rötling**

*Geastrum quadrifidum* Pers. 1801　　　　　　　　　　　　Kleiner Nest-Erdstern

**Tafel 40**

***Geastrum rufescens*** Pers. 1801                    **Rotbrauner Erdstern**

**Tafel 41**

***Gymnopus fusipes*** (Bull.) Gray 1821                     Spindelförmiger Rübling

*Gyromitra ancilis* (Pers.) Kreisel 1984

Scheiben-Lorchel

**Tafel 43**

*Gyromitra parma* (J. Breitenb. & Maas Geest.) Kotl. & Pouzar 1974

Schildförmige Scheibenlorchel, Niedersächsische Scheibenlorchel

*Gyroporus castaneus* (Bull.) Quél. 1886

Hasenröhrling

*Hebeloma sinapizans* (Paulet) Sacc. 1887      Rettich-Fälbling

**Tafel 46**

*Helvella acetabulum* (L.) QUÉL. 1886

Hochgerippter Becherling,
Brauner Rippenbecherling

**Tafel 47**

*Helvella atra* König in Oeder 1770                    Schwarze Lorchel

*Helvella crispa* Fr. 1822                    Herbstlorchel

**Tafel 49**

*Hygrophorus mesotephrus* Berk. 1854          Graubrauner Schleimstiel-Schneckling,
                                               Ungenatterter Schleimstiel-Schneckling

**Tafel 50**

*Hygrophorus penarius* Fʀ. 1836                    **Trockener Schneckling**

**Tafel 51**

***Inosperma erubescens*** (A. Blytt) Matheny & Esteve-Rav. 2019      **Ziegelroter Risspilz**

**Tafel 52**

*Ischnoderma resinosum* (Schrad.) P. Karst.
1880

Laubholz-Harzporling

**Tafel 53**

*Lactarius flavidus* Boud. 1887      Hellgelber Violett-Milchling

**Tafel 54**

*Lactarius fluens* Boud. 1899                    **Braunfleckender Milchling**

**Tafel 55**

*Lactarius pterosporus* ROMAGN. 1949          Flügelsporiger Milchling

234

**Tafel 56**

**Lactarius turpis (Weinm.) Fr. 1838**                    **Olivbrauner Milchling**

*Lactifluus vellereus* (Fʀ.) Kᴜɴᴛᴢᴇ 1891          Wolliger Milchling, Erdschieber

**Tafel 58**

*Leccinellum pseudoscabrum* (KALLENB.)
MIKŠÍK 2017

Hainbuchen-Raufußröhrling

**Tafel 59**

*Leccinum crocipodium* (Letell.) Watling 1961

Gelber Raufuß

**Tafel 60**

*Leccinum quercinum* (PILÁT) E. E. GREEN
& WATLING 1969

Eichen-Rotkappe

**Tafel 61**

*Leratiomyces ceres* (Cooke & Massee)
Spooner & Bridge 2008

Orangeroter Träuschling

*Leucopaxillus rhodoleucus* (Sacc.)
Kühner 1926

Lachsblättriger Krempenritterling,
Rosablättriger Krempentrichterling

**Tafel 64**

***Meottomyces dissimulans*** (Berk. & Broome) Vizzini **2008**

**Winter-Schüppling**

***Morchella esculenta*** (L.) PERS. 1797                    **Speisemorchel, Rundmorchel**

**Tafel 66**

***Peniophora quercina*** (PERS.) COOKE 1879          Braunviolette Eichen-Peniophora

**Tafel 67**

*Pleurotus cornucopiae* (PAULET) ROLLAND 1910

**Rillstieliger Seitling**

**Tafel 68**

*Pluteus cervinus* (SCHAEFF.) P. KUMM. 1871                    Rehbrauner Dachpilz

*Pluteus salicinus* (Pers.) P. Kumm. 1871

Grauer Dachpilz

**Tafel 70**

*Polyporus badius* (PERS.) SCHWEIN. 1832          Kastanienbrauner Schwarzfußporling

**Tafel 71**

*Polyporus tuberaster* (Jacq.) Fr. 1815          Sklerotienporling

**Tafel 72**

*Psathyrella multipedata* (PECK) A. H. SM. 1941

Büscheliger Faserling,
Kahler Büschel-Mürbling

Tafel 73

***Pseudoclitocybe cyathiformis*** (Bull.)
Singer 1956

Kaffeebrauner Gabeltrichterling

*Ramaria aurea* (SCHAEFF.) QUÉL. 1888                    Goldgelbe Koralle

*Rubroboletus rhodoxanthus* (Krombh.)
Kuan Zhao & Zhu L. Yang 2014

Rosahütiger Purpur-Röhrling

**Tafel 76**

***Rubroboletus satanas*** (Lenz) Kuan Zhao & Zhu L. Yang 2014    Satansröhrling

**Tafel 77**

*Russula aurea* PERS. 1796                    Gold-Täubling

**Tafel 78**

***Russula carpini*** HEINEM. & R. GIRARD 1956          **Hainbuchen-Täubling**

257

**Tafel 79**

*Russula fellea* (Fr.) Fr. 1838                    Gallen-Täubling

**Tafel 80**

*Russula recondita* MELERA & OSTELLARI 2016          Kratzender  Kamm-Täubling

***Russula sanguinaria*** (Schumach.) Rauschert 1989

Blutroter Täubling, Blutroter
Scharftäubling, Bluttäubling

**Tafel 82**

*Russula solaris* FERD. & WINGE 1924 Sonnen-Täubling

**Tafel 83**

*Russula subfoetens* W. G. Sm. 1873                    **Gilbender Stink-Täubling**

**Tafel 84**

***Russula virescens*** (Schaeff.) Fr. 1836    Grüngefelderter Täubling

**Tafel 85**

***Sebacina incrustans*** (Pers.) Tul. & C. Tul. 1871      **Erd-Wachskruste**

264

*Skeletocutis nivea* (Jungh.) Jean Keller *agg.*                    Engporiger Knorpelporling

Tafel 87

*Stereum subtomentosum* Pouzar 1964                       Samtiger Schichtpilz

**Tafel 88**

***Suillellus mendax*** (Sɪᴍᴏɴɪɴɪ & Vɪᴢᴢɪɴɪ)
Vɪᴢᴢɪɴɪ, Sɪᴍᴏɴɪɴɪ & Gᴇʟᴀʀᴅɪ 2014

**Kurznetziger Hexenröhrling,
Trügerischer Hexenröhrling**

***Suillellus queletii*** (Schulzer) Vizzini, Simonini & Gelardi **2014**

Glattstieliger Hexenröhrling

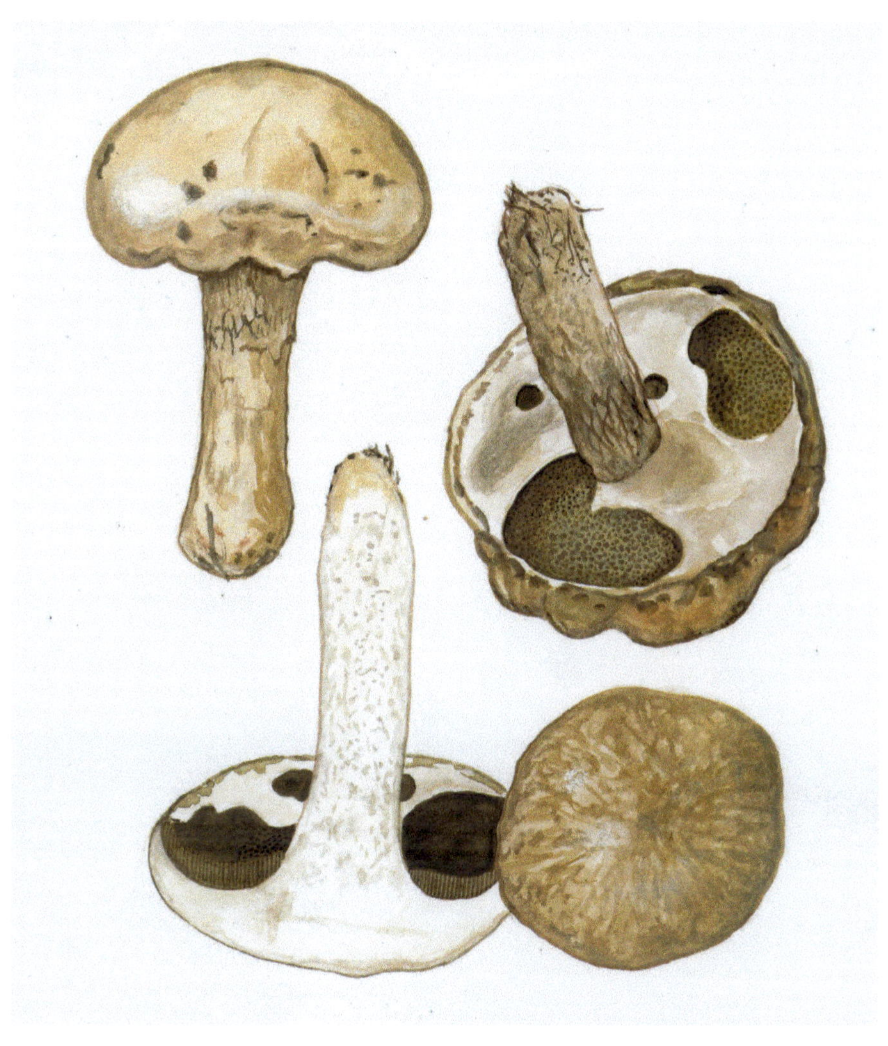



**Suillus viscidus** (L.) Roussel 1796        **Grauer Lärchen-Röhrling**

***Thaxterogaster eburneus*** (VELEN.) NISKANEN & LIIMAT. 2022

Weißer Schleimfuß

270

**Tafel 92**

**Tricholoma frondosae Kalames & Shchukin**

**Pappel-Grünling,
Laubwald-Grünling**

Tafel 93

*Tricholoma psammopus* (Kᴀʟᴄʜʙʀ.) Quéʟ. 1875          Lärchen-Ritterling

**Tafel 94**

*Tricholoma saponaceum* (Fr.) P. Kumm. 1871                    Seifenritterling

**Tafel 95**

*Tricholoma stiparophyllum* (S. Lundell)
P. Karst. 1879

Strohblasser Ritterling

***Tuber aestivum*** (Wᴜʟꜰᴇɴ) Sᴘʀᴇɴɢ. 1827            **Sommer-Trüffel**

**Tafel 97**

*Ustilago maydis* (DC.) CORDA 1842                    **Mais-Beulenbrand**

**Tafel 98**

*Volvariella surrecta* (J. A. Knapp) Singer          **Parasitischer Scheidling**

***Volvopluteus gloiocephalus*** (DC.) Vizzini, Contu & Justo **2011**                    **Großer Scheidling**

**Tafel 100**

*Verpa conica* (O. F. MÜLL.) Sw. 1815                    Fingerhut-Verpel, Glocken-Verpel

# Vorläufige Gesamtfundliste von Pilzarten im Harly

| Taxon | Syn. | MTB, MF 4029.1 | leg./det. | Stat. RL Ni |
|---|---|---|---|---|
| *Agaricus arvensis* SCHAEFF. 1774<br><br>**Weißer Anis-Champignon**<br>Bas. | *Agaricus amanitiformis* WASSER 1974,<br>*Agaricus leucotrichus* (F. H. MØLLER) F. H. MØLLER 1952 | 14 | M | |
| *Agaricus augustus* FR. 1838<br><br>**Riesen-Champignon**<br><br>Bas. | *Agaricus augustus var. albus* M. M. MOSER 1983, Agaricus augustus var. perrarus (SCHULZER) BON & CAPPELLI 1983, *Agaricus peronatus* MASSEE 1892, *Agaricus perrarus* SCHULZER 1880 | 14, 15 | S, Kg , FS, Hö | |
| *Agaricus bisporus* (J.E. LANGE) IMBACH 1951<br><br>**Zweisporiger Champignon**<br>Bas. | *Agaricus brunnescens* PECK 1900, *Agaricus hortensis* (Cooke) S. IMAI 1938 | 14 | S | |
| *Agaricus bitorquis* (QUÉL.) SACC. 1887<br>**Stadt-Champignon, Stadt-Egerling, Trottoir-Egerling**<br>Bas. | *Agaricus edulis* (Vittad.) KONRAD & MAUBL. 1948 | 07, 13 | M | |
| *Agaricus campestris* L. 1772<br>**Wiesen-Champignon, Feld-Egerling, Wiesen-Egerling**<br><br>Bas. | *Agaricus campestris var. equester* (F. H. MØLLER) PILÁT 1951, *Agaricus campestris var. fuscopilosellus* (F. H. MØLLER) PILÁT 1951, *Agaricus campestris var. substerilis* (F. H. MØLLER) F. H. MØLLER 1951, *Psalliota campestris* (L.) QUÉL. 1871 | 07 | M | |
| *Agaricus comtulus* FR. 1838<br>**Triften-Zwergchampignon, Wiesen-Zwergchampignon Blasser Zwerg-Egerling**<br>Bas. | *Agaricus lutosus* (F. H. MØLLER) F. H. MØLLER 1952, *Agaricus rusiophyllus* LASCH 1828 | 13 | M | |
| *Agaricus essettei* BON 1983<br>**Schiefknolliger Anis-Champignon**<br>Bas. | *Agaricus abruptibulbus* PECK 1905 | 12 | M | |

| Taxon | Syn. | MTB, MF 4029.1 | leg./det. | Stat. RL Ni |
|---|---|---|---|---|
| *Agaricus huijsmanii* Courtec. 2008 **Weißgelber Zwerg-Egerling** Bas. | *Agaricus niveolutescens* Huijsman 1960 | o. Ang. | W | |
| *Agaricus langei* (F. H. Møller) F. H. Møller 1952 **Großsporiger Blut-Champignon** Bas. | *Psalliotia langei* F. H. Møller 1950 | 08, 15 | M | |
| *Agaricus moelleri* Wasser 1976 **Perlhuhn-Karbol-Egerling, Perlhuhn-Champignon** Bas. | *Agaricus meleagris* (Jul. Schäff.) Imbach 1946, *Agaricus placomyces* Peck 1878 *ss. auct. europ.*, *Agaricus praeclaresquamosus* A. E. Freeman 1979, *Agaricus praeclaresquamosus var. terricolor* (F. H. Møller) Bon & Capelli 1983 | 14, 15 | M Kg, FS, Hö | 3 |
| *Agaricus porphyrizon* P. D. Orton 1960 **Purpurfaseriger Egerling** Bas. | *Agaricus brunneolus* (J. E. Lange) Pilát 1951 *ss.* Gröger, *Agaricus porphyrizon var. cookei* Bon & Grilli 1986, *Agaricus purpurascens* (Cooke) Pilát 1951 *non ss.* Fr. | 13 | M | 3 |
| *Agaricus semotus* Fr. 1863 **Weinrötlicher Zwergchampignon** Bas. | *Agaricus rubelloides* Bon 1985, *Agaricus rubellus* Gillet 1783, *Psalliota rubella* (Gillet) Rea 1922 | 12 | M | |
| *Agaricus subperonatus* (J. E. Lange) Singer 1951 **Gegürtelter Champignon** Bas. | *Psalliota hortensis var. subperonata* J. E. Lange 1926 | 15 | M | |
| *Agaricus sylvaticus* Schaeff. 1774 **Wald-Champignon** Bas. | *Agaricus haemorrhoidarus* Schulzer 1874, *Agaricus sylvaticus var. fuscosquamatus* (F. H. Møller) F. H. Møller 1952, *Agaricus sylvaticus var. saturatus* (F. H. Møller) F. H. Møller 1952, *Psalliota haemorrhoidaria* (Schulzer) Richon & Roze 1888, *Psalliota sanguinaria* (P. Karst.) J. E. Lange 1926, *Psalliota sylvatica* (Schaeff.) P. Kumm. 1871 | 13, 15 | M, FS | |

| Taxon | Syn. | MTB, MF 4029.1 | leg./det. | Stat. RL Ni |
|---|---|---|---|---|
| *Agaricus sylvicola* (VITTAD.) PECK 1872 **Dünnfleischiger Anis-Champignon** Bas. | *Agaricus campestris var. sylvicola* VITTAD. 1835, *Agaricus sylvicola var. squarrosus* NAUTA 2000 | o. Ang. | W | |
| *Agaricus xanthodermus* GENEV. 1876 **Karbol-Egerling** Bas. | *Agaricus pseudocretaceus* BON 1985 | 14, 15 | S, M, FS | |
| *Agaricus xanthodermus var. lepiotoides* MAIRE 1910 **Schirmlingsartiger Karbol-Egerling** Bas. | | 15 | M | |
| *Agrocybe pediades* (FR.) FAYOD 1889 **HalbkugeligerAckerling, Raustieliger Ackerling** Bas. | *Agrocybe arenaria* (PECK) SINGER 1978, *Agrocybe arenicola* (BERK.) SINGER 1936, *Agrocybe semiorbicularis* (BULL.) FAYOD 1889, *Agrocybe temulenta* (FR.) P. D. ORTON 1960 | 15 | W | |
| *Agrocybe praecox* (PERS.) FAYOD 1889 **Frühlings-Ackerling, Frühlings-Ackerschüppling, Voreilender Ackerling** Bas. | *Agrocybe ombrophila* (FR.) KONRAD & MAUBL. 1949, *Agrocybe praecox f. sphaleromorpha* (BULL.) MIGL. & COCCIA 1993, *Agrocybe praecox var. cutefracta* (J. E. LANGE) SINGER 1953, *Conocybe togularis* (BULL.) KÜHNER 1935, *Pholiota gibberosa* (FR.) SACC. 1871, *Pholiota praecox* (PERS.: FR.) P. KUMM. 1871, *Pholiotina togularis* (BULL.) FAYOD 1889 | 15 | M | |
| *Albatrellus cristatus* (SCHAEFF.) KOTL. & POUZAR 1957 **Grüner Kammporling, Kammporling** Bas. | *Boletus cristatus* SCHAEFF. 1792, *Caloporus cristatus* (SCHAEFF.: FR.) QUÉL. 1888, *Laeticutis cristata* (SCHAEFF.) AUDET 2010, *Scutiger cristatus* (SCHAEFF.: FR.) BONDARTSEV & SINGER 1941 | 14 | M | 2 |
| *Aleuria aurantia* (PERS.) FUCKEL 1870 **Gemeiner Orange-Becherling** Asc. | *Peziza aurantia* PERS., FR. 1821 | 06, 14 | M | |
| *Amanita beckeri* HUIJSMAN 1962 **Hellflockiger Scheidenstreifling** Bas. | | 14 | W | |

| Taxon | Syn. | MTB, MF 4029.1 | leg./det. | Stat. RL Ni |
|---|---|---|---|---|
| *Amanita ceciliae* (BERK. & BROOME) 1983 **Riesen-Scheiden-streifling, Doppeltbescheideter Riesen-Streifling** Bas. | *Agaricus ceciliae* BERK. & BROOME 1854, *Amanita inaurata Secr. ex* GILLET 1874, *Amanita strangulata* (FR.) SACC. 1872 SS. FR. | 07 | M | 2,F1 |
| *Amanita citrina* (SCHAEFF.) PERS. 1797 **Gelber Knollenblätterpilz** Bas. | *Agaricus citrinus* SCHAEFF. 1774, *Amanita mappa* (BATSCH) BERTILL. 1866 | 06, 07 12, 13, 14, 15 | M, S | |
| *Amanita citrina var. alba* (GILLET) REA 1922 **Gelber Knollenblätterpilz** (weiße Varietät) Bas. | *Amanita venenosa var. alba* GILLET 1874 | 06 | M | |
| *Amanita excelsa* (FR.) BERTILL. 1866 **Grauer Wulstling** Bas. | *Agaricus excelsus* FR. 1821, *Amanita ampla* PERS. 1801, *Amanita excelsa f. alba* (BOURDOT EX E.-J. GILBERT) GARCIN 1984, *Amanita excelsa f. subcandida* NEVILLE & POUMARAT 2004, *Amanita excelsa var. valida* (BERTILL.) WASSER 1992, *Amanita spissa* (FR.) P. KUMM. 1866, *Amanita spissa var. excelsa* (FR.) DÖRFELT & I. L. ROTH 1982, *Amanita spissa var. valida* (BERTILL.) E.-J. GILBERT 1918 | 06, 15 | M, FS | |
| *Amanita franchetii* (BOUD.) FAYOD 1889 **Rauer Wulstling, Gelbflockiger Wulstling** Bas. | *Amanita aspera* (FR.) GRAY 1799, *Amanita franchetii f. queletii* (BON & DENNIS) NEVILLE & POUMARAT 2004, *Amanita queletii* BON & DENNIS 1985 | 07, 14, 15 | M, FS | 1F, 2H |
| *Amanita fulva* (SCHAEFF.) FR. 1815 **Rotbrauner Scheidenstreifling** Bas. | *Amanita vaginata var. fulva* (SCHAEFF.: FR.) Gillet 1874 | 06 | M | |
| *Amanita gemmata* (FR.) BERTILL. 1866 **Narzissengelber Wulstling** Bas. | *Amanita junquillea* QUÉL. 1876, *Amanita junquillea var. exannulata* J. E. LANGE 1935, *Amanita muscaria var. gemmata* (FR.) QUÉL. 1886, *Amanitopsis gemmata* (FR.) SACC. 1887 | 07, 12 | M | 1F, 2 |

| Taxon | Syn. | MTB, MF 4029.1 | leg./det. | Stat. RL Ni |
|---|---|---|---|---|
| *Amanita lividopallescens* (SECR. EX GILLET) SEYOT 1930 **Ockergrauer Riesen-Scheidenstreifling, Genatterter Scheidenstreifling** Bas. | *Amanita lividopallescens var. globosispora* E. LUDW. 2012, *Amanita vaginata var. lividopallescens* GILLET 1874 | 07, 12 | M | 1F, 2 |
| *Amanita muscaria* (L.) LAM. 1783 **Fliegenpilz** Bas. | *Agaricus muscarius* L. 1753, *Amanita muscaria f. flavivolvata* NEVILLE & POUMARAT 2002, *Amanita muscaria var. formosa* PERS. 1800, *Amanita muscaria var. minor* VELEN. 1920, *Amanita muscaria var. puella* (BATSCH) PERS. 1801, *Amanita puella* (BATSCH) GONNERM. & RABENH. 1869 | 06, 14 | M, S | |
| *Amanita pantherina* (DC.) KROMBH. 1846 **Pantherpilz** Bas. | *Amanita pantherina var. isabellomarginata* NEVILLE & POUMARAT 2004, *Amanita umbrina* PERS. 1797 | 06, 14, 15 | M, S, FS | |
| *Amanita phalloides* (FR.) LINK 1833 **Grüner Knollenblätterpilz** Bas. | *Amanita viridis* PERS. 1797 | 07, 08, 14, 15 | M, Kg, FS, Hö | |
| *Amanita porphyria* ALB. & SCHWEIN. 1805 **Porphyrbrauner Wulstling** Bas. | *Amanita recutita* (FR.) GILLET 1874 | 06 | M | 3H |
| *Amanita rubescens* PERS. 1797 **Perlpilz** Bas. | *Amanita pseudorubescens* D. HERRFURTH 1935 nom. inval., *Amanita rubens* (SCOP.) QUÉL. 1886 | 06, 07, 12, 13, 15 | M, W, FS | |
| *Amanita solitaria* (BULL.) MÉRAT 1836 **Stachelschuppiger Wulstling, Igel-Wulstling** Bas. | *Amanita echinocephala* (VITTAD.) QUÉL. 1872, *Aspidella solitaria* (BULL.) E.-J. GILBERT 1940 | 14 | M | 2 |
| *Amanita strobiliformis* (PAULET EX VITTAD.) BERTILL. 1866 **Fransiger Wulstling** Bas. | *Agaricus strobiliformis* PAULET EX VITTAD. 1835, *Amanita ovoidea var. ammophila* BEELI 1930, *Amanita pellita* (PAULET) BERTILL. 1866, *Lepidella strobiliformis* (PAULET EX VITTAD.) E.-J. GILBERT & KÜHNER 1930 | 06, 08 | M | 2F, 3H |

| Taxon | Syn. | MTB, MF 4029.1 | leg./det. | Stat. RL Ni |
|---|---|---|---|---|
| *Amanita vaginata* (BULL.) LAM. 1783 **Grauer Scheidenstreifling** Bas. | *Amanita adnata* (SACC.) SACC. 1925, *Amanita vaginata f. plumbea* (Schaeff.) L. MAIRE 1910, *Amanita vaginata var. argentata* CONTU 1986, *Amanita vaginata var. cinerea* GILLET 1874, *Amanita vaginata var. roseilamellata* BRESINSKY 1987, *Amanitopsis plumbea* (SCHAEFF.) FAYOD 1939 | 14 | M | |
| *Amanita vaginata var. alba* (DE SEYNES) GILLET 1874 **Grauer Scheidenstreifling**, Albinoform Bas. | | 15 | M | |
| *Amanita verna* (BULL.) LAM. 1783 **Frühlings-Knollenblätterpilz** Bas. | *Amanita phalloides var. verna* (BULL.) LANZI 1916 | 15 | M | n. a. |
| *Amanita virosa* (FR.) BERTILL. 1866 **Kegelhütiger Knollenblätterpilz** Bas. | *Amanita phalloides var. virosa* (Fr.) SARTORY & MAIRE 1937 | 15 | M, Kg, FS, Hö | |
| *Ampulloclitocybe clavipes* (PERS.) REDHEAD, LUTZONI, MONCALVO & VILGALYS 2002 **Keulenfüßiger Trichterling** Bas. | *Clitocybe clavipes* (PERS. : FR.) P. KUMM. 1871 | 12, 13 | M | |
| *Anthostoma cubiculare* (FR.) NITSCHKE 1867 **Höhlenförmiges Lochbecherchen** Asc. | *Robergea cubicularis* (FR.) REHM 1912 | o. Ang. | W | |
| *Apioperdon pyriforme* (SCHAEFF.) VIZZINI 2017 **Birnenstäubling** Bas. | *Lycoperdon pyriforme* SCHAEFF. 1774, *Morganella pyriformis* (SCHAEFF.) KREISEL & D. KRÜGER 2003 | 07 | M, W | |

| Taxon | Syn. | MTB, MF 4029.1 | leg./det. | Stat. RL Ni |
|---|---|---|---|---|
| *Arcyria cinerea* (Bull.) Pers. 1801 **Grauer Kelchstäubling** Myx. | *Arcyria albida* Pers. 1794, *Trichia cinerea* Bull. 1790 non ss. Trentepohl | 13 | W | |
| *Arcyria obvelata* (Oeder) Onsberg 1979 **Nickender Kelchstäubling** Myx. | *Arcyria nutans* (Bull.) Grev. 1824, *Embolus obvelatus* Oeder 1770, *Trichia nutans* Bull. 1791 | 07 | M | |
| *Armillaria lutea* Gillet 1874 **Wandelbarer Hallimasch** Bas. | *Armillaria bulbosa* (Barla) Kile & Watling 1983, *Armillaria gallica* Marxm. & Romagn. 1987, *Armillaria inflata* Velen. 1920, *Armillariella bulbosa* (Barla) Romagn. 1973 | o. Ang. | W | |
| *Armillaria mellea* (Vahl) P. Kumm. 1871 s. str. **Honiggelber Hallimasch** Bas. | *Armillariella cerasi* Velen. 1920, *Armillariella mellea* (Vahl : Fr.) P. Karst. 1881, *Armillariella nigritula* P.D. Orton 1881 | 14, 15 | M, S | |
| *Armillaria ostoyae* (Romagn.) Herink 1973 **Dunkler Hallimasch** Bas. | *Armillaria obscura* (Schaeff.) Herink 1973, *Armillaria polymyces* (Pers.) Singer & Clémençon 1973, *Armillariella obscura* (Schaeff.) Romagn. 1978, *Armillariella ostoyae* Romagn. 1970, *Armillariella polymyces* (Pers.) Singer & Clémencon 1973 | 14, 15 | M, Kg, FS, Hö | |
| *Arrhenia acerosa* (Fr.) Kühner 1980 **Grauer Zwergnabeling, Grauer Adernmoosling** Bas. | *Leptoglossum acerosum* (Fr.) Park.-Rhodes 1954, *Omphalina acerosa* (Fr.) M. Lange 1981, *Phaeotellus acerosus* (Fr.) Kühner & Lamoure 1972, *Pleurotellus acerosus* (Fr.) Konrad & Maubl. 1937 | 15 | M | 2 |
| *Arrhenia spathulata* (Fr.) Redhead 1984 **Gezonter Adermoosling, Großer Adermoosling** Bas. | *Arrhenia retiruga var. spathulata* (Fr.) Gminder 2001, *Leptoglossum muscigenum* (Bull.) P. Karst. 1879, *Leptoglossum queletii* (Pilát & Svrček) Corner 1966, *Leptoglossum spathulatum* (Fr.) Velen 1925 | 07 | M | 2 |
| *Ascocoryne sarcoides* (Jacq.) J.W. Groves & D.E. Wilson 1967 **Fleischroter Gallertbecher** Asc. | *Coryne dubia* (Pers.) Gray 1821, *Coryne sarcoides* (Jacq.) Tul. & C. Tul. 1865, *Scleroderris majuscula* 1893 | 13, 14 | M, S, Kg, SF, Hö | |

| Taxon | Syn. | MTB, MF 4029.1 | leg./det. | Stat. RL Ni |
|---|---|---|---|---|
| *Ascodichaena rugosa* BUTIN 1977 **Buchenrindenschorf** Asc. | *Dichaena faginea* (PERS.) SACC. 1883, *Polymorphum quercinum* (PERS.) CHEVALL. 1822, *Polymorphum rugosum* (L.) D. HAWKSW. & PUNITH. 1973 | 13 | M | |
| *Ascotremella faginea* (PECK) SEAVER 1930 **Schlauchzitterling** Asc. | *Haematomyces fagineus* PECK 1890, *Neobulgaria faginea* (PECK) RAITV. 1963 | 07, 13 | M | 3F |
| *Athelia fibulata* M.P. CHRIST. 1960 **Schnallentragende Gewebehaut** Bas. | | 14 | M | |
| *Atheniella flavoalba* (FR.) REDHEAD, MONCALVO, VILGALYS, DESJARDIN & B.A. PERRY 2012 **Gelbweißer Helmling** Bas. | *Mycena flavoalba* (FR.) QUÉL. 1872 | 14 | M, S | |
| *Atractosporocybe inornata* (SOWERBY) P. ALVARADO, G. MORENO & VIZZINI 2015 **Graublättriger Trichterling** Bas. | *Clitocybe inornata* (SOWERBY: FR.) GILLET 1874 | 13 | M | 3F |
| *Aureoboletus gentilis* (QUÉL.) POUZAR 1947 **Goldporiger Röhrling, Lachsroter Schmierröhrling** Bas. | *Aureoboletus cramesinus* SECR. EX WATLING 1957, *Pulveroboletus cramesinus* (SECR. EX WATLING) M.M. MOSER EX SINGER 1966, *Pulveroboletus gentilis* (QUÉL.) SINGER 1945, *Xerocomus gentilis* (QUÉL.) SINGER 1942 | 14, 15 | M, FS | 1F, 2H |
| *Auricularia auricula-judae* (BULL.) WETTST. 1886 **Judasohr** Bas. | *Auricularia sambuci* PERS. 1822, *Auricularia sambucina* (SCOP.) MART. 1817, *Hirneola auricula-judae* (BULL. : FR.) BERK. 1860 | 07, 08, 13, 14, 15 | M, Kg, FS, Hö | |
| *Auricularia mesenterica* (DICKS.) PERS. 1822 **Gezonter Ohrlappenpilz** Bas. | *Auricularia tremelloides* BULL. 1787 | 15 | M | 2 |
| *Auriculariopsis ampla* (LÉV.) MAIRE 1902 **Judasöhrchen** Bas. | *Cyphella flocculenta* (FR.: FR.) BRES. 1903, *Cytidia flocculenta* (FR.) HÖHN. & LITSCH. 1907, *Schizophyllum amplum* (LÉV.) NAKASONE 1996 | 15 | M | 3 |

| Taxon | Syn. | MTB, MF 4029.1 | leg./det. | Stat. RL Ni |
|---|---|---|---|---|
| *Auriscalpium vulgare* GRAY 1821 **Ohrlöffel-Stacheling** Bas. | *Pleurodon auriscalpium* (L.) P. KARST. 1881 | 13, 15 | M | |
| *Basidioradulum radula* (FR.) NOBLES 1967 **Reibeisen-Rinden-pilz** Bas. | *Hydnum radula* FR. 1818, *Hypho-derma radula* (FR. : FR.) DONK 1957, *Radulum orbiculare* FR. 1825 | 13, 14, 15 | M, FS, Hö, Kg | |
| *Bertia moriformis* (TODE) DE NOT. 1844 **Maulbeerförmiger Kugelpilz** Asc. | *Sphaeria moriformis* TODE 1791 | 07 | M | |
| *Biscogniauxia num-mularia* (BULL.) KUNTZE 1891 **Rotbuchen-Kohlen-beere, Rotbuchen-Rinden-kugelpilz, Buchen-Rindenku-gelpilz** Asc. | *Hypoxylon nummularium* BULL. 1791, *Nummularia bulliardii* TUL. & C. TUL. 1863, *Nummularia num-mularia* (BULL.) J. SCHRÖT. 1897, *Nummulariola nummularia* (BULL.) HOUSE 1925, *Sphaeria nummularia* DC. 1805 | 07, 13, 14, 15 | M, W, Kg, FS, Hö | |
| *Bispora pallescens* (PERS.) J.K. MITCH. & QUIJADA 2022 **Blasses Buchenbe-cherchen, Tintenstrichpilz** Asc. | *Bispora antennata* (PERS.) MASON 1953, *Bispora monilioides* CORDA 1837, *Bisporella pallescens* (PERS.) S.E. CARP. & KORF 1974, *Calycella lenticularis* (BULL.) BOUD. 1907, *Ca-lycella monilifera* (FUCKEL) DENNIS 1956, *Calycella pallescens* (PERS.) QUÉL. 1886, *Helotium moniliferum* (FUCKEL) REHM 1893 | 06, 07, 08, 12, 13, 14, 15 | M, FS, Hö, Kg | |
| *Bjerkandera adusta* (WILLD.) P. KARST. 1880 **Angebrannter Rauchporling** Bas. | *Gloeoporus adustus* (WILLD.) PILÁT 1937, *Leptoporus adustus* (WILLD.) QUÉL. 1886, *Polyporus adustus* (WILLD.) FR. 1821, *Polyporus cris-pus* (PERS.) FR. 1821 | 07, 08, 13, 14, 15 | M, FS, Hö, Kg | |
| *Bjerkandera fumosa* (PERS.) P. KARST. 1880 **Graugelber Rauch-porling, Auen-Rauchporling** Bas. | *Grifola fumosa* (PERS.) ZMITR. & V. MALYSHEVA 2006, *Leptoporus imberbis* (BULL.) QUÉL. 1888 | 07 | M | 3 |

| Taxon | Syn. | MTB, MF 4029.1 | leg./det. | Stat. RL Ni |
|---|---|---|---|---|
| *Bolbitius titubans* (BULL.) FR. 1838 **Goldmistpilz** Bas. | *Bolbitius boltonii* (PERS.: FR.) FR. 1838, *Bolbitius flavidus* MASSEE 1893, *Bolbitius fragilis* (L.) FR. 1838, *Bolbitius vitellinus* (PERS. : FR.) Fr. 1838, *Bolbitius vitellinus var. fragilis* (L.) J. FAVRE 1948, *Bolbitius vitellinus var. titubans* (BULL.) M. M. MOSER EX BON & COURTEC. 1987 | 07, 14 | M, S | |
| *Boletus aereus* BULL. 1789 **Schwarzer Steinpilz, Bronze-Röhrling, Schwarzhütiger Steinpilz** Bas. | *Boletus sykorae* SMOTL. 1934 | 14, 15 | M, FS | 1F, 2H |
| *Boletus edulis* BULL. 1782 **Steinpilz** Bas. | *Boletus bulbosus* SCHAEFF. 1774, *Boletus edulis f. albus* (PERS.) J.A. MUÑOZ 2005, *Boletus edulis f. citrinus* (PELT. EX E.-J. GILBERT) VASSILKOV 1966, *Boletus edulis var. albus* (PERS.) E.-J. GILBERT 1925, *Boletus edulis var. ochraceus* A.H. SM. & THIERS 1971, *Boletus esculentus* PERS. 1825, *Boletus persoonii* BON 1988, *Boletus reticulatus var. albus* (PERS.) HLAVÁČEK 1994, *Boletus reticulatus var. citrinus* HLAVÁČEK 1994 | 08, 14 | M, S | |
| *Boletus reticulatus* SCHAEFF. 1774 **Sommersteinpilz , Eichen-Steinpilz** Bas. | *Boletus aestivalis* (PAULET) FR. 1838, *Boletus edulis f. reticulatus* (SCHAEFF.) VASSILKOV 1966, *Boletus edulis subsp. reticulatus* (SCHAEFF.) KONRAD & MAUBL. 1926 | 14 | M | |
| *Botryobasidium aureum* PARMASTO 1965 **Goldgelbe Traubenbasidie** Bas. | *Haplotrichum aureum* (PERS.) HOL.-JECH. 1976 Anamorphe | 07 | Kg, FS, Hö | |
| *Botrytis cinerea* PERS. 1794 **Grauschimmel** Asc. | | 06, 07, 08, 13 | M | |
| *Bovista nigrescens* PERS. 1801 **Schwärzender Bovist** Bas. | | 14, 15 | M, Kg, FS, Hö | 3H |

| Taxon | Syn. | MTB, MF 4029.1 | leg./det. | Stat. RL Ni |
|---|---|---|---|---|
| *Bovista plumbea* PERS. 1795 **Bleigrauer Bovist** Bas. | *Bovista macrospora* PERDECK 1950 | 14, 15 | M, FS | |
| *Bovista polymorpha* (VITTAD.) KREISEL 1967 **Heide-Bovist** Bas. | *Bovista aestivalis* (BONORD.) DEMOUL. 1979, *Lycoperdon polymorphum* VITTAD. 1842 | o. Ang. | W | |
| *Buglossoporus quercinus* (SCHRAD.) KOTL. & POUZAR 1966 **Eichen-Zungenporling** Bas. | *Buglossoporus pulvinus* (PERS.) DONK 1971, *Piptoporus quercinus* (SCHRAD.) P. KARST. 1881 | 15 | WW, Hö, M | 1 |
| *Bulgaria inquinans* (PERS.) Fr. 1822 **Schmutzbecherling** Asc. | *Bulgaria polymorpha* (FEDER) WETTST. 1932, *Phaeobulgaria inquinans* (PERS.) NANNF. 1932, *Phaeobulgaria polymorpha* (OEDER) FERD. & P. M. JØRG. 1938 | 06, 14, 15 | M | |
| *Butyriboletus appendiculatus* (SCHAEFF.) D. ARORA & J.L. FRANK 2014 **Gelber Bronzeröhrling, Anhängsel-Röhrling** Bas. | *Boletus appendiculatus* SCHAEFF.: FR. 1821, *Boletus irideus* ROSTK. 1844 | 08 | M | 1F, 2H |
| *Butyriboletus fechtneri* (VELEN.) D. ARORA & J.L. FRANK 2014 **Silber-Röhrling** Bas. | *Boletus fechtneri* VELEN. 1922, *Boletus pallescens* (KONRAD) SINGER 1936 | 08 | M | 1 |
| *Byssomerulius corium* (PERS.) PARMASTO 1967 **Lederartiger Fältling** Bas. | *Meruliopsis corium* (PERS.: FR.) GINNS 1976, *Merulius corium* FR. 1828 | 13, 14 | M | |
| *Byssonectria terrestris* (ALB. & SCHWEIN.) PFISTER 1994 s. str. **Spindelsporiger Dung- Aggregatbecherling** Asc. | *Byssonectria aggregata* (BERK. & BROOME) ROGERSON & KORF 1971, *Inermisia aggregata* (ALB. & SCHWEIN.) PFISTER 1969, *Inermisia buchsii* RIFAI 1969, *Octospora aggregata* (BERK. & BROOME) ECKBLAD 1968, *Sphaerobolus terrestris* (ALB. & SCHWEIN.) W.G. SM. 1908, *Thelebolus terrestris* ALB. & SCHWEIN. 1805 | 15 | M | n. a. |

| Taxon | Syn. | MTB, MF 4029.1 | leg./det. | Stat. RL Ni |
|---|---|---|---|---|
| *Calloria neglecta* (LIB.) B. HEIN 1976 **Orangefarbenes Brennnesselbecher- chen** Asc. | *Calloria fusarioides* (BERK.) FR. 1849, *Callorina fusarioides* (BERK.) KORF 1971, *Conchatium urticae* (PERS.) SVRČEK 1979, *Cylindrocolla urticae* (PERS.) BONORD. 1851 | 06, 13, 14, 15 | M | |
| *Caloboletus calopus* (PERS.) VIZZINI 2014 **Schönfuß-Röhrling** Bas. | *Boletus calopus* PERS. 1801, *Boletus calopus f. ereticulatus* ESTADÈS & LANNOY 2001, *Boletus olivaceus* SCHAEFF. 1774, *Boletus pachypus* FR. 1815 non ss. QUÉL., DERM., *Boletus terreus* SCHAEFF. 1774, *Caloboletus calopus f. ereticulatus* (ESTADÈS & LANNOY) BLANCO-DIOS 2015 | 14 | M | 2 |
| *Caloboletus radicans* (PERS.) VIZZINI 2014 **Wurzelnder Bitter- röhrling** Bas. | *Boletus albidus* ROQUES 1799, *Boletus amarus* PERS. 1801, *Boletus candicans* INZENGA 1869, *Boletus radicans* PERS. 1801 | 09, 15 | M | 2F, 3H |
| *Calocera viscosa* (PERS.) FR. 1821 **Klebriger Hörnling** Bas. | *Calocera flammea* (SCHAEFF.) WALLR. 1851, *Calocera stricta* FR. 1838 | 07 | M | |
| *Calocybe carnea* (BULL.) DONK 1962 **Fleischrötlicher Schönkopf** Bas. | *Lyophyllum carneum* (BULL. : FR.) HÜHN. & ROMAGN. 1953, *Rugosomyces carneus* (BULL.: FR.) BON 1991, *Tricholoma carneum* (BULL.: FR.) P. KUMM. 1871 | 15 | M | |
| *Calocybe gambosa* (FR.) DONK 1962 **Mairitterling** Bas. | *Calocybe georgii* (L.) KÜHNER 1938, *Gyrophila georgii* (L.) QUÉL. 1886, *Tricholoma georgii* (L.) QUÉL. 1872 | 09, 13 | M | |
| *Calocybe gambosa var. flavida* BELLÙ & TURRINI 2014 **Mairitterling, sem- melfarbene Var.** Bas. | | 09 | M | |
| *Calonarius alcalino- philus* (ROB. HENRY) NISKANEN & LIIMAT. 2022 ss. BRANDR. & AL. **Leopardenklumpfuß** Bas. | *Cortinarius alcalinophilus* ROB. HENRY 1952, *Cortinarius fulmineus* FR. 1838 ss. M. M. MOSER, *Cortinarius majusculus* KÜHNER 1955 | 07 | M | n. a. |
| *Calonarius cal- lochrous agg.* **Rosablättriger Klumpfuß** Bas. | | 08 | M | 2F, 3H |

| Taxon | Syn. | MTB, MF 4029.1 | leg./det. | Stat. RL Ni |
|---|---|---|---|---|
| *Calonarius catharinae* (Consiglio) Niskanen & Liimat. 2022 **Rotreagierender Amethyst-Klumpfuß** Bas. | *Cortinarius callochrous var. parvus* Rob. Henry 1992 **ss.** Brandr. & al., *Cortinarius catharinae* Consiglio 1997 | 14 | M, S | 2 |
| *Calonarius citrinus* (J. E. Lange ex P. D. Orton) Niskanen & Liimat. 2022 **Zitronengelber Klumpfuß** Bas. | *Cortinarius citrinus* P. D. Orton 1960 | 08 | M | 2F, 3H |
| *Calonarius elegantior* (Fr.) Niskanen & Liimat. 2022 **Strohgelber Klumpfuß, Messing-Klumpfuß** Bas. | *Cortinarius elegantior* Fr. 1838, *Cortinarius elegantior f. volvatus* (M. M. Moser) Nespiak 1975 | 14 | M, Kg, FS, Hö | |
| *Calonarius elegantissimus* (Rob. Henry) Niskanen & Liimat. 2022 **Prächtiger Klumpfuß** Bas. | *Cortinarius elegantissimus* Rob. Henry 1989 | 08, 12 | M | 1F, 2H |
| *Calonarius fulvocitrinus* (Brandrud) Niskanen & Liimat. 2022 **Braunscheibiger Klumpfuß** Bas. | *Cortinarius fulvocitrinus* Brandrud 1998 | 08 | M | 2 |
| *Calonarius odoratus* (Joguet ex M. M. Moser) Niskanen & Liimat. 2022 **Hellgrüner Duft-Klumpfuß** Bas. | *Cortinarius odoratus* (Joguet ex M. M. Moser) M.M. Moser 1967 | 08, 14 | M, Kg, FS, Hö | 1 |
| *Calonarius olearioides* (Rob. Henry) Niskanen & Liimat. 2022 **Safran-Klumpfuß** Bas. | *Cortinarius olearioides* Rob. Henry 1987, *Cortinarius subfulgens* P. D. Orton 1960 | 08 | M | n. a. |
| *Calonarius rufo-olivaceus* (Pers.) Niskanen & Liimat. 2022 **Violettroter Klumpfuß** Bas. | *Cortinarius rufo-olivaceus* (Pers.) Fr. 1838, *Cortinarius rufoolivaceus* Fr. 1838 orthographic variant | 08 | M | 3 |

| Taxon | Syn. | MTB, MF 4029.1 | leg./det. | Stat. RL Ni |
|---|---|---|---|---|
| *Calonarius saporatus* (BRITZELM.) NISKANEN & LIIMAT. 2022 **Breitknolliger Klumpfuß, Velumflecken-Klumpfuß** Bas. | *Cortinarius saporatus* BRITZELM. 1897 | 08, 14 | M | 2H, 1F |
| *Calonarius sodagnitus* (ROB. HENRY) NISKANEN & LIIMAT. 2022 **Violetter Klumpfuß, Violetter Laugen-Klumpfuß** Bas. | *Cortinarius sodagnitus* ROB. HENRY 1983 | 08 | M | 2 |
| *Calonarius splendens* (ROB. HENRY) NISKANEN & LIIMAT. 2022 **Schöngelber Klump-fuß** Bas. | *Cortinarius splendens* ROB. HENRY 1939 | 08 | M, W | 2 |
| *Calycina citrina* (HEDW.) GRAY 1821 **Zitronengelbes Holzbecherchen** Asc. | *Bisporella citrina* (BATSCH,: FR.) KORF & S. E. CARP. 1974, *Calycella chlaroflava* (GREV.) BOUD. 1971, *Calycella claroflava* (GREV.) BOUD. 1907, *Calycella flava* (KLOTZSCH EX W. PHILLIPS) BOUD. 1907, *Helotium citrinum* (HEDW.) FR. 1849, *Phae-ohelotium nobile* (VELEN.) DENNIS 1971 | 07 | M | |
| *Calyptella campanula* (NEES) W. B. COOKE 1961 **Glockiger Schüssel-schwindling** Bas. | | 07 | M, Kg, FS, Hö | |
| *Cantharellus cibarius* FR. 1821 **Echter Pfifferling** Bas. | *Cantharellus cibarius* var. *squamo-sus* PÖLL EX MURR 1916, *Cantharel-lus edulis* SACC. 1916, *Cantharellus rufipes* GILLET 1878, *Cantharellus vulgaris* GRAY 1821 | 12 | M | |
| *Cantharellus sub-pruinosus* EYSSART. & BUYCK 2000 **Bereifter Pfifferling, Reif-P., Blassser Buchen-wald-Pfifferling** Bas. | *Cantharellus cibarius* var. *pallidus* R. SCHULZ 1924, *Cantharellus pallens* PILÁT 1959 | 08, 13 | M | |

| Taxon | Syn. | MTB, MF 4029.1 | leg./det. | Stat. RL Ni |
|---|---|---|---|---|
| *Cantharellus tubaeformis* Fr. 1821 **Trompeten-Pfifferling** Bas. | *Craterellus tubaeformis* (Bull.: Fr.) Quél. 1888 | 06, 07, 15 | M | |
| *Ceriporia purpurea* (Fr.) Donk 1971 **Purpurfarbener Wachsporling, Purpurvioletter Wachsporling** Bas. | *Physisporus purpureus* (Fr.: Fr.) Gillet , *Polyporus purpureus* (Fr.) Fr., *Poria purpurea* (Fr.: Fr.) Cooke | 15 | M | 2F, 3H |
| *Chamaemyces fracidus* (Fr.) Donk 1962 **Fleckender Schmierschirmling** Bas. | *Chamaemyces demisannulus* (Secr. ex Fr.) M. M.Moser , *Lepiota irroata* Quél. | 06 | M | 3 |
| *Cheilymenia theleboloides* (Alb. & Schwein.) Boud. 1907 **Blassgelber Erdborstling, Gelber Kompost-Borstling** Asc. | *Cheilymenia glumarum* (Desm.) Svrček 1974, *Cheilymenia vinacea* (Rabenh.) Boud. 1907, *Coprobia theleboloides* (Alb. & Schwein.) J. Moravec 1987, *Scutellinia ascoboloides* (Bertero ex Mont.) S. C.Teng 1963, *Scutellinia theleboloides* (Alb. & Schwein.) Lambotte 1887 | 15 | M, FS | **n. a.** |
| *Cheilymenia vitellina* (Pers.) Dennis 1960 **Dottergelber Erdborstling** Asc. | *Cheilymenia citrinella* (Velen.) Svrček 1977, *Lachnea minuta* Velen. 1934, *Peziza vitellina* Pers. 1822, *Scutellinia vitellina* (Pers.) Lambotte 1887 | 07 | M, Kg, FS, Hö | |
| *Chlorociboria aeruginascens* (Nyl.) Kanouse ex C.S. Ramamurthi, Korf & L.R. Batra 1958 **Grünspanbecherling** Asc. | *Chlorosplenium aeruginascens* (Nyl.) P. Karst. 1871, *Dothiorina tulasnei* (Sacc.) Höhn. 1911 | 15 | M | 3 |
| *Chondrostereum purpureum* (Pers.) Pouzar 1959 **Violetter Knorpelschichtpilz, Violetter Schichtpilz** Bas. | | 07 | M | |

| Taxon | Syn. | MTB, MF 4029.1 | leg./det. | Stat. RL Ni |
|---|---|---|---|---|
| *Chroogomphus rutilus* (SCHAEFF.) O. K. MILL. 1964 s. str. **Kupferroter Gelbfuß** Bas. | *Chroogomphus corallinus* O. K. MILL. & WATLING 1970, *Chroogomphus rutilus var. corallinus* (O. K. MILL. & WATLING) WATLING 2004, *Gomphidius rutilus* (SCHAEFF. : FR.) S. LUNDELL 1937, *Gomphidius viscidus* (L.) FR. 1838 | 13 | M | n. a. |
| *Chrysomphalina grossula* (PERS.) NORVELL, REDHEAD & AMMIRATI 1994 **Gelbgrüner Nabeling** Bas. | *Camarophyllopsis abiegna* (BERK. & BROOME) KNUT WÖLDECKE ad int., *Camarophyllus grossulus* (PERS.) CLÉMENÇON 1982, *Cuphophyllus grossulus* (PERS.) BON 1985, *Cuphophyllus grossulus var. belleri* BON 1989, *Gerronema grossulum* (PERS.) SINGER 1973, *Hygrophorus wynneae* BERK. & BROOME 1879, *Omphalia abiegna* (BERK. & BROOME) J. E. LANGE 1930, *Omphalia bibula* (QUÉL.) SACC. 1887, *Omphalina abiegna* (BERK. & BROOME) SINGER 1951, *Omphalina bibula* QUÉL. 1886, *Omphalina grossula* (PERS.) SINGER 1961 | 08 | M | 3 |
| *Ciboria amentacea* (BALB.) FUCKEL 1870 **Erlenkätzchen-Stromabecherling** Asc. | | o. Ang. | W | |
| *Ciboria batschiana* (ZOPF) N. F. BUCHW. 1947 **Brauner Eichelbecherling, Eichen-Fruchtbecherling** Asc. | *Ciboria calyculus* (BATSCH) HENGSTM. 1982, *Sclerotinia batschiana* ZOPF 1880, *Stromatinia pseudotuberosa* (REHM) BOUD. 1907 | 06, 14, 15 | M, Kg, FS, Hö | |
| *Clavaria falcata* PERS. 1794 **Weißes Spitzkeulchen** Bas. | *Clavaria acuta* SOWERBY 1822 | 13, 15 | M | 3 |
| *Clavaria fragilis* HOLMSK. 1790 **Wurmförmige Büschelkeule, Wurmförmige Keule** Bas. | *Clavaria vermicularis* SW. : FR. 1821 | o. Ang. | W | 2F, 3H |

| Taxon | Syn. | MTB, MF 4029.1 | leg./det. | Stat. RL Ni |
|---|---|---|---|---|
| *Clavariadelphus pistillaris* (L.) DONK 1933 **Große Herkuleskeule** Bas. | *Clavaria herculeana* GRAY 1789, *Clavaria pistillaris* L. 1753, *Clavariella pistillaris* (FR.) P. KARST. 1821 | 08 | M, A | 1F, 3 |
| *Claviceps purpurea* (FR.) TUL. 1853 **Mutterkorn** Asc. | *Claviceps microcephala* (WALLR.) TUL. 1853 | 07 | M | |
| *Clavulina cinerea* (BULL.) J. SCHRÖT. 1888 **Grauer Korallenpilz, Graue Koralle** Bas. | *Clavaria grisea* PERS. 1797, *Ramaria cinerea* (BULL.) GRAY 1821 | 06, 15 | M, FS | |
| *Clavulina coralloides* (L.) J. SCHRÖT. 1888 **Kammförmiger Korallenpilz, Kammförmige Koralle** Bas. | *Clavulina cristata* (HOLMSK.) J. SCHRÖT. 1888 | 06, 15 | M, FS | |
| *Clavulina rugosa* (BULL.) J. SCHRÖT. 1888 **Runzeliger Korallenpilz** Bas. | *Clavaria rugosa* BULL.: FR. 1821, *Ramaria rugosa* (BULL.: FR.) GRAY 1821 | 15 | M, W | |
| *Clavulinopsis helvola* (PERS.) CORNER 1950 **Goldgelbe Wiesenkeule** Bas. | *Clavaria angustata* PERS. : FR. 1821, *Clavaria helveola* PERS. 1797 orthographic variant, *Clavaria inaequalis* O. F. MÜLL. 1780 SS. R. H. PETERSEN, *Ramariopsis helvola* (PERS. : FR.) R. H. PETERSEN 1978 | 14 | M | n. a. |
| *Clavulinopsis laeticolor* (BERK. & M.A. CURTIS) R. H. PETERSEN 1965 **Schönleuchtende Wiesenkeule** Bas. | *Clavaria persimilis* COTTON 1910, *Clavulinopsis pulchra* (PECK) CORNER 1950, *Ramariopsis laeticolor* (BERK. & M.A. CURTIS) R. H. PETERSEN 1978 | 15 | M, FS | n. a. |
| *Clavulinopsis luteoalba* (REA) CORNER 1950 **Gelbweiße Wiesenkeule, Gelbweißes Keulchen** Bas. | *Clavaria luteoalba* REA 1904 | 15 | M, FS | 2 |
| *Clitocybe costata* KÜHNER & ROMAGN. 1954 (14)(15) FS **Kerbrandiger Trichterling** Bas. | *Clitocybe incilis* (FR.) GILLET 1874, *Infundibulicybe costata* (KÜHNER & ROMAGN.) HARMAJA 2003 | 07 | M, Kg, SF, Hö | |

| Taxon | Syn. | MTB, MF 4029.1 | leg./det. | Stat. RL Ni |
|---|---|---|---|---|
| *Clitocybe dryadicola* (J. Favre) Harmaja 1976 **Dryas-Trichterling** Bas. | *Clitocybe candicans* var. dryadicola Lamoure 1966, *Clitocybe rivulosa var. dryadicola* J. Favre 1955 | o. Ang. | W | |
| *Clitocybe fragrans* (With.) P. Kumm. 1871 **Duft-Trichterling** Bas. | *Clitocybe deceptiva* H.E. Bigelow 1982, *Clitocybe luffii* (Massee) P. D. Orton 1960 | 13, 14 | M | |
| *Clitocybe metachroa* (Fr.) P. Kumm. 1871 **Staubfüßiger Trichterling** Bas. | *Clitocybe aquosoumbrina* (Raithelh.) Raithelh. 1972, *Clitocybe decembris* Singer 1962, *Clitocybe dicolor* (Pers.) Murrill 1915, *Clitocybe metachroa var. aquosoumbrina* (Raithelh.) Kuyper 1996 | o. Ang. | W | |
| *Clitocybe nebularis* (Batsch) P. Kumm. 1871 **Nebeltrichterling, Graukappe, Nebelkappe** Bas. | *Lepista nebularis* (Batsch,: Fr.) Harmaja 1974 | 08, 07, 13, 14, 15 | M, S, Kg, FS, Hö | |
| *Clitocybe obsoleta* (Batsch) Quél. 1872 **Verblichener Trichterling** Bas. | | o. Ang. | W | |
| *Clitocybe odora* (Bull.) P. Kumm. 1871 **Grüner Anis-Trichterling** Bas. | *Agaricus anisatus* Pers. 1796 | 07, 15 | M, W, FS | |
| *Clitocybe phyllophila* (Fr.) P. Kumm. 1871 **Bleiweißer Trichterling, Bleiweißer Firniss-Trichterling** Bas. | *Clitocybe cerussata* (Fr.) P. Kumm. 1871, *Clitocybe phyllophila var. fusispora* Raithelh. 1970, *Clitocybe phyllophila var. tenuis* Harmaja 1969, *Clitocybe pithyophila* (Secr.: Fr.) Gillet 1974 ss. auct., *Omphalia phyllophila* Quél. 1886 | 13, 14 | M, W, Kg, FS, Hö | |
| *Clitocybe subspadicea* (J. E. Lange) Bon & Chevassut 1973 **Nabeltrichterling, Hygrophaner Trichterling** Bas. | *Clitocybe umbilicata* (Schaeff.) P. Kumm. 1871, *Omphalia umbilicata* (Schaeff.) Gillet 1876 ss. Ricken | o. Ang. | W | |

| Taxon | Syn. | MTB, MF 4029.1 | leg./det. | Stat. RL Ni |
|---|---|---|---|---|
| *Clitopilus hobsonii* (BERK.) P. D. ORTON 1960 **Muschelförmiger Räsling, Muschel-Räsling** Bas. | *Clitopilus pleurotelloides* (KÜHNER) JOSS. 1941, *Clitopilus septicoides* (HENN.) SINGER 1951 ss. SINGER, *Pleurotus hobsonii* (BERK.) SACC. 1887, *Pleurotus romellianus* PILÁT 1935 | o. Ang. | W | |
| *Clitopilus prunulus* (SCOP.) P. KUMM. 1871 **Mehlräsling** Bas. | *Clitopilus orcellus* (BULL.: FR.) P. KUMM. 1871, *Paxillopsis prunulus* (SCOP. : FR.) J. E. LANGE 1940, *Paxillus prunulus* (SCOP.) QUÉL. 1886 | 13 | M | |
| *Coleroa robertiani* (FR.) E. MÜLL. 1962 **Stinkstorchschnabel-Coleroa, Ruprechtskraut-Coleroa** PP-Asc. | *Cryptosphaeria nitida* GREV. 1824, *Dothidea robertiani* FR. 1823, *Hormotheca geranii* (WALLR.) BONORD. 1864, *Hormotheca robertiani* (FR.) HÖHN. 1921, *Munkiella robertiani* (FR.) HÖHN. 1918, *Sphaeria geranii* WALLR. 1823, *Stigmatea robertiani* (FR.) FR. 1849 | o. Ang. | W | |
| *Collybia cirrhata* (SCHUMACH.) QUÉL. 1872 **Seidiger Zwergrübling, Seidiger Sklerotienrübling** Bas. | *Collybia alumna* SACC. 1876, *Collybia amanitae* (BATSCH) KREISEL 1987, *Collybia ocellata* (FR.: FR.) P. KUMM. 1871, *Collybia tuberosa var. etuberosa* JAAP 1908, *Microcollybia cirrhata* (SCHUMACH.) LENNOX 1952, *Sclerotium truncorum* (TODE) FR. 1822 | 06 | M | |
| *Coltricia perennis* (L.) MURRILL 1903 **Gebänderter Dauerporling** Bas. | *Polyporus pictus* (SCHULTZ) FR. 1838, *Xanthochrous perennis* (L.) PAT. 1900 | 06, 08 | M | **n. a.** |
| *Coniophora arida* (FR.) P. KARST. 1868 **Dünner Braunsporrindenpilz, Hellsporiger Kellerschwamm** Bas.. | | 13 | M | |
| *Coniophora puteana* (SCHUMACH.) P. KARST. 1868 **Dicklicher Braunsporrindenpilz, Dickfleischiger Kellerschwamm** Bas. | *Coniophora cerebella* (PERS.) PERS. 1822, *Coniophora membranacea* DC. 1815 | 13 | M | |

| Taxon | Syn. | MTB, MF 4029.1 | leg./det. | Stat. RL Ni |
|---|---|---|---|---|
| *Conocybe albipes* (G. H. OTTH) HAUSKN. 1998<br><br>**Milchweißes Samthäubchen**<br><br>Bas. | *Bolbitius albipes* G. H.OTTH 1871, *Bolbitius tener* (SOWERBY) BERK. 1860, *Boolbitius tener var. lacteus* (J. E.LANGE) BON 1990, *Conocybe apala var, albipes* (G. H.OTTH) ARNOLDS 2003, *Conocybe lactea* (J. E.LANGE) MÉTROD 1940, *Conocybe lateritia* (FR.) KÜHNER 1935, *Galera lactea* J. E.LANGE 1938 | 07, 08 | M | |
| *Conocybe fuscimarginata* (MURRILL) SINGER 1969<br>**Braunrandiges Samthäubchen**<br>Bas. | *Galerula fuscimarginata* MURRILL 1942 | 13 | M | |
| *Conocybe rickeniana* P. D. ORTON 1960<br><br>**Gerieftes Samthäubchen** Bas. | *Galera spartea* (FR.) P. KUMM. 1871 ss. auct., *Galera spicula* (LASCH : FR.) P. KUMM. 1871 ss. RICKEN, *Galera teneroides* (PECK) SACC. 1887 | 06 | M | |
| *Conocybe rickenii* (JUL. SCHÄFF.) KÜHNER 1935<br>**Dung-Samthäubchen**<br>Bas. | *Conocybe siliginea f. rickenii* (JUL. SCHÄFF.) ARNOLDS 2003, *Galera rickenii* JUL. SCHÄFF. 1930 | 06 | M | |
| *Conocybe subovalis* KÜHNER EX KÜHNER & WATLING 1980<br><br>**Gerandetknolliges Samthäubchen** Bas. | *Conocybe tenera var. subovalis* KÜHNER 1935 | 14 | M | |
| *Conocybe subpubescens* P. D. ORTON 1960<br><br>**Langstieliges Samthäubchen**<br>Bas. | *Conocybe cryptocystis* (G.F. ATK.) SINGER 1954 ss. M. M MOSER, *Conocybe digitalina* (VELEN.) SINGER 1989, *Conocybe tetraspora* SINGER 1969, *Galera digitalina* VELEN. 1947 | 12 | M | |
| *Coprinellus disseminatus* (PERS.) J. E. LANGE 1938<br>**Gesäter Tintling**<br>Bas. | *Coprinus disseminatus* (PERS.) GRAY 1821 | 13, 15 | M, W, FS | |

| Taxon | Syn. | MTB, MF 4029.1 | leg./det. | Stat. RL Ni |
|---|---|---|---|---|
| *Coprinellus domesticus* (Bolton) Vilgalys, Hopple & Jacq. Johnson 2001 **Haus-Tintling, Gewöhnlicher Ozonium-Tintling** Bas. | *Coprinus domesticus* (Bolton) Gray 1821 | 08, 15 | M, W, FS | |
| *Coprinellus impatiens* (Fr.) J. E. Lange 1938 **Graublättriger Tintling, Laub-Tintling** Bas. | *Coprinus impatiens* (Fr.) Quél. 1888 | 07 | M | |
| *Coprinellus micaceus* (Bull.) Vilgalys, Hopple & Jacq. Johnson 2001 **Glimmertintling** Bas. | *Coprinus micaceus* (Bull.) Fr. 1838 | 13, 15 | M, W, FS | |
| *Coprinellus truncorum* (Scop.) Redhead, Vilgalys & Moncalvo 2001 **Weiden-Tintling** Bas. | *Coprinus truncorum* (Scop.) Fr. 1838 | 06 | M | |
| *Coprinopsis acuminata* (Romagn.) Redhead, Vilgalys & Moncalvo 2001 **Spitzbuckliger Falten-Tintling, Schmalsporiger Falten-Tintling** Bas. | *Coprinus acuminatus* (Romagn.) P. D. Orton 1969, *Coprinus atramentarius var. acuminatus* Romagn. 1951 | 07 | M | |
| *Coprinopsis alopecia* (Lasch) La Chiusa & Boffelli 2017 **Gift-Tintling, Warzensporiger Grau-Tintling** Bas. | *Coprinopsis insignis* (Peck) Redhead, Vilgalys & Moncalvo 2001, *Coprinus alopecius* Lasch 1838, *Coprinus insignis* Peck 1873 | 07 | M | |
| *Coprinopsis atramentaria* (Bull.) Redhead, Vilgalys & Moncalvo 2001 **Faltentintling** Bas. | *Coprinus atramentarius* (Bull.) Fr. 1838 | 15 | M | |

| Taxon | Syn. | MTB, MF 4029.1 | leg./det. | Stat. RL Ni |
|---|---|---|---|---|
| *Coprinopsis cinerea* (SCHAEFF.) REDHEAD, VILGALYS & MONCALVO 2001 **Struppiger Tintling** Bas. | *Coprinus cinereus* (SCHAEFF.) GRAY 1928, *Coprinus fimetarius* (L.) FR. 1838 | 15 | M | |
| *Coprinopsis ephemeroides* (DC.) G. MORENO 2010 **Kleiner Ring-Tintling, Beringter Mist-Tintling** Bas. | *Coprinus bulbillosus* PAT. 1889, *Coprinus ephemeroides* (DC.) FR. 1838, *Coprinus hendersonii* (BERK.) FR. 1838 | 06 | M | |
| *Coprinopsis episcopalis* (P. D. ORTON) REDHEAD, VILGALYS & MONCALVO 2001 **Mitrasporiger Tintling, Trockenhangwald-Tintling** Bas. | *Coprinus episcopalis* P. D. ORTON 1957 | 15 | M | |
| *Coprinopsis lagopus* (FR.) REDHEAD, VILGALYS & MONCALVO 2001 **Hasenpfote** Bas. | *Coprinus lagopus* (FR.) FR. 1838, *Coprinus tomentosus* (BULL.) FR. 1838 | 06, 13 | M | |
| *Coprinopsis nivea* (PERS.) REDHEAD, VILGALYS & MONCALVO 2001 **Gewöhnlicher Mist-Schneetintling, Schneeweißer Misttintling** Bas. | *Coprinus latisporus* P. D. ORTON 1972, *Coprinus niveus* (PERS.) FR. 1838 | 08 | M | |
| *Coprinopsis picacea* (BULL.) REDHEAD, VILGALYS & MONCALVO 2001 **Specht-Tintling** Bas. | *Coprinus picaceus* (BULL.) GRAY 1821 | 07, 15 | M | 3F |
| *Coprinopsis romagnesiana* (SINGER) REDHEAD, VILGALYS & MONCALVO 2001 Bas. | Coprinus atramentarius var. romagnesianus (SINGER) KRIEGLST. 1991, *Coprinus romagnesianus* SINGER | 15 | W | |

| Taxon | Syn. | MTB, MF 4029.1 | leg./det. | Stat. RL Ni |
|---|---|---|---|---|
| *Coriolopsis gallica* (FR.) RYVARDEN 1973 **Braune Borstentramete** Bas. | *Funalia extenuata* (DURIEU & MONT.) DOMAŃSKI 1967, *Funalia gallica* (Fr.) BONDARTSEV & SINGER 1941, *Polyporus gallicus* Fr. 1821, *Polyporus schulzeri* KALCHBR. 1874, *Trametes extenuata* (DURIEU & MONT.) PAT. 1897, *Trametes gallica* (FR.) FR. 1838, *Trametes peckii* KALCHBR. 1881 | 13, 15 | M | 2 |
| *Coriolopsis trogii* (BERK.) DOMAŃSKI 1974 **Blasse Borstentramete** Bas. | *Funalia trogii* (BERK.) BONDARTSEV & SINGER 1941, *Trametella trogii* (BERK.) DOMAŃSKI 1968, *Trametes trogii* BERK. 1850 | 13, 15 | M | 4 |
| *Cortinarius anserinus* (VELEN.) ROB. HENRY 1986 **Buchenklumpfuß** Bas. | *Cortinarius amoenolens* ROB. HENRY EX P. D. ORTON , *Cortinarius cyanopus s. auct. p.p.* | 08, 14 | M | 1F, 3H |
| *Cortinarius caerulescens* (SCHAEFF.) FR. 1838 SS. BRANDR. & AL. **Blauer Klumpfuß** Bas. | *Agaricus caerulescens* SCHAEFF., *Phlegmatium caesiocyaneus* (BRITZELM.) M. M. MOSER | 08 | M | 1F, 2H |
| *Cortinarius chevassutii* ROB. HENRY 1982 **Marmor-Dickfuß** Bas. | *Cortinarius subsordescens* ROB. HENRY 1985 | 07 | M | n.a. |
| *Cortinarius cinnamomeoluteus* P.D. ORTON 1960 **Zimtgelber Hautkopf** Bas. | *Dermocybe cinnamomeolutea* (P.D. ORTON) M. M. MOSER, *Dermocybe saligna* M. M. MOSER & GERW. KELLER 1977 | 14 | M | |
| *Cortinarius claricolor* (FR.) FR. 1838 **Weißgestiefelter Schleimkopf** Bas. | | 07 | M | 1 |
| *Cortinarius cotoneus* FR. 1838 **Olivbrauner Raukopf, Olivfarbener Laubwald-Raukopf** Bas. | | 14 | M, S | 2 |

| Taxon | Syn. | MTB, MF 4029.1 | leg./det. | Stat. RL Ni |
|---|---|---|---|---|
| *Cortinarius decoloratus* (FR.) FR. 1838 unklares Taxon **Entfärbender Dickfuß** Bas. | | 07 | M | 3 |
| *Cortinarius duracinus* FR. 1838 **Spindeliger Wasserkopf, Wurzelnder Wasserkopf** Bas. | | 15 | M | 3 |
| *Cortinarius elatior* FR. 1838 **Langstieliger Schleimfuß** Bas. | | 07 | M | |
| *Cortinarius hinnuleus* FR. 1838 s. str. **Erdigriechender Gürtelfuß** Bas. | | 08 | M | |
| *Cortinarius humolens* BRANDRUD 1998 **Hellgelber Klumpfuß, Hellgelber Schleimkopf** Bas. | | 15 | M | |
| *Cortinarius infractus* (PERS.) FR. 1860 s. str. **Bitterer Schleimkopf** Bas. | *Cortinarius obscurocyaneus Secr. ex J. SCHRÖT. 1889* | 08 | M | 2F |
| *Cortinarius laniger* FR. 1838 **Zimtroter Gürtelfuß** Bas. | | 08 | M | 1 |
| *Cortinarius nanceiensis* MAIRE 1911 **Gelbflockiger Schleimkopf** Bas. | | 08 | W | 2 |
| *Cortinarius olivaceofuscus* KÜHNER 1955 **Hainbuchen-Hautkopf** Bas. | *Cortinarius schaefferi* BRES. 1951 ss. auct., *Dermocybe olivaceofusca* (KÜHNER) QUADR. 1985, *Dermocybe schaefferi* (BRES.) M. M. MOSER 1986 | 14 | M, Kg, SF, Hö | |

| Taxon | Syn. | MTB, MF 4029.1 | leg./det. | Stat. RL Ni |
|---|---|---|---|---|
| *Cortinarius orellanus* FR. 1838 **Orangefuchsiger Raukopf** Bas. | | 08 | M | 0 |
| *Cortinarius salor* FR. 1838 **Blauer Schleimkopf** Bas. | | 14 | M, W | 0 |
| *Cortinarius saturninus* (FR.) FR. 1838 **Blaufleischiger Wasserkopf** Bas. | *Cortinarius cohabitans var. urbicoides* BIDAUD & FILLION 2004, *Cortinarius denseconnatus* ROB. HENRY 1983, *Cortinarius dissidens* REUMAUX 1980, *Cortinarius fulvorimosus* CARTERET & REUMAUX 2008, *Cortinarius gramineus* ROB. HENRY 1983, *Cortinarius marginatosplendens* REUMAUX 1980, *Cortinarius rastetteri* ROB. HENRY 1981, *Cortinarius salicis* ROB. HENRY 1977, *Cortinarius umbrinoconnatus* ROB. HENRY 1957, *Cortinarius urbicus var. sporanotandus* BIDAUD & FILLION 2002 | 15 | M | 3 |
| *Cortinarius spisnii* CONSIGLIO, D. ANTONINI & M. ANTONINI 2004 **Wurzelnder Wasserkopf, Spindeliger Wasserkopf** Bas. | | 08, 15 | W | 3 |
| *Cortinarius torvus* (FR.) FR. 1838 **Wohlriechender Gürtelfuß** Bas. | *Cortinarius testaceofractus* CARTERET & REUMAUX 2000, *Cortinarius torvovelatus* REUMAUX 2000, *Cortinarius torvus f. obesipes* BIDAUD, MOËNNE-LOCC. & REUMAUX 1999 | 06, 07, 14 | M | 2F, 3H |
| *Cortinarius variecolor* (PERS.) FR. 1838 **Verfärbender Schleimkopf** Bas. | *Cortinarius nemorensis* (FR.) BRITZELM., *Cortinarius pseudovariicolor* DAMBLON & LAMBINON 1959, *Cortinarius variicolor var. largiusculus* (BRITZELM.) QUADR. 1985 *Cortinarius variicolor var. marg inatus* (M. M. MOSER) QUADR. 1985, *Cortinarius variicolor var. nemorensis* FR. 1838 | 08 | W | 2F, 3H |
| *Cortinarius venetus* (FR.) FR. 1838 **Grüner Raukopf** Bas. | | 08 | M | 2 |

| Taxon | Syn. | MTB, MF 4029.1 | leg./det. | Stat. RL Ni |
|---|---|---|---|---|
| *Cosmospora magnusiana* (REHM) ROSSMAN & SAMUELS 1999 Asc. | *Nectria magnusiana* REHM 1878 | o. Ang. | W | |
| *Craterellus cinereus* (PERS.) DONK 1933 **Grauer Leistling** Bas. | *Cantharellus cinereus* PERS.: FR. 1794, *Pseudocraterellus cinereus* (PERS. : FR.) KALAMEES 1963 | 06 | M | **2F, 3H** |
| *Craterellus cornucopioides* (L.) PERS. 1825 **Totentrompete, Herbsttrompete** Bas. | *Cantharellus cornucopioides* L.: FR. 1821, *Craterella nigrescens* PERS. 1794, *Helvella punctata* SCHAEFF. 1774, *Merulius pezizoides* J. F. GMEL. 1792 | 06 | M | **2F** |
| *Craterellus sinuosus* (FR.) FR. 1838 **Krause Kraterelle** Bas. | *Cantharellus sinuosus* FR. 1821, *Craterellus crispus* FR. 1860, *Craterellus undulatus* (PERS.: FR.) REDEUILH 2004, *Pseudocraterellus sinuosus* (FR.) D. A. REID 1962, *Pseudocraterellus undulatus* (PERS.: FR.) RAUSCHERT 1987 | 08 | M | **2F, 3H** |
| *Crepidotus mollis* (SCHAEFF.) STAUDE 1857 **Gallertfleischiges Stummelfüßchen** Bas. | *Crepidotus alabamensis* MURRILL 1917, *Crepidotus alveolus* (LASCH) P. KARST. 1871, *Crepidotus fraxinicola* MURRILL 1917 | 13, 14 | W, S | **3F** |
| *Crepidotus variabilis* (PERS.) P. KUMM. 1871 **Gemeines Stummelfüßchen** Bas. | *Crepidotus microsporus* (P. KARST.) PILÁT 1948, *Crepidotus sessilis* (BULL.) BRITZELM. 1895, *Crepidotus variabilis* var. *trichocystis* HESLER & A. H. SM. 1965 | 07 | W | |
| *Crinipellis scabella* (ALB. & SCHWEIN.) MURRILL 1915 **Haarschwindling** Bas. | *Agaricus scabellus* ALB. & SCHWEIN. 1805, *Crinipellis corticalis* (DESM.) SINGER & CLÉMENÇON 1973, *Crinipellis stipitaria* (FR.) PAT. 1889 | 07 | M | |
| *Cristulariella depraedans* (COOKE) HÖHN. 1916 **Ahorn-Weißfleckigkeit** PP-Asc. | | 13 | M | |

| Taxon | Syn. | MTB, MF 4029.1 | leg./det. | Stat. RL Ni |
|---|---|---|---|---|
| *Crucibulum laeve* (Huds.) Kambly 1936 **Tiegelteuerling** Bas. | *Crucibulum crucibuliforme* (Vittad.) V.S. White 1902, *Crucibulum vulgare* Tul. & C. Tul. 1844, *Cyathus crucibulum* Pers. 1801, *Cyathus cylindricus* Willd. 1787, *Cyathus scutellaris* Roth 1797, *Nidularia crucibulum* (Pers.) Fr. 1814, *Nidularia laevis* Huds. 1792 | 14, 15 | M, FS | |
| *Cryptostroma corticale* (Ellis & Everh.) P. H. Greg. & S. Waller 1952 **Rußrindenkrankheit** Asc. | | 13, 14, 15 | M | |
| *Cuphophyllus virgineus* (Wulfen) Kovalenko 1989 **Weißer Ellerling** Bas. | *Camarophyllus niveus* (Scop.) P. Karst. 1877, *Camarophyllus virgineus* (Wulfen) P. Kumm. 1871, *Hygrocybe nivea* (Scop.) P. D. Orton & Watling 1969, *Hygrocybe virginea* (Wulfen : Fr.) P. D. Orton & Watling 1969 | 15 | M | |
| *Cyanoboletus pulverulentus* (Opat.) Gelardi, Vizzini & Simonini 2014 **Schwarzblauender Röhrling** Bas. | *Boletus hortensis* Smotl. 1912, *Boletus pulverulentus* Opat. 1836, *Xerocomus pulverulentus* (Opat.) E.-J. Gilbert 1931 | 14, 15 | M, SF | 3 |
| *Cyathicula amenti* (Batsch) Baral & R. Galán 2013 **Weidenkätzchen-Becherling** Asc. | *Crocicreas amenti* (Batsch: Fr.) S.E. Carp. 1980, *Helotium amenti* (Batsch: Fr.) Fuckel 1860, *Hymenoscyphus amenti* (Batsch: Fr.) W. Phillips 1887, *Pezizella amenti* (Batsch: Fr.) Dennis 1956 | o. Ang. | W | |
| *Cyathicula cyathoidea* (Bull. ex Mérat) Thüm. 1874 **Pokalförmiger Stängelbecherling** Asc. | *Conchatium cyathoideum* (Bull.) Svrček 1979, *Crocicreas cyathoideum* (Bull. : Fr.) S. E. Carp. 1980, *Cyathicula striata* (Fr.) Dennis 1978, *Helotium cyathoideum* (Bull. : Fr.) P. Karst. 1871, *Helotium septembrinum* Velen. 1934, *Helotium urticae* (Pers.) P. Karst. 1871, *Hymenoscyphus petasatus* (P. Karst.) Kuntze 1898, *Micropodia concolor* (W. Phillips) Boud. 1907, *Ombrophila petasata* (P. Karst.) Boud. 1907, *Phialea cyathoidea* (Bull. ex Mérat) Gillet 1881, *Phialea petasata* (Bull. ex Mérat) Thüm. 1889 | o. Ang. | W | |

| Taxon | Syn. | MTB, MF 4029.1 | leg./det. | Stat. RL Ni |
|---|---|---|---|---|
| *Cyathus olla* (Batsch) Pers. 1801 **Bleigrauer Topf-Teuerling** Bas. | *Cyathus campanulatus* (With.) Corda 1842, *Cyathus vernicosus* DC. 1805 | 15 | M | |
| *Cyathus striatus* (Huds.) Willd. 1787 **Gestreifter Teuerling** Bas. | *Cyathus hirsutus* (Schaeff.) Sacc. 1905 | 13 | M, W, FS | |
| *Cyclocybe erebia* (Fr.) Vizzini & Matheny 2014 **Lederbrauner Ackerling** Bas. | *Agrocybe erebia* (Fr.) Kühner 1939, *Pholiota erebia* (Fr.) Gillet 1876 | 08, 12 | M | |
| *Cylindrobasidium laeve* (Pers.) Chamuris 1984 **Ablösender Rindenpilz** Bas. | *Corticium laeve* Pers.: Fr. 1821, *Corticium pelliculare* (P. Karst.) P. Karst. 1889, *Cylindrobasidium evolvens* (Fr.: Fr.) Jülich 1974, *Kneiffia frangulae* Bres. 1903, *Peniophora frangulae* (Bres.) Bourdot & Galzin 1928 | 06, 08, 13, 14, 15 | M, W | |
| *Cystolepiota adulterina* (F. H. Møller) Bon 1976 **Hecken-Mehlschirmling, Schmalsporiger M., Schnabelzystiden-M., Brauner Hecken-Mehlschirmling** Bas. | *Cystolepiota adulterina var. reidii* (Bon) Bon 1993 | 12, 13 | W | 3 |
| *Cystolepiota bucknallii* (Berk. & Broome) Singer & Clémençon 1972 **Stinkender Mehlschirmling, Violettlicher Mehlschirmling** Bas. | *Cystoderma bucknallii* (Berk. & Broome) Singer 1939, *Cystolepiota bucknallii var. lilacina* (Quél.) Bon 1993, *Lepiota bucknallii* (Berk. & Broome) Sacc. 1887, *Lepiota lilacina* (Quél.) Boud. 1893 | 06, 15 | M, W | 3 |
| *Cystolepiota hetieri* (Boud.) Singer 1973 **Rötender Mehlschirmling** Bas. | *Cystoderma hetieri* (Boud.) Singer 1939, *Cystolepiota hetieriana* (Locq.) Singer 1976, *Cystolepiota langei* (Locq.) Bon 1993 non ss. Knuds., *Lepiota granulosa var. rufescens* (Berk. & Broome) Sacc. 1887, *Lepiota hetieri* Boud. 1902, *Lepiota rufescens* (Berk. & Broome) J. E. Lange 1938 non ss. Huijsman | 12 | M | 3 |

| Taxon | Syn. | MTB, MF 4029.1 | leg./det. | Stat. RL Ni |
|---|---|---|---|---|
| *Cystolepiota moelleri* KNUDSEN 1978 **Rötlicher Mehlschirmling** Bas. | *Cystolepiota pseudoasperula* (KNUDSEN) KNUDSEN 1978 ss. END. & KRIEGLST., *Lepiota rosea* REA 1918 non ss. SINGER, *Lepiota rosella* M. M. MOSER 1939 | 08 | M | 3 |
| *Cystolepiota pulverulenta* (HUIJSMAN) VELLINGA 1992 **Bräunender Mehlschirmling** Bas. | *Lepiota pulverulenta* HUIJSMAN 1960, *Leucoagaricus pulverulentus* (HUIJSMAN) M. M. MOSER 1978, *Pulverolepiota pulverulenta* (HUIJSMAN) BON 1993 | 15 | M | n. a. |
| *Cystolepiota seminuda* (LASCH) BON 1976 **Weißer Mehlschirmling** Bas. | *Cystoderma seminuda* (LASCH) FAYOD 1960, *Cystolepiota sistrata* (FR.) SINGER 1985, *Cystolepiota sororia* (HUIJSMAN) SINGER 1973, *Lepiota seminuda* (LASCH) P. KUMM. 1871, *Lepiota sororia* HUIJSMAN 1960 | 07, 08, 15 | M, W, FS, Hö | |
| *Dacrymyces capitatus* SCHWEIN. 1832 **Gestielte Gallertträne** Bas. | *Dacrymyces cerebriformis* BREF. 1888, *Dacrymyces levis* P. KARST. 1898, *Dacrymyces lutescens* BREF. 1888, *Dacrymyces stipitatus* (BOURDOT & GALZIN) NEUH. 1936, *Ditiola fagi* OUDEM. 1898, *Ditiola nuda* BERK. & BROOME 1848, *Ditiola ulicis* PLOWR. 1899 | 14 | W | |
| *Dacrymyces stillatus* NEES 1816 **Zerfließende Gallertträne, Gewöhnliche Gallertträne** Bas. | *Dacrymyces deliquescens* (BULL.) DUBY 1830 ss. auct., *Tremella abietina* PERS. 1796 | 06, 08, 14 | M | |
| *Daedalea quercina* (L.) PERS. 1801 **Eichenwirrling** Bas. | *Trametes quercina* (L.) PILÁT 1939 | 07, 13, 14, 15 | W, S, FS, Hö, Kg, M | |
| *Daedaleopsis confragosa* (Bolton) J. SCHRÖT. 1888D **Rötende Tramete** Bas. | *Daedalea rubescens* ALB. & SCHWEIN.: FR. 1821, *Trametes confragosa* (BOLTON) JØRST. 1844, *Trametes rubescens* (ALB. & SCHWEIN.: FR.) FR. 1 | 06 | W, M | |
| *Daedaleopsis tricolor* (BULL.) BONDARTSEV & SINGER 1941 **Braunroter Blätterwirrling** Bas. | *Daedaleopsis confragosa var. tricolor* (BULL.) BONDARTSEV 1953 | 08, 14 | M | |

| Taxon | Syn. | MTB, MF 4029.1 | leg./det. | Stat. RL Ni |
|---|---|---|---|---|
| *Datronia mollis* (SOMMERF.) DONK 1967 **Großporige Tramete, Labyrinthporling** Bas. | | 08 | W | |
| *Dendrothele acerina* (PERS.) P. A. LEMKE 1965 **Ahorn-Baumwarzen-pilz, Ahorn-Mehl-scheibe** Bas. | *Aleurodiscus acerinus* (PERS.: FR.) HÖHN. & LITSCH. 1907, *Thelephora acerina* (PERS.) PERS. 1801 | o. Ang. | W | 3 |
| *Dermoloma cuneifolium* (FR.) SINGER EX BON 1986 **Runzeliger Samtritterling** Bas. | *Dermoloma atrocinereum* (Pers.: Pers.) Herink 1958, *Dermoloma fuscobrunneum* P. D. ORTON 1980 | 12 | W | 2 |
| *Dialonectria episphaeria* (TODE) COOKE 1884 **Aufsitzender Pustelpilz** Asc. | *Cosmospora episphaeria* (TODE) ROSSMAN & SAMUELS 1999, *Nectria episphaeria* (TODE) FR. 1846, *Sphaeria episphaeria* TODE 1791 | 07, 13 | M | |
| *Diaporthe pustulata* (DESM.) SACC. 1882 **Pustelförmiger Kugelpilz** Asc. | | 13 | M | |
| *Diatrype bullata* (HOFFM.) FR. 1849 **Blasiges Ecken-scheibchen** Asc. | *Diatrype macounii* ELLIS & EVERH. 1890, *Hypoxylon bullatum* (HOFFM. : FR.) WESTEND. & WALLAYS 1850, *Sphaeria bullata* HOFFM. 1787, *Sphaeria placenta* TODE 1830 | 12, 15 | M, W, FS | |
| *Diatrype disciformis* (HOFFM.) FR. 1849 **Buchen-Ecken-scheibchen** Asc. | *Sphaeria disciformis* HOFFM. 1787, *Stromatosphaeria disciformis* (HOFFM.) GREV. 1825, *Variolaria punctata* BULL. 1789 | 06, 07, 08, 13, 14, 15 | M, Kg, FS, Hö | |
| *Diatrype flavovirens* (PERS.) FR. 1849 **Gelbgrüner Krusten-kugelpilz** Asc. | *Eutypa flavovirens* (PERS.: FR.) TUL. 1867, *Sphaeria flavovirens* PERS. 1801, *Valsa flavovirens* (PERS.: FR.) NITSCHKE 1967 | 06, 07 | M | |

| Taxon | Syn. | MTB, MF 4029.1 | leg./det. | Stat. RL Ni |
| --- | --- | --- | --- | --- |
| *Diatrype stigma* (HOFFM.) FR. 1849 s. str. **Ausgebreitetes Eckenscheibchen, Narbiges Ecken- scheibchen** Asc. | | 14, 15 | M, Kg, FS, Hö | |
| *Diatrypella quercina* (PERS.) COOKE 1866 **Eichen-Ecken- scheibchen** Asc. | | 13, 14 | M, Kg, FS, Hö | |
| *Diatrypella verrucifor- mis* (EHRH.) NITSCHKE 1867 **Warziges Ecken- scheibchen** Asc. | *Diatrype verruciformis* (EHRH.) FR. 1849 | 13, 15 | W | |
| *Ditangium cerasi* (SCHUMACH.) COSTANTIN & L.M. DUFOUR 1891 **Kraterpilz, Kirsch- baum-Gallertpilz** Bas. | *Craterocolla cerasi* (SCHUMACH.) BREF. 1888, *Craterocolla insignis* (P. KARST.) BREF. 1888, *Ditangium insigne* P. KARST. 1870, *Tremella cerasi* SCHUMACH. 1803 | 15 | M | 2 |
| *Dumontinia tuberosa* (BULL. EX MÉRAT) L.M. KOHN 1979 **Anemonenbecher- ling** Asc. | *Sclerotinia tuberosa* (HEDW.: FR.) FUCKEL 1870 | 06 | M | |
| *Encoelia furfuracea* (ROTH) P. KARST. 1870 **Kleiiger Haselbe- cher, Hasel-Kleiebe- cherling** Asc. | | 07 | M | 3 |
| *Entoloma clypeatum* (L.) P. KUMM. 1871 **Schild-Rötling** Bas. | *Rhodophyllus clypeatus* (L.: FR.) QUÉL. 1886 | 14 | M | |
| *Entoloma euchroum* (PERS.) DONK 1949 **Blauer Holz-Rötling, Violetter Rötling** Bas. | *Hyporrhodius euchrous* (PERS.: FR.) J. SCHRÖT. 1889, *Leptonia euchroa* (PERS.: FR.) P. KUMM. 1871, *Rhodophyllus euchrous* (PERS.: FR.) QUÉL. 1886 | 08, 14, 15 | M, Kg, FS, Hö | 3 |

| Taxon | Syn. | MTB, MF 4029.1 | leg./det. | Stat. RL Ni |
|---|---|---|---|---|
| *Entoloma incanum* (FR.) HESLER 1967 **Braungrüner Rötling** Bas. | *Leptonia incana* (FR.: FR.) GILLET 1876, *Rhodophyllus euchlorus* (LASCH) P. KUMM. 1886, *Rhodophyllus incanus* (FR.: FR.) KÜHNER & ROMAGN. 1980 | 15 | M, W | 3 |
| *Entoloma incarnatofuscescens* (BRITZELM.) NOORDEL. 1985 **Langstieliger Nabel-Rötling, Blaustieliger Nabelrötling** Bas. | *Entoloma leptonipes* (KÜHNER & ROMAGN.) M. M. MOSER 1978, *Omphaliopsis leptonipes* (ROMAGN.) P. D. ORTON 1991 | 15 | M, W | 3 |
| *Entoloma lanicum* (ROMAGN.) NOORDEL. 1981 **Wolliger Nabel-Rötling** Bas. | *Rhodophyllus lanicus* ROMAGN. 1936, *Rhodophyllus undatus var. pusillus* J. E. LANGE 1921 | 15 | M | |
| *Entoloma pleopodium* (BULL.) NOORDEL. 1985 **Zitronengelber Glöckling, Gelber Bonbon-Rötling** Bas. | *Entoloma icterinum* (FR.) M. M. MOSER 1978 | 06, 13 | M | 3 |
| *Entoloma rhodopolium* (FR.) P. KUMM. 1871 **Niedergedrückter Rötling, Alkalischer Rötling** Bas. | | 08, 15 | M, W, FS | |
| *Entoloma sericellum* (FR.) P. KUMM. 1871 **Weißer Glöckling, Mattweißer Rötling** Bas. | *Alboleptonia sericella* (FR.) LARGENT & R. G. BENEDICT 1970, *Entoloma album* HESLER 1967 NON SS. HIROE, *Rhodophyllus carneoalbus* (WITH.) QUÉL. 1886, *Rhodophyllus sericellus* (FR.: FR.) QUÉL. 1886 | 15 | S | |
| *Entoloma sinuatum* (BULL.) P. KUMM. 1871 **Riesen-Rötling** Bas. | *Entoloma eulividum* NOORDEL. 1985, *Entoloma lividum* (BULL.) QUÉL. 1872, *Rhodophyllus sinuatus* (BULL.) QUÉL. 1886 | 15 | M | 0F, 2H |
| *Entoloma sordidulum* (KÜHNER & ROMAGN.) M. M. MOSER 1960 **Horngrauer Mehl-Rötling, Schmutziger Rötling** Bas. | *Rhodophyllus sordidulus* KÜHNER & ROMAGN. 1955 | 15 | M | |

| Taxon | Syn. | MTB, MF 4029.1 | leg./det. | Stat. RL Ni |
|---|---|---|---|---|
| *Entoloma undatum* (GILLET) M. M. MOSER 1978 **Dunkelblättriger Rötling, Gezonter Nabel-Rötling Bas.** | *Eccilia sericeonitida* P. D. ORTON 1960, *Entoloma sericeonitidum* (P. D. ORTON) NOORDEL. 1982 | 07, 14, 15 | W, S, FS, Hö | 3 |
| *Entoloma vernum* S. LUNDELL 1937 **Frühlings-Rötling, Spitzgebuckelter Frühlings-Rötling Bas.** | *Entoloma cucullatum* (J. FAVRE) M. M. MOSER 1986, *Rhodophyllus cucullatus* J. FAVRE 1955, *Rhodophyllus vernus* (S. LUNDELL) ROMAGN. 1947 | 08 | M | |
| *Entyloma microsporum* (UNGER) J. SCHRÖT. 1874 s. str. **Beuliger Hahnenfuß-Fleckenbrand PP-Bas.** | | o. Ang. | W | |
| *Epichloe typhina* (PERS.) TUL. & C. TUL. 1865 **Gras-Kernpilz Asc.** | *Dothidea typhina* FR. 1823, *Sphacelia typhina* (PERS.) SACC. 1881 | o. Ang. | W | |
| *Erysiphe alphitoides* (GRIFFON & MAUBL.) U. BRAUN & S. TAKAM. 2000 Eichenmehltau PP-Asc. | *Microsphaera alphitoides* GRIFFON & MAUBL. 1912, *Microsphaera quercina* (SCHWEIN.) BURRILL 1887 | 06, 12, 13 | M | |
| *Erysiphe arcuata* U. BRAUN, HELUTA & S. TAKAM. 2007 **Kleinfrüchtiger Hainbuchen-Mehltau PP-Asc.** | *Oidlum carpini* FOITZIK 1995 | 14 | W | |
| *Erysiphe heraclei* DC. 1815 **Echter Doldenblütlermehltau PP-Asc.** | *Erysiphe umbelliferarum* DE BARY 1870 | o. Ang. | W | |
| *Erysiphe knautiae* DUBY 1830 **Erysiphe-Kardenmehltau PP-Asc.** | | o. Ang. | W | |

| Taxon | Syn. | MTB, MF 4029.1 | leg./det. | Stat. RL Ni |
|---|---|---|---|---|
| *Erysiphe macleayae* R. Y. ZHENG & G. Q. CHEN 1981 **Echter Schöllkraut-mehltau** PP-Asc. | | o. Ang. | W | |
| *Erysiphe polygoni* DC. 1805 **Echter Mehltau der Knöterichgewächse** PP-Asc. | | o. Ang. | W | |
| *Erysiphe trifoliorum* (WALLR.) U. BRAUN 2010 **Echter Klee-Mehltau** PP-Asc. | *Erysiphe martii* LÉV. 1851, *Erysiphe trifolii* GREV. 1824, *Micro-sphaera trifolii* (GREV.) U. BRAUN 1981 | 08 | M | |
| *Erysiphe urticae* (WALLR.) S. BLUMER 1933 **Echter Brennnessel-mehltau** PP-Asc. | | o. Ang. | W | |
| *Erysiphe vanbrun-tiana var. sambuci-racemosae* (U. BRAUN) U. BRAUN & S. TAKAM. 2000 **Holundermehltau** PP-Asc. | *Microsphaera sambucicola* HENN. 1901, *Microsphaera vanbruntiana var. sambuci-racemosae* U. BRAUN 1984 | 12, 13 | W | |
| *Eutypa maura* (FR.) FUCKEL 1864 **Ahorn-Kohlenkrus-tenpilz** Asc. | *Eutypa acharii* TUL. & C. TUL. 1863 | 15 | M, W | |
| *Eutypa spinosa* (PERS.) TUL. & C. TUL. 1863 **Stacheliger Krusten-höckerpilz** Asc. | | 13 | W | |
| *Eutypella alnifraga* (WAHLENB.) SACC. 1882 **Gefurchter Erlenku-gelpilz** Asc. | *Sphaeria alnifraga* WAHELB. 1826 | 15 | M | |

| Taxon | Syn. | MTB, MF 4029.1 | leg./det. | Stat. RL Ni |
| --- | --- | --- | --- | --- |
| *Exidia glandulosa* (BULL.) FR. 1822 **Stoppliger Drüsling** Bas. | *Exidia truncata* FR. 1822 | 06, 07, 13, 14 | M, W | |
| *Exidia nigricans* (WITH.) P. ROBERTS 2009 **Warziger Drüsling** Bas. | *Exidia plana* DONK 1966 *nom. illeg.* | 07, 13 | M, W | |
| *Exidia saccharina* (ALB. & SCHWEIN.) FR. 1822 **Kandisbrauner Drüsling** Bas. | *Tremella spiculosa var. saccharina* ALB. & SCHWEIN. 1805 | 13 | M | |
| *Fistulina hepatica* (SCHAEFF.) WITH. 1792 **Leberreischling, Ochsenzunge** Bas. | *Ceriomyces hepaticus* SACC. 1878 Anamorphe | 07, 15 | M, W, FS, Hö | 3 |
| *Flammulaster carpophilus* (FR.) EARLE 1909 **Buchenwald-Schnitzling** Bas. | *Flocculina carpophila* (FR.) P. D.ORTON 1960, *Naucoria carpophila* (FR.) QUÉL. 1872, *Phaeomarasmius carpophilus* (FR.) SINGER 1948, *Tunaria carpophila* (FR.) KÜHNER 1948 | o. Ang. | W | |
| *Flammulina velutipes* (CURTIS) SINGER 1951 s. str. **Gewöhnlicher Samtfußrübling, Winterrübling** Bas. | *Collybia velutipes* (CURTIS: FR.) P. KUMM. 1871, *Myxocollybia velutipes* (CURTIS: FR.) SINGER 1943, *Pleurotus velutipes* (CURTIS: FR.) QUÉL. 1888 | 06, 07, 13, 14 | M, W, Kg, FS, Hö | |
| *Fomes fomentarius* (L.) FR. 1849 **Echter Zunderschwamm** Bas. | *Polyporus fomentarius* (L.) FR. 1821, *Ungulina fomentaria* (L.) PAT. 1900 | 06, 07, 08, 13, 14, 15 | M, W, S, Kg, FS, Hö | |
| *Fomitiporia robusta* (P. KARST.) FIASSON & NIEMELÄ 1984 **Eichen-Feuerschwamm** Bas. | *Fomes robustus* P. KARST. 1889, *Phellinus robustus* (P. KARST.) BOURDOT & GALZIN 1925 | 13 | M | |
| *Fomitopsis pinicola* (SW.) P. KARST. 1881 **Rotrandiger Baumschwamm** Bas. | *Fomes marginatus* (PERS.) GILLET 1878, *Fomitopsis marginata* (PERS.) P. KARST. 1881, *Ungulina marginata* (FR.) PAT. 1900 | 06, 07, 08, 13, 14, 15 | M, W, FS, Hö | |

| Taxon | Syn. | MTB, MF 4029.1 | leg./det. | Stat. RL Ni |
|---|---|---|---|---|
| *Fuligo leviderma* H. Neubert, Nowotny & K. Baumann 1995 **Myx.** | *Fuligo violacea* Pers. 1801 | 13 | M | |
| *Fuligo septica* (L.) F. H. Wigg. 1780 s. str. **Hexenbutter, Gelbe Lohblüte** Myx. | *Mucor septicus* L. 1763 | 06, 08, 13, 14 | M | |
| *Fuscoporia ferrea* (Pers.) G. Cunn. 1948 **Schmalsporiger Feuerschwamm** Bas. | *Phellinus ferreus* (Pers.) Bourdot & Galzin 1928 | 15 | W | 3 |
| *Fuscoporia ferruginosa* (Schrad.) Murrill 1907 **Rostbrauner Feuerschwamm, Gewöhnlicher Resupinat-Feuerschwamm** Bas. | Boletus ferruginosus Schrad. 1794, *Phellinus ferruginosus* (Schrad.) Pat. 1900 | 06, 14 | W, Kg, FS, Hö | 3F |
| *Galerina marginata* (Batsch) Kühner 1935 **Gift-Häubling** Bas. | *Galerina unicolor* (Fr.) Singer 1936, *Pholiota unicolor* (Vahl) Gillet 1876 | 07, 14, 15 | M, Kg, FS, Hö | |
| *Ganoderma adspersum* (Schulzer) Donk 1969 **Wulstiger Lackporling** Bas. | *Ganoderma australe* (Fr.) Pat. 1889, *Ganoderma europaeum* Steyaert 1961 | 13 | M | 3 |
| *Ganoderma applanatum* (Pers.) Pat. 1887 **Flacher Lackporling** Bas. | | 06, 07, 14, 15 | M, W, Kg, FS, Hö | |
| *Ganoderma lucidum* (Curtis) P. Karst. 1881 **Glänzender Lackporling** Bas. | *Polyporus lucidus* (Curtis) Fr. 1821 | 13 | M | 3 |
| *Geastrum corollinum* (Batsch) Hollós 1904 **Zitzen-Erdstern** Bas. | *Geastrum mammosum* Chevall. 1826, *Geastrum recolligens* (With.) Desv. 1809 | 15 | M, FS, W | 1 |
| *Geastrum fimbriatum* Fr. 1829 **Gewimperter Erdstern** Bas. | *Geastrum sessile* (Sowerby) Pouzar 1971 | 08, 14 | M, W, S | |

| Taxon | Syn. | MTB, MF 4029.1 | leg./det. | Stat. RL Ni |
|---|---|---|---|---|
| *Geastrum fornicatum* (HUDS.) HOOK. 1821 **Großer Nest-Erd-stern** Bas. | | 06 | M, A | **0 (1)** |
| *Geastrum pectinatum* PERS. 1801 **Kamm-Erdstern** Bas. | *Geastrum calyculatum* FUCKEL 1870 | 06 | M | **4F** |
| *Geastrum quadrifidum* PERS. 1801 **Kleiner Nest-Erd-stern** Bas. | | 08 | M | **4F** |
| *Geastrum rufescens* PERS. 1801 **Rotbrauner Erd-stern, Rötender Erdstern** Bas. | *Geastrum schaefferi* VITTAD. 1842, *Geastrum vulgatum* VITTAD. 1842 | 08 | M, W, A | **4F** |
| *Geastrum striatum* DC. 1805 **Kragen-Erdstern** Bas. | *Geastrum bryantii* BERK. 1860 | 15 | M | **4** |
| *Geastrum triplex* JUNGH. 1840 **Halskrausen-Erd-stern** Bas. | *Geastrum michelianum* (SACC.) W.G. SM. 1873 | 06, 07, 14, 15 | M, W, S, Kg, FS, Hö | |
| *Geoglossum fallax* E. J. DURAND 1908 **Täuschende Erdzun-ge** Asc. | | 14 | M | **2** |
| *Gloeophyllum odora-tum* (WULFEN) IMAZEKI 1943 **Fenchelporling** Bas. | *Osmoporus odoratus* (WULFEN: FR.) SINGER 1944, *Trametes odorata* (WULFEN: FR.) FR. 1838 | 15 | M | |
| *Gloeophyllum sepiari-um* (WULFEN) P. KARST. 1882 **Zaun-Blättling** Bas. | *Lenzites sepiaria* (WULFEN: FR.) FR. 1838 | 07 | W | |
| *Gloeoporus dichrous* (FR.) BRES. 1913 **Zweifarbiger Porling** Bas. | *Gelatoporia dichroa* (FR.) GINNS 2014, *Leptoporus dichrous* (FR.) QUÉL. 1886, *Polyporus dichrous* FR. 1815 | 13 | S | **3** |

| Taxon | Syn. | MTB, MF 4029.1 | leg./det. | Stat. RL Ni |
|---|---|---|---|---|
| *Golovinomyces artemisiae* (GREV.) HELUTA 1988 **Echter Beifußmehltau** PP-Asc. | *Erysiphe artemisiae* GREV. 1824 | o. Ang. | W | |
| *Golovinomyces depressus* (WALLR.) HELUTA 1988 **Echter Klettenmehltau** PP-Asc. | *Erysiphe depressa* (WALLR.) LINK 1824 | o. Ang. | W | |
| *Grifola frondosa* (DICKS.) GRAY 1821 **Klapperschwamm** Bas. | *Polyporus frondosus* DICKS.: FR. 1821 | 13 | M, W | 3 |
| *Gymnopilus junonius* (FR.) P. D. ORTON 1960 **Beringter Flämmling** Bas. | *Gymnopilus spectabilis* (FR.) SINGER 1949 SS. A. H. SMITH | 06, 07 | M | |
| *Gymnopilus penetrans* (FR.) MURRILL 1912 **Geflecktblättriger Flämmling** Bas. | *Flammula hybrida* (FR: FR.) GILLET 1876, *Flammula penetrans* (FR.: FR.) QUÉL. 1872, *Gymnopilus hybridus* (FR.: FR.) SINGER 1933 | 08, 13 | M | |
| *Gymnopus androsaceus* (L.) DELLA MAGG. & TRASSIN. 2014 **Rosshaar-Schwindling** Bas. | *Agaricus androsaceus* L. 1753, *Androsaceus vulgaris* P. KARST. 1889, *Marasmius androsaceus* L.: Fr. 1838, *Setulipes androsaceus* (L.) ANTONÍN 1987 | 07, 08, 15 | M | |
| *Gymnopus aquosus* (BULL.) ANTONÍN & NOORDEL. 1997 **Früher Waldfreund-Rübling, Blasser Waldfreund-Rübling** Bas. | *Agaricus aquosus* BULL.: FR. 1821, *Collybia aquosa* (BULL.: FR.) P. KUMM. 1871, *Collybia dryophila var. aquosa* (BULL.: FR.) QUÉL. 1886, *Collybia dryophila var. oedipus* QUÉL. 1888 | 07, 08 | M | |
| *Gymnopus brassicolens* (ROMAGN.) ANTONÍN & NOORDEL. 1997 **Schwarzstieliger Stink- Rübling, Stinkkohl-Rübling** Bas. | *Collybia brassicolens* (ROMAGN.) BON 1998, *Micromphale brassicolens* (Romagn.) P. D. ORTON 1960 | 07, 13, 15 | M | 3F |

| Taxon | Syn. | MTB, MF 4029.1 | leg./det. | Stat. RL Ni |
|---|---|---|---|---|
| *Gymnopus confluens* (PERS.) ANTONÍN, HALLING & NOORDEL. 1997 **Knopfstieliger Rübling** Bas. | *Agaricus confluens* PERS.: FR. 1821, *Collybia confluens* (PERS.: FR.) P. KUMM. 1871, *Collybia ingrata* (SCHUMACH.) QUÉL. 1872, *Marasmius archyropus* (PERS.) FR. 1838 | 07, 08, 15 | M, W, FS | |
| *Gymnopus dryophilus* (BULL.) MURRILL 1916 **Waldfreund-Rübling** Bas. | *Agaricus dryophilus* BULL. 1790, *Collybia dryophila* (BULL.: FR.) P. KUMM. 1871 | 06, 07, 08, 13, 14, 15 | M, Kg, FS, Hö | |
| *Gymnopus erythropus* (Pers.) ANTONÍN, HALLING & NOORDEL. 1997 **Rotstieliger Rübling** Bas. | *Collybia erythropus* (PERS.) P. KUMM. 1871, *Collybia kirchneri* (THÜM.) HALLING & T.J. BARONI 1989, *Collybia kuehneriana* SINGER 1961, *Collybia marasmioides* (Britzelm.) BRESINSKY & STANGL 1969, *Marasmius erythropus* (PERS.) FR. 1838 | 14, 15 | M | 3F |
| *Gymnopus foetidus* (SOWERBY) P. M. KIRK 2014 **Stinkender Rübling** Bas. | *Marasmiellus foetidus* (SOWERBY: FR.) ANTONÍN & NOORDEL. 1997, *Marasmius foetidus* (SOWERBY: FR.) FR. 1838, *Marasmius lignicola* VELEN. 1927, *Marasmius rufocarneus* VELEN. 1920, *Merulius foetidus* SOWERBY 1797, *Micromphale foetidum* (SOWERBY: FR.) SINGER 1951, *Micromphale venosum* (PERS.) GRAY 1821 | 06, 07, 14 | M, Kg, FS, Hö | |
| *Gymnopus fuscopurpureus* (PERS.) ANTONÍN, HALLING & NOORDEL. 1997 **Purpurbrauner Rübling** Bas. | *Collybia alkalivirens* SINGER 1948, *Collybia fuscopurpurea* (PERS.: FR.) P. KUMM. 1871, *Collybia obscura* J. FAVRE 1948, *Gymnopus alkalivirens* (SINGER) HALLING 1997, *Marasmius fuscopurpureus* (PERS.) FR. 1838 | o. Ang. | W | |
| *Gymnopus fusipes* (BULL.) GRAY 1821 **Spindeliger Rübling** Bas. | *Agaricus fusipes* BULL.: FR. 1821, *Collybia contorta* (BULL.) SACC. 1887, *Collybia crassipes* (SCHAEFF.) RICKEN 1915, *Collybia fusipes* (BULL.: FR.) QUÉL. 1872 | 15 | M, FS | |
| *Gymnopus hariolorum* (BULL.) ANTONÍN, HALLING & NOORDEL. 1997 **Striegeliger Rübling** Bas. | *Agaricus hariolorum* BULL.: FR. 1821, *Collybia hariolorum* (BULL.: FR.) QUÉL. 1872 | 07 | M | 3F |

| Taxon | Syn. | MTB, MF 4029.1 | leg./det. | Stat. RL Ni |
|---|---|---|---|---|
| *Gymnopus ocior* (PERS.) ANTONÍN & NOORDEL. 1997 **Gelbblättriger Waldfreund-Rübling** Bas. | *Agaricus ocior* PERS. 1828, *Collybia dryophila var. funicularis* (FR.) P. KARST. 1879, *Collybia exsculpta* (FR.) GILLET 1876 *ss. auct.*, *Collybia extuberans* (FR.) QUÉL. 1872, *Collybia luteifolia* GILLET 1876, *Collybia ocior* (PERS.) VILGALYS & O. K.MILL. 1987, *Collybia succinea* (FR.) QUÉL. 1872 | 15 | W | |
| *Gymnopus perforans* (HOFFM.) ANTONÍN & NOORDEL. 2008 **Nadel-Schwindling** Bas. | *Androsaceus perforans* (HOFFM.: FR.) PAT. 1887, *Marasmiellus perforans* (HOFFM.: FR.) ANTONÍN, HALLING & NOORDEL. 1997, *Marasmius perforans* (HOFFM.: FR.) FR. 1838, *Micromphale perforans* (HOFFM.: FR.) GRAY 1821 | 06, 07 | M | |
| *Gymnopus peronatus* (BOLTON) GRAY 1821 **Brennender Rübling** Bas. | *Collybia peronata* (BOLTON) P. KUMM. 1871, *Marasmius urens* (BULL.: FR.) FR. 1836 | 15 | M, W, S | |
| *Gymnopus quercophilus* (POUZAR) ANTONIN & NOORDEL. 2008 **Gedrängtblättriger Schwindling, Eichenblätter-Schwindling** Bas. | *Marasmius quercophilus* POUZAR 1982, *Marasmius splachnoides* (HORNEM.: FR.) FR. 1833 *ss.* KÜHNER, *Setulipes quercophilus* (POUZAR) ANTONIN 1987 | o. Ang. | W | |
| *Gymnosporangium sabinae* (DICKS.) G. WINTER 1884 **Birnen-Gitterrost** PP-Bas. | *Gymnosporangium fuscum* DC. 1805, *Tremella sabinae* DICKSON 1785 | 13 | M | |
| *Gyromitra ancilis* (PERS.) KREISEL 1984 **Scheiben-Lorchel** Asc. | *Discina ancilis* (PERS.) SACC. 1889, *Discina perlata* (FR.) FR. 1849, *Gyromitra perlata* (FR.) HARMAJA 1969, *Peziza ancilis* PERS. 1822 | 06 | M | |
| *Gyromitra parma* (J. BREITENB. & MAAS GEEST.) KOTL. & POUZAR 1974 **Schildförmige Scheibenlorchel, Niedersächsische Scheibenlorchel** Asc. | *Discina parma* J. BREITENB. & MAAS GEEST. 1973 | 15 | M | 1 |

| Taxon | Syn. | MTB, MF 4029.1 | leg./det. | Stat. RL Ni |
|---|---|---|---|---|
| *Gyroporus castaneus* (BULL.) QUÉL. 1886 **Hasenröhrling** Bas. | *Boletus castaneus* BULL. 1788, *Boletus testaceus* PERS. 1825 | 15 | M, W, FS | **3F, 2 H** |
| *Hapalopilus nidulans* (FR.) P. KARST. 1881 **Zimtfarbener Weichporling** Bas. | *Hapalopilus rutilans* (PERS.) MURRILL 1904, *Phaeolus nidulans* (FR.) PAT. 1900 | 06, 07, 08, 09, 13, 14, 15 | M, W | |
| *Hebeloma crustuliniforme* (BULL.) QUÉL. 1872 s. str. **Tonblasser Fälbling** Bas. | *Hebeloma macrosporum* VELEN. 1920, *Hylophila crustuliniformis* (BULL.: FR.) QUÉL. 1886 | 07, 08, 13 | M, Kg, FS, Hö, W | |
| *Hebeloma mesophaeum* (PERS.) QUÉL. 1872 **Dunkelscheibiger Fälbling** Bas. | *Hebeloma bruchetii* BON 1986, *Hebeloma caespitosum* VELEN. 1920, *Hebeloma cinereum* VELEN 1920, *Hebeloma mammillatum* VELEN. 1939, *Hebeloma mesophaeum var. crassipes* VESTERH. 1989, *Hebeloma mesophaeum var. holophaeum* (FR.) SACC. 1887, *Hebeloma mesophaeum var. strophosum* (FR.) QUADR. 1985, *Hebeloma repandum* BRUCHET 1970 NON (SACC.) KONRAD & MAUBL., *Hebeloma strophosum* (FR.) SACC. 1887, *Hebeloma subcollariatum* (BERK. & BROOME) SACC. 1887 | 06, 13 | M, W | |
| *Hebeloma radicosum* (BULL.) RICKEN 1911 **Marzipan-Fälbling, Wurzel-Marzipan-Fälbling** Bas. | *Hylophila radicosa* (BULL.: FR.) QUÉL. 1889, *Myxocybe radicosa* (BULL.: FR.) FAYOD 1889, *Pholiota radicosa* (BULL.: FR.) P. KUMM. 1871 | 07 | M | **2F** |
| *Hebeloma sacchariolens* QUÉL. 1880 **Schwärzender Fälbling, Süßduftender Fälbling** Bas. | *Hebeloma latifolium* GRÖGER & ZSCHIESCH. 1981 *non ss.* KARSTEN, *Hebeloma pallidoluctuosum* GRÖGER & ZSCHIESCH. 1984, *Hebeloma sacchariolens var. pallidoluctuosum* (GRÖGER & ZSCHIESCH.) QUADR. 1987 | 07 | M, FS, Hö | |
| *Hebeloma sinapizans* (PAULET) SACC. 1887 **Rettich-Fälbling, Großer Rettich-Fälbling** Bas. | Hebeloma elatum (Batsch : Fr.) Gillet 1887 unklares Taxon | 07, 13, 14 | W, S, Kg, FS, Hö | |

| Taxon | Syn. | MTB, MF 4029.1 | leg./det. | Stat. RL Ni |
|---|---|---|---|---|
| *Hebeloma velutipes* BRUCHET 1970 **Flockenstieliger Fälbling, Mehlstiel-Fälbling** Bas. | *Hebeloma bulbosum* ROMAGN. 1983 *non ss.* FAYOD, HEBELOMA FAVREI ROMAGN. & QUADR. 1985, *Hebeloma mediterraneum* (A. GENNARI) CONTU 2008, *Hebeloma stenocystis* J. FAVRE EX QUADR. 1985, *Hebeloma subtestaceum* (BATSCH) KUYPER 1986 unklares Taxon, *Hebeloma tenuifolium* ROMAGN. 1985, *Hebelomina mediterranea* A. GENNARI 2002 | 06, 07 | M | |
| *Helminthosphaeria clavariarum* (DESM.) Fuckel 1870 **Korallenschimmel, Kamm-Korallen-Schwarzpunkt** Asc. | *Diplococcium clavariarum* (DESM.) HOL.-JECH. 1982, *Helminthosporium clavariarum* DESM. 1834, *Spadicoides calavariarum* (DESM.) S. HUGHES 1985 | o. Ang. | W | |
| *Helvella acetabulum* (L.) QUÉL. 1886 **Hochgerippter Becherling, Brauner Rippenbecherling** Asc. | *Acetabula vulgaris* FUCKEL 1870, *Paxina acetabulum* (L.) KUNTZE 1891, *Paxina sulcata* (PERS.) KUNTZE 1891 | 15 | M | 3F |
| *Helvella atra* J. KÖNIG 1770 **Schwarze Lorchel** Asc. | *Helvella fallax* QUÉL. 1876, *Helvella nigricans* SCHAEFF. 1774, *Leptopodia atra* (J. KÖNIG: FR.) BOUD. 1907 | 08, 15 | M, FS | 2 |
| *Helvella costifera* NANNF. 1953 **Grauweiße Rippen-Becherlorchel, Grauer Rippenbecherling** Asc. | *Paxina costifera* (NANNF.) STANGL 1963 | 13 | M | 3 |
| *Helvella crispa* FR. 1822 **Herbstlorchel** Asc. | *Helvella leucophaea* PERS. 1800, *Helvella mitra* SCHAEFF. 1774, *Helvella nivea* SCHRAD. 1799 | 07, 08, 15 | M, FS, Hö | |
| *Helvella elastica* BULL. 1785 **Elastische Lorchel** Asc. | *Leptopodia elastica* (BULL.) BOUD. 1907 | 14 | M | |

| Taxon | Syn. | MTB, MF 4029.1 | leg./det. | Stat. RL Ni |
|---|---|---|---|---|
| *Helvella ephippium* LÉV. 1841 **Sattelförmige Lorchel, Graue Sattel-Lorchel** Asc. | *Leptopodia ephippium* (LÉV.) BOUD. 1907 | 07 | M, FS | 3 |
| *Helvella lacunosa* AFZEL. 1783 **Grubenlorchel** Asc. | *Helvella lacunosa var. sulcata* (AFZEL.) S. IMAI 1954, HELVELLA MACROPUS VAR. BREVIS PECK 1902, *Helvella sulcata* AFZEL. 1783, *Helvella sulcata var. cinerea* (AFZEL.) BRES. 1892 | 14, 15 | M, W, Kg, FS, Hö | |
| *Helvella latispora* BOUD. 1898 **Breitsporige Sattel-Lorchel, Blassgraue Sattel-Lorchel** Asc. | *Helvella connivens* DISSING & M. LANGE 1967, *Helvella stevensii* PECK 1904, *Leptopodia stevensii* PECK 1937 | 08 | M | 2F, 3H |
| *Helvella macropus* (PERS.) P. KARST. 1870 **Grauer Langfüßer** Asc. | *Cyathipodia macropus* (PERS.) DENNIS 1960, *Helvella bulbosa* (HEDW.) KREISEL 1984, *Macropodia macropus* (PERS.) FUCKEL 1870, *Macroscyphus macropus* (PERS.) GRAY 1821, *Octospora bulbosa* HEDW. 1789, *Peziza macropus* PERS. 1795 | 15 | M | n. a |
| *Helvella phlebophora* PAT. & DOASS. 1886 **Rillstielige Lorchel, Kleine Rippen-Lorchel** Asc. | *Cyathipodia dupainii* (BOUD.) BOUD. 1907, *Cyathipodia platypodia* BOUD. 1907, *Helvella platypodia* (BOUD.) DONADINI 1985, *Helvella solitaria* (P. KARST.) P. KARST. 1871, *Paxina dupainii* (BOUD.) SEAVER 1928, *Paxina platypodia* (BOUD.) SEAVER 1928 | 07, 14 | M, Kg, FS, Hö | n. a. |
| *Hemileccinum depilatum* (REDEUILH) ŠUTARA 2008 **Gefleckthütiger Röhrling, Blasshütiger Röhrling** Bas. | *Boletus depilatus* REDEUILH 1986, *Leccinum depilatum* (REDEUILH) ŠUTARA 1989, *Xerocomus depilatus* (REDEUILH) MANFR. BINDER & BESL 2000 | 14 | M | 2 |
| *Hemileccinum impolitum* (FR.) ŠUTARA 2008 **Fahler Röhrling** Bas. | *Boletus aquosus* KROMBH. 1846, *Boletus impolitus* FR. 1838, *Boletus suspectus* KROMBH. 1846, *Leccinum impolitum* (FR.) BERTAULT 1980, *Xerocomus impolitus* (FR.) QUÉL. 1888 | 13, 14 | M | 2F, 3H |

| Taxon | Syn. | MTB, MF 4029.1 | leg./det. | Stat. RL Ni |
|---|---|---|---|---|
| *Hemimycena cucullata* (PERS.) SINGER 1961 **Gipsweißer Schein-helmling** Bas. | *Hemimycena gypsea* (FR.) SINGER 1943, *Marasmiellus gypseus* (FR.) SINGER 1951, *Mycena cucullata* (PERS.: FR.) BON 1984, *Mycena gypsea* (FR.) QUÉL. 1873, *Trogia gypsea* (FR.) CORNER 1966 | 13, 14, 15 | M, Kg, FS, Hö | 3F |
| *Hemipholiota populnea* (PERS.) BON 1986 **Pappel-Schüppling** Bas. | *Dryophila destruens* (BROND.) QUÉL. 1886, *Hemipholiota comosa* (FR.) BON 1994, *Myxocybe destruens* (BROND.) R. HEIM 1957, *Pholiota comosa* (FR.) QUÉL. 1872, *Pholiota destruens* (BROND.) GILLET 1876, *Pholiota populnea* (PERS.: FR.) KUYPER & TJALL.-BEUK. 1986 | 14 | M | |
| Hericium cirrhatum (Pers.) Nikol. 1950 **Dorniger Stachel-bart** Bas. | Creolophus cirrhatus (Pers.: Fr.) P. Karst. 1879, Dryodon cirrhatus (Pers.: Fr.) Quél. 1886 | 08 | M, W | |
| *Hericium coralloides* (SCOP.) PERS. 1794 **Ästiger Stachelbart, Buchen-Stachelbart** Bas. | *Hericium clathroides* (PALL.) PERS. 1797, *Hericium ramosum* (BULL.) LETELL. 1826 | 07 | M | 2 |
| *Heteroidion annosum* (FR.) BREF. 1888 *s. str.* **Gemeiner Wurzel-schwamm** Bas. | *Fomes annosus* (FR.) COOKE 1885, *Fomitopsis annosa* (FR.) P. KARST. 1881, *Heteroidion cryptarum* (BULL.: FR.) RAUSCHERT 1990, *Ungulina annosa* (FR.) PAT. 1900 | 07, 13 | M, W, FS, Hö | |
| *Hohenbuehelia atro-coerulea* (FR.) SINGER 1951 **Blaugrauer Muschel-ling** Bas. | *Acanthocystis atrocoerulea* (FR.: FR.) KONRAD & MAUBL. 1949, *Calathinus atrocoeruleus* (FR.: FR.) QUÉL. 1886, *Phyllotus atrocoeru-leus* (FR.: FR.) P. KARST. 1879, *Pleurotus atrocoeruleus f. albidoto-mentosus* PILÁT 1935, *Resupinatus atrocoeruleus* (FR.) MURRILL 1912 | 07 | W | n. a. |
| *Hohenbuehelia geogenia* (DC.) SINGER 1951 **Erdmuscheling** Bas. | *Acanthocystis geogenia* (DC.: FR.) KÜHNER 1926, *Geopetalum geogenium* (DC.: FR.) PAT. 1887, *Pleurotus geogenius* (DC.: FR.) QUÉL. 1876 | 08, 14 | M | 3 |

| Taxon | Syn. | MTB, MF 4029.1 | leg./det. | Stat. RL Ni |
|---|---|---|---|---|
| *Hortiboletus engelii* (HLAVÁČEK) BIKETOVA & WASSER 2009 **Eichen-Filzröhrling** Bas. | *Boletus communis* BULL. 1789, *Boletus declivitatum* (C. MARTÍN) WATLING 2004, BOLETUS ENGELII HLAVÁČEK 2001, *Xerocomellus engelii* (HLAVÁČEK) ŠUTARA 2008, *Xerocomus communis* (BULL.) BON 1985, *Xerocomus declivitatum* (C. MARTÍN) KLOFAC 2007, *Xerocomus engelii* (HLAVÁČEK) GELARDI 2009, *Xerocomus quercinus* H. ENGEL & T. BRÜCKN. 1996 | 14, 15 | M | **n. a.** |
| *Hortiboletus rubellus* (KROMBH.) SIMONINI, VIZZINI & GELARDI 2015 **Blutroter Röhrling** Bas. | **Boletus rubellus** KROMBH. 1836, *Boletus versicolor* ROSTK. 1844 NON S.F. GRAY, *Xerocomellus rubellus* (KROMBH.) ŠUTARA 2008, *Xerocomus rubellus* (KROMBH.) QUÉL. 1896, *Xerocomus versicolor* E.-J. GILBERT 1931 | 13, 15 | M, W | |
| *Humaria hemisphaerica* (WIGGERS) FUCKEL 1870 **Halbkugeliger Borstlingsbecherling** Asc. | *Patella albida* (SCHAEFF.) SAEV. 1928 | 07, 13, 14 | M, Kg, FS, Hö | |
| *Hyaloperonospora niessliana* (BERL.) CONSTANT. 2002 **Falscher Mehltau der Knoblauchsrauke** PP-Oo. | *Peronospora niessliana* BERL. 1904 | o. Ang. | W | |
| *Hydnum repandum* L. 1753 **Semmel-Stoppelpilz** Bas. | | 08 | M | **3F** |
| *Hydnum rufescens* PERS. 1800 **Rotgelber Stoppelpilz** Bas. | *Hydnum carnosum* BATSCH 1925, *Hydnum repandum var. rufescens* (FR.) BARLA 1859 | 07, 13 | M | |
| *Hydropus subalpinus* (HÖHN.) SINGER 1962 **Buchenwald-Wasserfuß** Bas. | *Collybia pseudoradicata* J.E. LANGE & F. H. MØLLER 1936, *Hemimycena subalpina* (HÖHN.) SINGER 1951, *Marasmiellus subalpinus* (HÖHN.) SINGER 1951 | 07, 13, 14, 15 | W, FS, Kg, Hö | |

| Taxon | Syn. | MTB, MF 4029.1 | leg./det. | Stat. RL Ni |
|---|---|---|---|---|
| *Hygrocybe subglobispora* (P. D. ORTON) M. M. MOSER 1967 **Safrangelber Saftling** Bas. | *Hygrocybe acutoconica f. subglobispora* (P. D. ORTON) BOERTM. 2010, *Hygrocybe subglobispora f. aurantiorubra* ARNOLDS 1985 | 15 | W | **n. a.** |
| *Hygrophorus chrysodon* (BATSCH) FR. 1838 **Goldzahn-Schneckling** Bas. | *Hygrophorus chrysodon var. leucodon* ALB. & SCHWEIN. 1805 | 08, 15 | M, W | **1F, 2H** |
| *Hygrophorus discoideus* (PERS.) FR. 1838 **Braunscheibiger Schneckling** Bas. | | 08 | M | **4** |
| *Hygrophorus discoxanthus* (FR.) REA 1908 **Verfärbender Schneckling** Bas. | *Hygrophorus chrysaspis* MÉTROD 1938, *Hygrophorus eburneus var. discoxanthus* (FR.) KRIEGLST. 2000 | 15 | M | **2F** |
| *Hygrophorus eburneus* (BULL.) FR. 1838 **Elfenbein-Schneckling** Bas. | *Limacium eburneum* (BULL.: FR.) P. KUMM. 1871 | 08, 13, 15 | M | **2F** |
| *Hygrophorus lucorum* KALCHBR. 1874 **Lärchen-Schneckling** Bas. | *Hygrophorus lucorum f. amethysteus* CANDUSSO 2008 | 07 | M | **4F** |
| *Hygrophorus mesotephrus* BERK. 1854 **Graubrauner Schleimstiel-Schneckling, Ungenatterter Schleimstiel-Schneckling** Bas. | | 08 | M | **0F, 2H** |
| *Hygrophorus nemoreus* (PERS.) FR. 1838 **Wald-Schneckling** Bas. | *Hygrophorus nemoreus var. gracilis* BON 1989 | 07 | M | **2** |
| *Hygrophorus penarius* FR. 1836 **Trockener Schneckling** Bas. | *Hygrophorus barbatulus* G. BECKER 1954, *Hygrophorus penarius var. barbatulus* (G. BECKER) BON 1989 | 07, 08 | M, FS, Hö | **2F** |

| Taxon | Syn. | MTB, MF 4029.1 | leg./det. | Stat. RL Ni |
|---|---|---|---|---|
| *Hygrophorus poetarum* R. HEIM 1948 **Isabellrötlicher Schneckling** Bas. | | 08 | M | 1 |
| *Hygrophorus unicolor* GRÖGER 1980 **Seidiggerandeter Schneckling** Bas. | *Hygrophorus leucophaeus* (SCOP.: FR.) FR. 1838 *ss. auct.*, Hygrophorus lindtneri var. unicolor (GRÖGER) KRIEGLST. 2000 | 07 | M, W | |
| *Hymenochaete rubiginosa* (DICKS.) LÉV. 1846 **Rotbrauner Borstenscheibling** Bas. | *Auricularia ferruginea* BULL.: FR. 1821, *Hymenochaete ferruginea* (BULL.: FR.) MASSEE 1890, *Stereum rubiginosum* (DICKS.) FR. 1815 | 14, 15 | M, W, S, Kg, FS, Hö | |
| *Hymenochaete tabacina* (SOWERBY) LÉV. 1846 **Tabakbrauner Borstenscheibling** Bas. | *Pseudochaete tabacina* (SOWERBY) T. WAGNER & M. FISCH. 2002 | 14 | M | |
| *Hymenogaster luteus* VITTAD. 1831 **Gelbe Erdnuss** Bas. | *Splanchnomyces luteus* (VITTAD.) CORDA 1854 | 07 | M, W | 3 |
| *Hymenogaster niveus* VITTAD. 1831 **Schneeweiße Erdnuss** Bas. | *Cortinomyces niveus* BOUGHER & CASTELLANO 1993, *Hymenogaster mutabilis* (SOEHNER) ZELLER & C. W. DODGE 1934, *Protoglossum niveum* (VITTAD.) T. W. MAY 1995 | 08 | M | n. a. |
| *Hymenoscyphus fagineus* (PERS.) DENNIS 1964 **Bucheckern-Becherling, Kurzstieliger Buchenfruchtschalen-Becherling** Asc. | *Calycina fungiformis* KUNTZE 1898, *Helotium fagineum* (PERS.) FR. 1849, *Ombrophila faginea* (PERS.) BOUD. 1907, *Phaeohelotium fagineum* (PERS.) HENGSTM. 2009 | 15 | M | |
| *Hymenoscyphus fraxineus* (T. KOWALSKI) BARAL, QUELOZ & HOSOYA 2014 **Eschentriebsterben, Eschenwelke** Asc. | *Chalara fraxinea* T. KOWALSKI 2006 Anamorphe, *Hymenoscyphus pseudoalbidus* QUELOZ, GRÜNIG, BERNDT, T. KOWALSKI, T. N. SIEBER & HOLDENR. 2010 | 07, 14, 15 | M | |
| *Hymenoscyphus fructigenus* (BULL.) GRAY 1821 **Fruchtschalen-Becherling** Asc. | *Helotium fructigenum* (BULL.: FR.) FUCKEL 1871 | 07 | M | |

| Taxon | Syn. | MTB, MF 4029.1 | leg./det. | Stat. RL Ni |
|---|---|---|---|---|
| *Hypholoma fasciculare* (HUDS.) P. KUMM. 1871 **Grünblättriger Schwefelkopf** Bas. | *Clitocybe sadleri* (BERK. & BROOME) SACC. 1887, *Hypholoma elaeodes* (FR.) GILLET 1878, *Naematoloma fasciculare* (HUDS. FR.) P. KARST. 1879, *Psilocybe fascicularis* (HUDS.: FR.) NOORDEL. 1980 | 06, 07, 08, 13, 14, 15 | M, Kg, FS, Hö | |
| *Hypholoma lateritium* (SCHAEFF.) P. KUMM. 1871 **Ziegelroter Schwefelkopf** Bas. | *Hypholoma perplexum* (PECK) SACC. 1887, *Hypholoma sublateritium* (FR.) QUÉL. 1872, *Naematoloma sublateritium* (FR.) P. KARST. 1880 | 07, 14 | M, S | |
| *Hypomyces aurantius* (PERS.) TUL. & C. TUL. 1860 **Goldgelber Schmarotzer-Pustelpilz** Asc. | *Cladobotryum varium* NESS: FR. 1832, *Diplocladium minus* BONORD. 1851 | o. Ang. | W | |
| *Hypomyces chrysospermus* TUL. & C. TUL. 1860 **Goldschimmel** Asc. | *Apiocrea chrysosperma* (TUL. & C. TUL.) SYD. & P. SYD. 1921, *Sepedonium chrysospermum* (BULL.) FR. 1832, *Sepedonium mycophilum* (PERS.) NEES 1809 Anamorphe | 06, 07, 13, 14, 15 | M | |
| *Hypomyces rosellus* (ALB. & SCHWEIN.) TUL. & C. TUL. 1860 **Rosafarbener Schmarotzer-Pustelpilz** Asc. | *Cladobotryum dendroides* (BULL.: FR.) W. GAMS & HOOZEMANS 1970, *Dactylium dendroides* BULL.: FR. 1832 Anamorphe | o. Ang. | W | |
| *Hypoxylon fragiforme* (SCOP.) J. KICKX F. 1835 **Rötliche Kohlenbeere** Asc. | *Discosphaera radians* (TODE) DU-MORT. 1822, *Hypoxylon argillaceum* (FR.) J. KICKX F. 1835 *non ss.* (POLL.) NITSCHKE, *Hypoxylon coccineum* BULL. 1791, *Hypoxylon commutatum* NITSCHKE 1867, *Sphaeria fragiformis* PERS. 1796, *Sphaeria radians* TODE 1791 | 06, 07, 08, 13, 14, 15 | M, W, Kg, FS, Hö | |
| *Hypoxylon howeanum* PECK 1872 **Zimtbraune Kohlenbeere** Asc. | *Hypoxylon coccineum var. microcarpum* BIZZ. 1885, *Hypoxylon multiforme var. australe* COOKE 1883, *Hypoxylon pulcherrimum* HOHN. 1905, *Isaria umbrina* PERS. 1801 Anamorphe, *Nodulisporium umbrinum* (PERS.) DEIGHTON 1985 Anamorphe | 14, 15 | W, Kg, SF, Hö | 3 |

| Taxon | Syn. | MTB, MF 4029.1 | leg./det. | Stat. RL Ni |
|---|---|---|---|---|
| *Hypoxylon rubiginosum* (PERS.) FR. 1849<br><br>**Ziegelrote Kohlenkruste**<br><br>Asc. | *Hypoxylon durissimum* (SCHWEIN.: FR.) SACC. 1882, *Hypoxylon rubiginosum var. ferrugineum* (G. H. OTTH) MILL. 1961, *Sphaeria rubiginosa* PERS. 1801, *Stromatosphaeria rubiginosa* (PERS.: FR.) GREV. 1824 | 15 | W | |
| *Hypsizygus ulmarius* (BULL.) REDHEAD 1984<br><br>**Schildkrötenrasling, Ulmen-Rasling**<br><br>Bas. | *Hypsizygus circinatus* (FR.) P. KARST. 1951 *ss.* GULDEN, *Lyophyllum ulmarium* (BULL.: FR.) KÜHNER 1938, *Pleuropus ulmarius* (BULL.: FR.) GRAY 1821, *Pleurotus ulmariae* (BULL.: FR.) P. KUMM. 1955 | 15 | S | 2 |
| *Imleria badia* (FR.) VIZZINI 2014<br>**Maronenröhrling, Marone**<br><br>Bas. | *Boletus badius* (FR.) FR. 1821, *Boletus glutinosus* KROMBH. 1836, *Boletus messanensis* INZENGA 1869, *Boletus stejskalii* BRES. 1923, BOLETUS VACCINUS FR. 1838, *Imleria badia f. vaccina* (FR.) KLOFAC 2016, *Rostkovites badia* (FR.) P. KARST. 1881, *Xerocomus badius* (FR.) E.-J. GILBERT 1931, *Xerocomus badius f. vaccinus* (FR.) KLOFAC 2007 | 07, 14 | M, Kg, FS, Hö | |
| *Infundibulicybe geotropa* (BULL.) HARMAJA 2003<br>**Mönchskopf**<br>Bas. | *Clitocybe geotropa* (BULL.: FR.) QUÉL. 1872 | 07, 08 | M | 3F |
| *Infundibulicybe gibba* (PERS.) HARMAJA 2003<br>**Ockerbrauner Trichterling, Ockerbrauner Filztrichterling**<br>Bas. | *Clitocybe gibba* (PERS.: FR.) P. KUMM. 1871, *Clitocybe infundibuliformis* (SCHAEFF.) QUÉL. 1872, *Infundibulicybe gibba f. adstringens* (HAGARA) VALADE 2014 | 07, 08, 13, 14, 15 | M, W, FS | |
| *Inocybe adaequata* *agg.*<br>**Weinrötlicher Risspilz**, Sammelart<br>Bas. | | 07 | M | 3F |
| *Inocybe asterospora* QUÉL. 1879<br>**Sternsporiger Risspilz** Bas. | | 13, 14 | W, S, Kg, FS, Hö | 3F |

| Taxon | Syn. | MTB, MF 4029.1 | leg./det. | Stat. RL Ni |
|---|---|---|---|---|
| *Inocybe bongardii* (WEINM.) QUÉL. 1872 **Duftender Riss-pilz, Süßduftender Risspilz** Bas. | | 07, 14 | M, Kg, FS, Hö | |
| *Inocybe calospora* QUÉL. 1881 **Schönsporiger Risspilz** Bas. | *Inocybe calospora var. odorata* GMINDER 1998, *Inocybe echinospra* EGELAND 1898, *Inocybe gaillardii* GILLET 1883, *Inocybe rigidipes* PECK 1898 | 14, 15 | W, Kg, FS, Hö | 2 |
| *Inocybe cervicolor* (PERS.) QUÉL. 1886 **Hirschbrauner Riss-pilz** Bas. | *Inocybe bongardii var. cervicolor* (PERS.) R. HEIM 1931, *Inocybe brunneovillosa* (JUNGH.) DÖRFELT & ZSCHIESCH. 1986 | o. Ang. | W | 3F |
| *Inocybe cincinnata* (FR.) QUÉL. 1872 **Lilaspitziger Riss-pilz** Bas. | *Inocybe cincinnatula* KÜHNER 1955, *Inocybe conformata* P. KARST. 1889, *Inocybe phaeocomis* (PERS.) KUYPER 1986 | 13, 15 | M | |
| *Inocybe cookei* BRES. 1892 **Knolliger Risspilz** Bas. | | 08, 14 | M, Kg, FS, Hö | |
| *Inocybe corydalina* QUÉL. 1875 **Grünbuckliger Riss-pilz** Bas. | | 07 | M, W | |
| *Inocybe flocculosa* SACC. 1887 *s. str.* **Flockiger Risspilz** Bas. | *Inocybe abjecta* (P. KARST.) SACC. 1887, *Inocybe deglubens* (FR.) GIL-LET 1876, *Inocybe fulvidula* VELEN. 1939, *Inocybe geraniolens* BON & BELLER 1976, *Inocybe langei var. heterosporoides* REUMAUX 1983, *Inocybe lucifuga* LANGE 1871 | 13, 15 | M | |
| *Inocybe fraudans* (BRITZELM.) SACC. 1887 **Birnen-Risspilz** Bas. | Inocybe pyriodora (PERS.: FR.) P. KUMM. 1871 *ss. auct* | 07, 15 | M, W | |
| *Inocybe geophylla* (SOWERBY) P. KUMM. 1871 *s. str.* **Erdblättriger Riss-pilz** Sammelart Bas. | *Inocybe xantholeuca* KUYPER 1986 | 07, 14, 15 | W, FS, Hö, Kg | |

| Taxon | Syn. | MTB, MF 4029.1 | leg./det. | Stat. RL Ni |
|---|---|---|---|---|
| *Inocybe godeyi* GILLET 1874 **Rötender Risspilz** Bas. | | 08, 13 | M, W, Kg, FS, Hö | **3F** |
| *Inocybe griseolilacina* J. E. LANGE 1917 **Grauvioletter Riss-pilz** Bas. | *Inocybe personata* KÜHNER 1955 | 13, 14 | M , Kg , FS , Hö | **3F** |
| *Inocybe hirtella* BRES. 1884 **Bittermandel-Riss-pilz** Bas. | *Inocybe hirtella var. bispora* KUYPER 1986 | 07 | W | |
| *Inocybe lilacina agg.* **Violetter Risspilz, Violettseidiger Risspilz**, Sammelart Bas. | | 07, 14 | W, S, FS, Hö, Kg | |
| *Inocybe maculata* BOUD. 1885 **Gefleckter Risspilz** Bas. | | 07, 15 | W, FS, Hö | |
| *Inocybe mixtilis* (BRITZELM.) SACC. 1887 *s. str.* **Gerandetknolliger Risspilz** Bas. | *Inocybe mixtilis var. aurata* ALESSIO 1980 | 15 | M | |
| *Inocybe petiginosa* (FR.) GILLET 1874 **Graugezonter Riss-pilz** Bas. | | o. Ang. | W | **3F** |
| *Inocybe phaeodisca* KÜHNER 1955 **Cremerandiger Riss-pilz** Bas. | *Inocybe descissa* (FR.) QUÉL. 1872 *ss. Auct.* | 08, 14, 15 | M, Kg, FS, Hö | 3 |
| *Inocybe phaeodisca var. geophylloides* KÜHNER 1955 **Braunscheibiger Risspilz** Bas. | | o. Ang. | W | n. a. |
| *Inocybe posterula* (BRITZELM.) SACC. 1887 **Falber Risspilz** Bas. | *Inocybe xanthodisca* KÜHNER 1955 | 08 | M | |

| Taxon | Syn. | MTB, MF 4029.1 | leg./det. | Stat. RL Ni |
|---|---|---|---|---|
| *Inocybe pusio agg.* **Radialrissiger Violett-Risspilz**, Sammelart Bas. | | o. Ang. | W | |
| *Inocybe rimosa agg.* **Kegeliger Risspilz**, Sammelart Bas. | | 14, 15 | W, Kg, FS, Hö | |
| *Inocybe splendens* R. HEIM 1932 **Rotbrauner Risspilz** Bas. | *Inocybe alluvionis* STANGL & J. VESELSKÝ 1976, *Inocybe castanea* VELEN. 1920 *non ss.* PECK | 08 | M | 3F |
| *Inocybe squamata* J. E. LANGE 1917 **Dunkelschuppiger Risspilz** Bas. | | 07 | M | |
| *Inonotus cuticularis* (BULL.) P. KARST. 1880 **Flacher Schillerporling, Ankerhaariger Buchen-Schillerporling** Bas. | | 07, 14 | M, S | 3 |
| *Inonotus dryadeus* (PERS.) MURRILL 1908 **Tropfender Schillerporling** Bas. | *Fomitiporia dryadea* (PERS.: FR.) Y. C. DAI 1999, *Ischnoderma dryadeum* (PERS.: FR.) P. KARST. 1879, *Pseudoinonotus dryadeus* (PERS.: FR.) WAGNER & M. FISCH. 2001 | 14, 15 | M, Kg, FS, Hö | 2 |
| *Inonotus hispidus* (BULL.) P. KARST. 1880 **Zottiger Schillerporling** Bas. | *Inonotus hirsutus* (SCOP.) MURRILL 1904, *Polyporus hispidus* (BULL.) FR. 1818, *Xanthochrous hispidus* (BULL.) PAT. 1897 | 12, 13, 15 | M, W, S, Hm | 3 |
| *Inonotus nodulosus* (FR.) P. KARST. 1882 **Buchen-Schillerporling, Knotiger Schillerporling** Bas. | *Mensularia nodulosa* (FR.) T. WAGNER & M. FISCH. 2001, *Xanthoporia nodulosa* (FR.) TURA, ZMITR., WASSER, RAATS & NEVO 2011 | 08, 13 | M, W | |
| *Inonotus radiatus* (SOWERBY) P. KARST. 1881 **Erlen-Schillerporling** Bas. | *Mensularia radiata* (SOWERBY) LÁZARO IBIZA 1916, *Polyporus radiatus* (SOWERBY) FR. 1821, *Polystictus radiatus* (SOWERBY) COOKE 1886, *Xanthochrous radiatus* (SOWERBY) PAT. 1900, *Xanthochrous radiatus* f. *resupinatus* BOURDOT & GALZIN 1925, *Xanthoporia radiata* (SOWERBY) TURA, ZMITR., WASSER, RAATS & NEVO 2012 | 08 | M | |

| Taxon | Syn. | MTB, MF 4029.1 | leg./det. | Stat. RL Ni |
|---|---|---|---|---|
| *Inosperma erubescens* (A. BLYTT) MATHENY & ESTEVE-RAV. 2019 **Ziegelroter Risspilz** Bas. | *Inocybe erubescens* A. BLYTT 1905, *Inocybe lateraria* RICKEN 1920, *Inocybe patouillardii* BRES. 1905 | 06 | M, W | |
| *Ischnoderma benzoinum* (WAHLENB.) P. KARST. 1881 **Schwarzgebänderter Harzporling, Nadelholz-Harzporling** Bas. | *Lasiochlaena benzoina* (WAHLENB.: FR.) POUZAR 1990, *Polyporus benzoinus* WAHLENB.: FR. 1828 | 15 | M | 3 |
| *Ischnoderma resinosum* (SCHRAD.) P. KARST. 1880 **Laubholz-Harzporling** Bas. | *Lasiochlaena anisea* POUZAR 1990 | 07, 08, 13, 14, 15 | M, S, FS, Hö, Kg | 1F, 3H |
| *Jackrogersella cohaerens* (PERS.) L.WENDT, KUHNERT & M. STADLER 2017 **Zusammengedrängte Buchen-Kohlenbeere** Asc. | *Annulohypoxylon cohaerens* (PERS.) Y. M. JU, J. D. ROGERS & H.M. HSIEH 2005, *Hypoxylon bagnisii* SACC. 1877, *Hypoxylon Cohaerens* (PERS.: FR.) FR. 1849, *Hypoxylon turbinulatum* (SCHWEIN.) BERK. 1875, *Sphaeria cohaerens* PERS. 1803, *Sphaeria turbinulata* SCHWEIN. 1832 | 14 | M | |
| *Jackrogersella multiformis* (FR.) L. WENDT, KUHNERT & M. STADLER 2017 **Vielgestaltige Kohlenbeere** Asc. | *Annulohypoxylon multiforme* (FR.) Y. M. JU, J. D. ROGERS & H. M. HSIEH 2005, *Hypoxylon crustaceum* (SOWERBY) NITSCHKE 1867, *Hypoxylon granulosum* BULL. 1791, *Hypoxylon multiforme* (FR.) FR. 1849, *Sphaeria multiformis* FR. 1815 | 13 | W | |
| *Junghuhnia nitida* (PERS.) RYVARDEN 1972 **Schönfarbiger Kristallzystidenporling, Orangefarbener Laubholz-Resupinatporling** Bas. | *Chaetoporus euporus* (P. KARST.) P. KARST. 1899, *Chaetoporus nitidus* (PERS.: FR.) DONK 1967, *Poria EUPORA* (P. KARST.) COOKE 1886, *Steccherinum nitidum* (PERS.: FR.) VESTERH. 1996 | 15 | W, S | 2F, 3H |

| Taxon | Syn. | MTB, MF 4029.1 | leg./det. | Stat. RL Ni |
|---|---|---|---|---|
| *Kretzschmaria deusta* (HOFFM.) P. M. D. MARTIN 1970 **Brandiger Krustenpilz** Asc. | *Hypoxylon deustum* (HOFFM.: FR.) GREV. 1828, *Sphaeria versipelle* TODE 1907, *Ustulina deusta* (HOFFM.: FR.) LIND 1907 | 06, 07, 08, 13, 14, 15 | M, FS, Hö | |
| *Kuehneromyces mutabilis* (SCHAEFF.) SINGER & A.H. SM. 1946 **Stockschwämmchen** Bas. | *Galerina mutabilis* (SCHAEFF.) P. D. ORTON 1950, *Pholiota mutabilis* (SCHAEFF.) P. KUMM. 1871 | 07, 08, 14, 15 | M, W, FS, Hö, Kg | |
| *Laccaria amethystina* COOKE 1914 **Violetter Lacktrichterling** Bas. | *Laccaria amethystea* (BULL.) MURRILL 1914, *Laccaria hudsonii* PÁZMÁNY 1994, *Laccaria laccata var. amethystina* (COOKE) REA 1922 | 06, 08 | M, W | |
| *Laccaria laccata* (SCOP.) COOKE 1884 *s. str.* **Roter Lacktrichterling** Bas. | *Clitocybe laccata* QUÉL. 1871, *Laccaria farinacea* (HUDS.) SINGER 1973, *Laccaria laccata var. rosella* (BATSCH) SINGER 1943, *Laccaria ohiensis* (MONT.) SINGER 1947, *Laccaria vulcanica* (SINGER) PÁZMÁNY 1994 | 07, 14, 15 | M, S, FS, Hö, Kg | |
| *Laccaria proxima* (BOUD.) PAT. 1887 **Braunroter Lacktrichterling** Bas. | *Clitocybe proxima* BOUD. 1881, *Laccaria laccata var. proxima* (BOUD.) MAIRE 1933 | 06, 08 | M | |
| *Lachnellula occidentalis* (G. G. HAHN & AYERS) DHARNE 1965 **Lärchen-Haarbecherchen** Asc. | *Lachnella occidentalis* (G. G. HAHN & AYERS) SEAVER 1951, *Lachnellula hahniana* (SEAVER) DENNIS 1962, *Trichoscyphella hahniana* (SEAVER) MANNERS 1953 | o. Ang. | W | |
| *Lachnum virgineum* (BATSCH) P. KARST. 1871 **Weißes Haarbecherchen** Asc. | *Dasyscyphus virgineus* (BATSCH: FR.) GRAY 1821, *Dasyscyphus virgineus var. selecti* (P. KARST.) W. PHILLIPS 1890, *Lachnum agaricinum* RETZ. 1795 | o. Ang. | W | |
| *Lacrymaria lacrymabunda* (BULL.) PAT. 1887 **Tränender Saumpilz** Bas. | *Lacrymaria velutina* (PERS.: FR.) KONRAD & MAUBL. 1925, *Psathyrella lacrymabunda* (BULL.: FR.) M. M. MOSER 1953, *Psathyrella velutina* (PERS.: FR.) SINGER 1951 | 06, 07, 13, 14, 15 | M, W, FS, Hö, Kg | |

| Taxon | Syn. | MTB, MF 4029.1 | leg./det. | Stat. RL Ni |
|---|---|---|---|---|
| *Lasiosphaeria ovina* (FR.) CES. & DE NOT. 1863 **Eiförmiger Kohlen-kugelpilz** Asc. | *Leptosphaeria ovina* (PERS.) FUCKEL 1870 | 07 | Kg, FS, Hö | |
| *Lactarius acerrimus* BRITZELM. 1893 **Queradriger Milchling** Bas. | | 14 | M, W | 2 |
| *Lactarius acris* (BOLTON) GRAY 1821 **Rosaanlaufender Milchling, Rosaverfärbender Milchling** Bas. | *Agaricus acris* BOLTON 1788, *Lactarius pudibundus* (SCOP.) J. SCHRÖT. 1889 | 08 | M | 0F, 2H |
| *Lactarius aurantiacus* (PERS.) GRAY 1821 **Milder Milchling** Bas. | *Lactarius aurantiacus var. mitissimus* (FR.) J. E. LANGE 1928, *Lactarius aurantiofulvus* J. BLUM EX BON 1985, *Lactarius mitissimus* (FR.: FR.) FR. 1838 | 08 | M | 3 |
| *Lactarius blennius* (FR.) FR. 1838 **Graugrüner Milchling** Bas. | *Agaricus blennius* FR. 1815, *Lactarius blennius var. viridis* MARCHAND 1980, Lactarius viridis QUÉL. 1888 | 11, 13, 14 | W, S, Kg, FS, Hö | |
| *Lactarius camphoratus* (BULL.) FR. 1838 **Kampfer-Milchling** Bas. | *Agaricus camphoratus* BULL. 1793, *Agaricus flexuosus* PERS. 1801, *Lactarius rutaceus* (LASCH) SACC. 1887 | o. Ang. | W | |
| *Lactarius chrysorrheus* FR. 1838 **Goldflüssiger Milchling, Goldmilchender Milchling** Bas. | *Lactarius theiogalus var. chrysorrheus* QUÉL. 1886 | 14, 15 | M, Kg, FS, Hö | 3H |
| *Lactarius circellatus* FR. 1838 **Gebänderter Hainbuchen-Milchling** Bas. | *Lactarius polyzonus* VELEN. 1920, *Lactarius pyrogalus ss. auct.* | 13, 15 | M, W | 3F |
| *Lactarius decipiens* QUÉL. 1885 **Schwefel-Milchling** Bas. | *Lactarius rubescens* BRES. 1887 | o. Ang. | W | 2F, 3H |

| Taxon | Syn. | MTB, MF 4029.1 | leg./det. | Stat. RL Ni |
|---|---|---|---|---|
| *Lactarius deliciosus* (L.) GRAY 1821 **Echter Reizker** Bas. | *Agaricus deliciosus* L. 1753, *Lactarius deliciosus var. lamelliporus* (BARLA) SACC. 1887, *Lactarius deliciosus var. lateritius* J. BLUM 1976, *Lactarius lateritius* PERS. 1797, *Lactarius pinicola* (SMOTL.) Z. SCHAEF. 1970 | 15 | M | 3H |
| *Lactarius deterrimus* GRÖGER 1968 **Fichtenreizker** Bas. | *Lactarius deliciosus var. deterrimus* (GRÖGER) HESLER & A. H. SM. 1979, *Lactarius deliciosus var. piceus* SMOTL. 1947 | 07 | M | 3H |
| *Lactarius flavidus* Boud. 1887 **Hellgelber Violett-Milchling** Bas. | *Lactarius aspideus var. flavidus* (BOUD.) NEUHOFF 1956, *Lactarius uvidus var. flavidus* (BOUD.) BATAILLE 1908 | 15 | M | 2 |
| *Lactarius fluens* BOUD. 1899 **Braunfleckender Milchling** Bas. | *Lactarius blennius var. fluens* (BOUD.) KRIEGLST. 1999 | 08 | M | |
| *Lactarius fuliginosus* (FR.) FR. 1838 **Rußfarbener Milchling** Bas. | *Agaricus fuliginosus* FR. 1821 | 08, 15 | M | 2F, 3H |
| *Lactarius fulvissimus* ROMAGN. 1954 *s. str.* **Orangefuchsiger Milchlig, Sammelart** Bas. | *Lactarius britannicus f. pseudofulvissimus* (BON) BASSO 1999, *Lactarius ichoratus* (BATSCH) FR. 1838 *ss. auct.* | 08, 14 | M, Kg, FS, Hö | 2F |
| *Lactarius pallidus* PERS. 1797 **Fleischblasser Milchling** Bas. | *Lactarius carneoisabellinus* BRITZELM. 1896, *Lactarius nominabilis* BRITZELM. 1893 | 15 | M | 2F |
| *Lactarius pterosporus* ROMAGN. 1949 **Flügelsporiger Milchling, Aderiger Flügelspor-Milchling** Bas. | | 06 | M | 2F, 3H |
| *Lactarius pubescens* (SCHRAD.) FR. 1838 **Flaumiger Milchling** Bas. | *Agaricus pubescens* SCHRAD. 1794, *Lactarius blumii* BON 1979, *Lactarius groenlandicus* TERK. 1956, *Lactarius pubescens var. betularum* BON 1985 | 14, 15 | M, Kg, FS, Hö | |

| Taxon | Syn. | MTB, MF 4029.1 | leg./det. | Stat. RL Ni |
|---|---|---|---|---|
| *Lactarius quietus* (FR.) FR. 1838 **Eichen-Milchling** Bas. | *Agaricus quietus* FR. 1821, *Lactarius quietus var. unicolor* FR. 1863 | 08, 15 | M, W | |
| *Lactarius rubrocinctus* FR. 1863 **Rotgegürtelter Milchling** Bas. | *Lactarius iners* KÜHNER 1954, *Lactarius subsericeus* HORA 1960, *Lactarius tithymalinus* (SCOP.: FR.) FR. 1838 *ss. auct.* | 13, 15 | M | 2F, 3H |
| *Lactarius rufus* (SCOP.) FR. 1838 **Rotbrauner Milchling** Bas. | *Agaricus rufus* SCOP. 1772, *Lactarius mollis* D. A. REID 1969, *Lactarius rufus var. exumbonatus* BOUD. 1905, *Lactarius subdulcis var. rufus* GILLET 1876 | 15 | M | |
| *Lactarius serifluus* (DC.) FR. 1838 **Wässriger Milchling** Bas. | *Agaricus serifluus* DC. 1815, *Lactarius camphoratus var. serifluus* (DC.: FR.) BARBIER 1901, *Lactarius cimicarius* (BATSCH) GILLET 1874, *Lactarius subdulcis var. cimicarius* (BATSCH) GRAY 1821, *Lactarius subumbonatus* LINDGR. 1845 | 07, 14 | M, Kg, FS, Hö | |
| *Lactarius subdulcis* (PERS.) GRAY 1821 **Süßlicher Milchling** Bas. | *Agaricus subdulcis* PERS. 1801 | 08, 13, 14, 15 | W, M, Kg, FS, Hö | |
| *Lactarius torminosus* SCHAEFF.) GRAY 1921 **Birken-Milchling** Bas. | *Agaricus torminosus* SCHAEFF. 1774, *Lactarius torminosus var. sublateritius* KÜHNER & ROMAGN. 1954 | 15 | M | |
| *Lactarius turpis* (WEINM.) FR. 1838 **Olivbrauner Milchling** Bas. | *Agaricus turpis* WEINM. 1828, *Lactarius necator* (BULL.: FR.) PERS. 1800 *ss. auct.*, *Lactarius plumbeus* (BULL.: FR.) GRAY 1821 *ss.* QUÉL | 07, 14, 15 | M, Kg, FS, Hö | |
| *Lactarius zonarius* (BULL.) FR. 1838 *ss.* HEILMANN-CLAUSEN et al. **Schöner Zonen-Milchling** Bas. | *Agaricus zonarius* BULL. 1783, *Lactarius insulsus* (FR.) FR. 1838 *ss. auct.*, *Lactarius scrobipes* KÜHNER & ROMAGN. 1954, *Lactarius zonarius f. scrobipes* (KÜHNER & ROMAGN.) QUADR. 1985, *Lactarius zonarius var. scrobipes* (KÜHNER & ROMAGN.) BON 1979 | 14, 15 | M, W, Kg, FS, Hö, A | n. a. |
| *Lactifluus bertillonii* (NEUHOFF EX. Z. SCHAEF.) VERBEKEN 2011 **Scharfmilchender Wollschwamm** Bas. | *Lactarius bertillonii* (Z. SCHAEF,) BON 1980, *Lactarius bertillonii var. queletii* J. BLUM 1976, *Lactarius vellereus var, bertillonii* NEUHOFF 1956, *Lactarius vellereus var. queletii* J. BLUM 1966 | 15 | M | |

| Taxon | Syn. | MTB, MF 4029.1 | leg./det. | Stat. RL Ni |
|---|---|---|---|---|
| *Lactifluus piperatus* (L.) ROUSSEL 1806 **Langstieliger Pfeffer-Milchling** Bas. | *Agaricus piperatus* L. 1753, *Lactarius piperatus* (L.: FR.) PERS. 1797, *Lactarius piperatus var. amarus* GILLET 1876 | o. Ang. | W | |
| *Lactifluus vellereus* (FR.) KUNTZE 1891 **Wolliger Milchling, Erdschieber** Bas. | *Agaricus vellereus* FR. 1821, *Lactarius vellereus* (FR.) FR. 1838, *Lactarius vellereus var. hometii* (GILLET) BOUD. 1905, *Lactarius vellereus var. velutinus* (BERTILL.) BATAILLE 1908, *Lactarius velutinus* BERTILL. 1868 *ss. auct* | 14, 15 | M, Kg, FS, Hö | |
| *Laetiporus sulphureus* (BULL.) MURRILL 1920 **Schwefelporling** Bas. | *Ceriomyces aurantiacus* (PAT.) SACC. 1888 Anamorphe, *Polyporus sulphureus* (BULL.: FR.) FR. 1821, *Ptychogaster aurantiacus* PAT. 1885 Anamorphe, *Sporotrichum versisporum* (LLOYD) STALPERS 1984 Anamorphe | 08, 14, 15 | M, W | |
| *Langermannia gigantea* (BATSCH) ROSTK. 1839 **Riesenbovist** Bas. | *Bovista gigantea* LLOYD 1821, *Calvatia gigantea* (BATSCH) LLOYD 1904, *Calvatia maxima* (SCHAEFF.) MORGAN 1890, *Lycoperdon giganteum* BATSCH 1786 | 15 | M, W | |
| *Lasiosphaeria ovina* (FR.) CES. & DE NOT. 1863 **Eiförmiger Kohlenkugelpilz** Asc. | *Leptosphaeria ovina* (PERS.) FUCKEL 1870 | 07 | M, Kg, FS, Hö | |
| *Laxitextum bicolor* (PERS.) LENTZ 1956 **Zweifarbiger Schichtpilz** Bas. | *Stereum coffeatum* BERK. & M. A. CURTIS 1873, *Stereum fuscum* (SCHRAD.) QUÉL. 1897, *Thelephora bicolor* PERS. 1801, *Thelephora fusca* SCHRAD. 1803 | o. Ang. | W | 3F |
| *Leccinellum pseudoscabrum* (KALLENB.) MIKŠÍK 2017 **Hainbuchen-Raufußröhrling** Bas. | *Leccinum carpini* (R. SCHULZ) M. M. MOSER EX D. A. REID 1965, *Leccinum carpini f. isabellinum* LANNOY & ESTADÈS 1994, *Leccinum griseum* (QUEL.) SINGER 1966, *Leccinum pseudoscabrum* (KALLENB.) ŠUTARA 1989, *Leccinum pseudoscabrum f. isabellinum* (LANNOY & ESTADÈS) KLOFAC 2016 | 12 | M, W | 3 |

| Taxon | Syn. | MTB, MF 4029.1 | leg./det. | Stat. RL Ni |
|---|---|---|---|---|
| *Leccinum crocipodium* (Letell.) Watling 1961 **Gelber Raufuß** Bas. | *Leccinellum crocipodium* (Letell.) Della Magg. & Trassin. 2014, *Leccinum luteoporum* (Bouchinot) Šutara 1989, *Leccinum nigrescens* (Richon & Roze) Singer 1947, *Leccinum tessulatum* (Kuntze) Rauschert 1987 | 15 | M | 2 |
| *Leccinum quercinum* (Pilát) E.E. Green & Watling 1969 **Eichen-Rotkappe** Bas. | *Leccinum aurantiacum* (Bull.) Gray 1821 *ss.* Šutara, den Bakker & Noordel. | 12 | M, W | 2F, 3H |
| *Leccinum scabrum* (Bull.) Gray 1821 **Gewöhnlicher Birkenpilz** Bas. | *Krombholziella scabra* (Bull.) Maire 1937, *Leccinum rotundifoliae* (Singer) A. H. Sm., Thiers & Watling 1967 | 06 | M, W | |
| *Legaliana badia* (Pers.) Van Vooren 2020 **Kastanienbrauner Becherling** Asc. | *Peziza badia* Pers. 1799, *Plicaria badia* (Pers.) Fuckel 1870, *Plicaria badia var. montana* Velen. 1934 | 06 | M | |
| *Lentinellus cochleatus* (Pers.) P. Karst. 1879 **Anis-Zähling** Bas. | *Lentinellus cornucopioides* (With.) J. Schröt. 1915 *non ss.* Klotzsch, *Lentinellus umbilicatus* (Peck) Singer 1951, *Lentinus umbilicatus* Peck 1825 | 06 | M | |
| *Lentinellus ursinus* (Fr.) Kühner 1926 **Geschichteter Zähling, Struppiger Zähling** Bas. | *Lentinellus pusio* Romagn. 1965, *Lentinellus ursinus var. pusio* (Romagn.) P.-A. Moreau 1999, *Lentinus hyracinus* Kalchbr. 1880, *Lentinus ursinus* (Fr.) Fr. 1825, *Panellus ursinus* (Fr.) Murrill 1915 | 08 | M | 2 |
| *Lenzites betulinus* (L.) Fr. 1838 **Birken-Blättling** Bas. | *Trametes betulina* (L.: Fr.) Pilát 1939 | 06, 07 | M | |
| *Leotia lubrica* (Scop.) Pers. 1794 **Gemeines Gallertkäppchen** Asc. | *Leotia gelatinosa* Hill 1771 | 06, 14 | M, Kg, FS, Hö | |

| Taxon | Syn. | MTB, MF 4029.1 | leg./det. | Stat. RL Ni |
|---|---|---|---|---|
| *Lepiota aspera* (FR.) QUÉL. 1886 **Spitzschuppiger Schirmling, Spitzschuppiger Stachelschirmling, Großer Stachelschirmling** Bas. | *Cystolepiota acutesquamosa* (WEINM.) BON 1977, *Cystolepiota aspera* (PERS.: FR.) BON 1978, *Echinoderma acutesquamosum* (WEINM.) BON 1993, *Echinoderma asperum* (PERS.: FR.) BON 1991, *Lepiota acutesquamosa* (WEINM.) GILLET 1871, *Lepiota friesii* (LASCH: FR.) QUÉL. 1872 | 07, 08 | M, A, FS, Hö | |
| *Lepiota boudieri* BRES. 1881 **Fuchsbräunlicher Schirmling** Bas. | *Lepiota acerina var. subpurpurata* BON 1992, *Lepiota fulvella* REA 1918, *Lepiota fulvella f. gracilis* J. E. LANGE 1935 | 14, 15 | M, W, S, Kg, FS, Hö | 3F |
| *Lepiota brunneoin-carnata* CHODAT & C. MARTIN 1889 **Fleischbräunlicher Schirmling** Bas. | | 14, 15 | M, Kg, SF, Hö | 4 |
| *Lepiota castanea* QUÉL. 1881 **Kastanienbrauner Schirmling** Bas. | | 14, 15 | M | |
| *Lepiota clypeolaria* (BULL.) P. KUMM. 1871 **Wolliggestiefelter Schirmling** Bas. | *Lepiota colubrina* (PERS.) GRAY 1871 | 07, 15 | M, W | 3F |
| *Lepiota cortinarius* J. E. LANGE 1915 **Schleier-Schirmling** Bas. | *Lepiota cortinarius var. audreae* D. A. REID 1968, *Lepiota dryadicola* KÜHNER 1983 | 08 | M, W | 1 |
| *Lepiota cristata* (BOL-TON) P. KUMM. 1871 **Stink-Schirmling** Bas. | *Lepiota cristata var. exannulata* BON 1981 | 13, 14 | Mn, Kg, FS, Hö | |
| *Lepiota echinacea* J. E. LANGE 1940 **Igel-Schirmling** Bas. | *Cystolepiota echinacea* (J. E. LAN-GE) KNUDSEN 1978, *Echinoderma echinaceum* (J. E. LANGE) BON 1991 | 08, 14 | Mn, Kg, FS, Hö | 3 |
| *Lepiota echinella* QUÉL. & G. E. BERNARD 1888 **Striegeliger Schirm-ling** Bas. | *Lepiota setulosa* J. E. LANGE 1935 | 08 | M | 2F, 3H |

| Taxon | Syn. | MTB, MF 4029.1 | leg./det. | Stat. RL Ni |
|---|---|---|---|---|
| *Lepiota felina* (PERS.) P. KARST. 1879 **Schwarzschuppiger Schirmling** Bas. | *Lepiota clypeolaria var. felina* (PERS.) GILLET 1874, *Lepiota felina var. lilacina* BON 1993 | 07 | M | n. a. |
| *Lepiota forquignonii* QUÉL. 1885 **Olivgrauer Schirmling** Bas. | *Lepiota forquignonii var. olivaceobrunnea* (P. D. ORTON) BON 1993, *Lepiota olivaceobrunnea* P. D. ORTON 1988 | 15 | M | 1 |
| *Lepiota grangei* (EYRE) J. E. LANGE 1934 **Grünschuppiger Schirmling** Bas. | *Lepiota grangei var. brunneoolivacea* PILÁT 1934, *Lepiota ochraceocyanea* KÜHNER 1934, *Schulzeria grandei* EYRE 1903 | 08 | M | |
| *Lepiota perplexa* KNUDSEN 1981 **Kurzwarziger Schirmling** Bas. | *Echinoderna perplexum* (KNUDSEN) BON 1991 | o. Ang. | W | |
| *Lepista flaccida* (SOWERBY) PAT. 1887 **Fuchsiger Röteltrichterling** Bas. | *Clitocybe inversa* (SCOP.) QUÉL. 1872, *Clitocybe subinversa* MURRILL 1913, *Lepista flaccida var. lobata* (SOWERBY) ROMAGN. & BON 1987, *Lepista inversa* (SCOP.) PAT. 1887, *Paralepista flaccida* (SOWERBY) VIZZINI 2012 | 15 | M | |
| *Lepista irina* (FR.) H. E. BIGELOW 1959 **Veilchen-Rötelritterling** Bas. | *Clitocybe irina* (FR.) H. E. BIGELOW & A. H. SM. 1969, *Rhodopaxillus irinus* (FR.) MÉTROD 1942, *Tricholoma cyclophilum* (LASCH) SACC. & TROTTER 1912, *Tricholoma irinum* (FR.) P. KUMM. 1871 | 14, 15 | M, Kg, FS, Hö | |
| *Lepista nuda* (BULL.) COOKE 1871 **Violetter Rötelritterling** Bas. | *Gyrophila nuda* (BULL.: FR.) QUÉL. 1886, *Lepista nuda f. graclis* NOORDEL. & KUYPER 1986, *Lepista nuda var. pruinosa* BON 1984, *Lepista nuda var. tridentina* SINGER 1951, *Rhodopaxillus nudus* (BULL.: FR.) MAIRE 1913, *Tricholoma nudum* (BULL.: FR.) P. KUMM. 1871 | 06, 14, 15 | M, Kg, FS, Hö | |
| *Lepista nuda f. gracilis* NOORDEL. & KUYPER 1995 Bas. | | 07 | M | |

| Taxon | Syn. | MTB, MF 4029.1 | leg./det. | Stat. RL Ni |
|---|---|---|---|---|
| *Lepista sordida* (SCHU-MACH.) SINGER 1951<br><br>**Schmutziger Rötel-trichterling**<br><br>Bas. | *Lepista sordida var. lilacea* (QUÉL.) BON 1980, *Lepista sordida var. obscurata* (BON) BON 1980, *Lepista tarda* (PECK) MURRILL 1917, *Rhodo-paxillus sordidus* (SCHUMACH.: FR.) MAIRE 1913, *Tricholoma nudum var. sordidum* (SCHUMACH.: FR.) MAIRE 1917, *Tricholoma sordidum* (SCHU-MACH.: FR.) P. KUMM. 1871 | 07 | M | |
| *Leptosphaeria acuta* (FUCKEL) P. KARST. 1873<br>**Zugespitzter Kugel-pilz**<br>Asc. | *Leptosphaeria coniformis* (FR.) J. SCHRÖT. 1894, *Phoma piskorzii* (PETR.) BROEREMA & LOER. 1981, Anamorphe, *Sphaeria coniformis* FR.: FR. 1818 | o. Ang. | W | |
| *Leratiomyces squa-mosus* (PERS.) BRIDGE & SPOONER 2008<br>**Schuppiger Träuschling**  Bas. | *Psilocybe squamosa* (PERS.: FR.) P. D. ORTON 1969, *Stropharia squamosa* (PERS.: FR.) QUÉL. 1873, *Stropholoma squamosum* (PERS.) BALLETTO 2008 | 14, 15 | M, Kg, FS, Hö | |
| *Leucoagaricus holo-sericeus* (FR.) M. M. MOSER 1967<br>**Seidiger Champig-non-Schirmling**<br>Bas. | | 07 | M | |
| *Leucocoprinus badha-mii* (BERK. & BROOME) LOCQ. 1943<br>**Anlaufender Eger-lings-Schirmling, Badhams Egerlings-Schirmling**  Bas. | *Leucoagaricus badhamii* (BERK. & BROOME) SINGER 1951, Leucocop-rinus meleagroides HUIJSMAN 1951 | 14, 15 | M, S | **n. a.** |
| *Leucocybe candicans* (PERS.) VIZZINI, P. ALVARADO, G. MORE-NO & CONSIGLIO 2015<br>**Wachsstieliger Trichterling** Bas. | *Clitocybe candicans* (PERS.: FR.) P. KUMM. 1871, *Clitocybe tuba* (FR.) GILLET 1874 | o. Ang. | W | |
| *Leucocybe connata* (SCHUMACH.) VIZZINI, P. ALVARADO, G. MORENO & CONSIGLIO 2015<br>**Weißer Rasling, Geselliger Rasling**  Bas. | *Clitocybe connata* (SCHUMACH.: FR.) GILLET 1874, *Lyophyllum conna-tum* (SCHUMACH.: FR.) SINGER 1939, *Tricholoma connatum* (SCHUMACH.: FR.) RICKEN 1915 | 08 | M | |

| Taxon | Syn. | MTB, MF 4029.1 | leg./det. | Stat. RL Ni |
|---|---|---|---|---|
| *Limacella guttata* (Pers.) Konrad & Maubl. 1948 **Getropfter Schleim-schirmling** Bas. | *Agaricus guttatus* Pers. 1793, *Amanita megalodactyla* (Berk. & Broome) Sacc. 1885, *Lepiota guttata* (Pers.: Fr.) Quél. 1877, *Limacella lenticularis* (Lasch) Maire 1926 | 15 | M | 2F |
| *Limacella illinita* (Fr.) Maire 1933 **Glänzender Schleim-schirmling** Bas. | *Agaricus illinitus* Fr. 1818, *Amani-tella illinita* (Fr.: Fr.) Maire 1913, *Lepiota illinita* (Fr.: Fr.) Quél. 1873, *Limacella illinita var. ochraceoro-sea* Beguet & Bon 1975, *Myxoder-ma illinita* (Fr.: Fr.) Kühner 1913 | 14 | S | |
| *Lopadostoma turgi-dum* (Pers.) Traverso 1906 **Eingesenkte Kohlen-beere** Asc. | *Anthostoma turgidum* (Pers.) Nitschke 1867, *Sphaeria turgida* Pers. 1795, *Valsa turgida* (Pers.) Fr. 1849, *Wuestneia sphinctrina* Auersw. 1849 | o. Ang. | W | |
| *Lycogala epidendrum* (J.C. Buxb. ex L.) Fr. 1829 **Blutmilch-Schleim-pilz** Myx. | | 06, 07, 08, 14, 15 | M | |
| *Lycoperdon echina-tum* Pers. 1801 **Igel-Stäubling** Bas. | *Lycoperdon constellatum* Fr. 1817 | 08 | M , W | 2F |
| *Lycoperdon excipuli-forme* Scop. 1801 **Beutelstäubling** Bas. | *Calvatia excipuliformis* (Scop.: Pers.) Perdeck 1950, *Calvatia excipuliformis f. capitata* (Hollós) Kreisel 1962, *Calvatia saccata* (Vahl) Morgan 1904, *Handkea ex-cipuliformis* (Scop.: Pers.) Kreisel 1989, *Lycoperdon saccatum* Vahl 1794 | 15 | M | |
| *Lycoperdon lividum* Pers. 1809 **Kastanienbrauner Stäubling, Magerra-sen-Stäubling** Bas. | *Lycoperdon spadiceum* Pers. 1809 | o. Ang. | W | 3H |
| *Lycoperdon mammi-forme* Pers. 1801 **Flocken-Stäubling** Bas. | *Lycoperdon laxum* Bonord. 1857 | 14 | M, A | 0F, 2H |

| Taxon | Syn. | MTB, MF 4029.1 | leg./det. | Stat. RL Ni |
|---|---|---|---|---|
| *Lycoperdon molle* Pers. 1801 **Weicher Stäubling Bas.** | | 14 | M, Kg, FS, Hö | |
| *Lycoperdon nigrescens* (Pers.) Vittad. 1843 **Stinkender Stäubling Bas.** | *Lycoperdon foetidum* Bonord. 1851, *Lycoperdon perlatum var. nigrescens* Pers. 1794 | o. Ang. 15 | W M | |
| *Lycoperdon perlatum* Pers. 1801 **Flaschen-Stäubling Bas.** | *Lycoperdon gemmatum* Batsch 1794 | 07, 08, 13, 14 | M, W, Kg, FS, Hö | |
| *Lyomyces sambuci* (Pers.) P. Karst. 1882 **Holunder-Rindenpilz Bas.** | *Corticium serum* (Pers.) Bres. 1874, *Hyphoderma sambuci* (Pers.) Jülich 1974, *Hyphodontia sambuci* (Pers.) J. Erikss. 1958, *Rogersella sambuci* (Pers.) Liberta & A. J. Navas 1978, *Xylodon sambuci* (Pers.) Tura, Zmitr., Wasser & Spirin 2011 | 13 | W | |
| *Lyophyllum decastes* (Fr.) Singer 1951 **Büschel-Rasling Bas.** | Clitocybe coffeata (Fr.) Quél. 1872, *Clitocybe hortensis* (Pers.) Gillet 1874, *Lyophyllum aggregatum* (Schaeff.) Kühner 1938, *Lyophyllum conglobatum* (Vittad.) M. M. Moser 1995 | 13 | W | |
| *Lyophyllum fumosum* (Pers.) P. D. Orton 1960 **Frost-Rasling Bas.** | *Lyophyllum decastes var. fumosum* (Pers.) Gminder 2016 | 06 | M | |
| *Lyophyllum decastes var. loricatum* (Fr.) Kühner 1938 **Panzer-Rasling Bas.** | *Lyophyllum loricatum* (Fr.) Kühner 1938 | 15 | M | |
| *Macrocystidia cucumis* (Pers.) Joss. 1934 **Gurkenschnitzling** Bas. | *Collybia mimica* (W. G. Sm.) Sacc. 1887, *Galeromycena mirabilis* Velen. 1947, *Macrocystis cucumis* (Pers.: Fr.) R. Heim 1931, *Nolanea nigripes* (Trog) Gillet 1887, *Nolanea pisciodora* (Ces.) Gillet 1876 | 07, 13, 14 | M, Kg, FS, Hö | |

| Taxon | Syn. | MTB, MF 4029.1 | leg./det. | Stat. RL Ni |
|---|---|---|---|---|
| *Macrolepiota konradii* (HUIJSMAN EX P. D. ORTON) M. M. MOSER 1967 **Grobschuppiger Zitzen-Schirmling** Bas. | *Lepiota konradii* HUIJSMAN EX P. D. ORTON 1960, *Macrolepiota mastoidea var. konradii* (HUIJSMAN EX P. D. ORTON) BLANCO-DIOS 2016 | o. Ang. | W | |
| *Macrolepiota mastoidea* (FR.) SINGER 1951 **Zitzen-Schirmling** Bas. | *Lepiota gracilenta* (KROMBH.) QUÉL. 1872 ss. RICKEN, *Lepiota mastoidea* (FR.) P. KUMM. 1871, *Lepiota rickenii* VELEN. 1939, *Lepiota umbonata* J. SCHRÖT. 1889, *Leucocoprinus mastoideus* (FR.) SINGER 1939, *Macrolepiota gracilenta* (KROMBH.) S. WASSER 1978, *Macrolepiota mastoidea var. coccineobasalis* (LOCQ.) BON 1981, *Macrolepiota mastoidea var. rickenii* (VELEN.) GMINDER 2003, *Macrolepiota rickenii* (VELEN.) BELLÚ & LANZONI 1987 | 07, 15 | M | |
| *Macrolepiota procera* (SCOP.) SINGER 1948 **Parasol, Riesenschirmpilz** Bas. | *Lepiota procera* (SCOP.: FR.) GRAY 1821, *Leucocoprinus procerus* PAT. 1900, *Mastocephalus procerus* (SCOP.) KUNTZE 1891 | 14, 15 | M, W, S, Kg, FS, Hö | |
| *Macrotyphula filiformis* (BULL.) PAECHN. 1987 **Gewöhnliche Binsenkeule** Bas. | *Clavariadelphus junceus* (ALB. & SCHWEIN.: FR.) CORNER 1950, *Macrotyphula juncea* (ALB. & SCHWEIN.: FR.) BERTHIER 1974, Typhula filiformis (BULL.) FR. 1838 | 08 | M | |
| *Mallocybe dulcamara agg.* **Bittersüßer Risspilz, Olivgelber Risspilz,** Sammelart Bas. | *Inocybe dulcamara* (PERS.) P.KUMM. 1871 | 07 | W, Kg, SF, Hö | |
| *Marasmiellus ramealis* (BULL.) SINGER 1946 **Ast-Schwindling** Bas. | *Agaricus ramealis* BULL.: FR. 1821, *Collybiopsis ramealis* (BULL.: FR.) EARLE 2004, *Gymnopus ramealis* (BULL.: FR.) GRAY 1821, *Marasmius amadelphus* (BULL.: FR.) FR. 1838, *Marasmius ramealis* (BULL.: FR.) FR. 1838 | 06 | W | |
| *Marasmius bulliardii* QUÉL. 1878 **Seitenspross-Schwindling** Bas. | *Androsaceus bulliardii* (QUÉL.) PAT. 1887, *Marasmius rotula var. phyllophila* J. SCHRÖT. 1889 | 07 | M | |

| Taxon | Syn. | MTB, MF 4029.1 | leg./det. | Stat. RL Ni |
|---|---|---|---|---|
| *Marasmius cohaerens* (PERS.) COOKE & QUÉL. 1878 **Hornstieliger Schwindling Bas.** | *Agaricus cohaerens* PERS. 1801, *Marasmius ceratopus* (PERS.) QUÉL. 1888, *Marasmius setulosus* MURRILL 1940, *Mycena cohaerens* (PERS.: FR.) P. KUMM. 1871 | 14 | M, Kg, FS, Hö | |
| *Marasmius epiphylloides* (REA) SACC. & TROTTER 1925 **Efeublatt-Schwindling, Efeu-Schwindling Bas.** | *Androsaceus epiphylloides* REA 1911, *Androsaceus hederae* KÜHNER 1927 | 08 | M | 3 |
| *Marasmius epiphyllus* (PERS.) FR. 1838 **Aderblättriger Schwindling, Efeu-Schwindling Bas.** | *Androsaceus epiphyllus* (PERS.: FR.) PAT. 1887, *Marasmius plantaginis* (R. HEIM) SINGER 1986, *Marasmius squamula* (BATSCH) J. SCHRÖT. 1915, *Marasmius tenuiparietalis* SINGER 1969 | 08 | M | |
| *Marasmius oreades* (BOLTON) FR. 1836 **Nelken-Schwindling Bas.** | *Agaricus caryophyllatus* BATSCH 1783, *Collybia oreades* (BOLTON: FR.) P. KUMM. 1871, *Marasmius caryophylleus* (SCHAEFF.) J. SCHRÖT. 1871 | 06, 14 | W | |
| *Marasmius rotula* (SCOP.) FR. 1838 **Halsband-Schwindling Bas.** | *Androsaceus rotula* (SCOP.: FR.) PAT. 1887 | 07, 08, 14 | M, W, Kg, FS, Hö | |
| *Marasmius torquescens* QUÉL. 1872 **Ledergelber Schwindling Bas.** | *Collybia fagi* KALAMEES 1986, *Marasmius fagi* (KALAMEES) KALAMEES 1989, *Marasmius lupuletorum* (WEINM.) BRES. 1892 SS. COOKE | o. Ang. | W | |
| *Marasmius wynneae* BERK. & BROOME 1859 **Violettlicher Schwindling Bas.** | *Marasmius brunneopurpureus* MÉTROD 1957, *Marasmius carpathicus* KALCHBR. 1875, *Marasmius globularis* (WEINM.) FR. 1872, *Marasmius suaveolens* (REA) REA 1922, *Marasmius wynneae* f. *pachyphyllus* BON 1988 | 08 | M, W | 3F |
| *Megacollybia platyphylla* (PERS.) KOTL. & POUZAR 1972 **Breitblättriger Rübling** Bas. | *Clitocybula platyphylla* (PERS.: FR.) E. LUDW. 2001, *Collybia grammocephala* (BULL.) QUÉL. 1888, *Collybia platyphylla* (PERS.: FR.) P. KUMM. 1871, *Oudemansiella platyphylla* (PERS.: FR.) M. M. MOSER 1983, *Tricholomopsis platyphylla* (PERS.: FR.) SINGER 1939 | 07, 08, 14 | M, W, Kg, FS, Hö | |

| Taxon | Syn. | MTB, MF 4029.1 | leg./det. | Stat. RL Ni |
|---|---|---|---|---|
| *Melampsora caprearum* (DC.) THÜM. 1879 **PP-Bas.** | *Melampsora laricis-caprearum* KLEB. 1897 | 14 | W | |
| *Melampsora galanthifragilis* KLEB. 1902 **Schneeglöckchen-Weidenrost** PP-Bas. | *Caeoma galanthi* J. SCHRÖT. 1871 | 14, 15 | M, W | |
| *Melanogaster broomeanus* BERK. 1843 **Gelbbraune Schleimtrüffel** Bas. | *Melanogaster variegatus var. broomeanus* TUL. & C. TUL. 1851 | 07 | W | 3 |
| *Melanoleuca brevipes* (BULL.) PAT. 1900 **Kurzstieliger Weichritterling** Bas. | | 06 | M | |
| *Melanoleuca cognata* (FR.) KONRAD & MAUBL. 1927 **Frühlings-Weichritterling, Cognacfarbener Weichritterling** Bas. | *Melanoleuca cognata var. robusta* (J. E. LANGE) KÜHNER 1978 | 07 | M | |
| *Melanoleuca melaleuca* (PERS.) MURRILL 1911 **Gemeiner Weichritterling** Bas. | *Melanoleuca brachyspora* HARMAJA 1985 ss. FONTENLA & AL., *Melanoleuca graminicola var. minor* (VELEN.) BON 1985, *Melanoleuca melaleuca var. porphyroleuca* (BULL.) BON 1985, *Melanoleuca robertiana* BON 1990 | 07, 08, 15 | M | |
| *Melanoleuca polioleuca* (FR.) KÜHNER & MAIRE 1934 **Schwarzweißer Weichritterling, Weißblättriger Weichritterling** Bas. | *Melanoleuca vulgaris* (PAT.) PAT. 1897 ss. J.E. LANGE, *Tricholoma melaleucum var. polioleucum* (FR.) GILLET 1874 | 07 | W | |
| *Melanomma pulvispyrius* (PERS.) FUCKEL 1870 **Brandschwarzes Kugelkissen, Gemeines Kugelkissen** Asc. | *Cucurbitaria conglobata* (FR.) CES. & DE NOT. 1863 | o. Ang. | W | |

| Taxon | Syn. | MTB, MF 4029.1 | leg./det. | Stat. RL Ni |
|---|---|---|---|---|
| *Melanomma sanguinarium* (P. KARST.) SACC. 1878 **Roter Rindenkohlenbeerenpilz** Asc. | | 15 | W | |
| *Melanophyllum eyrei* (MASSEE) SINGER 1951 **Grünblättriger Zwergschirmling** Bas. | *Chlorospora eyrei* (MASSEE) MASSEE 1898, *Cystoderma eyrei* (MASSEE) SINGER 1943, *Lepiota eyrei* (MASSEE) J. E. LANGE 1935, *Schulzeria eyrei* MASSEE 1893 | 08 | M | 1 |
| *Melanophyllum haematospermum* (BULL.) KREISEL 1984 **Blutblättriger Zwergschirmling** Bas. | *Cystoderma echinatum* (ROTH: FR.) SINGER 1936, *Lepiota echinata* (ROTH: FR.) QUÉL. 1880, *Lepiota haematosperma* (BULL.: FR.) QUÉL. 1886, *Melanophyllum canali* VELEN. 1921, *Melanophyllum echinatum* (ROTH: FR.) SINGER 1951 | 15 | M, W | |
| *Melogramma campylosporum* FR. 1849 **Mondsichelsporiges Krustenscheibchen, Bulliard's Krustenscheibchen** Asc. | *Diatrype lateritia* ELLIS 1882, *Hypoxylon melogrammum* (BULL.) J. KICKX F. 1841, *Melogramma bulliardii* TUL. & C. TUL. 1863, *Melogramma fusisporum* FR. 1849, *Melogramma vagans* DE NOT. 1855, *Sphaeria melogramma* (BULL.) PERS. 1823, *Variolaria melogramma* BULL. 1791 | o. Ang. | W | 2 |
| *Melogramma spiniferum* (WALLR.) DE NOT. 1863 **Rasig-krustiger Buchenkugelpilz** Asc. | *Melanamphora spinifera* (WALLR.) LAFL. 1976 | 06, 07, 08, 14, 15 | M, W | |
| *Meottomyces dissimulans* (BERK. & BROOME) VIZZINI 2008 **Winter-Schüppling** Bas. | *Dryophila oedipus* (COOKE) KÜHNER 1957, *Dryophila sordida* KÜHNER 1953, *Galerina oedipus* (COOKE) CLÉMENÇON 1986, *Hemipholiota oedipus* (COOKE) BON 1986, *Hypholoma oedipus* (COOKE) SACC. 1887, *Phaeogalera dissimulans* (BERK. & BROOME) HOLEC 2003, *Phaeogalera oedipus* (COOKE) ROMAGN. 1980, *Pholiota oedipus* (COOKE) P. D. ORTON 1960, *Psathyrella oedipus* (COOKE) KONRAD & MAUBL. 1949 | 06 | M | 3 |

| Taxon | Syn. | MTB, MF 4029.1 | leg./det. | Stat. RL Ni |
|---|---|---|---|---|
| *Meripilus giganteus* (PERS.) P. KARST. 1882 **Riesen-Porling** Bas. | *Grifola gigantea* (PERS.: FR.) PILÁT 1934 | 06, 07, 08, 13, 14, 15 | M, W, FS, Hö, Kg | |
| *Mollisia cinerea* (BATSCH) P. KARST. 1871 **Aschfahles Weichbecherchen** Asc. | *Niptera cinerea* (BATSCH) FUCKEL 1870 | 13 | M, W | |
| *Mollisia melaleuca* (FR.) SACC. 1889 **Schwarzweißes Weichbecherchen** Asc. | *Mollisia ilicis* FELTGEN 1903, *Niptera melaleuca* (FR.) FUCKEL 1870, *Patella melaleuca* (FR.) QUÉL. 1870, *Peziza melaleuca* FR. 1822 | o. Ang. | W | |
| *Monilinia fructigena* HONEY 1945 **Apfelfruchtfäule** Asc. | *Monilia fructigena* PERS. 1803, *Sclerotinia fructigena* (PERS.) J. SCHRÖT. 1905, *Stromatinia fructigena* (PERS.) BOUD. 1907 | 13 | M | |
| *Morchella elata Fr. agg. (nom. ambig.)* **Hohe Morchel, Spitz-Morchel** Asc. | *Morchella conica* PERS.: FR, *(illeg.)* s. auct., non orig. M. esculenta-Gruppe, *Morchella costata* (VENT.) PERS. *(illeg.)* | 13, 15 | M | 3 |
| *Morchella esculenta* (L.) PERS. 1797 **Speisemorchel, Rundmorchel** Asc. | *Morchella esculenta var. alba* BOUD. 1821, *Morchella esculenta var. rotunda* (PERS.) SACC. 1889, *Morchella rotunda* (PERS.) BOUD. 1895, *Morchella rotunda var. cinerea* BOUD. 1897 | 06, 07, 08, 09 | M | 2F, 3H |
| *Morchella semilibera* DC. 1805 **Käppchen-Morchel, Halbfreie Morchel** Asc. | *Mitrophora gigas* (BATSCH: FR.) LÉV. 1846, *Mitrophora hybrida* BOUD. 1897, *Mitrophora rimosipes* (DC.) LÉV. 1846, *Mitrophora semilibera* (DC.: FR.) LÉV. 1846, *Morchella gigas* (BATSCH: FR.) PERS. 1801, *Morchella hybrida* PERS. 1801, *Morchella rimosipes* DC. 1805 | 06, 07 , 08 , 09 | M | 3F |
| *Morchella vulgaris* (PERS.) GRAY 1821 **Gemeine Speise-Morchel** Asc. | *Morchella esculenta var. vulgaris* PERS. 1801, *Morchella spongiola* BOUD. 1897 | 06, 07, 08, 09 | M | n. a. |
| *Mutinus caninus* (HUDS.) FR. 1849 **Gewöhnliche Hundsrute** Bas. | *Phallus caninus* HUDS. 1778, *Phallus inodorus* SOWERBY 1801 | 12 | M, W | |

| Taxon | Syn. | MTB, MF 4029.1 | leg./det. | Stat. RL Ni |
|---|---|---|---|---|
| *Mycena abramsii* (MURRILL) MURRILL 1916 **Voreilender Helmling, Frühjahrs-Nitrat-Helmling** Bas. | *Mycena praecox* VELEN. 1920 | o. Ang. | W | |
| *Mycena acicula* (SCHAEFF.) P. KUMM. 1871 **Orangeroter Helmling** Bas. | *Trogia acicula* (SCHAEFF.: FR.) CORNER 1966 | 07, 13 | M, W, FS, Hö | |
| *Mycena amicta* (FR.) QUÉL. 1872 **Geschmückter Helmling** Bas. | *Mycena calorrhiza* BRES. 1881 | 07 | M, Kg, FS, Hö | |
| *Mycena arcangeliana* BRES. 1904 **Olivgrauer Helmling** Bas. | *Mycena oortiana* HORA 1960 | 15 | W | 3 |
| *Mycena crocata* (*Schrad.*) *P. Kumm.* 1871 **Orangemilchender Helmling** Bas. | | 06, 07, 08, 09, 13, 14, 15 | M, W, S, FS, Hö | |
| *Mycena diosma* KRIEGLST. & SCHWÖBEL 1982 **Duftender Rettich-Helmling, Dunkelvioletter Rettich-Helmling** Bas. | | 15 | W | 2F, 3H |
| *Mycena epipterygia* (SCOP.) GRAY 1821 **Dehnbarer Helmling** Bas. | *Agaricus epipterygius var. flavidus* ALB. & SCHWEIN. 1805, *Mycena citrinella* (PERS.) QUÉL. 1871, *Mycena epipterygia var. lignicola* A. H. SM. 1947 | 15 | M | |
| *Mycena fagetorum* (FR.) GILLET 1876 **Buchen-Helmling** Bas. | | o. Ang. | W | |
| *Mycena filopes* (BULL.) P. KUMM. 1871 **Faden-Helmling, Zerbrechlicher Faden-Helmling** Bas. | *Mycena amygdalina* (PERS.) SINGER 1961, *Mycena iodiolens* S. LUNDELL 1932 | o. Ang. | W | |

| Taxon | Syn. | MTB, MF 4029.1 | leg./det. | Stat. RL Ni |
|---|---|---|---|---|
| *Mycena galericulata* (Scop.) Gray 1821 **Rosablättriger Helmling** Bas. | *Mycena galericulata var. albida* (Pers.) Roussel 1806, *Mycena longipes ss. auct. europ. non. ss. orig., Mycena rugosa* Quél. 1872, *Mycena rugulosiceps* (Kauffman) A. H. Sm. 1937 | 13, 14, 15 | M, W, Kg, FS, Hö | |
| *Mycena galopus* (Pers.) P. Kumm. 1871 **Weißmilchender Helmling** Bas. | | o. Ang. | W | |
| *Mycena haematopus* (Pers.) P. Kumm. 1871 **Blut-Helmling, Großer Blut-Helmling** Bas. | *Mycena sanguinolenta var. cuspidata* (Mitchel & A. H. Sm.) Maas Geest. 1988 | 07, 13, 14 | W, S, FS, Hö, Kg | |
| *Mycena inclinata* (Fr.) Quél. 1872 **Buntstieliger Helmling** Bas. | *Mycena inclinata f. albopilea* Derbsch & J. Aug. Schmitt ex Robich & Consiglio 2005 | 15 | M | |
| *Mycena pelianthina* (Fr.) Quél. 1872 **Schwarzgezähnelter Helmling, Purpurschneidiger Helmling** Bas. | *Mycena denticulata* (Bolton) Peck 1905, *Prunulus pelianthinus* (Fr.) Johns., Vilgalys & Redhead 2001 | 15 | M | 3F |
| *Mycena polygramma* (Bull.) Gray 1821 **Rillstieliger Helmling** Bas. | *Mycena polygramma f. candida* J. E. Lange 1936, *Mycena polygramma f. pumila* J. E. Lange 1914, *Mycena polygramma var. nana* Killerm. 1930 | 13, 14 | W, Kg, FS, Hö | |
| *Mycena pura* (Pers.) P. Kumm. 1871 **Rettich-Helmling** Bas. | *Mycena pseudopura* (Cooke) Sacc. 1887, *Mycena pura f. purpurea* (Gillet) Maas Geest. 1989, *Mycena pura f. roseoviolacea* (Gillet) Maas Geest. 1989, *Poromycena pseudopura* (Cooke) Singer 1945 | 06, 07, 08, 09, 13, 14, 15 | M, W, Kg, FS, Hö | |
| *Mycena renati* Quél. 1886 **Gelbstieliger Nitrat-Helmling, Gelbfüßiger Helmling** Bas. | Mycena flavipes Quél. 1873 | 07, 14 | W, M | 3 |

| Taxon | Syn. | MTB, MF 4029.1 | leg./det. | Stat. RL Ni |
|---|---|---|---|---|
| *Mycena rosea* (BULL.) GRAMBERG 1912 **Rosa Rettich-Helmling, Rosafarbener Rettich-Helmling** Bas. | *Mycena pura var. rosea* (GRAMBERG) J. E. LANGE 1938, *Prunulus roseus* (BULL.) GRAMBERG 1876 | 07, 14, 15 | M, W, FS, Hö | |
| *Mycena speirea f. candida* ROBICH 2005 **Gemeiner Rinden-Helmling**, weiße Form Bas. | | o. Ang. 07 | W FS, Hö | |
| *Mycena stylobates* (PERS.) P. KUMM. 1871 **Postament-Helmling** Bas. | *Mycena dilatata* (FR.) GILLET 1876 | 15 | W | |
| *Mycena tintinnabulum* (BATSCH) QUÉL. 1872 **Winter-Helmling** Bas. | | 08, 09 | M | |
| *Mycena vitilis* (FR.) QUÉL. 1872 **Zäher Faden-Helmling** Bas. | | 13, 15 | M, W | |
| *Mycetinis alliaceus* (JACQ.) EARLE EX A. W. WILSON & DESJARDIN 2005 **Langstieliger Knoblauchschwindling** Bas. | *Marasmius alliaceus* (JACQ.) FR. 1838, *Marasmius alliaceus var. subtilis* J. E. LANGE 1921, *Marasmius schoenopus* KALCHBR. 1875 | 06, 07, 08 | M, FS, Hö | 2F |
| *Mycogone rosea* LINK 1809 **Rosa Schimmelpilz** Asc. | *Hypomyces linkii* TUL. 1860 | o. Ang. | W | |
| *Myxarium nucleatum* WALLR. 1833 *s. str.* **Körnchen-Drüsling, Kristall-Drüsling, Durchscheinender Kristallkern-Drüsengallertpilz** Bas. | *Exidia alboglobosa* LLOYD 1925, *Exidia gemmata* (LÉV.) BOURDOT & MAIRE 1920, *Exidia nucleata* (SCHWEIN.) BURT 1921, *Exidia tremelloides* L. S. OLIVE 1952, *Myxarium tremelloides* (L. S. OLIVE) WOJEWODA 1981, *Tremella gemmata* LÉV. 1842, *Tremella nucleata* SCHWEIN. 1822 | 13 | M | |

| Taxon | Syn. | MTB, MF 4029.1 | leg./det. | Stat. RL Ni |
|---|---|---|---|---|
| *Naucoria salicis* P. D. ORTON 1960 **Weiden-Schnitzling** Bas. | *Alnicola salicis* P. D. ORTON 1979, *Naucoria macrospora* J. E. LANGE 1940 | 15 | M | 3 |
| *Nectria cinnabarina* (TODE) FR. 1849 **Zinnoberroter Pustelpilz** Asc. | *Knyaria vulgaris* (TODE) KUNTZE 1891 Anamorphe, *Tubercularia vulgaris* TODE 1790 Anamorphe | 06, 07, 08, 09, 12, 13, 14, 15 | M, FS, Hö | |
| *Nemania serpens* (PERS.) GRAY 1821 **Gewundene Kohlenbeere** Asc. | *Hypoxylon serpens* (PERS.) J. KICKX F. 1835 | 13 | W | |
| *Neoerysiphe galeopsidis* (DC.) U. BRAUN 1999 **Echter Lippenblütler-Mehltau** PP-Asc. | *Erysiphe galeopsidis* DC. 1815, *Erysiphe labiatarum* CHEVALL. 1826 | o. Ang. | W | |
| *Neoboletus erythropus* (PERS.) C. HAHN 2015 **Flockenstieliger Hexenröhrling** Bas. | *Boletus erythropus* PERS.: FR. 1846, *Boletus luridiformis* ROSTK. 1844, *Boletus luridus var. erythropus* FR. 1821, *Boletus miniatoporus* SECR. 1833, *Neoboletus luridiformis* (ROSTK.) GELARDI, SIMONINI & VIZZINI 2014, *Neoboletus praestigiator* (R. SCHULZ) SVETASH., GELARDI, SIMONINI & VIZZINI 2016, *Sutorius luridiformis* (ROSTK.) G. WU & ZHU L. YANG 2016 | 12 | M | |
| *Neonectria coccinea* (PERS.) ROSSMAN & SAMUELS 1999 **Scharlachrotes Pustelpilzchen, Scharlachroter Pustelpilz** Asc. | *Nectria coccinea* (PERS.: FR.) FR. 1849 | 13 | M | |
| *Ophiocordyceps entomorrhiza* (DICKS.) G.H. SUNG, J.M. SUNG, HYWEL-JONES & SPATAFORA 2007 **Käferlarven-Kernkeule** Asc. | *Cordyceps carabi* QUÉL. 1898, *Cordyceps cinerea* SACC. 1878, *Cordyceps entomorrhiza* (DICKS.) FR. 1849 | o. Ang. | W | |

| Taxon | Syn. | MTB, MF 4029.1 | leg./det. | Stat. RL Ni |
|---|---|---|---|---|
| *Orbilia xanthostigma* (FR.) FR. 1849 **Gelbes Knopfbecherchen** Asc. | *Orbilia botulispora* HÖHN. 1907, *Orbilia delicatula* (P. KARST.) P. KARST. 1871, *Orbilia hypothallosa* VELEN. 1947, *Orbilia paradoxa* ADE 1924 | 13 | W | |
| *Otidea alutacea* (PERS.) MASSEE 1895 **Eingeschnittener Öhrling, Hellbrauner Öhrling** Asc. | | 07 | M | 3F |
| *Otidea bufonia* (PERS.) BOUD. 1907 **Kröten-Öhrling** Asc. | *Otidea grandis* (PERS.) REHM 1893 nom. dub., *Otidea umbrina* (PERS.) BRES. 1898 | 07 | W | n. a. |
| *Otidea cochleata* (L.) FUCKEL 1870 unklares Taxon **Schnecken-Öhrling** Asc. | | 14 | M | n. a. |
| *Otidea concinna* (PERS.) SACC. 1889 **Zitronengelber Öhrling, Eichenwald-Öhrling, Keulenzelliger Öhrling** Asc. | | 13 | M | 3 |
| *Otidea leporina* (BATSCH) FUCKEL 1870 **Hasenohr** Asc. | *Helvella leporina* (BATSCH) FRANCHI, L. LAMI & M. MARCHETTI 1999, *Otidea auricula* (SCHAEFF.) REHM 1889, *Otidea leporina var. minor* (REHM) SACC. 1889, *Otidea myosotis* HARMAJA 1976, *Wynnella auricula* (SCHAEFF.) BOUD. 1885 | 06 | M | 2 |
| *Otidea onotica* (PERS.) FUCKEL 1870 **Eselsohr** Asc. | | 08, 13 | M, W | 3 |
| *Oudemansiella mucida* (SCHRAD.) HÖHN. 1910 **Beringter Schleimrübling, Buchenschleimrübling** Bas. | *Armillaria mucida* (SCHRAD.: FR.) P. KUMM. 1871, *Collybia mucida* (SCHRAD.: FR.) QUÉL. 1886, LEPIOTA MUCIDA (SCHRAD.: FR.) J. SCHRÖT. 1889, *Mucidula mucida* (SCHRAD.: FR.) PAT. 1887 | 14, 15 | M | 3 |
| *Oxyporus populinus* (SCHUMACH.) DONK 1933 **Treppenförmiger Steifporling** Bas. | *Coriolus connatus* (WEINM.) QUÉL. 1888, *Rigidoporus populinus* (SCHUMACH.) POUZAR 1966 | 15 | M | |

| Taxon | Syn. | MTB, MF 4029.1 | leg./det. | Stat. RL Ni |
|---|---|---|---|---|
| *Panaeolus cinctulus* (BOLTON) SACC. 1887 **Dunkelrandiger Düngerling** Bas. | *Panaeolus alveolatus* PECK 1902, *Panaeolus rufus* OVERH. 1916, *Panaeolus semiglobatus* (MURRILL) SACC. & TROTTER 1925, *Panaeolus subbalteatus* (BERK. & BROOME) SACC. 1887, *Panaeolus venenosus* MURRILL 1916 | 15 | M | |
| *Panaeolus foenisecii* (PERS.) J. SCHRÖT. 1926 **Heu-Düngerling** Bas. | *Drosophila foenisecii* (PERS. & FR.) QUÉL. 1886, *Panaeolina foenisecii* (PERS.: FR.) MAIRE 1933, *Psathyrella foenisecii* (PERS.: FR.) A.H. SM. 1972, *Psilocybe foenisecii* (PERS.: FR.) QUÉL. 1872 | 06, 13 | M. W | |
| *Panaeolus papilionaceus* (BULL.) QUÉL. 1872 **Behangener Düngerling** Bas. | *Panaeolus campanulatus* (L.) QUÉL. 1872, *Panaeolus niveus* VELEN. 1921, *Panaeolus retirugis var. elongatus* PECK 1897, *Panaeolus sphinctrinus* (FR.) QUÉL. 1872, *Panaeolus sphinctrinus var. minor* (FR.) SINGER 1960 | 13 | M. W | |
| *Panellus mitis* (PERS.) SINGER 1936 **Milder Zwergknäueling** Bas. | *Panus mitis* (PERS.: FR.) KÜHNER 1980, *Urospora mitis* (PERS.: FR.) FAYOD 1889, *Urosporellina mitis* (PERS.: FR.) E. HORAK 1968 | 13, 14 | M | |
| *Panellus serotinus* (PERS.) KÜHNER 1950 **Gelbstieliger Muschelseitling** Bas. | *Hohenbuehelia serotina* (PERS.: FR.) SINGER 1951, *Panus serotinus* (PERS.: FR.) KÜHNER 1980, *Pleurotus serotinus* (PERS.: FR.) P. KUMM. 1871, *Sarcomyxa serotina* (PERS.: FR.) P. KARST. 1891 | 07, 08 | M | |
| *Panellus stipticus* (BULL.) P. KARST. 1879 **Herber Zwergknäueling** Bas. | *Lentinus stipticus* (BULL.: FR.) J. SCHRÖT. 1889, *Panellus farinaceus* (SCHUMACH.: FR.) P. KARST. 1879, *Panus farinaceus* (SCHUMACH.: FR.) FR. 1838, *Panus stipticus* (BULL.: FR.) FR. 1838, *Pleurotus stipticus* (BULL.: FR.) PILÁT 1871 | 08, 14, 15 | M, W, Kg, FS, Hö | |
| *Panus torulosus* (PERS.) FR. 1838 **Birken-Knäueling, Laubholz-Knäueling, Glatter Knäueling, Buchen-Knäueling** Bas. | *Lentinus conchatus* (BULL.) J. SCHRÖT. 1856, *Lentinus torulosus* (PERS.: FR.) LLOYD 1913, *Panus carneotomentosus* BATSCH 1856, *Panus conchatus* (BULL.) FR. 1838 | 06, 15 | M | |

| Taxon | Syn. | MTB, MF 4029.1 | leg./det. | Stat. RL Ni |
|---|---|---|---|---|
| *Paragalactinia michelii* (Boud.) Van Vooren 2020 **Gelbfleischiger Lilabecherling, Gelbmilchender Violettbecherling** Asc. | *Galactinia michelii* Boud. 1891, *Peziza michelii* (Boud.) Dennis 1960, *Peziza plebeia* (Le Gal) Nannf. 1946 | 07 , 08 | M , FS , Hö | 3F |
| *Paragalactinia succosa* (Berk.) Van Vooren 2020 **Gelbmilchender Becherling** Asc. | *Galactinia succosa* (Berk.) Sacc. 1889, *Peziza succosa* Berk. 1841 | 08, 14 | M, W, FS, Hö | 3F |
| *Parasola auricoma* (Pat.) Redhead, Vilgalys & Hopple 2001 **Braunhaariger Scheibchen-Tintling** Bas. | *Coprinus auricomus* Pat. 1886, *Coprinus hansenii* J. E. Lange 1915, *Parasola hemerobia ss.* J. E. Lange | 06, 07, 08, 15 | M, FS | |
| *Parasola conopilea* (Fr.) Örstadius & E. Larss. 2008 **Steifstieliger Mürbling** Bas. | *Drosophila subatrata* (Batsch) Quél. 1886, *Psathyra conopilea* (Fr.) P. Kumm. 1871, *Psathyra conopilea var. superba* (Cooke) Massee 1892, *Psathyra elata* Massee 1892, *Psathyrella arata* (Berk.) W.G. Sm. 1887, *Psathyrella circellatipes* Benoist 1899, *Psathyrella conopilea* (Fr.) A. Pearson & Dennis 1948, *Psathyrella subatrata* (Batsch) Gillet 1878 | 06, 07, 08, 13, 14, 15 | M | |
| *Parasola plicatilis* (Curtis) Redhead, Vilgalys & Hopple 2001 **Glimmeriger Scheibchen-Tintling** Bas. | *Coprinus plicatilis* (Curtis) Fr. 1838, *Parasola hemerobia ss.* Ricken | 06, 13 | M | |
| *Paxillus involutus agg.* (Batsch) Fr. 1838 **Kahler Krempling-Sammelart** Bas. | *Paxillus involutus* (Batsch) Fr. 1838 | 14 | W | |
| *Peniophora cinerea* (Pers.) Cooke 1879 **Aschgrauer Zystidenrindenpilz** Bas. | | 13 | M | |

| Taxon | Syn. | MTB, MF 4029.1 | leg./det. | Stat. RL Ni |
|---|---|---|---|---|
| *Peniophora incarnata* (PERS.) P. KARST. 1889 **Fleischroter Zystidenrindenpilz** Bas. | | 06, 14 | M, W | |
| *Peniophora laeta* (FR.) DONK 1957 **Hainbuchen-Zystidenrindenpilz** Bas. | *Peniophora hydnoidea* (PERS.: FR.) DONK 1933, *Peniophora incarnata var. hydnoidea* (PERS.: FR.) BOURDOT & GALZIN 1913, *Radulum laetum* FR. 1828, *Sistotrema glossoides* PERS. 1825, *Thelephora hydnoidea* PERS.: FR. 1821 | o. Ang. | W | |
| *Peniophora quercina* (PERS.) COOKE 1879 **Braunviolette Eichen-Peniophora** Bas. | *Auricularia corticalis* BULL. 1791, *Peniophora corticalis* (BULL.) BRES. 1897 | 13 | W, S | |
| *Peronospora arenariae* (BERK.) TUL. 1854 **Falscher Nabelmierenmehltau** PP-Oo. | | o. Ang. | W | |
| *Peronospora lamii* A. BRAUN 1857 **Falscher Taubnesselmehltau** PP-Oo. | | 13, 14 | M | |
| *Peziza arvernensis* ROZE & BOUD. 1879 **Buchenwaldbecherling, Buchen-Becherling** Asc. | *Peziza silvestris* (BOUD.) SACC. & TRAVERSO 1911 | 06, 07, 13 | M | |
| *Peziza celtica* (BOUD.) M. M. MOSER 1963 **Blauvioletter Erdbecherling, Großer Lila-Becherling** Asc. | *Galactinia celtica* BOUD. 1898, *Pachyella celtica* (BOUD.) HÄFFNER 1993 | 15 | M | 2 |
| *Peziza depressa* PERS. 1796 **Rotbrauner Becherling** Asc. | *Galactinia castanea* (QUÉL.) BOUD. 1899, *Galactinia depressa* (PERS.) BOUD. 1907, *Pachyella castanea* (QUÉL.) HÄFFNER 1992, *Peziza applanata* (HEDW.) FR. 1822, *Peziza castanea* QUÉL. 1873, *Plicaria disciformis* VELEN. 1934, *Plicaria obscura* VELEN. 1934 | 13 | M | |

| Taxon | Syn. | MTB, MF 4029.1 | leg./det. | Stat. RL Ni |
|---|---|---|---|---|
| *Peziza granularis* DONADINI 1978 nom. inval. **Granulierter Becherling, Körnchen-Becherling** Asc. | | 06 | M | 4 |
| *Peziza varia* (**Hedw.**) **Fr.** 1822 **Riesenbecherling** Asc. | *Peziza cerea* SOWERBY 1796, *Peziza micropus* PERS. 1800, *Peziza muralis* SOWERBY 1803, *Peziza repanda* PERS. 1808 | 06, 08, 09 | M | |
| *Pezicula carpinea* (PERS.) TUL. EX FUCKEL 1870 **Weißbuchen-Rindenbecherchen** Asc. | | 15 | M | |
| *Phaeolus schweinitzii* (FR.) PAT. 1900 **Nadelholz-Braunporling** Bas. | *Phaeolus spadiceus* (PERS.) RAUSCHERT 1988 | 15 | M | |
| *Phaeotremella fimbriata* (PERS.) SPIRIN & V. MALYSHEVA 2017 **Rotbrauner Laubholz-Zitterling** Bas. | *Tremella fimbriata* PERS. 1800 | 07, 08 | M | |
| *Phallus impudicus* L. 1753 **Gemeine Stinkmorchel** Bas. | *Ithyphallus impudicus* (PERS.) E. FISCH. 1888, Phallus foetidus SOWERBY 1803, *Phallus impudicus var. togatus* (Kalchbr.) Costantin & L. M. Dufour 1895, *Phallus volvatus* BATSCH 1783, *Phallus vulgaris* MICHELI 1729 | 07, 08, 13, 15 | M | |
| Phellinus igniarius (L.) QUÉL. 1886 *s. str.* **Weidenschwamm, Grauer Feuerschwamm, Falscher Zunderschwamm, Sammelart** Bas. | *Fomes igniarius* (L.) FR. 1849, *Ochroporus igniarius* (L.) J. SCHRÖT. 1888, *Ochroporus ossatus* M. FISCH. 1986, *Phellinus igniarius var. trivialis* (KILLERM.) NIEMELÄ 1975, *Phellinus trivialis* (BRES.) KREISEL 1964, *Polyporus igniarius* (L.) FR. 1821, *Polyporus ungulatus* SECR. 1833 | 13, 15 | W | |

| Taxon | Syn. | MTB, MF 4029.1 | leg./det. | Stat. RL Ni |
|---|---|---|---|---|
| *Phellinus pomaceus* (PERS.) MAIRE 1933 **Pflaumen-Feuerschwamm** Bas. | *Phellinus tuberculosus* (BAUMG.) NIEMELÄ 1982 | 13 | M | |
| *Phlebia radiata* FR. 1821 **Orangeroter Kammpilz** Bas. | *Phlebia aurantiaca* (SOWERBY) P. KARST. 1888, *Phlebia contorta* FR.: FR. 1821, *Phlebia kriegeriana* HENN. 1902, *Phlebia merismoides* (FR.) FR. 1821 | 13 | M | |
| *Phlebia rufa* (PERS.) M.P. CHRIST. 1960 **Braunroter Kammpilz** Bas. | *Merulius rufus* PERS.: FR. 1821 | 08, 13 | M | |
| *Phlebia tremellosa* (SCHRAD.) NAKASONE & BURDS. 1984 **Gallertfleischiger Fältling** Bas. | *Merulius tremellosus* SCHRAD. 1794 | 08, 14 | M, S, Kg, FS, Hö | |
| *Phlegmacium cliduchum* (SECR. EX FR.) NISKANEN & LIIMAT. 2022 **Gelbgegürtelter Schleimkopf** Bas. | *Cortinarius cliduchus* SECR. EX FR. 1836, *Cortinarius olidus* J. E. LANGE 1940, *Cortinarius vitellinopes* SECR. EX GILLET 1874 | 07, 08 | M, W | 3 |
| *Phlegmacium decolorans* (PERS.) NISKANEN & LIIMAT. 2022 **Entfärbender Dickfuß** Bas. | *Cortinarius decolorans* (PERS.) FR. 1838 | 07 | M | 3 |
| *Phlegmacium eucaeruleum* (ROB. HENRY) NISKANEN & LIIMAT. 2022 **Schönblauer Klumpfuß, Indigo-Klumpfuß** Bas. | *Cortinarius eucaeruleus* ROB. HENRY 1989, *Cortinarius terpsichores var. calosporus* MELOT 1992 | 14 | M, S | n. a. |
| *Pholiota adiposa* (BATSCH) P. KUMM. 1871 *s. str.* **Hochthronender Schüppling, Schleimiger Schüppling, Sammelart** Bas. | *Pholiota adiposa* (BATSCH) P. KUMM. 1871 *s. str.* | 13 | M | |

| Taxon | Syn. | MTB, MF 4029.1 | leg./det. | Stat. RL Ni |
|---|---|---|---|---|
| *Pholiota astragalina* (FR.) SINGER 1951 **Safranroter Schüppling** Bas. | *Dryophila astragalina* (FR.) QUÉL. 1886, *Flammula astragalina* (FR.) P. KUMM. 1871, *Flammula laeticolor* (MURRILL) MURRILL 1912, *Gymnopilus laeticolor* MURRILL 1912 | 07 | M | |
| *Pholiota cerifera* (P. KARST.) P. KARST. 1879 **Goldfell- Schüppling** Bas. | *Pholiota aurivella* (BATSCH: FR.) P. KUMM. 1871 | 15 | M | |
| *Pholiota gummosa* (LASCH) SINGER 1951 **Strohblasser Schüppling** Bas. | *Dryophila alnicola var. ochrochlora* (FR.) QUÉL. 1886, *Dryophila gummosa* (LASCH: FR.) QUÉL. 1886, *Dryophila gummosa var. ochrochlora* (FR.) QUÉL. 1886, *Flammula gummosa* (LASCH: FR.) P. KUMM. 1871 | 08, 13, 15 | M, W | |
| *Pholiota jahnii* TJALL.-BEUK. & BAS. 1986 **Pinsel-Schüppling** Bas. | *Pholiota muelleri* (FR.) P. D. ORTON 1879 *ss.* M. M. MOSER, ROMAGN | 07, 13 | M | 3F |
| *Pholiota lenta* (PERS.) SINGER 1951 **Tonweißer Schüppling** Bas. | *Dryophila lenta* (PERS.: FR.) QUÉL. 1886, *Flammula betulina* PECK 1907, *Flammula lenta* (PERS.: FR.) P. KUMM. 1871, *Gymnopilus lentus* (PERS.: FR.) MURRILL 1917 | 08, 15 | M | |
| *Pholiota limonella* (PECK) SACC. 1887 **Haariger Schüppling** Bas. | *Pholiota squarrosoadiposa* J. E. LANGE 1940 | 14 | M | |
| *Pholiota squarrosa* (WEIGEL) P. KUMM. 1871 **Sparriger Schüppling** Bas. | *Dryophila squarrosa* (WEIGEL: FR.) QUÉL. 1886, *Pholiota verruculosa* (LASCH) SACC. 1886 | 08, 13 | M | |
| *Phragmidium mucronatum* (PERS.) SCHLTDL. 1824 **Flachporiger Rosenrost** PP-Bas. | *Ascophora disciflora* TODE 1790, *Ascophora solida* TODE 1803, *Phragmidium disciflorum* (TODE) JAMES 1895, *Puccinia mucronata* PERS. 1803, *Puccinia rosae* SCHUMACH. 1803 | 12 | M | |
| *Phragmidium violaceum* (SCHULTZ) BROCKM. 1864 **Brombeerrost** PP-Bas. | *Puccinia violacea* SCHULTZ 1806 | 13 | M | |

| Taxon | Syn. | MTB, MF 4029.1 | leg./det. | Stat. RL Ni |
|---|---|---|---|---|
| *Phyllactinia guttata* (WALLR.) LÉV. 1851 *s. str.*<br><br>**Haselmehltau** PP-Asc. | *Erysiphe coryli* HEDWIG FIL. 1805 | 06 | M | |
| *Phyllactinia orbicularis* (EHRENB.) U. BRAUN 2012<br><br>**Großfrüchtiger Buchenmehltau** PP-Asc. | *Erysiphe fagi* DUBY 1820, *Erysiphe orbicularis* EHRENB. 1820, *Phyllactinia suffulta* (REBENT.) SACC. 1880, *Sclerotium suffultum* REBENT. 1804 | 06, 07 | M | |
| *Phylloporus pelletieri* (LÉV.) QUÉL. 1888 **Europäisches Goldblatt** Bas. | *Phylloporus rhodoxanthus ss. auct. europ.* 1955, *Phylloporus rhodoxanthus subsp. europaeus* SINGER 1955, *Xerocomus pelletieri* (LÉV.) BRESINSKY & MANFR. BINDER 1999 | 14 | M | n. a. |
| *Phylloscypha phyllogena* (COOKE) VAN VOOREN 2020 **Frühlings-Becherling, Braunolivfarbener Becherling** Asc. | *Aleuria olivacea* BOUD. 1897, *Galactinia olivacea* (BOUD.) BOUD. 1907, *Peziza badioconfusa* KORF 1954, *Peziza kallioi* HARMAJA 1986, *Peziza phyllogena* COOKE 1877, *Plicaria olivacea* BOUD. 1922 | 15 | M | 4 |
| *Phyllotopsis nidulans* (PERS.) SINGER 1936 **Orangeseitling** Bas. | *Claudopus nidulans* (PERS.: FR.) P. KARST. 1886, *Crepidotus jonquilla* (LÉV.) QUÉL. 1888, *Crepidotus nidulans* (PERS.: FR.) QUÉL. 1875, *Panus nidulans* (PERS.: FR.) PILÁT 1930, *Pleurotus nidulans* (PERS.: FR.) P. KUMM. 1871, *Pleurotus stevensonii* BERK. & BROOME 1886 | 07, 08 | M | n. a |
| *Physisporinus sanguinolentus* (ALB. & SCHWEIN.) PILÁT 1940 **Verfärbender Porenschwamm** Bas. | *Boletus sanguinolentus* ALB. & SCHWEIN. 1805, *Poria sanguinolenta* (ALB. & SCHWEIN.: FR.) COOKE 1886, *Rigidoporus sanguinolentus* (ALB. & SCHWEIN.: FR.) DONK 1966 | 07 | M, Kg, FS, Hö | |
| *Physisporinus vitreus* (PERS.) P. KARST. 1889 **Wässriger Porling** Bas. | *Boletus venosus* HUMB. 1792, *Polyporus vitreus* (PERS.) FR. 1818, *Rigidoporus vitreus* (PERS.) DONK 1966 | 13 | M, W | |

| Taxon | Syn. | MTB, MF 4029.1 | leg./det. | Stat. RL Ni |
|---|---|---|---|---|
| *Piloderma croceum* J. ERIKSS. & HJORTSTAM 1981  Bas. | *Corticium bicolor* PECK 1873, *Piloderma bicolor* (PECK) JÜLICH 1969, *Piloderma fallax* (LIBERTA) STALPERS 1984 | o. Ang. | W | |
| *Piptoporus betulinus* (BULL.) P. KARST. 1881 **Birkenporling**  Bas. | *Boletus betulinus* BULL. 1788, *Fomitopsis betulina* (BULL.: FR.) B. K. CUI, M. L. HAN & Y. C. DAI 2016, PLACODES BETULINUS (BULL.: FR.) QUÉL. 1886, *Ungulina betulina* (BULL.: FR.) PAT. 1900 | 13, 14, 15 | M | |
| *Plasmopara nivea* (UNGER) J. SCHRÖT. 1886 *s. str.* **Falscher Gierschmehltau**  PP-Asc. | *Botrytis nivea* UNGER 1817, *Peronospora umbelliferarum* CASP. 1855, *Plasmopara aegopodii* (CASP.) TROTTER 1926, *Plasmopara podagrariae* (G. H. OTTH) NANNF. 1948, *Plasmopara umbelliferarum* (CASP.) J. SCHRÖT. EX WARTENW. 1919 | 15 | M | |
| *Pleurotus cornucopiae* (PAULET) ROLLAND 1910 **Rillstieliger Seitling** Bas. | *Pleurotus cornucopioides* (KLOTZSCH) GILLET 1876, *Pleurotus ostreatus var. cornucopiae* (PAULET) PILÁT 1935 | 07 | M | 2 |
| *Pleurotus dryinus* (PERS.) P. KUMM. 1871 **Berindeter Seitling** Bas. | *Lentodiopsis albida* BUBÁK 1895, *Lentodiopsis dryina* (PERS.: FR.) KREISEL 1977, *Pleurotus corticatus* (FR.) P. KUMM. 1871, *Pleurotus corticatus var. albertini* (FR.) REA 1922 *non ss.* BRES., *Pleurotus dryinus var. pometi* (FR.) REIJNDERS 1973, *Pleurotus pantoleucus* (FR.) SACC. 1887, *Pleurotus spongiosus* (FR.) SACC. 1887 | 13 | M | |
| *Pleurotus ostreatus* (JACQ.) P. KUMM. 1871 **Austernseitling** Bas. | *Pleurotus allochrous* (LÉV.) SACC. 1911, *Pleurotus columbinus* QUÉL. 1881, *Pleurotus limpidus* (FR.) P. KARST. 1879, *Pleurotus ostreatus var. columbinus* (QUÉL.) QUÉL. 1886, *Pleurotus spodoleucus* (FR.) QUÉL. 1872 | 07, 14, 15 | M, W | |
| *Pleurotus pulmonarius* (FR.) QUÉL. 1872 **Lungen-Seitling,Sommer-Seitling, Cremeweißer Seitling**  Bas. | | 14, 15 | M | |

| Taxon | Syn. | MTB, MF 4029.1 | leg./det. | Stat. RL Ni |
|---|---|---|---|---|
| *Plicatura crispa* (PERS.) REA 1922 **Krauser Adernzähling** Bas. | *Merulius fagineus* SCHRAD. 1794, *Plicatura faginea* (SCHRAD.) P. KARST. 1889, *Plicaturopsis crispa* (PERS.: FR.) D. A. REID 1964, *Trogia crispa* (PERS.: FR.) FR. 1863 | 06, 07, 08, 13, 14, 15 | M | |
| *Pluteus aurantiorugosus* (TROG) SACC. 1896 **Orangeroter Dachpilz** Bas. | *Pluteus caloceps* G. F. ATK. 1909, *Pluteus coccineus* (MASSEE) J. E. LANGE 1937 | 13 | M, A, Sch | 1 |
| *Pluteus cervinus* (SCHAEFF.) P. KUMM. 1871 **Rehbrauner Dachpilz** Bas. | *Pluteus atricapillus* (BATSCH) FAYOD 1889, *Pluteus eximius* (W. SAUNDERS & W. G. SM.) SACC. 1887 | 07, 08, 13, 14, 15 | M, W, S, FS, Hö | |
| *Pluteus cinereofuscus* J. E. LANGE 1971 **Graubrauner Dachpilz** Bas. | *Pluteus godeyi* GILLET 1876 *ss.* P. D. ORTON, *Pluteus olivaceus* P. D. ORTON 1960 | 13 | M | 3 |
| *Pluteus diettrichii* BRES. 1905 **Rissighütiger Dachpilz** Bas. | *Pluteus rimulosus* KÜHNER & ROMAGN. 1956 | 07, 13 | M | 2 |
| *Pluteus ephebeus* (FR.) GILLET 1876 **Graufilziger Dachpilz, Mausgrauer Dachpilz** Bas. | *Pluteus drepanophyllus* KALCHBR. 1875, *Pluteus lepiotoides* A. PEARSON 1952, *Pluteus murinus* BRES. 1905 *ss.* ROMAGN., *Pluteus pearsonii* P. D. ORTON 1960, *Pluteus robertii* (FR.) P. KARST. 1879 *ss.* REID | 13 | W | 3F |
| *Pluteus leoninus* (SCHAEFF.) P. KUMM. 1871 **Löwengelber Dachpilz** Bas. | *Pluteus luteomarginatus* ROLLAND 1889, *Pluteus sororiatus* (P. KARST.) SACC. 1887 | 08, 14 | M | 3 |
| *Pluteus nanus* (PERS.) P. KUMM. 1871 **Zwerg-Dachpilz, Graubrauner Dachpilz** Bas. | *Pluteus griseopus* P. D. ORTON 1960, *Pluteus nanus f. griseopus* (P. D. ORTON) VELLINGA 1985 | 07, 15 | M, FS, Hö | |
| *Pluteus nigrofloccosus* (R. SCHULZ) J. FAVRE 1948 **Schwarzschneidiger Dachpilz** Bas. | *Pluteus atromarginatus* (SINGER) KÜHNER 1935, *Pluteus tricuspidatus* VELEN. 1939 | 12 | M | |

| Taxon | Syn. | MTB, MF 4029.1 | leg./det. | Stat. RL Ni |
|---|---|---|---|---|
| *Pluteus petasatus* (Fr.) Gillet 1876 **Seidiger Dachpilz** Bas. | *Pluteus curtisii* (Berk. & Broome) Sacc. 1887 *ss.* Singer, *Pluteus patricius* (Schulzer) Boud. 1904 *ss.* Singer, M. M. Moser, *Pluteus straminiphilus* Wichanský 1968 | 15 | M | 3 |
| *Pluteus phlebophorus* (Ditmar) P. Kumm. 1871 **Netzadriger Zwerg-Dachpilz** Bas. | | 07 | M, FS, Hö | |
| *Pluteus plautus* (Weinm.) Gillet 1876 **Verschiedenfarbiger Dachpilz, Samtfüßiger Dachpilz** Bas. | *Pluteus depauperatus* Romagn. 1956, *Pluteus dryophiloides* P. D. Orton 1969, *Pluteus granulatus* Bres. 1881, *Pluteus hiatulus* Romagn. 1953, *Pluteus punctatus* Wichanský 1972, *Pluteus punctipes* P. D. Orton 1960, *Pluteus roseoalbus* Fr. 1871 *ss.* Vel. et Vacek | 15 | W, M, Hm | |
| *Pluteus romellii* (Britzelm.) Sacc. 1895 **Gelbstieliger Dachpilz** Bas. | *Pluteus lutescens* (Fr.) Bres. 1929, *Pluteus nanus var. lutescens* (Fr.) P. Karst. 1879, *Pluteus splendidus* A. Pearson 1952, *Pluteus sternbergii* Velen. 1921 | 15 | W | |
| *Pluteus salicinus* (Pers.) P. Kumm. 1871 **Grauer Dachpilz, Graugrüner Dachpilz** Bas. | | 15 | M, W | |
| *Pluteus thomsonii* (Berk. & Broome) Dennis 1948 **Graustieliger Adern-Dachpilz** Bas. | *Pluteus cinereus* Quél. 1884, *Pluteus reisneri* Velen. 1921 | 07, 13 | M, FS, Hö | 3F |
| *Pluteus umbrosus* (Pers.) P. Kumm. 1871 **Schwarzsamtiger Dachpilz, Flockenschneidiger Dachpilz** Bas. | *Pluteus umbrosus var. albus* Vellinga 1985 | 08 | M | 2F, 3H |
| *Podosphaera balsaminae* (Wallr.) U. Braun & S. Takam. 2000 **Springkraut-Mehltau** PP-Asc. | *Sphaerotheca balsaminae* Wallr. 1957 | 07 | W | |

| Taxon | Syn. | MTB, MF 4029.1 | leg./det. | Stat. RL Ni |
|---|---|---|---|---|
| *Podosphaera erigerontis-canadensis* (Lév.) U. Braun & T.Z. Liu 2010<br><br>**Echter Kuhblumenmehltau** PP-Asc. | *Sphaerotheca erigerontis-canadensis* (Lév.) L. Junell 1966 | 15 | W | |
| *Polyporus arcularius* (Batsch) Fr. 1821 **Weitlöcheriger Porling**<br><br>Bas. | *Lentinus arcularius* (Batsch) Zmitr. 2010, *Polyporellus arcularius* (Batsch: Fr.) P. Karst. 1879, *Polyporus anisoporus* Delastre & Mont. 1845, *Polyporus intermedius* Rostk. 1837, *Polyporus rhombiporus* Pers. 1825 | 14 | M | 0 |
| *Polyporus badius* (Pers.) Schwein. 1832 **Kastanienbrauner Schwarzfußporling**<br><br>Bas. | *Picipes badius* (Pers.) Zmitr. & Kovalenko 2016, *Polyporellus badius* (Pers.) Imazeki 1989, *Polyporellus picipes* (Fr.) P. Karst. 1879, *Polyporus durus* (Timm.) Kreisel 1984, *Polyporus picipes* Fr. 1848, *Royoporus badius* (Pers.) A. B. De 1997 | 08, 13 | M | 3 |
| *Polyporus brumalis* (Pers.) Fr. 1818 **Winterporling**<br><br>Bas. | *Boletus brumalis* Pers. 1794, *Lentinus brumalis* (Pers.) Zmitr. 2010, *Polyporellus brumalis* (Pers.: Fr.) P. Karst. 1879, *Polyporus brumalis var. megaloporus* Kreisel 1963, *Polyporus subarcularius* (Donk) Bondartsev 1953 | 08, 14 | M, W | |
| *Polyporus ciliatus* Fr. 1815 **Maiporling** Bas. | *Lentinus substrictus* (Bolton) Zmitr. & Kovalenko 2016, *Polyporus lepideus* Fr. 1818 | 13 | W | |
| *Polyporus leptocephalus* (Jacq.) Fr. 1821 **Löwengelber Porling** Bas. | *Cerioporus varius* (Pers.) Zmitr. & Kovalenko 2016, *Polyporus elegans* (Bull.) Trog. 1832, *Polyporus varius* (Pers.) Fr. 1821 | 15 | W | |
| *Polyporus squamosus* (Huds.) Fr. 1821 **Schuppiger Porling** Bas. | *Cerioporus squamosus* (Huds.) Quél. 1886 | 06, 07, 08, 14, 15 | M, W, Kg, FS, Hö | |
| *Polyporus umbellatus* (Pers.) Fr. 1821 **Eichhase** Bas. | *Dendropolyporus umbellatus* (Pers.) Jülich 1982, *Grifola umbellata* (Pers.) Pilát 1934, *Polyporus ramosissimus* (Scop.) J. Schröt. 1833 | 07 | M | 2F, 3H |

| Taxon | Syn. | MTB, MF 4029.1 | leg./det. | Stat. RL Ni |
|---|---|---|---|---|
| *Porodaedalea pini* (BROT.) MURRILL 1905 **Kiefern-Feuerschwamm** Bas. | *Fomes pini* (BROT.: FR.) P. KARST. 1882, *Phellinus pini* (BROT.: FR.) A. AMES 1913, *Trametes pini* (BROT.: FR.) FR. 1838 | 15 | M | 2 |
| *Postia caesia* (SCHRAD.) P. KARST. 1881 **Blauer Saftporling** Bas. | *Oligoporus caesius* (SCHRAD.: FR.) GILB. & RYVARDEN 1985, *Spongiporus caesius* (SCHRAD.: FR.) A. DAVID 1980, *Tyromyces caesius* (SCHRAD.: FR.) MURRILL 1907 | 15 | M | |
| *Postia subcaesia* (A. DAVID) JÜLICH 1982 *ss. auct. pp.* **Fastblauer Saftporling** Bas. | *Oligoporus subcaesius* (A. DAVID) RYVARDEN & GILB. 1993, *Spongiporus subcaesius* (A. DAVID) A. DAVID 1980, *Tyromyces subcaesius* A. DAVID 1974, *Tyromyces subcaesius f. minor* ENDERLE 1979 | 07 | M, Kg, FS, Hö | |
| *Postia tephroleuca f. lactea* (KOTL. & POUZAR) PEGLER & E.M. SAUNDERS 1994 **Milder Saftporling, Weißer Saftporling, Weißlicher Saftporling** Bas. | *Leptoporus lacteus* (FR.) QUÉL. 1886, *Oligoporus lacteus* (FR.) GILB. & RYVARDEN 1985, *Polyporus lacteus* FR. 1821, *Postia lactea* (FR.) P. KARST. 1881, *Spongiporus lacteus* (FR.) AOSHIMA 1966, *Tyromyces lacteus* (FR.) MURRILL 1907 | 14 | M | |
| *Protostropharia semiglobata* (BATSCH) REDHEAD, MONCALVO & VILGALYS 2013 **Halbkugeliger Träuschling** Bas. | *Psilocybe semiglobata* (BATSCH: FR.) NOORDEL. 1995, *Stropharia adnata* MURRILL 1922, Stropharia semiglobata (BATSCH: FR.) QUÉL. 1872, *Stropharia semiglobata var. stercoraria* (SCHUMACH.: FR.) J. E. LANGE 1970, *Stropharia stercoraria* (SCHUMACH.: FR.) QUÉL. 1872 | o. Ang. | W | |
| *Psathyrella bifrons* (BERK.) A.H. SM. 1941 **Weißschneidiger Faserling** Bas. | *Drosophila bifrons* (BERK.) QUÉL. 1886 | 13 | M | |
| *Psathyrella bipellis* (QUÉL.) A.H. SM. 1946 **Purpurner Mürbling** Bas. | *Psathyrella barlae* BRES. 1941 | 06, 08 | M | |

| Taxon | Syn. | MTB, MF 4029.1 | leg./det. | Stat. RL Ni |
|---|---|---|---|---|
| *Psathyrella candolleana* (FR.) MAIRE 1913 **Behangener Faserling** Bas. | *Psathyra tuberosa* P. KARST. 1938, *Psathyrella appendiculata* (Bull.) G. BERTRAND 1938, *Psathyrella coronata* (P. KARST.) M. M. MOSER 1953, *Psathyrella egenula* BERK. & BROOME 1953, *Psathyrella elegans* ROMAGN. 1983, *Psathyrella proxima* ROMAGN. 1983 | 13, 15 | M, W, S | |
| *Psathyrella corrugis* (PERS.) KONRAD & MAUBL. 1949 **Rotschneidiger Mürbling, Hellhütiger Wurzel-Mürbling** Bas. | *Drosophila ochracea* ROMAGN. 1952, *Drosophila polycystis* ROMAGN. 1952, *Psathyrella atrolaminata* KITS VAN WAV. 1981, *Psathyrella caudata* (FR.) QUÉL. 1872, *Psathyrella corrugis f. clavigera* (KITS VAN WAV.) FOUCHIER 1995, *Psathyrella corrugis f. gracilis* (FR.) ENDERLE 1997, *Psathyrella corrugis var. gracilis* (PERS.) J. E. LANGE 1967, *Psathyrella gracilis* (FR.) QUÉL. 1872, *Psathyrella ochracea* (ROMAGN.) KITS VAN WAV. 1976, *Psathyrella polycystis* (ROMAGN.) KITS VAN WAV. 1976 | 08, 13 | M | |
| *Psathyrella fatua* (FR.) KONRAD & MAUBL. 1949 **Tonblasser Mürbling** Bas. | *Drosophila fatua* (FR.) QUÉL. 1886, *Psathyra fatua* (FR.) P. KUMM. 1871 *non ss.* RICKEN, *Psathyrella exalbicans* (ROMAGN.) BON 1982, *Psathyrella obtusata var. utriformis* KITS VAN WAV. 1982 | 08, 15 | M | |
| *Psathyrella hirta* PECK 1897 **Mist-Faserling** Bas. | *Drosophila coprobia* (J. E. LANGE) KÜHNER & ROMAGN. 1953, *Psathyra coprobia* (J. E. LANGE) J. E. LANGE 1939, *Psathyrella coprobia* (J. E. LANGE) A. H. SM. 1941 | 12 | M | 4 |
| *Psathyrella multipedata* (PECK) A.H. SM. 1941 **Büscheliger Faserling, Kahler Büschel-Mürbling** Bas. | *Drosophila multipedata* (PECK) KÜHNER & ROMAGN. 1953, *Psathyra fasciculata* VELEN. 1939, *Psathyra multissima* S. IMAI 1938, *Psathyrella multipedata f. annulata* HAGARA 2014, *Psathyrella stipatissima* J. E. LANGE 1938 | 15 | M | |

| Taxon | Syn. | MTB, MF 4029.1 | leg./det. | Stat. RL Ni |
|---|---|---|---|---|
| *Psathyrella piluliformis* (BULL.) P. D. ORTON 1969 **Wässriger Saumpilz, Wässriger Mürbling, Weißstieliges Stockschwämmchen** Bas. | *Drosophila subpapillata* (P. KARST.) KÜHNER & ROMAGN. 1953, *Hypholoma subpapillatum* P. KARST. 1879, *Psathyrella appendiculata var. piluliformis* (BULL.) KÜHNER & ROMAGN. 1964, *Psathyrella hydrophila* (BULL. EX MÉRAT) MAIRE 1938, *Psathyrella hydrophiloides* KITS VAN WAV. 1982, *Psathyrella pilulifera* (BULL.) P. D. ORTON 1964, *Psathyrella subpapillata* (P. KARST.) ROMAGN. 1955 | 08, 15 | M | |
| *Psathyrella prona* (FR.) GILLET 1878 ss. KITS VAN WAV. **Weg-Zärtling, Wegrand-Mürbling** Bas. | *Psathyrella picta* (ROMAGN.) BON 1983, *Psathyrella prona f. picta* (ROMAGN.) KITS VAN WAV. 1972, *Psathyrella prona var. utriformis* KITS VAN WAV. 1972 | 07, 08 | M | |
| *Psathyrella spadiceogrisea* (SCHAEFF.) MAIRE 1937 **Früher Faserling, Frühjahrs-Mürbling** Bas. | *Drosophila spadiceogrisea* (SCHAEFF.) QUÉL. 1886, *Psathyra spadiceogrisea* (SCHAEFF.) P. KUMM. 1871, *Psathyrella mammifera* ROMAGN. 2008, *Psathyrella spadiceogrisea f. exalbicans* (ROMAGN.) KITS VAN WAV. 1985, *Psathyrella spadiceogrisea f. mammifera* (ROMAGN.) KITS VAN WAV. 1985, *Psathyrella spadiceogrisea f. phaeophylla* KITS VAN WAV. 1985, *Psathyrella spadiceogrisea f. vernalis* (J. E. LANGE) KITS VAN WAV. 1985 | 13, 15 | M | |
| *Pseudoclitocybe cyathiformis* (BULL.) SINGER 1956 **Kaffeebrauner Gabeltrichterling** Bas. | *Cantharellula cyathiformis* (BULL.: FR.) SINGER 1936, *Clitocybe cyathiformis* (BULL.: FR.) QUÉL. 1871, *Clitocybe poculum* (PECK) SACC. 1887, *Omphalia cyathiformis* (BULL.: FR.) QUÉL. 1886, *Pseudoclitocybe atra* (VELEN.) HARMAJA 1974 | 07, 08, 15 | M | |
| *Pseudohydnum gelatinosum* (SCOP.) P. KARST. 1868 **Zitterzahn, Eispilz** Bas. | *Hydnum gelatinosum* SCOP. 1772, *Hydnum gelatinosum var. horrens* PERS. 1825, *Tremellodon auriculatus* (FR.) FR. 1874, *Tremellodon gelatinosus* (SCOP.: FR.) FR. 1874 | 07 | M, W | |
| *Puccinia adoxae* R. HEDW. 1805 **Kastanienbrauner Moschuskrautrost** PP-Bas. | *Puccinia saxifragarum* G. WINTER 1881 | 06 | M | |

| Taxon | Syn. | MTB, MF 4029.1 | leg./det. | Stat. RL Ni |
|---|---|---|---|---|
| *Puccinia aegopodii* (Schumach.) Link 1817 **Giersch-Rost** PP-Bas. | *Uredo aegopodii* Schumach. 1803 | 06 | W | |
| *Puccinia artemisiella* P. Syd. & Syd. 1902 **Gewöhnlicher Beifußrost** PP-Bas. | *Puccinia absinthii var. minor* U. Braun 1981 | 06 | W | |
| *Puccinia asperulae-odoratae* Wurth 1905 **Waldmeisterrost** PP-Bas. | | o. Ang. | W | |
| *Puccinia bardanae* (Wallr.) Corda 1840 **Klettenrost** PP-Bas. | *Puccinia inquinans var. bardanae* Wallr. 1833 | 07 | M | |
| *Puccinia chaerophylli* Purton 1821 **Kerbelrost** PP-Bas. | *Puccinia anthrisci* Thüm. 1879 | o. Ang. | W | |
| *Puccinia circaeae* Pers. 1794 **Brauner Hexenkrautrost** PP-Bas. | | o. Ang. | W | |
| *Puccinia lapsanae* (Schultz) Fuckel 1860 **Rainkohlrost** PP-Bas. | *Aecidium lapsanae* Schultz 1806, *Puccinia variabilis var. lapsanae* (Fuckel) Cummins 1977 | o. Ang. | W | |
| *Puccinia malvacearum* Bertero ex Mont. 1852 **Malvenrost** PP-Bas. | | o. Ang. | W | |
| *Puccinia mirabilissima* Peck 1881 **Mahonienrost** PP-Bas. | *Cumminsiella mirabilissima* (Peck) Nannf. 1947, *Cumminsiella sanguinea* (Peck) Arthur 1933, *Uropyxis mirabilissima* (Peck) Magn. 1892 | 15 | M, W | |
| *Puccinia poarum* Nielsen 1877 *s. str.* **Huflattich-Rispengras-Rost, Sammelart** PP-Bas. | *Puccinia poae-trivialis* Bubák 1905 | o. Ang. | W | |

| Taxon | Syn. | MTB, MF 4029.1 | leg./det. | Stat. RL Ni |
|---|---|---|---|---|
| *Puccinia sessilis* W. G. SCHNEID. 1870 **Weißwurz-Glanz- grasrost** PP-Bas. | *Puccinia angulosi-phalaridis* POE- VERL. 1924, *Puccinia ari-phalaridis* KLEB. 1899, *Puccinia digraphidis* SOPPITT 1890, *Puccinia festucina* P. SYD. & SYD. 1912, *Puccinia orchidearum-phalaridis* KLEB. 1897, *Puccinia phalaridis* PLOWR. 1888, *Puccinia schmidtiana* DIETEL 1896, *Puccinia smilacearum-festucae* MAYOR 1922, *Puccinia winteriana* MAGNUS 1894 | 15 | W | |
| *Puccinia violae* (SCHU- MACH.) DC. 1815 **Gewöhnlicher Veil- chenrost** PP-Bas. | *Puccinia aegra* GROVE 1883 | 06 | M | |
| *Pycnoporellus fulgens* (FR.) DONK 1971 **Leuchtender Weich- porling** Bas. | *Hydnum fulgens* FR. 1852, *Phaeo- lus fibrillosus* (P. KARST.) A. AMES 1913, *Polyporus fibrillosus* P. KARST. 1859, *Pycnoporellus fib- rillosus* (P. KARST.) MURRILL 1905 | 13 | M | n. a. |
| *Pycnoporus cinnaba- rinus* (JACQ.) P. KARST. 1881 **Zinnobertramete** Bas. | *Boletus cinnabarinus* JACQ. 1812, *Trametes cinnabarina* (JACQ.: FR.) FR. 1849 | 13 | M, W | |
| *Radulomyces molaris* (CHAILLET) M.P. CHRIST. 1960 **Gezähnter Reibei- senpilz** Bas. | *Cerocorticium molare* (CHAILLET: FR.) JÜLICH & STALPERS 1980, *Radu- lum molare* CHAILLET: FR. 1828 | 12 | M | |
| *Ramaria aurea* (SCHA- EFF.) QUÉL. 1888 **Goldgelbe Koralle** Bas. | *Clavaria aurea* SCHAEFF. 1774, *Clavariella aurea* (SCHAEFF.: FR.) P. KARST. 1881, *Corallium aurea* (SCHAEFF.: FR.) G. HAHN | 08 | M, An, Sch | 1 |

| Taxon | Syn. | MTB, MF 4029.1 | leg./det. | Stat. RL Ni |
|---|---|---|---|---|
| *Ramaria stricta* (PERS.) QUÉL. 1888 **Steife Koralle** Bas. | *Clavaria condensata* FR. 1838, *Clavaria kewensis* MASSEE 1896, *Clavaria pruinella* CES. 1861, *Clavaria stricta* PERS. 1797, *Clavaria stricta f. fumida* (PECK) R. H. PETERSEN 1975, *Clavaria stricta var. fumida* PECK 1888, *Clavaria syringarum* PERS. 1822, *Clavariella condensata* (FR.) P. KARST. 1882, *Clavariella stricta* (PERS.: FR.) P. KARST. 1882, *Corallium strictum* (PERS.: FR.) G. HAHN 1883, *Lachnocladium odoratum* G. F. ATK. 1908, *Merisma strictum* (PERS.) SPRENGEL 1827, *Ramaria bourdotiana* MAIRE 1937, *Ramaria concolor f. fumida* (PECK) R. H. PETERSEN 1975, *Ramaria condensata* (FR.) QUÉL. 1888, *Ramaria stricta f. compacta* M. P. CHRIST. 1968, *Ramaria stricta var. alba* COTTON & WAKEF. 1919, *Ramaria stricta var. condensata* (FR.) NANNF. & L. HOLM IN LUNDELL, NANNFELDT & HOLM 1985, *Ramaria stricta var. laxiramosa* MARR & D. E. STUNTZ 1974 | 07, 08, 13, 14 | M, W, S, An, Sch | |
| *Ramularia rubella* (BONORD.) NANNF. 1950 **Einzellige Ampfer-Ramularia** PP-Asc. | *Hydnum bicolor* ALB. & SCHWEIN. 1807, *Hydnum subtile* FR. 1821 | o. Ang. | W | |
| Resinicium bicolor (Alb. & Schwein.) Parmasto 1968 Zweifarbiger Harz-Rindenpilz Bas. | Hydnum bicolor Alb. & Schwein. 1807, Hydnum subtile Fr. 1821 | 07 | M | |
| *Resupinatus applicatus* (BATSCH) GRAY 1821 **Hellbrauner Zwergseitling** Bas. | | 15 | M | |
| *Reticularia lycoperdon* BULL. 1790 **Stäublings-Schleimpilz** Myx. | *Enteridium lycoperdon* (BULL.) M.L. FARR 1976, *Reticularia umbrina* FR. 1829 | 13, 15 | M | |

| Taxon | Syn. | MTB, MF 4029.1 | leg./det. | Stat. RL Ni |
|---|---|---|---|---|
| *Rhizochaete radicata* (HENN.) GRESL., NAKASONE & RAJCHENB. 2004 **Fransiger Zystidenrindenpilz** Bas. | *Phanerochaete filamentosa* (BERK. & M.A. CURTIS) BURDS. 1968 *ss. auct. europ.*, *Phanerochaete radicata* (HENN.) NAKASONE, C.R. BERGMAN & BURDS. 1994 | 15 | M | 2 |
| *Rhizomarasmius setosus* (SOWERBY) ANTONÍN & A. URB. 2015 **Niederliegender Schwindling** Bas. | *Agaricus setosus* SOWERBY 1801, *Androsaceus eufoliatus* KÜHNER 1927, *Marasmius eufoliatus* KÜHNER 1933, *Marasmius recubans* QUÉL. 1873, *Marasmius setosus* (SOWERBY) NOORDEL. 1987, *Mycena setosa* (SOWERBY) GILLET 1876, *Pseudomycena setosa* (SOWERBY) CEJP 1930 | 07 | M | |
| *Rhodocollybia butyracea* (BULL.) LENNOX 1979 **Butterrübling, Butter-Rosasporrübling, kastanienbraune Varietät** Bas. | *Agaricus butyraceus* BULL.: FR. 1821, *Agaricus leiopus var. vaccinus* ALB. & SCHWEIN. 1805, *Collybia butyracea* (BULL.) P. KUMM. 1871 | 08, 15 | M | |
| *Rhodocollybia butyracea f. asema* (FR.) ANTONÍN, HALLING & NOORDEL. 1997 **Horngrauer Rübling, Butter-Rosasporrübling, horngraue Varietät** Bas. | *Agaricus leiopus var. fuligineus* ALB. & SCHWEIN. 1805, *Collybia asema* (FR.: FR.) GILLET 1876, *Collybia butyracea var. asema* (FR.) CETTO 1981 | 06, 07, 08, 13, 14, 15 | M, W, S | |
| *Rhodocybe gemina* (PAULET) KUYPER & NOORDEL. 1987 **Würziger Tellerling** Bas. | *Clitopilus geminus* (PAULET) NOORDEL. & CO-DAVID 2009, *Clitopilus geminus var. subvermicularis* (MAIRE) NOORDEL. & CO-DAVID 2009, *Clitopilus truncatus* (SCHAEFF.: FR.) KÜHNER & ROMAGN. 1953, *Rhodocybe gemina var. mauretanica* (MAIRE) BON 1990, *Rhodocybe gemina var. subvermicularis* (MAIRE) BON 1990, *Rhodocybe truncata ss. auct.*, *Rhodopaxillus truncatus* (SCHAEFF.: FR.) MAIRE 1913, *Tricholoma geminum* (PAULET) SACC. 1887, *Tricholoma truncatum* (SCHAEFF.: FR.) QUÉL. 1880 | 15 | M, W | |
| *Rhodocybe nitellina* (FR.) SINGER 1946 **Gelbfuchsiger Tellerling** Bas. | *Clitopilus nitellinus* (FR.) NOORDEL. & CO-DAVID 2009, RHODOPAXILLUS NITELLINUS (FR.) SINGER 1936, *Rhodophana nitellina* (FR.) KÜHNER 1971 | 08, 14, 15 | M, Kg, FS, Hö | 4 |

| Taxon | Syn. | MTB, MF 4029.1 | leg./det. | Stat. RL Ni |
|---|---|---|---|---|
| *Rhytisma acerinum* (PERS.) FR. 1819 **Ahorn-Runzelschorf** PP-Asc. | *Melasmia acerina* LÉV. 1846 Anamorphe, *Rhytisma pseudoplatani* MÜLL. BEROL. 1913 | 07, 13, 15 | M, W, FS, Hö | |
| *Rickenella fibula* (BULL.) RAITHELH. 1973 **Gemeiner Heftelnabeling, Orangefarbener Heftelnabeling** Bas. | *Gerronema fibula* (BULL.: FR.) SINGER 1961, *Hemimycena fibula* (BULL.: FR.) SINGER 1943, *Hygrocybe fibula* (BULL.: FR.) FAYOD 1889, *Marasmiellus fibula* (BULL.: FR.) SINGER 1948, *Mycena fibula* (BULL.: FR.) KÜHNER 1938, *Omphalia fibula* (BULL.: FR.) P. KUMM. 1871, *Omphaliopsis fibula* (BULL.: FR.) MURRILL 1916 | 07, 15 | W, FS, Hö | |
| *Rickenella swartzii* (FR.) KUYPER 1984 **Blaustieliger Heftelnabeling** Bas. | *Omphalina setipes* (FR.) RAITHELH. 1992, *Rickenella setipes* (FR.: FR.) RAITHELH. 1973 | 15 | M | |
| *Rubroboletus rhodoxanthus* (KROMBH.) KUAN ZHAO & ZHU L. YANG 2014 **Rosahütiger Purpur-Röhrling** Bas. | *Boletus rhodoxanthus* (KROMBH.) KALLENB. 1925, *Boletus sanguineus var. rhodoxanthus* KROMBH. 1836, *Suillellus rhodoxanthus* (KROMBH.) BLANCO-DIOS 2015 | 15 | M, W, FS | 1 |
| *Rubroboletus satanas* (LENZ) KUAN ZHAO & ZHU L. YANG 2014 **Satansröhrling** Bas. | *Boletus crataegi* SMOTL. 1952, *Boletus foetidus* Trog 1898, *Boletus marmoreus* ROQUES 1898, *Boletus satanas* LENZ 1831, *Boletus satanas f. crataegi* SMOTL. EX ANTONÍN & JANDA 2007, *Rubroboletus satanas f. crataegi* (SMOTL. EX ANTONÍN & JANDA) JANDA & KŘÍŽ 2006, *Suillellus satanas* (LENZ) BLANCO-DIOS 2015, *Suillus satanas* (LENZ) KUNTZE 1898, *Tubiporus satanas* (LENZ) RICKEN 1937 | 14 | M | 2 |
| *Russula acetolens* RAUSCHERT 1989 **Dotter-Täubling, Glänzendgelber Täubling** Bas. | *Russula lutea* (HUDS.: FR.) GRAY 1887, *Russula risigallina var. acetolens* (RAUSCHERT) KRIEGLST. 2000 | 06, 14 | M | |
| *Russula aeruginea* FR. 1863 **Grasgrüner Birken-Täubling** Bas. | *Russula graminicolor* QUÉL. 1886 | 15 | M | |

| Taxon | Syn. | MTB, MF 4029.1 | leg./det. | Stat. RL Ni |
|---|---|---|---|---|
| *Russula albonigra* (KROMBH.) FR. 1874 **Menthol-Schwarz-täubling** Bas. | *Russula albonigra f. pseudonigricans* ROMAGN. 1962 | 15 | M | |
| *Russula alutacea agg.* **Glänzender Leder-Täubling, Sammelart** Bas. | *Russula alutecea* (FR.) FR. 1838 | 07 | M | |
| *Russula amoenolens* ROMAGN. 1952 **Brauner Camembert-Täubling** Bas. | | o. Ang. | W | |
| *Russula aurea* Pers. 1796 **Gold-Täubling** Bas. | *Russula aurata* (WITH.) FR. 1838, *Russula aurea var. axantha* (ROMAGN.) BON 1987, *Russula blumii* BON 1986 | 14, 15 | M, W, Kg, FS, Hö | **1F, 2H** |
| *Russula bresadolae* SCHULZER 1885 **Purpurschwarzer Täubling** Bas. | *Russula atropurpurea* (KROMBH.) BRITZELM. 1893, *Russula krombholzii* SHAFFER 1970, *Russula krombholzii f. alutaceomaculata* (BRITZELM.) BON 1987, *Russula krombholzii f. violaceomarginata* R. SOCHA 2011, *Russula krombholzii var. atropurpurella* (SINGER) R. SOCHA 2011, *Russula krombholzii var. fuscovinacea* (J. E. LANGE) R. SOCHA 2011, *Russula krombholzii var. luteoviridis* R. SOCHA & HÁLEK 2011, *Russula krombholzii var. pantherina* (ZVÁRA) R. SOCHA 2011, *Russula undulata* VELEN. 1920 | 15 | M | |
| *Russula brunneoviolacea* CRAWSHAY 1930 **Violettbrauner Täubling** Bas. | *Russula aerina* ROMAGN. 1962, *Russula brunneoviolacea var. cristatispora* J. BLUM EX BON 1986, *Russula pseudoviolacea* JOACHIM 1931, *Russula purpurea* GILLET 1882, *Russula purpureoviolacea* REUMAUX 1960, *Russula violaceoides* HORA 1960 | 13 | M | **n. a.** |
| *Russula caerulea* (PERS.) FR. 1838 **Buckel-Täubling** Bas. | *Russula amara* KUČERA 1927, *Russula amoenata* BRITZELM. 1885 | 15 | M | |

| Taxon | Syn. | MTB, MF 4029.1 | leg./det. | Stat. RL Ni |
|---|---|---|---|---|
| *Russula carpini* HEINEM. & R. GIRARD 1956 **Hainbuchen-Täubling** Bas. | *Russula carpini f. olens* DONELLI 2000, *Russula carpini f. tenella* BON 1979 | 15 | M | 3 |
| *Russula chloroides* (KROMBH.) BRES. 1900 **Schmalblättriger Weißtäubling** Bas. | *Russula chloroides var. glutinosa* J. BLUM EX BON 1986, *Russula chloroides var. parvispora* ROMAGN. 1962, *Russula delicula* ROMAGN. 1945 | 08, 14, 15 | M | |
| *Russula cyanoxantha* (SCHAEFF.) FR. 1863 **Frauentäubling** Bas. | *Russula cyanoxantha f. pallida* SINGER 1923, *Russula cyanoxantha f. peltereaui* SINGER 1925, *Russula cyanoxantha var. subacerba* REUMAUX 1996 | 07, 08, 14, 15 | M, W | |
| *Russula decipiens* (SINGER) BON 1985 **Weinroter Dottertäubling, Trübroter Scharftäubling** Bas. | | 15 | W, M | 2 |
| *Russula delica agg.* **Gemeiner Weißtäubling, Sammelart** Bas. | *Russula delica* FR. 1838 | 14, 15 | W, G, Kg, FS, Hö | |
| *Russula densifolia* GILLET 1874 **Dichtblättriger Schwarztäubling** Bas. | *Russula densifolia var. fumosella* R. SOCHA 2011 | 15 | W | |
| *Russula emetica* (SCHAEFF.) PERS. 1796 *s. str.* **Kirschroter Speitäubling** Bas. | | o. Ang. 14 | W Kg, FS, Hö | |
| *Russula exalbicans* (PERS.) MELZ. & ZVÀRA 1927 **Verblassender Täubling** Bas. | *Russula depallens* (PERS.: FR.) FR. 1825 *ss. auct.*, *Russula exalbicans f. decolorata* SINGER 1938, *Russula pulchella* I. G. BORSHCH. 1857 | **MTB, MF 4019.1** 06, 13, 15 | M | |
| *Russula faginea* ROMAGN. 1962 **Buchen-Heringstäubling** Bas. | | o. Ang. | W | 2F, 3H |

| Taxon | Syn. | MTB, MF 4029.1 | leg./det. | Stat. RL Ni |
|---|---|---|---|---|
| *Russula farinipes* Romell 1893 **Mehlstiel-Täubling** Bas. | | 15 | M | 2F, 3H |
| Russula fellea (Fr.) Fr. 1838 **Gallentäubling** Bas. | | 06, 07, 08 | M | |
| *Russula firmula* Jul. Schäff. 1940 **Scharfer Glanztäubling** Bas. | *Russula firmula f. atropurpurea* (Allesch.) Sarnari 1998, *Russula transiens* Singer 1962 *ss.* Romagn. | 15 | M | 4 |
| *Russula foetens* Pers. 1796 **Stink-Täubling** Bas. | | 15 | M | 3F |
| *Russula galochroa* (Fr.) Fr. 1874 **Cremeweißer Täubling** Bas. | *Russula heterophylla var. galochroa* (Fr.) Fr. 1838 | o. Ang. | W, M | 2 |
| *Russula graveolens agg.* **Grüner Heringstäubling-Sammelart** Bas. | | 14, 15 | W, Kg, FS, Hö | |
| *Russula grisea* (Pers.) Fr. 1838 **Grauvioletter Tauben-Täubling** Bas. | *Russula grisea f. viridicolor* R. Socha 2011, *Russula grisea var. iodes* Romagn. 1962, *Russula grisea var. leucospora* J. Blum 1952, *Russula grisea var. pictipes* (Cooke) Romagn. ex Bon 1982, *Russula leucospora* (J. Blum) Romagn. 1952, *Russula palumbina* Quél. 1883 | 15 | M | 2 |
| *Russula integra* (L.) Fr. 1838 **Brauner Ledertäubling, Kleinsporiger Brauntäubling, Braunroter Ledertäubling** Bas. | *Russula integra f. grisella* (Singer) Bon 1986, *Russula integra f. phlyctidospora* Romagn. 1962, *Russula integra var. brunneorosea* R. Socha 2011, *Russula integra var. oreas* Romagn. 1962, *Russula integra var. phlyctidospora* (Romagn.) Romagn. 1967, *Russula integra var. purpurella* (Singer) R. Socha 2011, *Russula polychroma* Hora 1960 | 12 | M | 4F |
| *Russula intermedia* P. Karst. 1888 **Scharfer Birkendottertäubling, Prächtiger Birken-Täubling** Bas. | *Russula aurantiolutea* Kauffman 1909, *Russula lundellii* Singer 1951, *Russula mesospora* Singer 1938, *Russula pulcherrima* S. Lundell & Jul. Schäff. 1938 | 14 | M | 1 |

| Taxon | Syn. | MTB, MF 4029.1 | leg./det. | Stat. RL Ni |
|---|---|---|---|---|
| *Russula lepida* Fr. 1836 **Harter Zinnober-Täubling** Bas. | *Russula lactea* Fr. 1838, *Russula lepida var. lactea* (Fr.) F. H. Møller & Jul. Schäff. 1952, *Russula lepida var. salmonea* Zvára 1927, *Russula lepida var. sapinea* Zvára 1927, *Russula lepida var. speciosa* Zvára 1927, *Russula rosacea* (Pers.) Gray 1821, *Russula rosea* Pers. 1796 | 08, 13, 14 | M, W, Kg, FS, Hö | |
| *Russula lilacea* Quél. 1876 **Rotstieliger Reiftäubling** Bas. | *Russula carnicolor* (Bres.) Bataille 1908, *Russula cremeoflavescens* Reumaux 1996, *Russula lilacea f. flavoviridis* Romagn. 1962, *Russula lilacea subsp. retispora* Singer 1934, *Russula lilacea var. carnicolor* Bres. 1892, *Russula lilacea var. pseudolilacea* (J. Blum) Bon 1983, *Russula pseudolilacea* J. Blum 1954, *Russula purpureolilacina* Fayod 1893 *ss.* Romagn. | 07 | M | 2 |
| *Russula luteotacta* Rea 1922 **Gelbfleckender Täubling, Gilbender Speitäubling** Bas. | *Russula luteotacta var. semitalis* J. Blum ex Bon 1986, *Russula persicina var. oligophylla* Zvára 1927 | 14 | W | 2 |
| *Russula maculata* Quél. 1878 **Gefleckter Täubling** Bas. | *Russula maculata var. bresadolana* (Singer) Romagn. 1967 | 14 | W | 1F, 3H |
| *Russula mairei* Singer 1929 *s. str.* **Bräunender Buchen-Speitäubling** Bas. | *Russula emetica var. mairei* (Singer) Killerm. 1936, *Russula nobilis* Velen. 1920, *Russula nobilis var. semilucida* R. Socha 2011 | 14, 15 | W, Kg, FS, Hö | |
| *Russula nigricans* Fr. 1838 **Dickblättriger Schwarztäubling** Bas. | | 08 | M | |
| *Russula ochroleuca* Fr. 1838 **Ockergelber Täubling** Bas. | *Russula ochroleuca var. fingibilis* (Britzelm.) Singer 1923, *Russula ochroleuca var. granulosa* (Cooke) Rea 1922 | 08 | M | |
| *Russula odorata* Romagn. 1950 **Duftender Täubling** Bas. | *Russula odorata var. rutilans* Sarnari 1986, *Russula schaefferiana* Niolle 1943 | o. Ang. | W | 3 |

| Taxon | Syn. | MTB, MF 4029.1 | leg./det. | Stat. RL Ni |
|---|---|---|---|---|
| *Russula olivacea agg.* **Rotstieliger Ledertäubling, Sammelart** Bas. | *Russula olivacea* PERS. 1796, *Russula olivacea* (SCHAEFF.) FR. 1838 | 08 | M, W | 2F |
| *Russula pallidospora agg.* **Gelbblättriger Weißtäubling, Sammelart** Bas. | *Russula pallidospora* J. BLUM EX. ROMAGN. 1967 | 14 | M | 1 |
| *Russula pectinatoides* PECK *s. auct. europ.* **Kratzender Kamm-Täubling** Bas. | | 14, 15 | W, Kg, FS, Hö, M | |
| *Russula persicina* KROMBH. 1845 *ss.* MELZER & ZVÁRA **Schwachfleckender Täubling, Cremesporiger Speitäubling** Bas. | | 15 | W, M | 2 |
| *Russula pseudointegra* ARNOULD & GORIS 1907 **Ockerblättriger Zinnobertäubling** Bas. | *Russula pseudointegra f. persicolor* REUMAUX 1996, *Russula pseudointegra var. subdecolorans* REUMAUX 1996 | 15 | M | 2 |
| *Russula queletii* FR. 1872 unklares Taxon **Stachelbeer-Täubling** Bas. | *Russula queletii f. gracilis* NICOLAJ 1976, *Russula queletii var. procera* NICOLAJ 1976 | 15 | M | |
| *Russula raoultii agg.* **Gelber Speitäubling, Blassgelber Täubling, Sammelart** Bas. | | 08 | M | 1F, 2H |
| *Russula risigallina* (BATSCH) SACC. 1915 **Wechselfarbiger Dotter-Täubling** Bas. | *Russula armeniaca* COOKE 1888, *Russula chamaeleontina* (LASCH) FR. 1838, *Russula luteoalba* BRITZELM. 1895, *Russula luteorosella* BRITZELM. 1895, *Russula minutalis* BRITZELM. 1885, *Russula ochraceoalba* BRITZELM. 1896, *Russula puellaris var. minutalis* (BRITZELM.) SINGER 1926, *Russula risigallina f. bicolor* (MELZER & ZVÁRA) BON 1986, *Russula risigallina f. luteorosella* (BRITZELM.) BON 1986 | 06 | M | |

| Taxon | Syn. | MTB, MF 4029.1 | leg./det. | Stat. RL Ni |
|---|---|---|---|---|
| *Russula romellii* MAIRE 1910 **Weißstieliger Leder-täubling** Bas. | *Russula romellii f. alba* MARCHAND EX BON 1986 | 07 | M | **2F** |
| *Russula rutila* ROMAGN. 1952 **Gelbblättriger Spei-täubling** Bas. | | o. Ang. | W | **1F, 2H** |
| *Russula sanguinaria* (SCHUMACH.) RAUSCHERT 1989 **Bluttäubling, Blutro-ter Scharftäubling** Bas. | *Russula sanguinaria f. sulphurea* (VELEN.) R. SOCHA 2011, *Russula sanguinaria var. confusa* (VELEN.) BON 1994, *Russula sanguinaria var. pseudorosacea* (MAIRE) BON 1994, *Russula sanguinea* FR. 1838 | 08 | M | **3** |
| *Russula solaris* FERD. & WINGE 1924 **Sonnen-Täubling** Bas. | | 15 | M | **2F, 3H** |
| *Russula subfoetens* W.G. SM. 1873 **Gilbender Stink-Täubling** Bas. | | 06 | M | |
| *Russula silvestris* (SINGER) REUMAUX 1996 **Kiefern-Speitäubling** Bas. | *Russula emetica var. silvestris* 1924 | 15 | W | |
| *Russula torulosa* BRES. 1929 **Wolfstäubling, Ge-drungener Täubling** Bas. | | 12 | M | |
| *Russula velenovskyi* MELZER & ZVÁRA 1927 **Ziegelroter Täubling** Bas. | | 06 | W | **n. a.** |
| *Russula vesca* FR. 1836 **Speise-Täubling** Bas. | *Russula heterophylla var. vesca* (FR.) MELZER & ZVÁRA 1960, *Russula vesca f. pectinata* BRITZELM. 1896, *Russula vesca f. viridata* SINGER 1932, *Russula vesca var. romellii* SINGER 1923 | 06, 07, 08 | M, W | |

| Taxon | Syn. | MTB, MF 4029.1 | leg./det. | Stat. RL Ni |
|---|---|---|---|---|
| *Russula vinosa* LINDBLAD **Weinroter Graustieltäubling** 1901 Bas. | *Russula decolorans var. obscura* ROMELL 1891, *Russula obscura* (RoMELL) PECK 1906, *Russula phoenix* KUČERA 1930, *Russula vinosa f. rubellipes* R. SOCHA 2011, *Russula vinosa var. phoenix* (KUČERA) R. SOCHA 2011 | 15 | M | 2 |
| *Russula violeipes* QUÉL. 1898 **Violettstieliger Pfirsichtäubling, Violettstieliger Seifentäubling** Bas. | *Russula amoena f. acystidiata* ROMAGN. 1985, *Russula amoena var. violeipes* (QUÉL.) SINGER 1932 | 08 | M | 3F |
| *Russula virescens* (SCHAEFF.) FR. 1836 **Grüngefelderter Täubling, Grünfeldriger Täubling** Bas. | *Russula virescens var. albidocitrina* GILLET 1876 | 14 | M | 3 |
| *Russula viscida* KUDŘNA 1928 **Lederstieltäubling** Bas. | *Russula artesiana* BON 1984, *Russula chlorantha* ZVÁRA 1920, *Russula melliolens var. chrismantiae* MAIRE 1910, *Russula viscida var. artesiana* (BON) R. SOCHA, HÁLEK & BAIER 2011 | 15 | M | 3 |
| *Rutstroemia bolaris* (BATSCH) REHM 1893 **Hainbuchen-Stromabecherling** Asc. | *Ciboria bolaris* (BATSCH: FR.) FUCKEL 1870, *Phialea bolaris* (BATSCH) QUÉL. 1886 | 15 | W | |
| *Ruzenia spermoides* (HOFFM.) O. HILBER EX A.N. MILL. & HUHNDORF 2004 **Gesäter Kohlenkugelpilz** Asc. | *Lasiosphaeria spermoides* (HOFFM.: FR.) CES. & DE NOT. 1863, *Leptospora spermoides* (HOFFM.) FUCKEL 1870 | o. Ang. | W | |
| *Sawadaea tulasnei* (FUCKEL) HOMMA 1937 **Spitzahornmehltau** PP-Asc. | *Erysiphe varium* FR. 1822, *Uncinula aceris var. tulasnei* (FUCKEL) E. S. SALMON 1900, *Uncinula tulasnei* FUCKEL | 15 | M | |

| Taxon | Syn. | MTB, MF 4029.1 | leg./det. | Stat. RL Ni |
|---|---|---|---|---|
| *Scleroderma bovista* FR. 1829 **Gelbflockiger Hartbovist** Bas. | *Scleroderma verrucosum var. bovista* (FR.) SEBEK 1953 | 14 | M, Kg, FS, Hö | |
| *Septoria aegopodii* DESM. EX J.J. KICKX 1867 **Gewöhnliche Giersch-Septoria** PP-Asc. | *Mycosphaerella aegopodii* POTEBNIA 1910, *Mycosphaerella podagrariae* (ROTH) PETR. 1921, *Phyllachora podagrariae* (ROTH) P. | 15 | M | |
| *Sarcoscypha austriaca* (O. BECK EX SACC.) BOUD. 1907 **Österreichischer Kelchbecherling, Österreichischer Prachtbecherling** Asc. | *Lachnea austriaca* BECK EX SACC. 1913, *Peziza imperialis* BECK 1884 | 07, 13 | M, Hm | 2 |
| *Schizophyllum commune* FR. 1815 **Spaltblättling** Bas. | *Schizophyllum alneum* (L.) J. SCHRÖT. 1898, *Schizophyllum radiatum* FR. 1851 | 06, 07, 08, 09, 13, 14, 15 | M | |
| *Schizopora flavipora* (BERK. & M. A. CURTIS EX COOKE) RYVARDEN 1985 **Gelbporiger Spaltporling** Bas. | *Hyphodontia flavipora* (BERK. & M. A. CURTIS EX COOKE) SHENG H. WU 2000, *Poria phellinoides* PILÁT 1936, *Schizopora carneolutea* (RODWAY & CLELAND) KOTL. & POUZAR 1979, *Schizopora phellinoides* (PILÁT) DOMAŃSKI 1969 | 14, 15 | Kg, W, FS, Hö | |
| *Schizopora paradoxa* (SCHRAD.) DONK 1967 **Veränderlicher Spaltporling** Bas. | *Hyphodontia paradoxa* (SCHRAD.) LANGER & VESTERH. 1996, *Irpex deformis* SCHRAD.: FR. 1828, *Sistotrema obliquum* (SCHRAD.) ALB. & SCHWEIN. 1805, *Xylodon versiporus* (PERS.) BONDARTSEV 1953 | 07 | W | |
| *Sclerencoelia fascicularis* (ALB. & SCHWEIN.) PÄRTEL & BARAL 2016 **Schwarzbrauner Pappelbecherling** Asc. | *Cenangium populneum* (PERS.) REHM 1889, *Encoelia fascicularis* (ALB. & SCHWEIN.: FR.) P. KARST. 1870, *Encoelia populnea* (PERS.) J. SCHRÖT. 1871, *Peziza fascicularis* ALB. & SCHWEIN. 1805 | 15 | M | 4 |
| *Scleroderma areolatum* EHRENB. 1818 **Leopardenfell-Hartbovist** Bas. | *Scleroderma lycoperdoides* SCHWEIN. 1822 | 12 | M | |

| Taxon | Syn. | MTB, MF 4029.1 | leg./det. | Stat. RL Ni |
|---|---|---|---|---|
| *Scleroderma bovista* FR. 1829 **Gelbflockiger Hartbovist** Bas. | *Scleroderma verrucosum var. bovista* (FR.) SEBEK 1953 | 14 | M, Kg, FS Hö | |
| *Scleroderma cepa* PERS. 1801 **Zwiebelförmiger Hartbovist, Rötlicher Kartoffelbovist** Bas. | *Scleroderma flavidum* ELLIS & EVERH. 1885, *Scleroderma hemisphaericum* LÁZARO 1902 | 12 | W | 4 |
| *Scleroderma citrinum* PERS. 1801 **Dickschaliger Kartoffelbovist** Bas. | *Scleroderma aurantium ss. auct.* 1801, *Scleroderma vulgare* FR. 1829 | 13 | M, W | |
| *Scleroderma verrucosum* (BULL.) PERS. 1801 **Braunwarziger Hartbovist** Bas. | | 07, 12 | M, FS, Hö | |
| *Scutellinia scutellata agg.* **Gemeiner Schildborstling** Asc. | *Ciliaria scutellata* (L.) BOUD. 1907, *Humariella scutellata* (L.) J. SCHRÖT. 1893, *Lachnea scutellata* (L.) GILLET 1879, *Patella scutellata* (L.) MORGAN 1902, *Scutellinia scutellata var. leucothecia* LE GAL 1969, *Scutellinia scutellata var. macrosculptur* KULLM. & RAITV. 1893, *Scutellinia scutellata var. terrigena* (P. KARST.) LE GAL 1961 | 13 | W | |
| *Sebacina incrustans* (PERS.) TUL. & C. TUL. 1871 **Erd-Wachskruste** Bas. | *Sebacina laciniata* (P. KARST.) BRES. 1903, *Thelephora cristata* PERS.: FR. 1821, *Thelephora incrustans* PERS. 1801 | 13 | M | |
| *Sericeomyces sericifer* (LOCQ.) DØSSING 1991 **Bräunender Seidenschirmling** Bas. | *Lepiota cristata var. sericea* COOL 1922, *Lepiota sericata* KÜHNER & ROMAGN. 1953, *Lepiota sericea* (COOL) HUIJSMAN 1943, *Leucoagaricus sericeus* (COOL) BON & BOIFF. 1979, *Leucoagaricus sericifer* (LOCQ.) VELLINGA 2000, *Leucoagaricus sericifer f. sericatellus* (MALENÇON) VELLINGA 2000, *Pseudobaeospora sericifera* LOCQ. 1952, *Sericeomyces sericatus* (KÜHNER & ROMAGN.) HEINEM. 1978, *Sericeomyces sericeus* (COOL) CONTU 1991 | 15 | M | n. a. |

| Taxon | Syn. | MTB, MF 4029.1 | leg./det. | Stat. RL Ni |
|---|---|---|---|---|
| *Serpula himantioides* (FR.) P. KARST. 1885 **Wilder Hausschwamm** Bas. | *Merulius himantioides* FR. 1818, *Merulius papyraceus* FR. 1828, *Merulius silvester* FALCK 1907, *Xylomyzon versicolor* PERS. 1825 | 13 | M | |
| *Simocybe centunculus* (FR.) P. KARST. 1879 **Buchen-Olivschnitzling** Bas. | *Hylophila centunculus* (FR.) QUÉL. 1886, *Naucoria centunculus* (FR.) P. KUMM. 1871, *Naucoria umbriniceps* MURRILL 1917, *Ramicola centunculus* (FR.) WATLING 1989 | 06, 07 | W, FS, Hö | **n. a.** |
| *Simocybe haustellaris* (FR.) D.A. REID 1981 **Ästchen-Schnitzling** Bas. | *Crepidotus haustellaris* (FR.: FR.) P. KUMM. 1871, *Naucoria haustellaris* (FR.) KÜHNER & ROMAGN. 1953, *Naucoria rubi* (BERK.) SINGER 1952, *Ramicola haustellaris* (FR.: FR.) WATLING 1989, *Ramicola rubi* (BERK.) WATLING 1989, *Simocybe rubi* (BERK.) SINGER 1962 | 14, 15 | Kg, FS, Hö | |
| *Singerocybe phaeophthalma* (PERS.) HARMAJA 1988 **Ranziger Trichterling** Bas. | *Clitocybe fritilliformis* (LASCH) GILLET 1874, *Clitocybe gallinacea* (SCOP.: FR.) GILLET 1874 ss. KÜHNER, *Clitocybe hydrogramma* (BULL.) P. KUMM. 1871, *Clitocybe phaeophthalma* (PERS.) KUYPER 1981, *Clitocybe phaeophthalma var. gibboides* (RAITHELH.) BON 1996 | 07, 08, 14, 15 | M, FS | |
| *Skeletocutis nivea* *agg.* **Feinporiger Knorpelporling, Weißer Knorpelporling, Sammelart** Bas. | *Skeletocutis nivea* (JUNGHUHN) JEAN KELLER 1979 | 14, 15 | M, Kg, FS, Hö | |
| *Sparassis brevipes* KROMBH. 1834 **Breitblättrige Glucke** Bas. | *Sparassis brevipes f. nemecii* (PILÁT & VESELÝ) R.H. PETERSEN 2015, *Sparassis laminosa* FR. 1836, *Sparassis nemecii* PILÁT & VESELÝ 1932 | 08 | M | **n. a.** |
| *Sparassis crispa* (WULFEN EX JACQ.) FR. 1821 **Krause Glucke** Bas. | | 14 | M | |
| *Sphaerobolus stellatus* TODE 1790 **Kugelschneller** Bas. | *Sphaerobolus carpobolus* (L.) J. SCHRÖT. 1889, *Sphaerobolus impatiens* BOUD. 1817, *Sphaerobolus stercorarius* FR. & NORDH. 1817 | 14 | M, W | |

| Taxon | Syn. | MTB, MF 4029.1 | leg./det. | Stat. RL Ni |
|---|---|---|---|---|
| *Spinellus fusiger* (Link) Tiegh. 1875 **Helmlings-Schimmel, Köpfchen-Helmlings-Schimmel** J. | | 06, 08, 13, 14, 15 | M, W | |
| *Steccherinum fimbriatum* (Pers.) J. Erikss. 1958 **Gefranster Resupinatstacheling, Fleischvioletter Resupinatstacheling** Bas. | *Etheirodon fimbriatum* (Pers.) Banker 1902, *Hydnum fimbriatum* Pers.: Fr. 1832, *Odontia fimbriata* Pers. 1796 | 15 | M, W | |
| *Steccherinum ochraceum* (Pers. ex J.F. Gmel.) Gray 1821 **Ockerrötlicher Resupinatstacheling** Bas. | *Hydnum ochraceum* Pers. ex J. F. Gmel. 1792, *Irpex ochraceus* (Pers. ex J. F. Gmel.) Kotir. & Saaren. 2002 | 14 | M, Kg, SF, Hö | |
| *Stereum gausapatum* (Fr.) Fr. 1874 **Zottiger Eichen-Schichtpilz** Bas. | *Thelephora gausapata* Fr. 1828 | 13 | M, W | |
| *Stereum hirsutum* (Willd.) Pers. 1800 **Striegeliger Schichtpilz** Bas. | *Auricularia reflexa* (Berk.) Bres. 1911, *Corticium reisneri* Velen. 1922, *Stereum leoninum* Skovst. 1956, *Stereum persoonianum* Britzelm. 1897, *Thelephora hirsuta* Willd. 1787 | 06, 07, 08, 09, 13, 14, 15 | M, Kg, SF, Hö | |
| *Stereum ochraceoflavum* (Schwein.) Sacc. 1888 **Ästchen-Schichtpilz** Bas. | *Stereum complicatum* (Fr.) Fr. 1838, *Stereum rameale* (Berk.) Massee 1890 | 14 | M, W | |
| *Stereum rugosum* Pers. 1794 **Rötender Runzel-Schichtpilz** Bas. | | 13 | W | |
| *Stereum sanguinolentum* (Alb. & Schwein.) Fr. 1838 **Blutender Nadelholz-Schichtpilz** Bas. | *Thelephora sanguinolenta* Alb. & Schwein. 1805 | 12 | W | |

| Taxon | Syn. | MTB, MF 4029.1 | leg./det. | Stat. RL Ni |
|---|---|---|---|---|
| *Stereum subtomentosum* Pouzar 1964 **Samtiger Schichtpilz** Bas. | | 07, 08 | M, W | |
| *Strobilomyces strobilaceus* (Scop.) Berk. 1851 **Strubbelkopfröhrling** Bas. | *Strobilomyces floccopus* (Vahl: Fr.) P. Karst. 1882 | 15 | M | 2F, 3H |
| *Strobilurus stephanocystis* (Hora) Singer 1962 **Milder Zapfenrübling** Bas. | *Collybia stephanocystis* Kühner & Romagn. 1953, *Pseudohiatula stephanocystis* (Hora) Kühner & Romagn. 1960 | 13 | M | |
| *Stropharia aeruginosa* (Curtis) Quél. 1872 **Grünspanträuschling** Bas. | *Geophila aeruginosa* (Curtis: Fr.) Quél. 1886, *Pratella aeruginosa* (Curtis: Fr.) Gray 1821, *Psalliota viridula* (Schaeff.) J. Schröt. 1886, *Psilocybe aeruginosa* (Curtis: Fr.) Noordel. 1995, *Stropharia alpina* (M. Lange) M. Lange 1980 | 13, 15 | M, W | |
| *Stropharia caerulea* Kreisel 1979 **Blauer Träuschling** Bas. | *Psilocybe caerulea* (Kreisel) Noordel. 1995, *Stropharia cyanea* (Bolton) Tuom. 1953 *ss. auct* | 13, 14 | M, W, Kg, FS, Hö | |
| *Stropharia inuncta* (Fr.) Quél. 1872 **Purpurgrauer Träuschling** Bas. | *Geophila inuncta* (Fr.) Quél. 1886, *Psilocybe inuncta* (Fr.: Fr.) Noordel. 1980 | 14, 15 | Kg, FS, Hö | 3 |
| *Suillellus luridus* (Schaeff.) Murrill 1909 **Netzstieliger Hexenröhrling** Bas. | *Boletus caucasicus* Singer ex Alessio 1985, *Boletus luridus* Schaeff. 1774, *Boletus luridus f. primulicolor* Simonini 1997, *Boletus luridus subsp. caucasicus* (Singer ex Alessio) Hlaváček 1995, *Boletus luridus var. lupiniformis* J. Blum 1969, *Boletus luridus var. queletiformis* J. Blum 1969, *Boletus luridus var. tenuipes* Velen. 1939, *Suillellus luridus f. primulicolor* (Simonini) Blanco-Dios 2015, *Suillellus luridus var. queletiformis* (J. Blum) Blanco-Dios 2015 | 15 | M | n. a. |

| Taxon | Syn. | MTB, MF 4029.1 | leg./det. | Stat. RL Ni |
|---|---|---|---|---|
| *Suillellus luridus var. erythroteron* (BEZDEK) BLANCO-DIOS 2015 **Rotfleischiger Hexenröhrling Bas.** | *Boletus luridus var. erythroteron* (BEZDĚK) PILÁT & DERMEK 1979 | 15 | M | n. a. |
| *Suillellus mendax* (SIMONINI & VIZZINI) VIZZINI, SIMONINI & GELARDI 2014 **Kurznetziger Hexenröhrling, Trügerischer Hexenröhrling Bas.** | *Boletus mendax* SIMONINI & VIZZINI 2013 | 13, 14, 15 | M | n. a. |
| *Suillellus queletii* (SCHULZER) VIZZINI, SIMONINI & GELARDI 2014 **Glattstieliger Hexenröhrling Bas.** | *Boletus queletii* SCHULZER 1885, *Boletus queletii var. lateritius* (BRES. & SCHULZER) E.-J. GILBERT 1931, *Boletus queletii var. pseudoluridus* J. BLUM 1969, *Boletus queletii var. rubicundus* MAIRE 1910 | 15 | M | n. a. |
| *Suillus collinitus* (FR.) KUNTZE 1898 **Ringloser Butterpilz Bas.** | *Suillus abietinus* PANTIDOU & WATLING 1973, SUILLUS FLURYI HUIJSMAN 1969, *Suillus roseobasis* (J. BLUM) GRÖGER 1967 | 13 | M | 4 |
| *Suillus granulatus* (L.) ROUSSEL 1796 **Körnchenröhrling Bas.** | | 13 | M | |
| *Suillus grevillei* (KLOTZSCH) SINGER 1945 **Goldröhrling, Goldgelber Lärchen-Röhrling Bas.** | *Boletus elegans* SCHUMACH.: FR. 1821, *Suillus elegans* (SCHUMACH.) SNELL 1944, *Suillus flavus* (WITH.) SINGER 1945, *Suillus hololeucus* Pantidou ss. auct. europ. 1964 | 12 | M, W | |
| *Suillus luteus* (L.) ROUSSEL 1796 **Butterpilz Bas.** | | 12 | M | |
| *Suillus viscidus* (L.) ROUSSEL 1796 **Grauer Lärchen-Röhrling** Bas. | *Boletus britzelmayri* SACC. & TROTTER 1912, *Boletus elbensis* PECK 1872, *Boletus indecisus* BRITZELM. 1891, *Boletus larignus* BRITZELM. 1893, *Boletus serotinus* FROST 1877, *Fuscoboletinus viscidus* (L.) GRUND & HARR. 1976, *Suillus collarius* (PERS.) REDEUILH 1990, *Suillus laricinus* (BERK.) KUNTZE 1898, *Suillus viscidus f. albus* (KÜHNER) KLOFAC 2013 | 13, 15 | M, W | |

| Taxon | Syn. | MTB, MF 4029.1 | leg./det. | Stat. RL Ni |
|---|---|---|---|---|
| *Taphrina crataegi* SADEB. 1890 **Weißdorn-Kräusel-krankheit** PP-Asc. | *Exoascus crataegi* (SADEB.) SACC. 1892 | 06, 13 | M | |
| *Taphrina pruni* (FU-CKEL) TUL. 1866 **Zwetschgen-Narren-tasche** PP-Asc. | *Exoascus pruni* FUCKEL 1870, *Exoascus rostrupianus* SADEB. 1893, *Taphrina rostrupiana* (SADEB.) GIESENH. 1895 | 13, 14 | M | |
| *Taphrina wiesneri* (RÁTHAY) MIX 1954 **Kirschen-Hexenbe-sen** PP-Asc. | *Exoascus cerasi* FUCKEL 1870, *Exoascus minor* (SADEB.) SACC. 1892, *Exoascus pruni-acidae* JACZ. 1926, *Exoascus wiesneri* RÁTHAY 1880, *Taphrina cerasi* (FUCKEL) SA-DEB. 1890, *Taphrina minor* SADEB. 1890, *Taphrina pruni-acidae* (JACZ.) MIX 1936 | 06 | M | |
| *Tapinella atrotomen-tosa* (BATSCH) ŠUTARA 1992 **Samtfußkrempling** Bas. | *Paxillus atrotomentosus* (BATSCH: FR.) FR. 1838, *Sarcopaxillus atroto-mentosus* (BATSCH) ZMITR., V. MALYS-HEVA & E. F. MALYSHEVA 2004 | 12, 14 | M, Kg, FS, Hö | |
| *Tapinella panuoides* (BATSCH) E.-J. GILBERT 1931 **Muschelkrempling** Bas. | *Paxillus panuoides* FR. 1838 | 15 | M | |
| *Tarzetta catinus* (HOLMSK.) KORF & J.K. ROGERS 1971 **Schüsselförmiger Kelchbecherling** Asc. | *Peziza pustulata* (HEDW.) PERS. 1801, *Pustularia catinus* (HOLMSK.) FUCKEL 1870, *Pustulina catinus* (HOLMSK.) ECKBLAD 1968 | 07, 13 | M, FS, Hö | 3 |
| *Tarzetta cupularis* (L.) LAMBOTTE 1888 **Napfförmiger Kelch-becherling** Asc. | *Pustularia cupularis* (L.: FR.) FUCKEL 1870, *Pustulina cupularis* (L.: FR.) ECKBLAD 1968 | 06, 07, 14 | M, Kg, FS, Hö | |
| *Thaxterogaster ebur-neus* (VELEN.) NISKANEN & LIIMAT. 2022 **Weißer Schleimfuß** Bas. | *Cortinarius eburneus* (VELEN.) ROB. HENRY 1958 | 15 | M | n. a. |
| *Thaxterogaster multi-formis* (FR.) NISKANEN & LIIMAT. 2022 **Sägeblättriger Klumpfuß** Bas. | *Cortinarius multiformis* FR. 1838 | o. Ang. | W | 1 |

| Taxon | Syn. | MTB, MF 4029.1 | leg./det. | Stat. RL Ni |
|---|---|---|---|---|
| *Thaxterogaster purpurascens* (FR.) NISKANEN & LIIMAT. 2022 **Purpurfleckender Klumpfuß** Bas. | *Cortinarius purpurascens* (FR.) FR. 1838 | 08 | M | 2F, 3H |
| *Thaxterogaster talus* (FR.) NISKANEN & LIIMAT. 2022 **Falbblättriger Klumpfuß** Bas. | *Cortinarius aurantionapus* BIDAUD & REUMAUX 2006, *Cortinarius crenulatus* ROB. HENRY EX BIDAUD & REUMAUX 2006, *Cortinarius melliolens* J. SCHÄFF. EX P. D. ORTON 1960, *Cortinarius ochropallidus* ROB. HENRY 1936, *Cortinarius ochropudorinus* ROB. HENRY EX BIDAUD & REUMAUX 2006, *Cortinarius pseudominor* ROB. HENRY EX BIDAUD & REUMAUX 2006, *Cortinarius pseudotalus* ROB. HENRY 1958, *Cortinarius pudorinus* REUMAUX 1975, *Cortinarius talus* FR. 1838 | 14 | M | 1F, 3H |
| *Thaxterogaster vibratilis* (FR.) NISKANEN & LIIMAT. 2022 **Bitterster Schleimfuß** Bas. | *Cortinarius vibratilis* (FR.) FR. 1838 | 14, 15 | M | 2 |
| *Thelephora anthocephala* (BULL.) FR. 1838 **Blumenartige Lederkoralle** Bas. | *Merisma clavulare* FR. 1815, *Phylacteria anthocephala* (BULL.: FR.) PAT. 1887, *Thelephora anthocephala f. repens* (BOURDOT & GALZIN) CORNER 1968, *Thelephora digitata* FR. 1874 | 15 | M, W | 3 |
| *Thelephora caryophyllea* (SCHAEFF.) PERS. 1801 **Trichterförmiger Warzenpilz** Bas. | *Phylacteria caryophyllea* (SCHAEFF.) PAT. 1887, *Thelephora flabellaris* (BATSCH) FR. 1821, *Thelephora radiata* FR. 1838 | 15 | M | 3 |
| *Thelephora penicillata* (PERS.) FR. 1821 **Weiße Lederkoralle** Bas. | *Thelephora spiculosa* (FR.) FR. 1838 *ss.* BRES. | o. Ang. | W | 3 |
| *Trametes gibbosa* (PERS.) FR. 1838 **Buckel-Tramete** Bas. | *Pseudotrametes gibbosa* (PERS.: FR.) BONDARTSEV & SINGER 1944 | 06, 07, 08, 13, 14, 15 | M, W, FS, Hö Kg | |

| Taxon | Syn. | MTB, MF 4029.1 | leg./det. | Stat. RL Ni |
|---|---|---|---|---|
| *Trametes hirsuta* (WULFEN) PILÁT 1939 **Striegelige Tramete** Bas. | *Coriolus hirsutus* (WULFEN) PAT. 1897 | 06, 08, 13, 15 | M, W | |
| *Trametes ochracea* (PERS.) GILB. & RYVARDEN 1987 **Zonen-Tramete** Bas. | *Boletus multicolor* SCHAEFF. 1774, *Coriolus zonatus* (NEES) QUÉL. 1886, *Polyporus zonatus* (NEES) FR. 1821, *Trametes multicolor* (SCHAEFF.) JÜLICH 1982, *Trametes zonata* (NEES) PILÁT 1885 *non ss.* WETTST., *Trametes zonatella* RYVARDEN 1978 | 06, 07 | M | |
| *Trametes pubescens* (SCHUMACH.) PILÁT 1939 **Samtige Tramete** Bas. | | 07 | M | 2 |
| *Trametes versicolor* (L.) LLOYD 1921 **Schmetterlings-Tramete** Bas. | *Coriolus versicolor* (L.: FR.) QUÉL. 1886, *Polyporus versicolor* (L.) FR. 1818 | 06, 07, 08, 13, 14, 15 | M, W, FS, Hö, Kg | |
| *Tranzschelia anemones* (PERS.) NANNF. 1939 **Buschwindröschen-Rost** PP-Bas. | *Puccinia fusca* WALLR. 1833, *Tranzschelia fusca* (PERS.) DIETEL 1922 | 06 | M | |
| *Tranzschelia prunispinosae* (PERS.) DIETEL 1922 **Windröschen-Pflaumenrost** PP-Bas. | | 07 | Kg, FS, Hö | |
| *Tremella mesenterica* RETZ. 1796 **Goldgelber Zitterling** Bas. | *Tremella lutescens* PERS. 1798, *Tremella mesenterica f. crystallina* E. GERHARDT 1997 | 06, 07 | M, W | |
| *Trichaptum abietinum* (PERS.) RYVARDEN 1972 **Gemeiner Violettporling** Bas. | *Coriolus abietinus* (J. DICKS.) QUÉL. 1886, *Hirschioporus abietinus* (PERS.: FR.) DONK 1933, *Polyporus dentiporus* PERS. 1825, *Trametes abietina* (DICKS.: FR.) PILÁT 1939 | 07, 14 | M, Kg, FS, Hö | |
| *Trichia botrytis* (J. F. GMEL.) PERS. 1803 **Brauner Kelchstäubling** Myx. | *Stemonitis botrytis* J. F. GMEL. 1792 | 13 | W | |

| Taxon | Syn. | MTB, MF 4029.1 | leg./det. | Stat. RL Ni |
|---|---|---|---|---|
| *Trichia varia* (PERS.) PERS. 1800 **Gelblicher Kelch-stäubling** Myx. | *Stemonitis varia* PERS. 1792 | o. Ang. | W | |
| *Tricholoma album* (SCHAEFF.) P. KUMM. 1871 **Ungleichblättriger Stink-Ritterling, Strohblasser Eichen-Ritterling** Bas. | *Tricholoma album* var. *thalliophilum* (ROB. HENRY) BON 1970 | 07, 08 | M, W, Kg, FS, Hö | |
| *Tricholoma argyraceum* (BULL.) P. KUMM. 1874 **Gilbender Ritterling** Bas. | *Tricholoma chrysites* JUNGH. 1874, *Tricholoma scalpturatum var. argyraceum* (BULL.) KÜHNER & ROMAGN. 1953, *Tricholoma scalpturatum var. atrocinctum* ROMAGN. 1974, *Tricholoma scalpturatum var. meleagroides* (BON) BANARES & BON 1995 | 13 | M, W | |
| *Tricholoma atrosquamosum* (CHEVALL.) SACC. 1887 **Schwarzschuppiger Ritterling** Bas. | *Tricholoma murinaceum* QUÉL. 1874, *Tricholoma nigromarginatum* BRES. 1926 | o. Ang. | W | **1F, 2H** |
| *Tricholoma cingulatum* (ALMFELT) JACOBASCH 1890 **Beringter Erdritterling** Bas. | *Armillaria cingulata* (ALMFELT) QUÉL. 1872, *Tricholoma ramentaceum* (BULL.: FR.) RICKEN 1915, *Tricholoma ramentaceum var. pseudotriste* BON 1975 | 13 | M | **3** |
| *Tricholoma filamentosum* (ALESSIO) ALESSIO 1988 **Faseriger Tiger-Ritterling** Bas. | *Tricholoma pardinum var. filamentosum* ALESSIO 1983 | 07 | M | **n. a.** |
| *Tricholoma frondosae* KALAMEES & SHCHUKIN 2001 **Pappel-Grünling** Bas. | *Tricholoma equestre var. populinum* MORT. CHR. & NOORDEL. 1999 | 13 | M, S | **2** |
| *Tricholoma fulvum* (FR.) BIGEARD & H. GUILL. 1913 **Gelbblättriger Ritterling** Bas. | *Tricholoma flavobrunneum* (FR.) P. KUMM. 1871, *Tricholoma fulvum var. pseudonictitans* (BON) GMINDER & KRIEGLST. 2001, *Tricholoma nictitans* (FR.) GILLET 1874, *Tricholoma pseudonictitans* BON 1983 | 13 | M | |

| Taxon | Syn. | MTB, MF 4029.1 | leg./det. | Stat. RL Ni |
|---|---|---|---|---|
| *Tricholoma lascivum* (Fr.) Gillet 1874 **Unverschämter Ritterling** Bas. | | 15 | M | |
| *Tricholoma orirubens* Quél. 1873 **Rötender Ritterling** Bas. | | 14 | M | 1F, 3H |
| *Tricholoma pardalotum* Herink & Kotl. 1967 **Tiger-Ritterling** Bas. | *Tricholoma pardinum* (Pers.) Quél. 1873 *ss. auct.*, *Tricholoma tigrinum* (Schaeff.: Fr.) P. Kumm. 1871 *ss. auct.* | 08 | M | |
| *Tricholoma psammopus* (Kalchbr.) Quél. 1875 **Lärchen-Ritterling** Bas. | *Tricholoma psammopodum* Quél. 1889, *Tricholoma psammopus var. bisporum* Bon 1990, *Tricholoma psammopus var. macrosporum* Noordel. & Mort. Chr. 1999, *Tricholoma vaccinum var. psammopodum* Maire 1937 | 06 | M | |
| *Tricholoma orirubens var. basirubens* Bon 1975 **Rötender Erd-Ritterling (rosafüßige Varietät)** Bas. | *Tricholoma basirubens* Bon & A. Riva 1988 | 07 | M | n. a. |
| *Tricholoma saponaceum* (Fr.) P. Kumm. 1871 **Seifenritterling** Bas. | *Tricholoma saponaceum f. ardosiacum* (Bres.) Bon 1974, *Tricholoma saponaceum f. sacchariosmum* Bon 1988, *Tricholoma saponaceum var. ardosiacum* Bres. 1927, *Tricholoma saponaceum var. lavedanum* Rolland 1891, *Tricholoma saponaceum var. squamosum* (Cooke) Rea 1922, *Tricholoma saponaceum var. sulphurinum* (Quél.) Rea 1922 | 08 | M, W | 3 |
| *Tricholoma sciodes* (Pers.) C. Martín 1919 **Schärflicher Ritterling, Schärflicher Erd-Ritterling** Bas. | *Tricholoma sciodes var. virgatoides* Bon 1974 | 08 | M | 2F, 3H |

| Taxon | Syn. | MTB, MF 4029.1 | leg./det. | Stat. RL Ni |
|---|---|---|---|---|
| *Tricholoma sejunctum* (Sowerby) Quél. 1872 **Grüngelber Ritterling** Bas. | *Tricholoma sejunctum f. pallidum* Bon 1990, *Tricholoma sejunctum var. squamuliferum* Pilát ex Bon 1976 | 08 | M, W | 2 |
| *Tricholoma squarrulosum* Bres. 1892 **Schuppenstieliger Erd-Ritterling, Schwarzschuppiger Erd-Ritterling** Bas. | *Tricholoma atrosquamosum var. squarrulosum* (Bres.) Mort. Chr. & Noordel. 1999 | 13 | M, W | 1F, 2H |
| *Tricholoma sulphureum* (Bull.) P. Kumm. 1871 **Schwefelritterling** Bas. | *Tricholoma sulphureum var. coronarium* Nüesch 1923, *Tricholoma sulphureum var. pallidum* Bon 1974 | 07, 08, 14, 15 | M, W, S, FS, Hö, Kg | |
| *Tricholoma terreum* (Schaeff.) P. Kumm. 1871 *s. str.* **Graublättriger Erdritterling, Sammelart** Bas. | *Gyrophila terrea* (Schaeff.: Fr.) Quél. 1886, *Tricholoma bisporigerum* J. E. Lange 1933 | 13 | M | |
| *Tricholoma ustale* (Fr.) P. Kumm. 1871 **Brandiger Ritterling, Angebrannter Ritterling** Bas. | *Tricholoma ustale var. rufoaurantiacum* Bon 1984 | 08, 14 | M, W, Kg, FS, Hö | 3F |
| *Tricholoma ustaloides* Romagn. 1954 **Bitterer Eichen-Ritterling** Bas. | *Tricholoma ustaloides var. aurantioides* Bon & Marchd. 1987 | 14 | M | 1 |
| *Trichopezizella nidulus* (J. C. Schmidt & Kunze) Raitv. 1970 **Nestförmiges Haarbecherchen** Asc. | *Dasyscyphus nidulus* (J. C. Schmidt & Kunze) Massee 1895, *Lachnella nidulus* (J. C. Schmidt & Kunze) Quél. 1886, *Lachnum nidulum* (J. C. Schmidt & Kunze) P. Karst. 1886, *Lasiobelonium nidulum* (J. C. Schmidt & Kunze) Spooner 1987 | 06 | W | |
| *Trichophaea woolhopeia* (Cooke & W. Phillips) Boud. 1907 **Woolhope-Borstling** Asc. | *Peziza albospadicea* Grev. 1824, *Trichophaea albospadicea* (Grev.) Boud. 1907 | 07 | Kg, FS, Hö | |

| Taxon | Syn. | MTB, MF 4029.1 | leg./det. | Stat. RL Ni |
|---|---|---|---|---|
| *Trochila craterium* (DC.) FR. 1849 PP-Asc. | *Ceuthospora hederae* GROVE 1923, *Cryptocline paradoxa* (DE NOT.) ARX 1957 | o. Ang. | W | |
| *Tubaria dispersa* (PERS.) SINGER 1961 **Gelbblättriger Trompetenschnitzling** Bas. | *Tubaria autochthona* (BERK. & BROOME) SACC. 1887 | 14 | M | |
| *Tubaria conspersa* (PERS.) FAYOD 1889 **Flockiger Trompetenschnitzling** Bas. | *Naucoria conspersa* PERS.: FR. 1871, *Tubaria conspersa var. brevis* ROMAGN. | 07, 13, 14 | M, W | |
| *Tubaria hiemalis* ROMAGN. EX BON 1973 **Winter-Trompetenschnitzling** Bas. | | 13 | M, W | |
| *Tuber aestivum* (WULFEN) SPRENG. 1827 **Sommer-Trüffel** Asc. | *Aschion nigrum* WALLR. 1833, *Tuber blotii* DESLANDES 1824, *Tuber bohemicum* CORDA 1854, *Tuber culinare* ZOBEL 1854, *Tuber gallicum* CORDA 1854, *Tuber uncinatum* CHATIN 1888 | 07 | M | 3F0 |
| *Tuber fulgens* QUÉL. 1883 **Orangerote Hart-Trüffel** Asc. | | 07 | W, Hö | 1 |
| *Tuber maculatum* VITTAD. 1831 **Gefleckte Zwergtrüffel** Asc. | *Tuber intermedium* BUCHOLTZ 1901, *Tuber maculatum var. ferraresei* GROSS 1996 | 07 | M, W, Hö | n. a. |
| *Tuber rapaeodorum* TUL. & C. TUL. 1843 **Rettich-Zwergtrüffel** Asc. | | 07 | W | 1 |
| *Tuber rufum* POLLINI 1816 **Rotbraune Trüffel** Asc. | *Oogaster nitidus* ZOBEL 1854, *Rhizopogon nitidus* RABENH. 1845, *Tuber cinereum* TUL. & C. TUL. 1845, *Tuber requienii* TUL. & C. TUL. 1851, *Tuber rutilum* R. HESSE 1891, *Tuber scleroneurum* BERK. & BROOME 1845, *Tuber suillum* BORNH. 1845, *Tuber vacini* VELEN. 194 | 07 | M | 3F |

| Taxon | Syn. | MTB, MF 4029.1 | leg./det. | Stat. RL Ni |
|---|---|---|---|---|
| *Tubifera ferruginosa* (BATSCH) J. F. GMEL. 1791 **Lachsfarbener Schleimpilz** Myx. | *Stemonitis ferruginosa* BATSCH 1786, *Tubulifera arachnoidea* JACQ. 1778 | o. Ang. | W | |
| *Typhula erythropus* (PERS.) FR. 1818 **Rotbraunstieliges Sklerotienkeulchen** Bas. | *Typhula neglecta* PAT. 1885 | o. Ang. | W | |
| *Urocystis anemones* (PERS.) G. WINTER 1880 **Buschwindröschen-Blasenbrand** PP-Bas. | | 14 | W | |
| *Ustilago maydis* (DC.) CORDA 1842 **Mais-Beulenbrand** PP-Bas. | *Ustilago zeae* (LINK) UNGER 1836 | 15 | M | |
| *Vascellum pratense* (PERS.) KREISEL 1962 **Wiesen-Stäubling, Niedergedrückter Stäubling** Bas. | *Calvatia depressa* (BONORD.) J. MORAVEC 1964, *Lycoperdon depressum* BONORD. 1851, *Lycoperdon hirtum* (PERS.) MART. 1817 *non ss.* BON, *Lycoperdon hyemale* BULL. 1791, *Lycoperdon pratense* PERS.: PERS. 1801, *Vascellum depressum* (BONORD.) SMARDA 1958 | 14 | M | |
| *Verpa conica* (O. F. MÜLL.) SW. 1815 **Glockenverpel, Fingerhut-Verpel** Asc. | *Verpa digitaliformis* PERS.: FR. 1822, *Verpa digitaliformis var. cerebriformis* J. MORAVEC & SVRČEK 1967, *Verpa helvelloides* KROMBH. 1831 | 09, 14 | M | 3 |
| *Volvariella caesiotinc-ta* P. D. ORTON 1974 **Blaugrauer Scheid-ling, Grauer Holz-Scheidling** Bas. | | 13, 15 | M | 2 |
| *Volvariella murinella* (QUÉL.) M. M. MOSER 1953 **Mausgrauer Scheid-ling** Bas. | *Volvaria plumulosa var. griseola* MAIRE 1928 | 12, 14, 15 | M, W | 3 |

| Taxon | Syn. | MTB, MF 4029.1 | leg./det. | Stat. RL Ni |
|---|---|---|---|---|
| *Volvariella pusilla* (PERS.) SINGER 1951 **Kleinster Scheidling** Bas. | *Volvariella argentina* SPEG. 1898, *Volvariella parvula* (WEINM.) SPEG. 1926 | 08, 13 | M | |
| *Volvariella surrecta* (KNAPP) SINGER 1951 **Parasitischer Scheidling** Bas. | *Volvaria loveiana* (BERK.) GILLET 1876 | 07 | M | |
| *Volvopluteus gloioce-phalus* (DC.) VIZZINI, CONTU & JUSTO 2011 **Großer Scheidling, Ackerscheidling, Geriefter Scheidling** Bas. | *Volvaria speciosa var. gloiocephala* (DC.) R. HEIM 1936, *Volvariella gloiocephala* (DC.: FR.) BOEKHOUT & ENDERLE 1986, *Volvariella speciosa* (FR.: FR.) SINGER 1951 | 14 | M | |
| *Vuilleminia comedens* (NEES) MAIRE 1902 **Gemeiner Rinden-sprenger** Bas. | *Thelephora decorticans* PERS. 1822 | 07, 08, 13, 14, 15 | M, W | |
| *Xenasmatella vaga* (FR.) STALPERS 1996 **Schwefelgelber Rindenpilz** Bas. | *Corticium sulphureum* PERS. 1796, *Cristella sulphurea* (PERS.: FR.) DONK 1957, *Phlebia vaga* FR. 1821, *Phlebiella sulphurea* (PERS.: FR.) GINNS & LEFEBVRE 1993, *Phle-biella vaga* (FR.) P. KARST. 1890, *Trechispora sulphurea* (PERS.: FR.) LIBERTA 1987, *Trechispora vaga* (FR.) LIBERTA 1966 | 13 | W | |
| *Xerocomellus arme-niacus* (QUÉL.) ŠUTARA 2008 **Aprikosenfarbener Röhrling** Bas. | *Boletus armeniacus* QUÉL. 1885, *Boletus bicolor var. subreticulatus* A. H. SM. & THIERS 1971, *Rheubar-bariboletus armeniacus* (QUÉL.) VIZZINI, SIMONINI & GELARDI 2015, *Xerocomus armeniacus* (QUÉL.) QUÉL. 1888 | 15 | M | n. a. |
| *Xerocomellus chrysenteron* (BULL.) ŠUTARA 2008 *s. str.* **Rotfußröhrling, Ge-wöhnlicher Rotfuß-röhrling, Sammelart** Bas. | *Boletus chrysenteron* BULL. 1791, *Xerocomellus chrysenteron f. aereomaculatus* (H. ENGEL & SCHREIN.) KLOFAC 2011, *Xerocomel-lus chrysenteron var. crassipes* (PILÁT) KLOFAC 2011, *Xerocomus chrysenteron* (BULL.) QUÉL. 1888, *Xerocomus chrysenteron f. ae-reomaculatus* H. ENGEL & SCHREIN. 1996, *Xerocomus chrysenteron var. crassipes* PILÁT 1994 | 07, 08, 13, 14, 15 | M, W, FS, Hö, K | |

| Taxon | Syn. | MTB, MF 4029.1 | leg./det. | Stat. RL Ni |
|---|---|---|---|---|
| *Xerocomellus poro-sporus* (IMLER EX G. MORENO & BON) ŠUTARA 2008 **Gelbrissiger Rotfuß-röhrling, Falscher Rotfuß-röhrling, Düsterer Rotfußröhrling** Bas. | *Boletus porosporus* IMLER EX BON & G. MORENO 1968, *Xerocomus porosporus* IMLER 1990 | 06, 15 | M, W | |
| *Xerocomellus pruina-tus* (FR.) ŠUTARA 2008 **Bereifter Rotfuß-röhrling** Bas. | *Boletellus fragilipes* (C. MARTIN) KUTHAN 1894, *Boletellus pruinatus* (FR.) KLOFAC & KRISAI-GREILH. 1992, *Boletus fragilipes* C. MARTIN 1894, *Boletus pruinatus* FR. & HÖK 1835, *Xerocomus chrysenteron var. robustus* DERMEK 1973, *Xerocomus fragilipes* (C. MARTIN) POUZAR 1972, *Xerocomus pruinatus* (FR. & HÖK) QUÉL. 1888 | 14, 15 | M | |
| *Xerocomus ferrugi-neus* (SCHAEFF.) BON 1985 **Rostbrauner Filz-röhrling, Brauner Filzröhrling** Bas. | *Boletus citrinovirens* WATLING 1969, *Boletus ferrugineus* SCHAEFF. 1774, *Boletus hieroglyphicus* ROSTK. 1844, *Boletus leguei* BOUD. 1894, *Boletus spadiceus* SCHAEFF.: FR. 1838, *Xerocomus ferrugineus f. variecolor* (BERK. & BROOME) KLOFAC 2007, *Xerocomus spadiceus* (SCHA-EFF.: FR.) QUÉL. 1888, *Xerocomus subtomentosus var. ferrugineus* (SCHAEFF.) KRIEGLST. 1991, *Xero-comus subtomentosus var. leguei* (BOUD.) MAIRE 1933 | 12, 13, | M | |
| *Xerocomus subtomen-tosus* (L.) QUÉL. 1888 **Ziegenlippe** Bas. | *Boletus cinnamomeus* ROSTK. 1803, *Boletus cupreus* SCHAEFF. 1774, *Boletus dentatus* ROSTK. 1844, *Boletus eriophorus* ROSTK. 1844, *Boletus fuscus* ROSTK. 1792, *Boletus pannosus* ROSTK. 1844, *Boletus subtomentosus* L.: FR. 1821, *Xerocomus subtomentosus f. xanthus* E.-J. GILBERT 1931, *Xerocomus subtomentosus var. va-riecolor* (BERK. & BROOME) H. ENGEL & E. LUDW. 1996 | 14, 15 | M, W | |

| Taxon | Syn. | MTB, MF 4029.1 | leg./det. | Stat. RL Ni |
|---|---|---|---|---|
| *Xerula pudens* (Pers.) Singer 1951 **Braunhaariger Wurzelrübling, Braunhaariger Samtrübling** Bas. | *Collybia badia* (Lucand) J. E. Lange 1938, *Oudemansiella longipes* (P. Kumm.) M. M. Moser 1955, *Oudemansiella pudens* (Pers.) Pegler & T. W. K. Young 1987, *Xerula longipes* (P. Kumm.) Maire 1933, *Xerula longipes var. fusca* (Lucand ex Quél.) Dörfelt 1982 | 13 | M | 2F, 3H |
| *Xerula radicata* (Relhan) Dörfelt 1975 **Wurzelnder Schleimrübling** Bas. | *Collybia macroura* (Scop.) Fr. 1871, *Collybia radicata* (Relhan: Fr.) Quél. 1871, *Hymenopellis radicata* (Relhan: Fr.) R. H. Petersen 2010, *Mucidula radicata* (Relhan: Fr.) Boursier 1924, *Oudemansiella radicata* (Relhan: Fr.) Singer 1936, *Xerula radicata f. arrhiza* Verbeken & Walleyn 2003 | 06, 07, 08, 13, 14, 15 | M | |
| *Xerula radicata var. alba* Dörfelt 1983 **Schleimiger Wurzelrübling (reinweiße Varietät)** Bas. | *Oudemansiella radicata var. alba* (Dörfelt) Pegler & T. W. K. Young 1987 | 13 | M | |
| *Xylaria carpophila* (Pers.) Fr. 1849 **Bucheckern-Holzkeule, Buchenfruchtschalen-Holzkeule** Asc. | | 13 | M, W | |
| *Xylaria filiformis* (Alb. & Schwein.) Fr. 1849 **Fädige Holzkeule, Fadenförmige Holzkeule** Asc. | | 14 | M, W | 2 |
| *Xylaria hypoxylon* (L.) Grev. 1824 **Geweihförmige Holzkeule** Asc. | | 06, 07, 08, 09, 12, 13, 14, 15 | M, W, S | |
| *Xylaria longipes* Nitschke 1867 **Langstielige Ahorn-Holzkeule** Asc. | | 14, 15 | M, W, S, Kg, FS, Hö | 3F |
| *Xylaria polymorpha* (Pers.) Grev. 1824 **Vielgestaltige Holzkeule** Asc. | *Xylaria clavata* (Scop.) Schrank 1879 | 07, 08, 14, 15 | M, W, S | |

| Taxon | Syn. | MTB, MF 4029.1 | leg./det. | Stat. RL Ni |
|---|---|---|---|---|
| *Xylodon quercinus* (PERS.) GRAY 1821<br><br>**Stacheliges Laubholz-Holzzähnchen** Bas. | *Grandinia quercina* (PERS.) JÜLICH 1982, *Hydnum quercinum* (PERS.) FR. 1821, *Hyphodontia quercina* (PERS.) J. ERIKSS. 1958, *Odontia quercina* PERS. 1800, *Radulum quercinum* (PERS.) FR. 1838 | 06 | M | |
| | | | | |
| **Nachtrag:** | | | | |
| | | | | |
| *Amanita eliae* QUÉL. 1872 **Kammrandiger Wulstling** Bas. | *Amanita cordae* VELEN. 1920, *Amanita godeyi* GILLET 1874, *Lepiota eliae* (QUÉL.) GILLET 1920 | 12 | M | 2 |
| *Calocera cornea* (BATSCH) FR. 1827 **Pfriemförmiger Hörnling** Bas. | *Calocera palmata* (SCHUMACH.) FR. 1838 | 07 | M | |
| *Ceratiomyxa fruticulosa* (O. F. MÜLL.) MACBR. 1899 **Geweihförmiger Schleimpilz** Myx. | *Byssus fruticulosa* O. F. MÜLL. 1777, *Ceratiomyxa mucida* J. SCHRÖT. 1889, *Clavaria puccinia* BATSCH 1783, *Famintzinia fruticulosa* (O. F. MÜLL.) LADO 2001 | 07, 14, 15 | M | |
| *Chlorophyllum rachodes* (VITTAD.) VELLINGA 2002 **Safran-Riesenschirmling** Bas. | *Lepiota rachodes* (VITTAD.) QUÉL. 1872, *Leucocoprinus rachodes* (VITTAD.) PAT. 1900, *Macrolepiota rachodes* (VITTAD.) SINGER 1951 | 07 | M | |
| *Dasyscyphella nivea* (HEDW.) RAITV. 1970´ **Schneeweißes Haarbecherchen** Asc. | *Dasyscyphus niveus* (HEDW.: FR.) SACC. 1889, *Lachnum niveum* (R. HEDW.) P. KARST. 1871 | 13 | W | |
| *Diatrype decorticata* RAPPAZ 1987 **Flächiges Eckenscheibchen** Asc. | *Diatrype stigma var. decorticata* (PERS.: FR.) FR. | 06, 07 | M | |

| Taxon | Syn. | MTB, MF 4029.1 | leg./det. | Stat. RL Ni |
|---|---|---|---|---|
| *Eriopezia caesia* (PERS.) REHM 1892 **Schwarzes Spinn-webbecherchen, Braunscheibiges Wirrhaar -Becher-chen** Asc. | *Eriopeziza chavaetiae* (LIB.) DACC. & SACC. 1907, *Trichopeziza caesia* (PERS.: FR.) BOUD. 1907 | 15 | M | |
| *Eutypella prunastri* (PERS.) SACC. 1875 **Schlehen-Krusten-kugelpilz** Asc. | *Eutya prunastri* (PERS.) L. C. TIFFANY & J. C. GILLMAN | 07 | M, W | |
| *Hortiboletus bubalinus* (OOLBEKK. & DUIN) L. ALBERT & DIMA 2015 **Rötender Filzröhr-ling** Bas. | *Boletus bubalinus* OOLBEKK. & DUIN 1991, *Xerocomellus bubalinus* (OOLBEKK. & DUIN) MIKŠÍK 2014, *Xerocomus bubalinus* (OOLBEKK. & DUIN) REDEUILH 1993 | 15 | M | |
| *Hypocrea citrina* (PERS.) FR. 1849 **Zitronenfarbener Krusten-Pustelpilz** Asc. | *Trichoderma citrinum* (PERS.: FR.) JAKLITSCH W. GAMS & VOGLMAYR 2014 Anamorphe | 15 | M | |
| *Hypocrea fungicola* (P. KARST.) SACC. 1883 **Porlings-Kissenpus-telpilz** Asc. | *Hypocrea pulvinata* FUCKEL 1870, *Trichoderma pulvinatum* (FUCKEL) JAKLITSCH & VOGLMAYR 2014 Ana-morphe | o. Ang. 15 | W M | |
| *Hypocrea rufa* (PERS.: FR.) 1849 *s.str.* **Rotbrauner Schei-benpustelpilz** Asc. | *Trichoderma lignorum* (TODE) HARZ 1871, *Trichoderma viride* PERS. 1794 | 15 | W | |
| *Hypoxylon macrocar-pum* POUZAR 1978 **Großfrüchtige Koh-lenbeere** Asc. | | 13, 14 | M | |
| *Marchandiomyces aurantioroseus* (P. KARST.) GHOBAD-NEJHAD 2021 Bas. | *Corticium quercicola* JÜLICH 1982, *Laeticorticium quercinum* J. ERIKSS. & RYVARDEN 1976, *Marchandiomy-ces quercinus* (J. ERIKSS. & RYVAR-DEN) D. HAWKSW. & A. HENRICI 2015 | 13 | W | |

| Taxon | Syn. | MTB, MF 4029.1 | leg./det. | Stat. RL Ni |
|---|---|---|---|---|
| *Leucopaxillus rhodoleucus* (SACC.) KÜHNER 1926 **Lachsblättriger Krempenritterling, Rosablättriger Krempenritterling** Bas. | *Clitocybe rhodoleuca* SACC. 1895, *Lepista rhodoleuca* (ROMELL) KÜHNER 1926, *Pseudoclitopilus rhodoleucus* (SACC.) VIZZINI & CONTU 2012 | 14 | M, W, S | **4** |
| *Peniophorella pubera* (FR.) P. KARST. 1889 **Flaumige Hyphenhaut, Flaumiger Rindenpilz** Bas. | *Hyphoderma puberum* (FR.) WALLR. 1833, *Thelephora pubera* FR. 1828 | o. Ang. | W | |
| *Peniophora limitata* (CHAILLET) COOKE 1879 **Violettgraue Eschen-Peniophora, Berandete Eschen-Peniophora** Bas. | *Peniophora cinerea var. interrupta* (PERS.: FR.) BOURDOT & GALZIN 1928, *Peniophora fraxinea* (PERS.) S. LUNDELL 1934, *Thelephora fraxinea* PERS. 1822 | 13, 15 | M, W | |
| *Polyporus tuberaster* (JACQ.) FR. 1815 **Sklerotienporling** Bas. | *Cerioporus forquignonii* (QUÉL.) QUÉL. 1886, *Polyporus coronatus* ROSTK. 1848, *Polyporus floccipes* ROSTK. 1848, *Polyporus forquignonii* QUÉL. 1885, *Polyporus lentus* BERK. 1836 | 15 | M, W | **2H** |
| *Propolis farinosa* (PERS.) FR. 1849 **Grauweißes Holzscheibchen** Asc. | *Mellitiosporium versicolor* (FR.) CORDA 1838, *Propolis faginea* (SCHRAD.) P. KARST. 1871, *Propolis rhodoleuca* (SOMMERF.) FR. 1849, *Propolis versicolor* (FR.) FR. 1849, *Propolis viridis* L. M. DUFOUR 1896, *Propolomyces farinosus* (PERS.) SHERW. 1977, *Propolomyces versicolor* (FR.) DENNIS 1982 | 13 | M, W | |

| Mitt. Naturw. Ver. Goslar | **16** | 401-453 | Goslar 2024 |
| --- | --- | --- | --- |

# Fotografien von Pilzen aus dem Harly
## Auswahlbeispiele

**1 und 2**

*Pycnoporellus fulgens* (FR.) DONK 1971       Leuchtender Weichporling

**3**

**Amanita muscaria** (L.) Lam. 1783                    **Fliegenpilz**

**4**

***Pycnoporus cinnabarinus*** (Jacq.) P.              **Zinnobertramete**
Karst. 1881

**5**

*Amanita ceciliae* (Berk. & Broome) Bas 1983

Riesen-Scheidenstreifling

**6**

*Amanita franchetii* (Boud.) Fayod 1889

Rauer Wulstling

7

*Helvella phlebophora* PAT. & DOASS. 1886

Rillstielige Lorchel,
Kleine Rippen-Lorchel

8

*Sarcoscypha austriaca* (O. BECK EX SACC.) BOUD. 1907

Österreichischer Kelchbecherling,
Österreichischer Prachtbecherling

9

*Fomes fomentarius* (L.) Fr.

Echter Zunderschwamm

10

*Hericium cirrhatum* (Pers.) Nikol. 1950

**Dorniger Stachelbart**

11

*Hericium coralloides* (Scop.) Pers. 1794

**Ästiger Stachelbart, Buchen-Stachelbart**

12

*Cystolepiota pulverulenta* (Huijsman) Vellinga 1992

Bräunender Mehlschirmling

13

*Volvariella surrecta* (Knapp) Singer 1951

Parasitischer Scheidling

14

***Armillaria mellea*** (VAHL)
P. KUMM. 1871 *s. str.*

Honiggelber Hallimasch

15

***Armillaria ostoyae*** (ROMAGN.)
HERINK 1973

Dunkler Hallimasch

16
*Clitopilus prunulus* (SCOP.) P. KUMM. 1871
Mehlräsling

17
*Coprinellus impatiens* (FR.) J. E. LANGE
1938
Graublättriger Tintling, Laub-Tintling

18

*Calocera cornea* (Batsch) Fr. 1827

Pfriemförmiger  Hörnling

19
*Hypholoma fasciculare* (Huds.)
P. Kumm. 1871

Grünblättriger Schwefelkopf

20

*Hemipholiota populnea* (Pers.)
Bon 1986

Pappel-Schüppling

21

*Xylaria polymorpha* (Pers.) Grev. 1824

Vielgestaltige Holzkeule

22

*Caloboletus radicans* (Pers.)
Vizzini 2014
**Wurzelnder Bitterröhrling**

23

*Ganoderma applanatum* (Pers.)
Pat. 1887
**Flacher Lackporling**

**24**

*Hypholoma lateritium* (SCHAEFF.)
P. KUMM. 1871
Ziegelroter Schwefelkopf

**25**

*Parasola conopilea* (FR.) ÖRSTA-
DIUS & E. LARSS. 2008
Steifstieliger Mürbling

26

*Laetiporus sulphureus* (Bull.)
Murrill 1920
Schwefelporling

27

*Lepista nuda* (Bull.) Cooke 1871
Violetter Rötelritterling

28

***Strobilomyces strobilaceus*** (Scop.)
**Berk. 1851**
Strubbelkopfröhrling

29

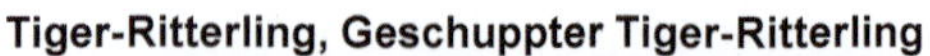

***Tricholoma  pardalotum*** Herink &
Kotl. 1967
Tiger-Ritterling, Geschuppter Tiger-Ritterling

**30**

*Leucocoprinus badhamii* (Berk. & Broome) Locq. 1943

Anlaufender Egerlings-Schirmling, Badham's Egerlings-Schirmling

31

*Stropharia caerulea* KREISEL 1979

Blauer Träuschling, Blaugrüner Träuschlimg

**32**

***Rubroboletus rhodoxanthus***
(Krombh.) Kuan Zhao & Zhu
L. Yang *2014*
Rosahütiger Purpur-Röhrling

**33**

*Boletus aereus* Bull. 1789

Schwarzer Steinpilz, Bronze-
Röhrling, Schwarzhütiger
Steinpilz

34
*Hemileccinum impolitum* (Fʀ.) Šᴜᴛᴀʀᴀ 2008
Fahler Röhrling

**35**
*Suillus luteus* (L.) Roussel 1796
**Butterpilz**

**36**
***Boletus edulis*** Bull. *1782*
**Steinpilz**

37
*Geastrum fimbriatum* Fʀ. 1829
Gewimperter Erdstern

**38**
*Cortinarius anserinus* (Velen.) Rob. Henry 1986
Buchenklumpfuß

**39**
*Hydnum repandum* L. 1753
Semmel-Stoppelpilz

**40**

*Oudemansiella mucida* (Schrad.) Höhn. 1910
Beringter Schleimrübling, Buchenschleimrübling

41
*Xerula radicata* (RELHAN) DÖRFELT 1975
Wurzelnder Schleimrübling

**42**

*Hortiboletus rubellus* (Krombh.)
Simonini, Vizzini & Gelardi 2015

**Blutroter Röhrling**

**43**

*Lactarius acris* (Bolton) Gray 1821

**Rosaanlaufender Milchling, Rosaverfärbender Milchling**

*Lactifluus piperatus* (L.) Roussel 1806
Langstieliger Pfeffer-Milchling

**45**

*Macrolepiota procera* (Scop.) Singer 1948
Parasol, Riesenschirmpilz

**46**
*Russula foetens* Pers. 1796
**Stink-Täubling**

47, links

***Melanophyllum haematospermum*** (Bull.)
Kreisel 1984
**Blutblättriger Zwergschirmling**

48, rechts

***Melanophyllum eyrei*** (Massee)
Singer 1951
**Grünblättriger Zwergschirmling**

49

*Tremella mesenterica* Retz. 1796
Goldgelber Zitterling

50

*Exidia nigricans* (With.)
P. Roberts 2009
Warziger Drüsling

51

*Lycogala epidendrum* (J. C. Buxb. ex L.) Fr. 1829
Blutmilch-Schleimpilz

**52**

*Pleurotus pulmonarius* (FR.) QUÉL. 1872

**Lungen-Seitling, Sommer-Seitling, Cremeweißer Seitling**

53

*Pluteus umbrosus* (PERS.) P. KUMM. 1871
Schwarzsamtiger Dachpilz, Flocken-
schneidiger  Dachpilz

54

*Polyporus badius (Pers.) Schwein. 1832*
Kastanienbrauner Schwarzfußporling

55

*Bulgaria inquinans* (PERS.) FR. 1822

Schmutzbecherling

56

*Fuligo septica* (L.) F.H. WIGG. 1780 *s. str.*

Hexenbutter, Gelbe Lohblüte

**57**

***Ditangium cerasi*** (Schumach.) Costantin & L.M. Dufour 1891
Kraterpilz, Kirschbaum-Gallertpilz

58

*Phlegmacium eucaeruleum* (ROB. HENRY)
NISKANEN & LIIMAT. 2022
Schönblauer Klumpfuß, Indigo-Klumpfuß

59

*Aleuria aurantia* (PERS.) FUCKEL 1870
Gemeiner Orange-Becherling

60

*Inonotus dryadeus* (PERS.)
MURRILL 1908
Tropfender Schillerporling

61

*Ganoderma lucidum* (CURTIS)
P. KARST. 1881

Glänzender Lackporling

**62**

*Rubroboletus satanas* (Lenz) Kuan Zhao & Zhu L. Yang 2014

**Satansröhrling**

63
*Buglossoporus quercinus*
(Schrad.) Kotl. & Pouzar 1966

Eichen-Zungenporling

64

*Leratiomyces ceres* (Cooke &
Massee) Spooner & Bridge 2008

Orangeroter Träuschling

**65**

*Collybia cirrhata (Schumach.) Quél. 1872*

**Seidiger Sklerotienrübling, Seidiger Zwergrübling**

**66**

*Porodaedalea pini* (Brot.) Murrill 1905

Kiefern-Feuerschwamm

**67**

*Craterellus cornucopioides* (L.: Fr.) Pers, 1825

**Herbsttrompete**

68

*Fistulina hepatica* (Schaeff.) With. 1792

Leberreischling, Ochsenzunge

Fotografie: Marion Franke-Sochacki

**69**
*Geastrum corollinum* (Batsch) Hollós **1904**
**Zitzen-Erdstern**

70                                                 Fotografie: Marion Franke-Sochacki

*Entoloma euchroum* (PERS.) DONK 1949

**Blauer Holz-Rötling, Violetter Rötling**

71

*Sclerencoelia fascicularis* (ALB. & SCHWEIN.) PÄRTEL & BARAL 2016

**Schwarzbrauner Pappelbecherling**

72

*Morchella esculenta* (L.) Pers. 1797

Speisemorchel, Rundmorchel

73

*Morchella semilibera* DC. 1805

Käppchen-Morchel, Halbfreie Morchel

**74**

*Mycena rosea* (Bull.) Gramberg 1912

Rosa Rettich-Helmling, Rosafarbener Rettich-Helmling

*Psathyrella multipedata* (PECK) A. H. SM. 1941

Büscheliger Faserling

76

*Ischnoderma benzoinum* (Wahlenb.) P. Karst. 1881

Schwarzgebänderter Harzporling

## Verantwortungsarten von Großpilzen in Deutschland und ihre Verbreitung im Harly

Im Jahre 2014 wurden im Auftrag des Bundesamtes für Naturschutz (BfN) die ersten 19 Großpilze als Verantwortungsarten publiziert (LÜDERITZ & GMINDER).

Weitere Arten wurden 2016 in der neuen Roten Liste der Großpilze Deutschlands ausgewiesen. Sie könn(t)en in Deutschland naturschutzrechtlich den FFH-Arten gleichgestellt werden.

Diese „Arten nationaler Verantwortlichkeit Deutschlands" sind Großpilzarten, für die Deutschland international eine besondere Verantwortlichkeit hat, weil sie nur in Deutschland vorkommen oder weil sich ein hoher Anteil der Weltpopulation in Deutschland befindet.

Die Steckbriefe von 19 Verantwortungsarten wurden von MATTHIAS LÜDERITZ und ANDREAS GMINDER als Beiheft z. Mykol. 13 veröffentlicht. Weitere 74 Arten wurden in der neuen Roten Liste der Großpilze Deutschlands ausgewiesen, so dass die Summe derzeit 93 Großpilzarten umfasst.

Die Fauna-Flora-Habitat-Richtlinie, kurz FFH-Richtlinie oder Habitatrichtlinie, ist eine Naturschutz-Richtlinie der Europäischen Union (EU, 1992).

Die korrekte deutsche Bezeichnung der FFH-Richtlinie lautet:

*Richtlinie 92/43/EWG des Rates vom 21. Mai 1992 zur Erhaltung der natürlichen Lebensräume sowie der wildlebenden Tiere und Pflanzen.*

Die *Fauna-Flora-Habitat-Richtlinie* hat zum Ziel, wildlebende Arten, deren Lebensräume und die europaweite Vernetzung dieser Lebensräume zu sichern und zu schützen. Die Vernetzung dient der Bewahrung, (Wieder-)herstellung und Entwicklung ökologischer Wechselbeziehungen sowie der Förderung natürlicher Ausbreitungs- und Wiederbesiedlungsprozesse. Sie dient damit der von den EU-Mitgliedstaaten 1992 eingegangenen Verpflichtungen zum Schutz der biologischen Vielfalt (Biodiversitätskonvention, CBD, Rio 1992). Leider wurde bislang keine einzige Pilzart im Anhang IV der Flora-Fauna-Habitat-Richtlinie als *„streng zu schützende Tier- und Pflanzenart von gemeinschaftlichem Interesse"* ausgewiesen.

Angesichts der Artenrückläufigkeit von Großpilzen auch im Harly, ist es interessant festzuhalten, welche *„Arten nationaler Verantwortlichkeit Deutschlands"* dort vorkommen.

**Die Tabelle auf der nachfolgenden Doppelseite listet die Verantwortungsarten von Großpilzen in Deutschland, die im Harly vorkommen, auf:**

| | Taxon | Trivialname | BNat SchG | RL D | RL Ni | Ver D |
|---|---|---|---|---|---|---|
| 1 | *Boletus depilatus* REDEUILH | Gefleckthütiger Röhrling | | G | 2 | ! |
| 2 | *Boletus fechtneri* VELEN | Silber-Röhrling | b | 2 | 1 | !! |
| 3 | *Boletus impolitus* FR. | Fahler Röhrling | | 3 | 2F, 3H | ! |
| 4 | *Boletus rhodoxanthus* (KROMBH.) KALLENB. | Rosahütiger Purpur-Röhrling | | 3 | 1 | !! |
| 5 | *Boletus satanas* LENZ | Satansröhrling | | V | 2 | ! |
| 6 | *Buglossoporus quercinus* (SCHRAD.: FR.) KOTL. & POUZAR | Eichen-Zungenporling | | 1 | 1 | ! |
| 7 | *Cortinarius alcalinophilus* ROB. HENRY | Leoparden-Klumpfuß | | G | n. a. | ! |
| 8 | *Cortinarius anserinus* (VELEN) ROB. HENRY | Buchen-Klumpfuß | | * | 1F, 3H | ! |
| 9 | *Cortinarius caerulescens* (SCHAEFF.) FR. | Blauer Klumpfuß | | * | 1F, 2H | ! |
| 10 | *Cortinarius callochrous* (PERS.: FR.) GRAY *agg.* | Amethystblättriger Klumpfuß | | D | 2F, 3H | ! |
| 11 | *Cortinarius citrinus* J.E. LANGE EX P.D. ORTON | Zitronengelber Klumpfuß | | G | 2F, 3H | ! |
| 12 | *Cortinarius elegantissimus* ROB. HENRY | Prächtiger Klumpfuß | | 3 | 1F, 2H | ! |
| 13 | *Cortinarius fulvocitrinus* BRANDRUD | Braunscheibiger Klumpfuß | | R | 2 | ! |
| 14 | *Cortinarius saporatus* BRITZELM. | Breitknolliger Klumpfuß | | G | 1F, 2H | ! |
| 15 | *Cortinarius sodagnitus* ROB. HENRY | Violetter Klumpfuß | | 3 | 2 | ! |

| | Taxon | Trivialname | BNat SchG | RL D | RL Ni | Ver D |
|---|---|---|---|---|---|---|
| 16 | *Cortinarius splendens* ROB. HENRY | **Schöngelber Klumpfuß** | | V | 2 | ! |
| 17 | *Cuphophyllus virgineus* (WULFEN) KOVALENKO *var. virgineus* | **Weißer Ellerling** | b | * | n. a. | 2 |
| 18 | *Hericium coralloides* (SCOP.) PERS. | **Ästiger Stachelbart** | | G | 2 | ! |
| 19 | *Hygrophorus mesotephrus* BERK. | **Graubrauner Schleimstiel-Schneckling** | | 3 | 0F, 2H | ! |
| 20 | *Hygrophorus penarius* FR. *var. penarius* | **Trockener Schneckling** | | * | 2F | ! |
| 21 | *Hygrophorus poetarum* R. HEIM | **Isabellrötlicher Schneckling** | | * | 1 | ! |
| 22 | *Hygrophorus unicolor* GRÖGER | **Seidiggerandeter Schneckling** | | * | n. a. | ! |
| 23 | *Lactarius acris* (BOLTON: FR.) GRAY | **Rosaanlaufender Milchling** | | 3 | 0F, 2H | ! |
| 24 | *Lactarius blennius* (FR.) FR. | **Graugrüner Milchling** | | * | n. a. | ! |
| 25 | *Lactarius circellatus* FR. | **Gebänderter Hainbuchen-Milchling** | | * | 3F | ! |
| 26 | *Lactarius fluens* BOUD. | **Braunfleckender Milchling** | | * | n. a. | ! |
| 27 | *Lactarius pallidus* (PERS.: FR.) FR. | **Fleischblasser Milchling** | | * | 2F | ! |
| 28 | *Lactarius rubrocinctus* FR. | **Rotgegürtelter Milchling** | | G | 2F, 3H | ! |
| 29 | ***Lactarius subdulcis*** (BULL.: FR.) GRAY | **Süßlicher Milchling** | | * | n. a. | ! |
| 30 | *Phylloporus pelletieri* (LÉV.) QUÉL. | **Europäisches Goldblatt** | | * | | ! |
| 31 | *Ramaria aurea* (SCHAEFF.: FR.) QUÉL. | **Goldgelbe Koralle** | | D | 1 | ! |
| 32 | *Russula lilacea* QUÉL. | **Rotstieliger Reiftäubling** | | 2 | 2 | ! |
| 33 | *Russula mairei* SINGER | **Buchen-Speitäubling** | | * | n. a. | ! |

**Legende zur Tabelle Verantwortungsarten von Großpilzen in Deutschland, die im Harly vorkommen**

BNatSchG = Bundesnaturschutzgesetz:

b = nach § 7, Abs. 2, Nr. 13 „besonders" geschützte Art
s = nach § 7, Abs. 2, Nr. 14 „streng" geschützte Art

RL D = Gefährdungskategorie in der Roten Liste der Großpilze Deutschlands:

1 = Vom Aussterben bedroht
2 = Stark gefährdet
3 = Gefährdet
G = Gefährdung unbekannten Ausmaßes
R = Extrem selten
D = Daten unzureichend
V = Vorwarnliste
* = Ungefährdet

RL Ni= Gefährdungskategorien in der Roten Liste der in Niedersachsen und Bremen gefährdeten Großpilze:

0 =    Verschollen
1 =    Vom Aussterben bedroht
2 =    Stark gefährdet
3 =    Gefährdet
F =    Tiefland (Flachland)
H =    Hügel- und Bergland (incl. Harz)
n.a. =  nicht aufgeführt

Ver D  = Kategorien nationaler Verantwortlichkeit:

!! = In besonders hohem Maße verantwortlich
!  = In hohem Maße verantwortlich

(!) = In besonderem Maße für hochgradig isolierte Vorposten verantwortlich
?  = Daten ungenügend, evtl. erhöhte Verantwortlichkeit zu erwarten

**Bilanz**

Insgesamt konnten 33 Großpilzarten von 93 Verantwortungsarten im Harly nachgewiesen werden, das entspricht 35,48 % der derzeitig (2023) festgelegten Verantwortungsarten für Deutschland.
Drei Arten (*Boletus impolitus* Fr., *Boletus rhodoxanthus* (Krombh.) Kallenb. und *Cuphophyllus virgineus* (Wulfen) Kovalenko *var. virgineus*) sind darunter der Kategorie „in besonders hohem Maße verantwortlich" zugeordnet.
Schon aufgrund dieser Gegebenheiten ist die Führung des Harly als FFH-Gebiet angemessen und gerechtfertigt.

Allerdings sind entsprechende Informationen vor Ort nur sehr eingeschränkt vorhanden.

Wie schon an anderer Stelle ausgeführt, wäre es Aufgabe der verantwortlichen Stellen, für eine umfänglichere und nachhaltige Information der Öffentlichkeit vor Ort in Form von Hinweis- und Informationstafeln zu sorgen.

Die am Alten Forsthaus hinter dem Klostergut Wöltingerode aufgestellte Tafel thematisiert das Gebiet hauptsächlich als Wander- und nicht als FFH-Gebiet. Letzteres wird leider nur nachrangig kurz angesprochen. Eine zweite Besuchertafel am Parkplatz Schacht I stellt den Harly als reines Wander- und Ausflugsgebiet vor.

**Kartenausschnitt des FFH-Gebietes des Harly (Quelle: NLWKN):**

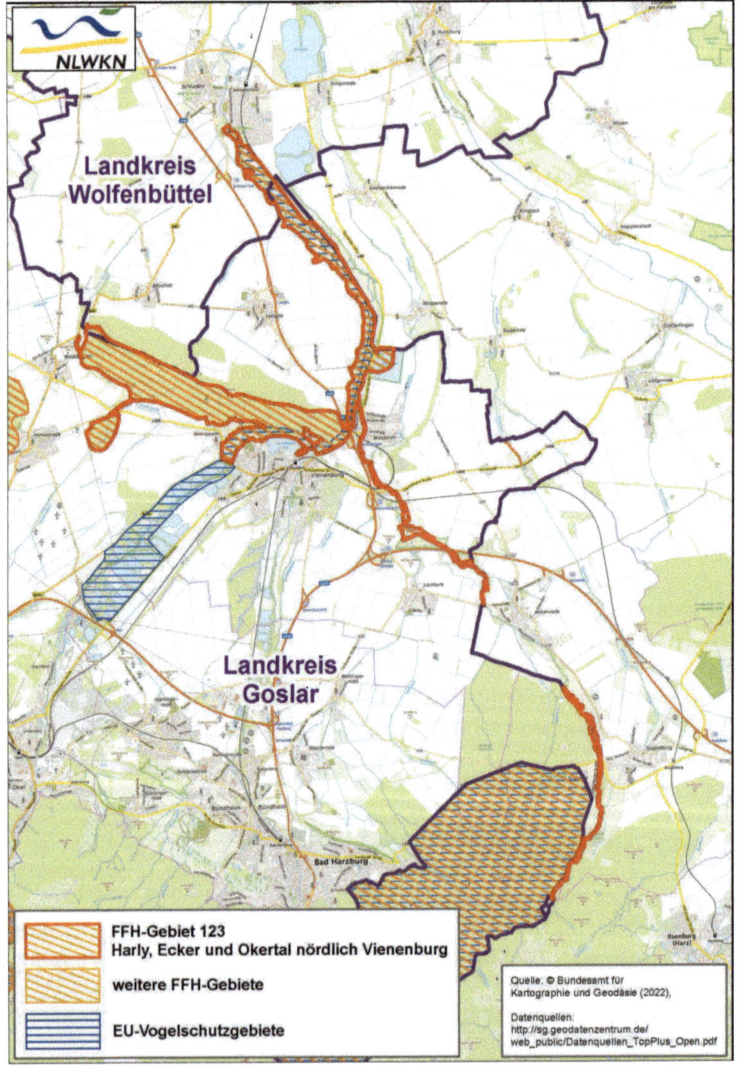

## Auswertung und Ergebnis

Im Harly konnten bislang 923 Pilzarten festgestellt werden.

Diese Summe umfasst 751 Basidiomyzeten, 158 Ascomyzeten, 10 Myxomyzeten, 1 Jochpilz aus der Ordnung Mucorales und 3 Eipilze (Peronosporales). Letztere werden phylogenetisch jedoch nicht zu den Pilzen gezählt.
51 Pilze sind darunter Phytoparasiten und umfassen Echte und Falsche Mehltaupilze, Rost- und Brandpilze.
Letztere wurden vor allem auf Exkursionen von KLAUS WÖLDECKE (vor 2014) aufgesammelt und bestimmt.
Aktuelle nomenklatorische Aspekte wurden beachtet, wenngleich viele Fundarten auch noch ihrer Neugruppierung und Umbenennung harren. Insofern versteht sich die vorliegende Publikation auch nur als vorläufiger Zwischenstand. Aktuellen Eingruppierungen, wie sie zum Beispiel die Einführung von 11 neuen Gattungen bei den Cortinarien (LIIMATAINEN & NISKANEN 2022) deutlich macht, wurde nicht gefolgt, zumal die gesamte Taxonomie derzeit im Fluss ist und sich auch in Zukunft noch weiter verändern wird.
Allerdings wurden zu jeder Art wichtige Synonyme gesetzt, um Querverbindungen und Hinweise dem Leser nachvollziehbar zu machen.

Die Kartierer*innen wurden wie folgt in der Artenlistung angegeben :

| A | ANDERSSON, HARRY (Braunschweig) |
|---|---|
| FS | FRANKE-SOCHACKI, MARION (Wolfenbüttel) |
| Hm | HEINEMANN, SYLVIA (Goslar) |
| Hö | HÖFERT, MARION (Bad Harzburg) |
| Kg | DR. KRIEGLSTEINER, LOTHAR (Spraitbach) |
| M | MANHART, HANS (Bad Harzburg) |
| S | JEPPSON, MIKAEL ET AL., 2017 (Schweden) |
| Sch | SCHULTZ, THOMAS (Wernigerode) |
| W | WÖLDECKE, KLAUS † & WÖLDECKE, KNUT (Hannover) |
| WW | WIMMER, WALTER (Salzgitter) |

Leider standen Fundmeldungen nur eingeschränkt zur Verfügung, so dass die Gesamtzahl an gefundenen Arten noch höher sein dürfte.
Manche Funde wurden im Harly nicht mit Minutenfeldangaben versehen.
Die meisten unter W vermerkten Funde beziehen sich auf WÖLDECKE, KLAUS †.

Es hat sich als sinnvoll erwiesen, Arten, von denen eine genaue Beschreibung ihrer Habitate und eine oder mehrere Bildtafeln vorliegen, gesondert aufzuführen, und Arten, die zusätzlich gefunden wurden, in einer zweiten, ergänzenden Listung aufzunehmen.

Die derzeit noch gültige Fassung der Roten Liste der Großpilze in Niedersachsen und Bremen wurde nicht kommentiert. Bei einigen Fundarten schien jedoch der Vermerk n.a. (nicht aufgeführt) sinnvoll.

Ausgehend von der Roten Liste für Großpilze in Niedersachsen und Bremen (3. Fassung, 2014) wurden unter den 923 Pilzarten **280 Rote Liste-Arten** festgestellt. Von diesen lassen sich jedoch nur **224** mit einbeziehen, weil sie für Niedersachsen insgesamt oder für das Hügel- und Bergland als gefährdet geführt sind. Tiefland- und Küstenarten mit unterschiedlicher regionaler Gefährdung wurden hierbei nicht mit einbezogen.

Die Pilzartenfunde im Harly lassen sich wie folgt aufschlüsseln:

| | |
|---|---|
| Bis dato gefundene Pilzarten im Harly | 923 |
| **Basidiomyceten** | **751** |
| darunter phytoparasitische Basidiomyzeten | 23 |
| **Ascomyzeten** | **158** |
| darunter phytoparasitische Ascomyzeten | 25 |
| **Jochpilze (Zygomyzeten)** | **1** |
| **Myxomyzeten** | **10** |
| **Eipilze (Peronosporomyzeten)** | **3** |

Wie sich die Rote Liste-Arten nach den bestehenden Gefährdungskategorien verteilen, wird gesondert aufgeführt und kommentiert.

Bis zum 01.10.2023 liegen insgesamt 556 Bildtafeln von im Harly gefundenen Pilzen vor. Die Tafeloriginale sind wie weitere ca. 1.700 Tafeln, die nach Funden in anderen Gebieten gefertigt wurden, in der Wilhelm Gottfried Leibniz-Bibliothek in Hannover hinterlegt
In einer weiteren Auflistung werden sodann Arten, die vor und nach 2013 nicht mehr gefunden wurden, zusammengestellt.

Rote Liste der in Niedersachsen und Bremen gefährdeten Großpilze (WÖLDECKE, KNUT: 2014)

| Kategorie | Gefährdungskategorie | Artenanzahl | in Prozent bezogen auf Gesamtzahl (923) |
|---|---|---|---|
| **RL 0** | Ausgestorben oder verschollen | 4 | 0,43 |
| **RL 1** | Vom Aussterben bedroht | 19 | 2,06 |

| RL 2 | Stark gefährdet | 54 | 5,85 |
| RL 2 H | Stark gefährdet (Gefährdungskategorie im Hügel- und Bergland (incl. Harz)) | 19 | 2,06 |
| RL 3 | Gefährdet | 74 | 8,02 |
| RL 3 H | Gefährdet (Gefährdungskategorie im Hügel- und Bergland (incl. Harz)) | 41 | 4,44 |
| RL 4 | Potentiell gefährdet | 13 | 1,40 |
| RL 4 H | Stark gefährdet (Gefährdungskategorie im Hügel- und Bergland (incl. Harz)) | - | |
| | | | |
| | Summe | **224** | **24,26** |

Die Zusatzkategorien **F** (Küste) und **B** (Binnenland) bleiben in der Tabelle unberücksichtigt.

Fast jede 4. Pilzart wäre danach im Harly eine Rote-Liste-Art.

Die Kategorieeinstufung der Roten Liste für Niedersachsen und Bremen (2014) bei *Tuber aestivum* in 3F0 ist unklar und nicht nachvollziehbar.

| Als verschollen werden in der RL für Niedersachsen und Bremen (2014) für den Harly geführt: **RL 0** | |
| --- | --- |
| *Cortinarius salor* FR. 1838 | Blauer Schleimkopf |
| *Cortinarius orellanus* FR. 1838 | Orangefuchsiger Raukopf |
| *Geastrum fornicatum* (HUDS.) HOOK. 1821 | Großer Nest-Erdstern |
| *Polyporus arcularius* (BATSCH) FR. 1821 | Weitlöcheriger Porling |

*C. orellanus* wurde 1998 einmal gefunden, kann also, da es danach zu keinem Wiederfund kam, 2023 als verschollen gelten. Das Fundjahr war im Übrigen ein ausgesprochen üppiges Cortinarienjahr, dessen Artenfülle und Vielfalt seither nicht mehr übertroffen wurde.
*C. salor* wurde 2014 ebenfalls nur einmal gefunden, er kann bis dato aber nicht als verschollen betrachtet werden. Das gilt auch für Polyporus arcularius (Wieder- und Erstfund für den Harly  2022).

Legt man das Augenmerk bei Fundarten im Harly, die im Flachland Rote Liste-Arten sind, ergibt sich folgende Verteilung:

| RL 0F | Ausgestorben oder verschollen | 4 |
| --- | --- | --- |
| RL 1F | Vom Aussterben bedroht | 21 |
| RL 2F | Stark gefährdet | 41 |
| RL 3F | Gefährdet | 36 |
| RL 4F | Potentiell gefährdet | 5 |

Diese lässt sich zwar nicht auf den Harly beziehen, weil auch Doppelnennungen (z.B. 2F, 3H) enthalten sind, und der Harly dem Niedersächsischen Hügelland zugerechnet wird.
Es ist aber eine ähnliche Gefährdung von Arten abzuleiten, die im Flachland rot gelistet wurden.

Interessant ist auch der Blick auf Arten, die im Harly seit 10 (2013), seit 20 (2003) oder seit 30 Jahren (1993) trotz intensiver Begehung nicht mehr angefunden werden konnten.

Nachstehend werden aber zunächst Arten aufgelistet, die als vom Aussterben bedroht mit dem RL-Status 1 für Niedersachsen geführt werden sowie Arten, die seit 30, 20 oder 10 Jahren intensiver Begehung und Suche nicht mehr angefunden werden konnten.

Allerdings wird am Beispiel des Wiederfundes von *Geastrum corollinum* (BATSCH) HOLLÓS 1904 deutlich, dass Pilzmyzelien  ohne erkennbare Fruchtkörperbildung jahrelang ausharren können und dieser Umstand vermutlich oftmals noch viel länger ausfallen kann.

| Als vom Aussterben bedroht werden in der RL für Niedersachsen und Bremen für den Harly angeführt: **RL 1** | |
|---|---|
| *Buglossoporus quercinus* (SCHRAD.) KOTL.& POUZAR 1966 | Eichen-Zungenporling |
| *Butyriboletus fechtneri* (VELEN.) D. ARORA & J. L. FRANK 2014 | Silber-Röhrling |
| *Calonarius odoratus* (JOGUET EX M. M. MOSER) NISKANEN & LIIMAT. 2022 | Hellgrüner Duft-Klumpfuß |
| *Calonarius rufo-olivaceus* (PERS.) NISKANEN & LIMAT. 2022 | Violettroter Klumpfuß |
| *Cortinarius claricolor* (FR.) FR. 1838 | Weißgestiefelter Schleimkopf |
| *Cortinarius salor* FR. 1838 | Blauer Schleimkopf |
| *Cortinarius laniger* FR. 1838 | Zimtroter Gürtelfuß |
| *Geastrum corollinum* (BATSCH) HOLLÓS 1904 | Zitzen-Erdstern |
| *Gyromitra parma (J. Breitenb. & Maas Geest.) Kotl. & Pouzar 1974* | Schildförmige Scheibenlorchel |
| *Hygrophorus poetarum* R. HEIM 1948 | Isabellrötlicher Schneckling |
| *Lepiota cortinarius* J. E. LANGE 1915 | Schleier-Schirmling |
| *Lepiota forquignonii* QUÉL. 1885 | Olivgrauer Schirmling |
| *Melanophyllum eyrei* (MASSEE) SINGER 1951 | Grünblättriger Zwergschirmling |
| *Peziza granularis* DONADINI 1978 *nom. inval.* | Granulierter Becherling |
| *Pluteus aurantiorugosus* (TROG) SACC. 1896 | Orangeroter Dachpilz |
| *Ramaria aurea* (SCHAEFF.) QUÉL. 1888 | Goldgelbe Koralle |

| *Rubroboletus rhodoxanthus* (Krombh.) Kuan Zhao & Zhu L. Yang 2014 | Rosahütiger Purpur-Röhrling |
|---|---|
| *Russula intermedia* P. Karst. 1888 | Prächtiger Birken-Täubling |
| *Russula pallidospora agg.* | Gelbblättriger Weißtäubling |
| *Thaxterogaster multiformis* (Fr.) Niskanen & Liimat. 2022 | Sägeblättriger Klumpfuß |
| *Tricholoma ustaloides* Romagn. 1954 | Bitterer Eichen-Ritterling |
| *Tuber fulgens* Quél. 1883 | Orangerote Hart-Trüffel |
| *Tuber rapaeodorum* Tul. & C. Tul. 1843 | Rettich-Zwergtrüffel |

**Calonarius rufo-olivaceus** wurde letztmalig 1998, **Cortinarius claricolor** 2000, **Cortinarius laniger** 1998, **Geastrum corollinum** 2009 (Wiederfund 2023), **Hygrophorus poetarum** 2001, **Pluteus aurantiorugosus** 1993, **Ramaria aurea** 2002 und **Thaxterogaster multiformis** 1998 gefunden.

Bis auf *Geastrum corollinum*, für die sich keine gesicherte Aussage treffen lässt, scheinen die anderen Fundarten im Harly verschollen zu sein. *Geastrum corollinum* wurde übrigens im August 2023 an derselben Wuchsstelle mit einem Fruchtkörper wiedergefunden!
(Die Coverabbildung stammt von 2023.)

Arten, die nach 2002 im Harly nicht mehr gefunden wurden (LF: Letztfund):

| *Agaricus xanthodermus var. lepiotoides* Maire 1910 | Schirmlingsartiger Karbol-Egerling | LF 2000 |
|---|---|---|
| *Ascotremella faginea* (Peck) Seaver 1930 | Buchen-Schlauchzitterling, Schlauchzitterling | LF 2002 |
| *Calonarius olearioides* (Rob. Henry) Niskanen & Liimat. 2022 | Safran-Klumpfuß, Fuchsiger Klumpfuß | LF 2002 |
| *Calonarius rufo-olivaceus* (Pers.) Niskanen & Liimat. 2022 | Violettroter Klumpfuß | LF 1998 |
| *Chamaemyces fracidus* (Fr.) Donk 1962 | Fleckender Schmierschirmling | LF 1993 |
| *Chroogomphus rutilus agg* | Kupferroter Gelbfuß  Sammelart | LF 2002 |
| *Chrysomphalina grossula* (Pers.) Norvell, Redhead & Ammirati 1994 | Gelbgrüner Nabeling, Olivgrüner Nabeling | LF 2001 |
| *Clavariadelphus pistillaris* (L.) Donk 1933 | Herkuleskeule, Große Herkuleskeule | LF 1991 |
| *Cortinarius caerulescens* (Schaeff.) Fr. 1838 *ss.* Brandr. & al. | Blauer Klumpfuß | LF 2001 |
| *Cortinarius cinnamomeoluteus* P. D. Orton 1960 | Zimtgelber Hautkopf | LF 1993 |
| *Cortinarius claricolor* (Fr.) Fr. 1838 | Weißgestiefelter Schleimkopf | LF 2000 |
| *Cortinarius laniger* Fr. 1838 | Zimtroter Gürtelfuß | LF 1998 |

| | | |
|---|---|---|
| *Cortinarius purpurascens var. largusoides* Cetto 1991 | **Purpurfleckender Laubwald-Klumpfuß** | **LF 2002** |
| *Cortinarius variecolor* (PERS.) FR. S.L. 1838 | **Verfärbender Schleimkopf, Hain-Klumpfuß, Erdigriechender Schleimkopf** | **LF 2001** |
| *Geastrum fornicatum* (HUDS.) HOOK. 1821 | **Großer Nest-Erdstern** | **LF 1993** |
| *Hygrophorus poetarum* R.HEIM 1948 | **Rosa Buchen-Schneckling, Isabellrötlicher Buchen-Schneckling** | **LF 2001** |
| *Hymenogaster niveus* VITTAD. 1831 | **Schneeweiße Erdnuss** | **LF 2001** |
| *Pluteus aurantiorugosus* (TROG) SACC. 1896 | **Orangeroter Dachpilz** | **LF 1993** |
| *Polyporus umbellatus* (PERS.) FR. 1821 | **Eichhase, Ästiger Porling, Ästiger Büschelporling** | **LF 1993** |
| *Ramaria aurea* (SCHAEFF.) QUÉL. 1888 | **Echte Gold-Koralle, Goldgelbe Koralle** | **LF 2002** |
| *Suillellus queletii* (SCHULZER) VIZZINI, SIMONINI & GELARDI 2014 | **Glattstieliger Hexenröhrling** | **LF 2002** |
| *Thaxterogaster multiformis* NISKANEN & LIIMAT. 2022 | **Sägeblättriger Klumpfuß** | **LF 1998** |

Insgesamt lässt sich sagen, dass die Fruchtkörperbildung quantitativ und qualitativ nachgelassen hat und Arten, die noch vor 20 oder 30 Jahren zerstreut bis ortshäufig mehrere bis viele Fruchtkörper ausbildeten, heute eher eine Ausnahme darstellen. Selbst in moderat temperierten Jahren mit durchschnittlichen Regenmengen findet man oftmals nur noch wenige Exemplare oder Kümmerformen.

Pilzarten, die wohl in Zunahme begriffen und in letzter Zeit etwas häufiger zu beobachten sind:

| | |
|---|---|
| *Amanita franchetii* (BOUD.) FAYOD 1889 | **Rauer Wulstling, Gelbflockiger Wulstling Bas.** |
| *Cryptostroma corticale* (ELLIS & EVERH.) P. H. GREG. & S. WALLER 1952 | **Rußrindenkrankheit Asc.** |
| *Hapalopilus nidulans* (FR.) P. KARST. 1881 | **Zimtfarbener Weichporling Bas.** |
| *Hymenoscyphus fraxineus* (T. KOWALSKI) BARAL, QUELOZ & HOSOYA 2014 | **Eschentriebsterben, Eschenwelke Asc.** |
| *Langermannia gigantea* (BATSCH) ROSTK. 1839 | **Riesenbovist Bas.** |
| *Phyllotopsis nidulans* (PERS.) SINGER 1936 | **Orangeseitling Bas.** |
| *Pleurotus pulmonarius* (FR.) QUÉL. 1872 | **Lungen-Seitling, Sommer-Seitling, Cremeweißer Seitling Bas.** |
| *Plicatura crispa* (PERS.) REA 1922 | **Krauser Adernzähling Bas.** |
| *Pycnoporellus fulgens* (FR.) DONK 1971 | **Leuchtender Weichporling Bas.** |

Insgesamt darf der Zwischenstandsbericht *"Die Großpilzflora im Harly"* nicht darüber hinwegtäuschen, dass er im eigentlichen in summa retrospektiv angelegt ist und die Quantität angefundener und bestimmter Großpilzarten nicht unbedingt eine qualitative Aussage zur jetzigen und zukünftigen Situation beinhaltet.
Starke Arealeinbußen und auffällig rückläufiges Wachstum von Fruchtkörpern deuten das in den letzten Jahren ohnehin mehr als deutlich an:
Der Harly ist ein auf vielfältige Weise bedrohtes Gebiet, das umso mehr dringend des Schutzes bedarf, wobei man auch hier angesichts globaler Veränderungen jedoch eher skeptisch verbleiben muss.

Mit Sicherheit liegt die tatsächliche Artenzahl von Großpilzen im Harly noch wesentlich höher als es die Gesamtlistung der Kartierungsergebnisse ausweist.

Viele Kleinarten zum Beispiel aus den Artenkomplexen *Lachnum, Lamprospora, Lasiosphaera, Mollisia, Scutellinia* usw. – um nur einige zu nennen – oder eine Vielzahl von Rindenpilzen sowie schwer bestimmbare *Conocyben, Entolomen, Inocyben* oder *Cortinarien* und andere, sind nicht aufgeführt worden und müssen Spezialisten vorbehalten bleiben.

Insofern vermag die vorliegende Schrift auch nur ein erstes Grundinventar skizzieren, wobei noch etliche Überraschungen und nicht aufgeführte Funde im Harly möglich sein dürften. Von den bis dato für Niedersachsen festgestellten 6.308 Pilzarten (mdl. Mitteilung Kn. Wöldecke vom 21.07.24) machen die Pilzfunde im Harly einen Anteil von 14,63 % aus.

Glossar

agg. - Aggregat, Bezeichnung für eine Gruppe nah verwandter und schwer zu unterscheidender Arten (Taxa)

Acer - Ahorn

Alnus - Erle

anthropogen - altgriech. ἄνθρωπος ánthrōpos „Mensch" mit dem Verbalstamm γεν- gen-"entstehen", also „menschengemacht", durch menschliches Einwirken verursacht

Apothecium - gr.lat. schüsselförmier Fruchtbehälter bei Schlauchpilzen

Asc. - Ascomyzet

Ascomyzet - Schlauchpilz, Sporen werden in sogenannten Asci (Schläuchen) gebildet

basenreich - hoher Anteil an Laugen

Bas. - Basidiomyzet

Basidiomyzet - Ständerpilz, Sporen werden auf sogenannten Basidien (Sporenständerzellen) gebildet

B - Binnenland

Betula - Birke

Biotop - Lebensraum einer Lebensgemeinschaft

Carpinus - Hainbuche, Weißbuche

cf. - lat. confer (vergleiche), man vergleiche

conf. - lat. confirmavit (hat bestätigt)

Corylus - Hasel

det.- lat. determinavit (hat bestimmt)

Detritus - lat. detritus (Abrieb), pflanzliche Streu im Boden und auf der Bodenoberfläche, noch nicht humifizierte organische Substanz

et al. - und weitere Autoren

eutrophiert - zu viele Nährstoffe enthaltend, überdüngt

F - Tiefland (Flachland)

f. - forma, Formabweichung ohne taxonomische Bedeutung

Fagus - Rotbuche

Fk - Fruchtkörper (Singular)

Fkk - Fruchtkörper (Plural)

Fraxinus - Esche

H - Hügel- und Bergland

Habitat - Lebensraum, in dem wesentliche Ansprüche einer Art erfüllt sind

heterotroph - bezeichnet eine Ernährungsform und bedeutet, dass ein Lebewesen die lebensnotwendigen organischen Stoffe nicht selbst herstellen kann und sich deshalb mit Hilfe eines anderen ernährt

hypogäisch - altgriech. ὑπόγειον (hypogeion) zu ὑπόγειος (hypogeios)  unterirdisch

Hyphe - fadenförmige Pilzzelle zur Wasser- und Nährstoffaufnahme

Indikator - (lat. indicare anzeigen) Umstand, Merkmal, Anzeiger

Indikationsart - Zeigerart für bestimmte Umgebungsfaktoren

ined. - inedit (noch nicht publiziert)

inv. - lat. invenit (gefunden)

J - Jochpilz

K - Küstenbereich

KG - Kartierungsgebiet

kollin - zum Hügelland gehörend

Larix - Lärche

leg. - lat. legit (hat gesammelt)

LH - Laubholz

lignicol - auf Holz wachsend

Monitoring - langfristige Beobachtung von Faktoren zur Überwachung von Ökosystemen

MF - Minutenfeld

MTB - Messtischblatt

Mykorrhiza - altgr. μύκης mýkēs ‚Pilz' und ῥίζα rhiza ‚Wurzel' (Mehrzahl Mykorrhizae oder Mykorrhizen) ist eine Form der Symbiose von Pilzen und Gefäßpflanzen bezeichnet, bei welcher der  Pilz mit dem Feinwurzelsystem der Pflanze verbunden ist zum gegenseitigen Vorteil

Myzel - Geflecht fadenförmiger Pilzzellen (Hyphen)

Myx. - Myxomyzet

Myxomyzet - Schleimpilz, bilden mit ca. 900 Arten in 60 Gattungen eine Untergruppe der Amoebozoa

NH - Nadelholz

nitrophil - Nitrate (Stickstoffverbindungen) speichernd und auf nitratreichem Boden besonders gut wachsend, diesen bevorzugend

nitrophob - Böden mit zu hohem Stickstoffanteil meidend

Nomenklatur - System der Namen- und Fachbezeichnungen

Nom. - nomen (Name)

nom. ambig. - nomen ambiguum (mehrdeutiger Name)

nom. illeg. - nomen illegitinum (Name nicht nach Regeln des Codes publiziert)

nom. inval. - nomen invalidum (ungültiger Name)

obligat - unerlässlich, üblich, unvermeidlich

Oo - Eipilz

p.p. - pro parte (zum Teil)

PP - Pflanzenparasitischer Pilz

Parasit - Lebewesen, das zum Überleben einen anderen Organismus benötigt

Picea - Fichte

planar - zur Tieflandzone gehörend

Populus - Pappel

Prunus - Steinobstgewächs wie Kirsche, Pflaume, Schlehdorn

Quercus - Eiche

Rubus - Rosengewächs, hier: Himbeere und Brombeere

ruderal - lat. rudus, Schutt

Ruderalflächen - vom Menschen tiefgreifend veränderte Standorte

Quercus - Eiche

resupinat - krustenförmig, mit der Rückseite am Substrat angewachsen

Rhizomorphe - aus Hyphen bestehende, verdickte Stränge einiger Ständerpilze

RL - Rote Liste

s. oder ss. auct. / auct.  plur. - sensu auctorum (im Sinne der Autoren/der meisten Autoren)

Salix - Weide

Saprobiont - altgriech. σαπρός sapros, faul, verfault) sind Organismen, die in toter, sich zersetzender organischer Substanz leben (Fäulniszersetzer)

s.l. - sensu lato (im weiten Sinn)

s.str. - sensu stricto (im engen Sinne)

Symbiont - Organismus, der mit einem anderen eine Lebensgemeinschaft zu gegenseitigem Nutzen bildet. Der kleinere Symbiosepartner wird häufig als Symbiont, der größere als Wirt bezeichnet.

Syn. - Synonym(e) - bedeutungsgleiche(r) Begriff(e)

Taxon - (Mehrzahl: Taxa) systematische Kategorie(n), Art

temporär - zeitweilig, vorübergehend, nicht beständig

terrestrisch - auf dem Erdboden wachsend

teste - geprüft

thermophil - wärmeliebend

Ubiquist - überall vorkommend, nicht an spezielle Biotope gebunden

überständig - übriggeblieben, überaltert

var. - Varietät

vis. - visit (hat gesehen)

**Kurzvita Hans Manhart**

| | |
|---|---|
| 1952 | Geboren in Goslar |
| 1972-77 | Studium der Kunstpädagogik und Freien Malerei an der HBK Braunschweig |
| 1977-79 | Anschlussstudium Freie Malerei HBK Braunschweig |
| 1980-1986 | Lehrauftrag für Malerei, FB Kulturpädagogik, Wissenschaftliche Hochschule Hildesheim |
| 1980-2018 | Kunsterzieher am Theodor-Heuss-Gymnasium Wolfsburg und am Christian-von-Dohm-Gymnasium Goslar |

Von Kindesbeinen an fasziniert von Pilzen
Mitglied in der Deutschen Gesellschaft für Mykologie (DGfM)
Geprüfter Pilzsachverständiger der DGfM
Ehrenamtlicher Kartierer von Großpilzen für den Nationalpark Harz
Mitglied im Naturwissenschaftlichen Verein Goslar e.V.

Seit 1983 Gestaltung von Pilztafeln nach Originalfunden.
Über 2.200 Bildtafeln, vornehmlich nach Funden aus Niedersachsen, befinden sich im Besitz der Gottfried Wilhelm Leibniz Bibliothek, Hannover (Niedersächsische Landesbibliothek).

Kontakt: hmanhart@t-online.de und www.hmanhart.de

**Literatur**

BREITENBACH, J. & KRÄNZLIN, F. (1984): Pilze der Schweiz, Bd.1, Schlauchpilze. – 2. Auflage, Verlag Mycologia, Luzern

BREITENBACH, J. & KRÄNZLIN, F. (1986): Pilze der Schweiz, Bd.2. Nichtblätterpilze. – Verlag Mycologia, Luzern

BREITENBACH, J. & KRÄNZLIN, F. (1991): Pilze der Schweiz, Bd.3. Blätterpilze, Teil 1. – Verlag Mycologia, Luzern

BREITENBACH, J. & KRÄNZLIN, F. (1995): Pilze der Schweiz, Bd.4. Blätterpilze, Teil 2. – Verlag Mycologia, Luzern

BREITENBACH, J. & KRÄNZLIN, F. (2000): Pilze der Schweiz, Bd.5. Blätterpilze, Teil 3. – Verlag Mycologia, Luzern

BRESINSKY A. (2021): Pilze und Flechten – Morphologie, Systematik, Bestimmung, Springer Spektrum, Berlin, 1123 Seiten

BRANDRUD, T.E.; LINDSTRÖM, H.; MARKLUND, H., MELOT, J. & MUSKOS, S. (1990): CORTINARIUS, Flora Photographica , Bd. 1, deutsche Ausgabe. – CORTINARIUS HB, MATFORS

BRANDRUD, T.E.; LINDSTRÖM, H.; MARKLUND, H., MELOT, J. & MUSKOS, S. (1993): CORTINARIUS, Flora Photographica , Bd. 2, deutsche Ausgabe. – CORTINARIUS HB, MATFORS

BRANDRUD, T.E.; LINDSTRÖM, H.; MARKLUND, H., MELOT, J. & MUSKOS, S. (1995): CORTINARIUS, Flora Photographica , Bd. 3, deutsche Ausgabe. – CORTINARIUS HB, MATFORS

BRANDRUD, T.E.; LINDSTRÖM, H.; MARKLUND, H., MELOT, J. & MUSKOS, S. (1998): CORTINARIUS, Flora Photographica , Bd. 4, deutsche Ausgabe. – CORTINARIUS HB, MATFORS

BROCKE, FR.: Zunderschwamm und Hexenröhrling – Pilze in alten Bildern und Rezepten, Thorbecke Verlag, Ostfildern 2006, 136 S.

BUND-KREISGRUPPE GOSLAR (Hrsg.,2008): Von Wöltingerode zum Muschelkalkkamm. Der Harly - Drei Erlebnispfade im westlichen, mittleren und östlichen Harly bei Vienenburg, Goslar 2008, 60 Seiten

DÄMMRICH F.; LOTZ-WINTER H.; SCHMIDT M.; PÄTZOLD W. [†]; OTTO P.; SCHMITT JA.; SCHOLLER M.; SCHURIG B.; WINTERHOFF W.; GMINDER A.; HARDTKE HJ.; HIRSCH G.; KARASCH P.; LÜDERITZ M.;SCHMIDT-STOHN G.; SIEPE K.; TÄGLICH U. & WÖLDECKE K. [†] (2016): Rote Liste der Großpilze und vorläufige Gesamtartenliste der Ständer- und Schlauchpilze (Basidiomycota und Ascomycota) Deutschlands mit Ausnahme der Flechten und der phytoparasitischen Kleinpilze.
In: MATZKE-HAJEK.; HOFBAUER N. & LUDWIG G. (Red.): Rote Liste gefährdeter Tiere, Pflanzen und Pilze Deutschlands, Bd. 8: Pilze (Teil 1) – Großpilze. Naturschutz und Biologische Vielfalt 70(8), Bundesamt für Naturschutz, Bonn-Bad Godesberg 2016

DGFM (2023): Datenbank der Pilze Deutschlands, DEUTSCHE GESELLSCHAFT FÜR MYKOLOGIE E. V. - BEARBEITET VON DÄMMRICH F.; GMINDER A.; HARDTKE H.-J.,; KARASCH P.; SCHMIDT M. & WEHR K.

ENGEL, H. (1996): Schmier- und Filzröhrlinge s.l. in Europa, Verlag Engel,Weidhausen, 328 S.

FRANK, W. H., HEIMHOLD, W. & PILGER, A. (1985): Geologie und Kulturgeschichte im Dreieck

Goslar-Bad Harzburg-Harliberg. Geologische, botanische und kulturhístorische Exkursionen und Zusammenhänge - Verlag Ellen Pieper, Clausthal-Zellerfeld, 271 Seiten

Fungi Europaei (1992): NOORDELOSS, M.E. ENTOLOMA s.l., Vol. 5 , GIOVANNA BIELLA, Saronno

GÜNTHER, A.; BÖHNING, T., WIESNER, J.; VESPER, A.; STACKE, A.; THEISS,, M., GMINDER, A. & PÜWERT, P. (2019): Die Großpilze Jenas, Funga_Jena Verlag, 752 Seiten

HARDKE, H.-J.; DÄMMRICH, F. & RÖDEL, T. (2021): Pilze in Sachsen, Basidiomyzeten Teil 1 und 2. Sächsisches Landesamt für Umwelt, Landwirtschaft und Geologie, Dresden, 1.720 Seiten

KIBBY, G. & TORTELLI, M. (2022):  The genus Cortinarius in Britain

KRÄNZLIN, F. (2005): Pilze der Schweiz, Bd.6. Russulaceae, Verlag Mycologia, Luzern

KREISEL, H. (2011): Pilze von Mecklenburg-Vorpommern, Arteninventar, Habitatbindung, Dynamik. Weissdorn-Verlag Jena, 612 Seiten

KRIEGLSTEINER, G. J. (Hrsg. 2000 a): Die Großpilze Baden-Württembergs, Band 1. – Ulmer Verlag Stuttgart.

Krieglsteiner, G. J. (Hrsg. 2000 b): Die Großpilze Baden-Württembergs, Band 2. – Ulmer Verlag Stuttgart.

KRIEGLSTEINER, G. J. (Hrsg. 2001): Die Großpilze Baden-Württembergs, Band 3. – Ulmer Verlag Stuttgart.

KRIEGLSTEINER, G. J. (Hrsg. 2003): Die Großpilze Baden-Württembergs, Band 4. – Ulmer Verlag Stuttgart.

KRIEGLSTEINER, G. J. & GMINDER, A. (Hrsg. 2010): Die Großpilze Baden-Württembergs, Band 5. – Ulmer Verlag Stuttgart

KRUSE, J.(2019)   Faszinierende Pflanzenpilze erkennen und bestimmen, Quelle & Meyer Verlag Wiebelsheim, 528 Seiten

LARSSON, K.-H. & RYVARDEN, L. (2021): Corticioid Fungi of Europe, Volume 1, Acanthobasidium – Gyrodontium, Oslo

LÆSSØE, TH. & PETERSEN, J. H. (2019): Fungi of Temperate Europe, Volume 1 und 2, Princeton University Press

LUDWIG, E. (2000) Pilzkompendium, Band 1, (Textband), IHW-Verlag Eching
LUDWIG, E. (2001) Pilzkompendium, Band 1, (Abbildungen), IHW-Verlag Eching

LUDWIG, E. (2007) Pilzkompendium, Band 2, (Abbildungen), Fungicon Verlag Berlin
LUDWIG, E. (2007) Pilzkompendium, Band 2, (Textband), Fungicon Verlag Berlin

LUDWIG, E. (2012) Pilzkompendium, Band 3, (Abbildungen), Fungicon Verlag Berlin
LUDWIG, E. (2012) Pilzkompendium, Band 3, (Textband), Fungicon Verlag Berlin

LUDWIG, E. (2017) Pilzkompendium, Band 4, (Abbildungen), Fungicon Verlag Berlin
LUDWIG, E. (2017) Pilzkompendium, Band 4, (Textband), Fungicon Verlag Berlin

MANHART, H. (2022): Die Pilzflora des Harly, Goslarer Bergkalender 2023, S. 73-80

MANHART, H.: Pilztafeln 1986 – 2023, Gottfried Wilhelm Leibniz Bibliothek – Niedersächsische Landesbibliothek, Waterloostr. 8, 30169 Hannover

MANHART,H. (2021): Vorläufige Liste der Pilzarten, von denen eine Bildtafel vorliegt, unveröffentlichtes Manuskript, 206 Seiten

MANHART, H. (1986 -2023) : Fundlisten von Großpilzen in Niedersachsen. Unveröffentlichte Manuskripte

MANHART, H. (2015): Pilze des Harly, Vortrag vor dem Naturwissenschaftlichen Verein Goslar (Manuskript, 8 Seiten)

MANHART, H. (2012): Über das Naturschöne – Gemalte botanische Pilztafeln, Vortrag vor dem Naturwissenschaftlichen Verein  Goslar (Manuskript, 9 Seiten)

MICHAEL, E., HENNIG, B. & KREISEL, H. (1983): Handbuch für Pilzfreunde. Band I. 3.Aufl... - Verlag Gustav Fischer, Jena

MICHAEL, E., HENNIG, B. & KREISEL, H. (1986): Handbuch für Pilzfreunde. Band II. 3.Aufl... - Verlag Gustav Fischer, Jena

MICHAEL, E., HENNIG, B. & KREISEL, H. (1987): Handbuch für Pilzfreunde. Band III. 4.Aufl... - Verlag Gustav Fischer, Jena

MICHAEL, E., HENNIG, B. & KREISEL, H. (1985): Handbuch für Pilzfreunde. Band IV. 3.Aufl... - Verlag Gustav Fischer, Jena

MICHAEL, E., HENNIG, B. & KREISEL, H. (1983): Handbuch für Pilzfreunde. Band V. 3.Aufl... - Verlag Gustav Fischer, Jena

MICHAEL, E., HENNIG, B. & KREISEL, H. (1988): Handbuch für Pilzfreunde. Band VI. 2.Aufl... - Verlag Gustav Fischer, Jena

MOHR, K. (1982): Harzvorland, westlicher Teil – Slg. Geologischer Führer 70, Gebr. Bornträger, Berlin

NIEDERSÄCHSISCHES LANDESAMT FÜR ÖKOLOGIE . FACHBEHÖRDE FÜR NATURSCHUTZ (Hrsg., 1998):
NIEDERSÄCHSICHES LANDESAMT FÜR ÖKOLOGIE . FACHBEHÖRDE FÜR NATURSCHUTZ (Hrsg., 1993): Naturschutz und Landschaftspflege in Niedersachsen A/5 , Kartographische Arbeitsgrundlage für faunistische und floristische Erfassungen nach Tierarten-Erfassungsprogramm und Pflanzenarten-Erfassungsprogramm der Fachbehörde für Naturschutz

NOORDELOOS, M. E. (Hrsg.): Entoloma s.l. Flora agaricina neerlandica, Vol. 1, supplement, NOORDELOOS, M. E., MOROZOVA O., DIMA, B. RESCHKE K., Fungi Europaei Vol 5B (2022)

RYMAN, S. & HOLMASEN, I. (1992): Pilze, Verlag Thalacker, Braunschweig, 718 Seiten

SCHALANSKY (Hrsg.): Jean-Henri Fabre Champignons, Naturkunden Nr.16, Matthes  & Seitz, Berlin

SCHNITTER P. (Bearb.) (2020): Rote-Listen Sachsen-Anhalt – Berichte des Landesamtes für

Umweltschutz Sachsen-Anhalt (Halle), Heft 1 (2020)

SCHULTZ, T. (2010): Die Großpilzflora des Nationalparks Harz. Schriftenreihe aus dem Nationalpark Harz, Bd. 5, 216 Seiten

SCHULTZ, T. & SPRINGEMANN, U. (2023): Beiträge zur Großpilzflora des Nationalparks Harz. Schriftenreihe aus dem Nationalpark Harz, Bd. 23, 310 Seiten

Sheldrake, M. (2020): Entangled Life, Penguin, London (Originalausgabe) Verwobenes Leben – Wie Pilze unsere Welt formen und unsere Zukunft beeinflussen, Ullstein, Berlin (Deutsche Ausgabe)

TÄGLICH, U.: Pilzflora von Sachsen-Anhalt (Ascomyceten, Basidiomyceten, Aquatische Hypomyceten). Hrsg. Leibniz-Institut für Pflanzenbiochemie (in Zusammenarbeit mit dem Naturschutzbund Sachsen-Anhalt e.V.) – Halle /Saale, 2009

WÖLDECKE, KN. (1987) : Rote Liste der in Niedersachsen und Bremen gefährdeten Großpilze, Stand 1987, Informationsdienst Naturschutz Niedersachsen 7.Jg. Nr.3, S.1-28, Hannover

WÖLDECKE, KN. (1995) :  Die Großpilze Niedersachsens und Bremens – Kritische Auswahl der seit dem 17. Jahrhundert festgestellten Taxa (Basidiomycota, auffällige Asco- und Deuteromycota) – Gefährdung (Bioindikation), Verbreitung, Ökologie, Fundnachweise Naturschutz und Landschaftspflege in Niedersachsen, Bd.39, Hannover 1998, 538 S.

WÖLDECKE, KN. (2014 ): Rote Liste der in Niedersachsen und Bremen gefährdeten Großpilze 3.Fassung vom 1.01.2014, Beiträge zur Naturkunde Niedersachsens 67.Jg – Heft 2 /2014, S. 41-116, Hannover

**Impressum**

Abbildungen Titel:
*Geastrum corollinum* (Batsch) Hollós 1904
**Zitzen-Erdstern**

*Melanophyllum haematospermum* (Bull.) Kreisel 1984
**Blutblättriger Zwergschirmling**
*Melanophyllum eyrei* (Massee) Singer 1951
**Grünblättriger Zwergschirmling**

Fotos: Hans Manhart

Bibliografische Informationen der Deutschen Nationalbibliothek: Die Deutsche Nationalbibliothek verzeichnet diese Publikation in der Deutschen Nationalbibliografie; detaillierte bibliografische Daten sind im Internet über dnb.dnb.de abrufbar.

Autor: Hans Manhart

Bildquellennachweis: Alle Fotografien stammen, wenn nicht anders angegeben, vom Autor.

Lektorat und Korrektur: Dr. Agnes-M. Daub

Satz und Layout: Gerwin Bärecke

Herausgeber:

Vorstand des Naturwissenschaftlichen Vereins Goslar e. V.
c/o Dr. Agnes-M. Daub
Pestalozzistraße 43
D-38642 Goslar

© 2024 Hans Manhart
ISBN: 978-3-7693-1270-6
Verlag: BoD · Books on Demand GmbH, In de Tarpen 42,
22848 Norderstedt
Druck: Libri Plureos GmbH, Friedensallee 273,
22763 Hamburg
Alle Rechte vorbehalten